工业和信息化高职高专“十二五”规划教材立项项目

21世纪高等职业教育信息技术类规划教材

21 Shiji Gaodeng Zhiye Jiaoyu Xinxi Jishulei Guihua Jiaocai

网络互连技术与实训

WANGLUO HULIAN JISHU YU SHIXUN

杨文虎 李婷 主编　韩利强 副主编

人民邮电出版社

北京

图书在版编目（CIP）数据

网络互连技术与实训 / 杨文虎，李婷主编. -- 北京
: 人民邮电出版社，2011.9
21世纪高等职业教育信息技术类规划教材 工业和信息化高职高专“十二五”规划教材立项项目
ISBN 978-7-115-26092-5

Ⅰ. ①网… Ⅱ. ①杨… ②李… Ⅲ. ①计算机网络－高等职业教育－教材 Ⅳ. ①TP393

中国版本图书馆CIP数据核字(2011)第163969号

内 容 提 要

本书主要内容包括网络方案设计概述、以太网交换机、二层安全控制技术、二层交换高级技术、三层交换技术、交换技术高级应用、网络附加设备、网络结构化布线、无线局域网、工程实施方案设计。

本书提供大量实际工程应用案例，实用性强。

本书可作为高职高专院校计算机及相关专业教材，也可供技术人员参考使用。

工业和信息化高职高专“十二五”规划教材立项项目

21世纪高等职业教育信息技术类规划教材

网络互连技术与实训

- ◆ 主　　编　杨文虎　李　婷
  副 主 编　韩利强
  责任编辑　赵慧君
- ◆ 人民邮电出版社出版发行　北京市崇文区夕照寺街14号
  邮编　100061　电子邮件　315@ptpress.com.cn
  网址　http://www.ptpress.com.cn
  北京艺辉印刷有限公司印刷
- ◆ 开本：787×1092　1/16
  印张：19　2011年9月第1版
  字数：490千字　2011年9月北京第1次印刷

ISBN 978-7-115-26092-5

定价：35.80元

读者服务热线：(010)67170985　印装质量热线：(010)67129223

反盗版热线：(010)67171154

前言

随着因特网技术的广泛普及和应用，对网络技术人才的需求不断增加。培养具备网络规划、设计能力，并能够进行网络架设、实施的专业技术人才成为高等职业院校一项重要的任务。目前，我国很多高等职业院校的计算机相关专业都将“网络互连技术”作为一门重要的专业课程，为了帮助高职院校的教师能够比较全面、系统地讲授这门课程，使学生能够熟练地掌握网络规划、设计及架设方法，我们几位长期从事网络互连方面教学的教师，共同编写了本书。

本书每章都附有一定数量的习题，可以帮助学生进一步巩固基础知识；还附有实践性较强的实训，可以供学生上机操作时使用。本书配备了PPT课件、源代码、习题答案、教学大纲、课程设计等丰富的教学资源，任课教师可到人民邮电出版社教学服务与资源网（www.ptpedu.com.cn）免费下载使用。本书的参考学时为114学时，其中实践环节为38学时，各章的参考学时参见下面的学时分配表。

章 节	课 程 内 容	学 时 分 配	
		讲 授	实 训
第1章	网络方案设计概述	4	
第2章	以太网交换机	4	2
第3章	二层安全控制技术	14	8
第4章	二层交换高级技术	8	4
第5章	三层交换技术	8	6
第6章	交换技术高级应用	10	2
第7章	网络附加设备	8	4
第8章	网络结构化布线	8	6
第9章	无线局域网	8	6
第10章	工程实施方案设计	4	
课时总计		76	38

本书由山东职业学院杨文虎和李婷任主编，H3C金牌讲师韩利强任副主编，第1章～第6章由杨文虎编写，第7章～第8章由李婷编写，第9章～第10章由韩利强编写。全书由杨文虎统稿、定稿。山东H3C授权培训中心济南世纪高鸿科技发展有限公司总经理杨军任主审，提出了很多宝贵的修改意见，我们在此表示诚挚的感谢！同时，在此特别感谢杭州华三通信技术有限公司和Cisco网络学院在本书编写过程中给予的支持和指导。

限于编者水平，书中难免存在错误和不妥之处，敬请广大读者批评指正。

编 者

2011年6月

目 录

第1章 网络方案设计概述

当今信息时代，科技迅猛发展，知识更新越来越快，随着技术的进步和经济的发展，人类社会总是在不断地发生着巨大的变化。我们正迈向一个崭新的信息时代。为了适应形势的发展和工作业务的需要，我国的各行各业都在积极地筹建或扩建各类信息网络系统，这标志着我国的信息化社会建设步入了一个新的时期。这也是社会的发展对各行各业提出的新的要求和挑战。企业为适应新的业务发展需要，结合低碳无纸化办公，旨在实现办公楼信息管理系统现代化、网络化、综合性和多功能。

本章学习要点

- 掌握网络方案设计目标。
- 掌握网络设计步骤。
- 理解分层结构设计的原理。
- 掌握设备的选购和命名规则。

1.1 网络方案设计目标

企业网络设计是网络生命周期的重要阶段，要进行网络设计时有许多因素需要考虑。在这些因素之中，首先需要明确设计的目标。

网络设计的目标是要满足一定的商业需求，在网络的功能、性能、造价等方面都需要加以考虑。通常来说，客户往往希望能以较低的运作及建设成本来构建一个在整体性、扩展性、安全性、可靠性等方面具有良好的表现，并易于操作和使用，具有较好的维护性的网络。图 1.1 所示为网络设计的阶段。

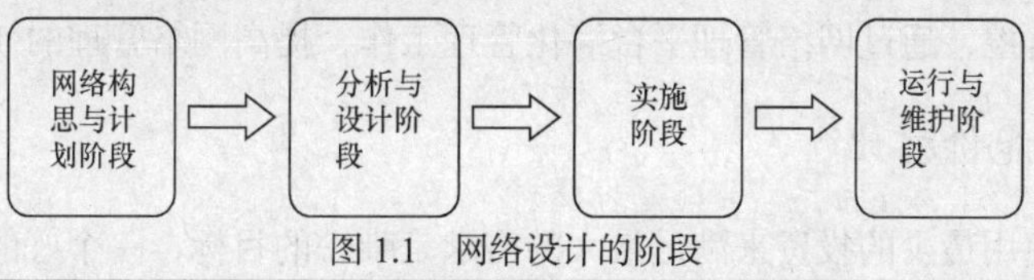

图 1.1　网络设计的阶段

1.1.1 网络设计基本原则

1. 可靠性与可用性

网络系统设计中的设备的高可靠性和系统的高可用性决定了一个网络的存在意义。网络的可靠性要求是保障企业应用环境正常运行的首要条件，在网络设计中首要考虑的就是网络设备的可靠，例如要求核心交换机所有关键部件可以实现冗余工作，可以在线更换（插拔），故障的恢复时间在秒级间隔内完成。为了进一步提高可靠性，网络设计经常采取多级容错，基于单个设备高可靠性的基础之上进一步提高系统的可用性网络设备的选择，尤其是核心机箱式设备，应该可以配置冗余部件，关键部件不存在单一故障点，也就是说，像交换机的电源、风扇、交换引擎、管理模块这些部件可以冗余备份，其中之一任何部件的损坏，不会影响设备的正常运行，不会影响网络的连通。网络设备可靠性的另一方面是容错性，即设备损坏部件更换时，不需要停机，更换部件后不需要重新启动，也就是说部件的更换可以进行在线操作，这样可以使停机的时间降低到最短。

在设计企业园区网时，提高网络的高可靠性、高可用性原则是至关重要的，不仅要求设备的部件冗余，同时要求网络的链路冗余，可结合物理层、链路层及第三层技术实现，以保证网络可以在任何时间、任何地点提供信息访问服务。

2. 可扩展性

网络设计的可扩展性要求，硬件设备的扩展能力以及网络实施新应用的能力。对于设备扩展能力要求是路由器和交换机等网络设备的端口扩充能力、模块扩充能力，是否满足网络规模的扩充需要；对于支持新应用的能力要求是产品具有支持新应用的技术准备，能够方便快捷地实施新应用。

3. 安全性

网络的安全性对网络设计是非常重要的，合理的网络安全控制，可以使应用环境中的信息资源得到有效的保护，可以有效的控制网络的访问，灵活的实施网络的安全控制策略。在园区网络中，关键应用服务器、核心网络设备，只有系统管理人员才有操作、控制的权力。应用客户端只有访问共享资源的权限，网络应该能够阻止任何的非法操作。在园区网络设备上应该可以进行基于协议、基于MAC地址、基于IP地址的过滤控制功能。在大规模园区网络的设计上，划分虚拟子网，一方面可以有效的隔离子网内的大量广播，另一方面可以隔离网络子网间的通信，控制资源的访问权限，提高网络的安全性。在设计园区网时必须强调网络安全控制能力，既可以使网络任意连接，又可以从第二层、第三层控制网络的访问。

4. 可管理性

网络中的任何设备均可以通过网络管理平台进行控制，网络的设备状态、故障报警等都可以通过网管平台进行监控，通过网络管理平台简化管理工作，提高网络管理的效率。

5. 合理的性能价格比

对于客户来说使用最少的投资来满足最大的需求是唯一的目标，一个好的网络在考虑到性能

的实现时，同样需要考虑到客户的预算。在考虑到客户的投资和网络性能之间寻求最佳的性价比。

当今世界，通信技术和计算机技术的发展日新月异。网络设计既要适应新技术发展的潮流，保证系统的先进性，也要兼顾技术上的成熟性，降低由于新技术和新产品中不成熟因素所带来的风险。

1.1.2　其他设计原则

1. 基本的备份原则

备份花费的代价小于等于设备故障带来的损失，通常只考虑 N＋1 备份，即：关键的设备、链路、模块中任何一个出现故障，不会影响整网运行。备份通常从拓扑、设备自身、协议等几方面考虑，例如在拓扑上考虑核心层设备之间网状或部分网状连接。备份不仅仅要从逻辑的角度考虑，更需要从物理的角度考虑问题。针对不同的层次，有不同的备份思路。

① 接入层备份思路：在接入层通常不考虑选用具有冗余模块的设备，通常不考虑双机或双线路的备份；

② 汇聚层备份思路：通常会选用具有关键模块冗余功能的设备，上行链路提供双链路级别的备份，汇聚层设备之间考虑环形链路；

③ 核心层备份思路：通常选择具备电信级可靠性的设备。

2. IP 地址的规划原则

IP 地址的合理规划是网络设计中的重要一环，大型网络必须对 IP 地址进行统一规划并得到实施。IP 地址规划的好坏，影响到网络路由协议算法的效率，影响到网络的性能，影响到网络的扩展，影响到网络的管理，也必将直接影响到网络应用的进一步发展。因此，在 IP 地址规划中一定要遵循唯一性、连续性、扩展性、实意性。

3. 路由协议的规划与选择

① 静态（缺省）路由：简单明了，适用于网络拓扑简单的环境。

② RIP：早期的路由协议，性能较低，只适合在小型的网络中使用。

③ IGRP：在 RIP 的基础上改进而来，拥有 RIP 所有的缺点。

④ EIGRP：性能较好，CISCO 私有协议。

⑤ IS-IS：为 OSI 七层模型设计，TCP/IP 兼容性较差。

⑥ OSPF：是 Internet 上使用最为广范的内部网关协议（Interior Gateway Protocol，IGP）。

⑦ BGP：用于自治系统之间，目前 Internet 上唯一的一种外部网关协议（Exterior Gateway Protocol，EGP）。

4. QoS 规划基本原则

一般当网络存在以下 3 种情况时需要在网络设计中考虑 QoS。

① 在网络带宽紧张，或者在突发流量时带宽不足。

② 网络中存在多种业务，并且这些不同的业务各自对带宽和时延的要求不同。

③ 即使带宽足够，为了防止网络中出现异常的突发流量（病毒攻击）的情况，也需要对关键业务做 QoS 保证。

1.2 网络设计步骤

一个网络的实现，最重要是对这个网络的设计和规划，一个好的网络设计对网络的性能和后期的维护和扩展都是较好的帮助。一个网络的规划流程我们可以用下面的流程图来表示，如图 1.2 所示。

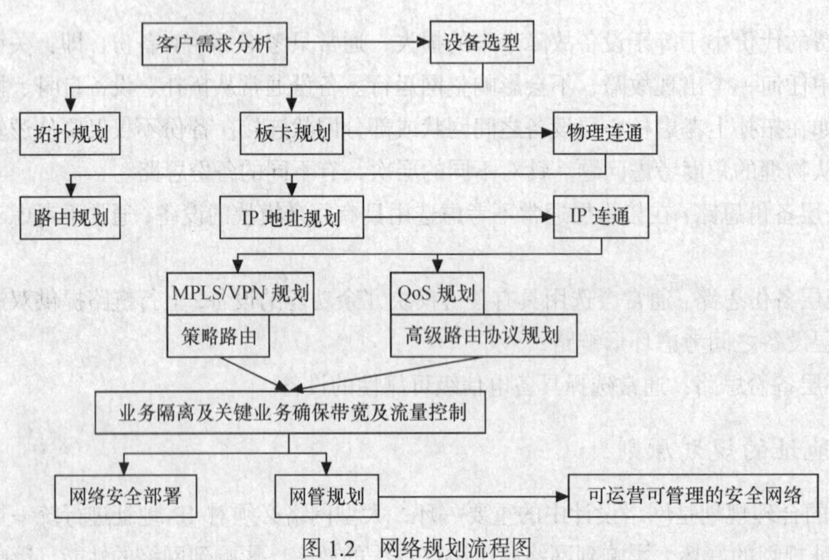

图 1.2 网络规划流程图

1.2.1 用户的需求分析

随着业务环境和网络技术的变化，用户的网络需求也会不断地变化。需求分析不仅包括对业务的需求分析，还包括对网络的扩展性、建设成本、运维成本的一些深入细致的分析。

全面了解用户的网络情况对我们设计网络有很大的帮助，我们只有完全掌握客户的需求及网络现状，我们才能根据客户的实际情况设计出一个完美的网络。

不同的用户的需求是不同的，如图 1.3 所示。为使网络设计能够满足客户的需求，需要进行具有针对性的分析和设计，需求分析通常包括以下几个方面。

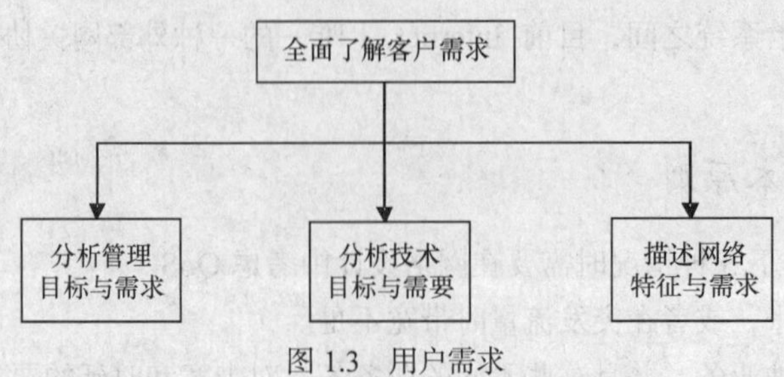

图 1.3 用户需求

1. 分析管理目标和需求

对于企业网络来说，网络的主要功能是对企业的具体业务的支撑，因此对企业网络的设计者来说，了解客户公司或机构的运作情况和规律是非常重要的。网络设计者在进行网络设计时需要了解如下内容。

① 客户的商业目的。

② 客户公司的组织结构。

③ 地理位置分布。

④ 现有和未来的员工情况。

⑤ 公司与行业的相关政策和规定。

⑥ 决策者的建设思路与预算。

2. 分析技术目标和需求

技术目标与需求分析则来源于客户网络的具体应用及其对协议、设备和网络性能的要求。具体包括了可扩展性、技术兼容性、网络性能要求、安全性、可管理性、易用性、适应性、可购买性（性能和价格比）。

在技术上，网络设计应该满足用户的使用功能要求，需要参照用户提供的一些历史资料和行业资料，目前网络使用状况等资料；还需要与用户技术人员和网络使用人员进行细致的沟通，以获取设计中的一些技术细节，并对这些资料进行整理并具体化为一系列的技术目标。

3. 描述网络特征和需求

首先要了解现有的网络运行情况，通过分析技术资料、布线图等文档，形成现有和未来的网络特征，具体如下。

① 网络拓扑和设备。

② 地址规划。

③ 运行的主要协议和协议特征。

④ 网络性能指标（资源利用率、带宽延迟、安全性、可靠性等）。

⑤ 现有的网管平台系统。

⑥ 流量分析和管理。

除此之外，还应该包括现有的应用和将来可能会用到的应用。

① 应用的类型：如 Email、基于 web 的服务、文件服务、视频会议等，不同的应用对网络的需求不同。

② 使用该应用的用户数量：统计使用的用户数量和分布情况。

③ 流量情况：不同应用对网络带宽的需求量是多少，这些流量有哪些特征。

④ 应用的安全性、可靠性、实时性等方面的要求。

通过了解这些信息，我们可以对现有网络的兼容性和可继承性进行分析，以决定旧网络是否可以平滑的过渡到新的网络，以及在网络的整体架构上是否需要重新进行规划和设计。

1.2.2 网络拓扑构建

现代网络设计普遍采用层级化网络模型。层级化网络模型将网络划分为 3 层，如图 1.4 所示，分别是核心层、汇聚层和接入层。每一层都定义了特定的功能，通过各层的配合，可以搭建一个功能完善的 IP 网络，但是有时候会根据用户的网络规模把它衍变成两层或者多层的网络架构。

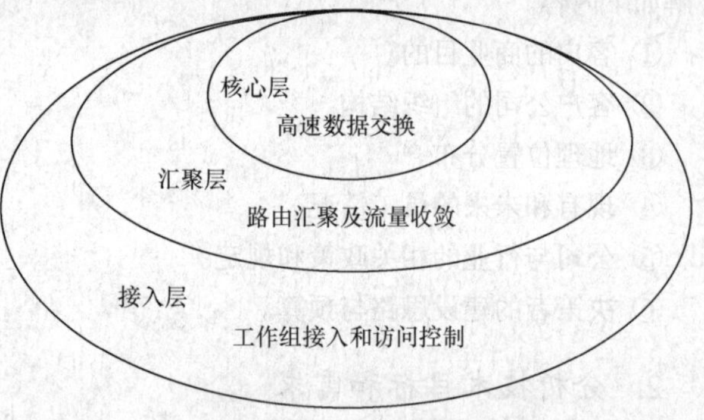

图 1.4 层级化网络模型

遵循层次化的设计思想，可以简化网络结构，便于网路的构建，通常我们把网络分为 3 层。

① 核心层：交换数据包，实现高速的数据交换，核心层的设备不但需要容量大，转发快，而且需要具备高稳定性，但对业务要求性不高。

② 汇聚层：隔离网络的拓扑变化，控制路由表的大小及控制流量，端口的收敛，实现丰富的业务特性。

③ 接入层：将终端用户接入到网络，大量的端口，强大的接入能力，实现丰富的业务特性。

每一层都为网络提供了特定必要的功能，通过各层功能的配合，从而构建一个功能完善的 IP 网，这些层的功能都可在路由器或交换机上实现。

1. 核心层

核心层处于网络的中心，负责对网络中大量数据流进行高速交换转发。网络中各个部门之间的互相访问的数据流都通过汇聚层设备汇集于核心层，如图 1.5 所示。核心层的主要功能是提供物理上远程站点之间的优化路径传输，主要性能包括高速交换、高可靠性、低时延等特性。在设计上，为达到其目标，需要注意以下策略。

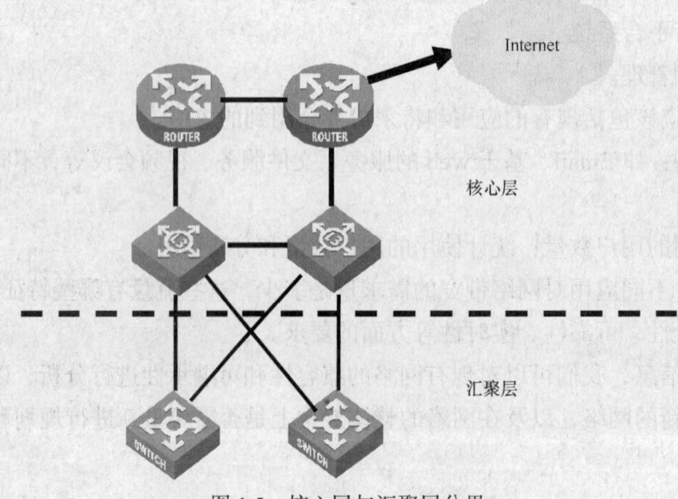

图 1.5 核心层与汇聚层分界

① 不执行复杂网络策略：任何形式的策略必须在核心层外执行，如数据包的过滤和复杂 QoS 处理，禁止采用任何降低核心层设备处理能力，或增加数据包交换延迟时间的方法；避免增加核心层路由器配置的复杂程度。

② 对网络中每个目的地具备充分的可到达性：

- 具有足够的路由信息来交换发往网络中任意端设备的数据包。
- 核心层的路由器不应该使用默认的路径到达内部的目的地。
- 路由聚合能够用来减少核心层路由表大小。
- 默认路径用来到达外部的目的地，如因特网上的主机。

③ 高冗余性设计保障核心网络的可靠性，核心网络可采用网状、环型或部分网状实现。

网络规模较小时，一个三层设备就可以成为网络核心层，与汇聚层上的所有设备相接，甚至可能将汇聚层功能包含在核心层里。

2. 汇聚层

汇聚层从位置上处于核心层与接入层之间，是连接接入层和核心层的网络设备，为接入层提供数据的汇聚、传输、管理、分发处理。汇聚层设计为连接本地的逻辑中心，仍需要较高的性能和比较丰富的功能。

汇聚层设备一般采用可管理的三层交换机或堆叠式交换机以达到带宽和传输性能的要求，建议采用冗余设计，避免由于汇聚层设备故障导致接入层设备无法访问网络。该层的设备要求性能较好，其价格应高于接入层设备，而且对环境的要求也应较高，对电磁辐射、温度、湿度和空气洁净度等都应有一定的要求。汇聚层设备之间以及汇聚层设备与核心层设备之间多采用光纤互连，以提高系统的传输性能和吞吐量。

一般来说，汇聚层负责实现网络中大量的配置策略，这些策略包括路由策略、安全策略、QoS 策略等等。首先通过适当的地址分配并在汇聚层实施路由汇聚，可以减少核心层设备的路由数量。其次汇聚层为接入层提供基于策略的连接，如通过网段划分（如 VLAN）与网络隔离可以防止某些网段的问题蔓延和影响到核心层。汇聚层同时也可以提供接入层虚拟网之间的互连，控制和限制接入层对核心层的访问，保证核心层的安全和稳定。

对于现在网络普遍应用的用户访问控制技术，一般会安排在接入层，但这并非绝对，也可以安排在汇聚层进行。在汇聚层实现安全控制和身份认证时，采用的是集中式的管理模式。当网络规模较大时，可以设计综合安全管理策略，例如在接入层实现身份认证和 MAC 地址绑定，在汇聚层实现流量控制和访问权限约束。

3. 接入层

接入层处于网络的最底层，为用户提供对网络的访问接口，是整个网络的可见部分，也是用户与该网的连接场所。它将本地用户的信息通过内部高速局域网、分组交换网或拨号接入等接入汇聚层，实现网络流量的馈入及访问，如图 1.6 所示。

由于接入层是用户与网络的接入点，因此也是入侵者试图闯入的地方，需要在访问接入层实施安全控制策略，以保障网络的安全。如通过包过滤的方式禁止不可通过的数据包逆流发送，即便是发自本地网络的不可通过的数据包也必须被禁止。这样就可以阻止许多利用系统缺陷，模仿有缺陷网段源地址的攻击方式。接入层通过配置包过滤，可以保护某些局部网段不再成为网络内外的攻击点。

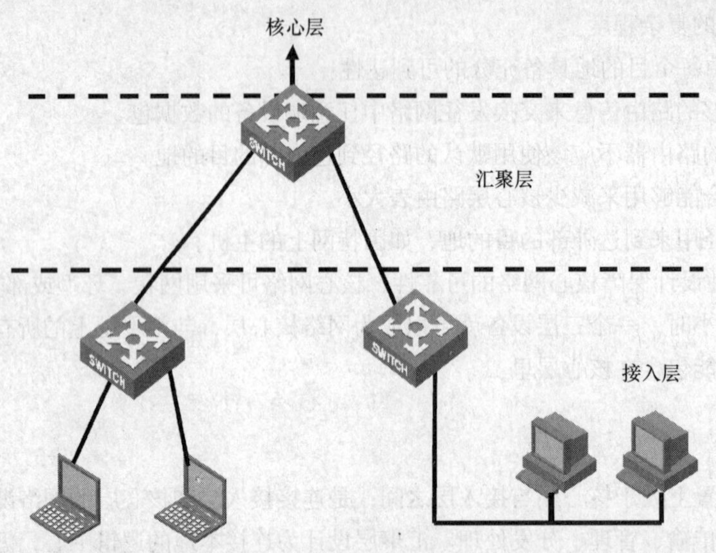

图 1.6　汇聚层与接入层

当然，在接入层也可以实现一定的基于策略分类、接入速率控制、数据包标记（如 QoS）等。

在可靠性上，可以采取与汇聚层相同的策略，但需要考虑成本因素，一般来说接入层设备或链路出现故障，只会对设备接入的用户产生影响，范围较小；而且接入层设备和用户众多，所以不便于实现设备和链路的冗余备份。

层次化网络模型使网络结构清晰，将网络的功能和特性分为 3 个层次，使原本无序的网络结构清晰，便于理解；同时使网络设计更加合理，便于规划和维护；由于 3 个层次各有分工，彼此独立，将网络变化和故障影响的范围降到了最低，增强了网络的稳定性，进而增强了网络的扩展能力。

当然，网络层次化模型只是个一般性的参考模型，在部署网络时，要根据用户的需求、性能要求、规模等因素进行灵活的设计。

1.3 网络的设备选择和命名

1.3.1　网络设备概述

不管是对一个网络进行升级还是新建，网络的实质最终必须落实到设备的选择上。通过网络的设计规划和原则，结合客户网络的数据流量，设计出合理的网络拓扑图，根据客户预算和网络目标选购合适的网络设备（见图 1.7），来达到客户对网络的需求。

构建网络的核心就是网络设备，常见的网络设备有如下几种。

① 路由器：网络中最重要的设备，提供最丰富的接口连接、软件特性，也是构建网络的核心设备，主要用于互连本地网络或者组建广域网。

防火墙　安全网关　入侵检测系统　PBX 系统　CAMS

语音服务器　语音网关　MCU　视频终端

图 1.7　网络设备

② 以太网交换机设备（L2/L3/LAN）：提供各种以太网接口类型的线速转发功能，是构建局域网和城域网的核心设备，主要是提供本地网络的连接性。

③ 路由交换设备：提供 LAN 交换机的路由器，提供增强型引擎的交换机。路由器和交换机的融合趋势越来越明显。

在完成网络的基本互连功能外，从安全性、可靠性、可控性等原则出发，一个现代的功能完善的网络，还需要大量其他辅助设备。

在网络中通常还会提供网管和业务增值功能的其他设备。

① 网管系统：网管系统的主要功能包括网络级管理和网元级管理。

② 安全设备：防火墙、入侵检测系统、深度抵御防火墙等。

③ 语音设备：网络中常见的语音设备包括 IP PBX 系统，语音网关和语音服务器等。

④ 视讯设备：常见的视讯设备包括视频会议客户端，网守（gatekeeper）和多点处理单元等。

1.3.2　网络设备的分类

不管是网络的常见设备还是辅助设备，除功能不同以外，在硬件上基本分为以下 3 类。

① 基于 CPU 的设备：此类设备功能最强，由于所有的功能都由软件实现，几乎无所不能，但转发性能方面差强人意。

② 基于 ASIC 的设备：由固化的硬件芯片实现全线速的转发，但灵活性和升级能力很差。通常只能实现基本的路由及转发功能，但对一些特殊的业务能力（VPN、NAT、策略路由）支持很弱。

③ 基于 NP 的设备：由微码级的可编程网络处理器实现全线速的转发。灵活性和升级能力远远优于 ASIC，但较基于 CPU 的设备还有一定的差距。

1.3.3　网络设备的选择

在设备选型的时候，需要考虑很多因素，影响选择的因素主要有如下几个方面。

① 可靠性：该设备是否提供关键模块（电源、主控板）的冗余备份，具备何种级别的可靠性。

② 转发性能：通过某设备的流量<（该设备满配最大流量）/2。

③ 业务支持能力：除了普通的 IP 路由功能外，是否需要该设备支持诸如（NAT、各种 VPN、

策略路由）等业务属性。

④ 端口支持：是否能够提供组网所需要的端口。

⑤ 扩展能力：是否能够提供增加板卡以及软件升级提供未来可能需要的性能支持及业务能力支持。

⑥ 价格因素：在综合考虑以上因素的基础上选择适当的设备。

1.3.4 网络设备的命名规则

当网络设备选择完成以后，在网络设计、网络建设中以及后期网络维护中，为了保证网络的可管理性和规范性，通常需要为设备统一命名，该命名要写入设备的配置文件和网络设计及维护的技术文档。可以采用以下命名方法：AA-B-YYYY-X，含义如表 1.1 所示。

表 1.1 网络设备命名描述

符 合	含 义
AA	表示该设备所属的级别和名称，通常的规则是取汉字拼音的首字母缩写，例如：HZ-华中。也可以灵活运用大小写字母及增加后缀来表示不同级别的设备，WuHS-武汉（S 表示销售公司）
B	表示设备的厂商名称，例如网络产品选择的是使用 H3C 公司的产品，则：B 为 H3C
YYYY	表示设备型号，如 NE16E、S6503 等
X	表示如果前 3 项相同的设备，用数字编号，例如用数字编号 1、2 标识

除了对网络设备进行命名外，为了准确表明某些重要接口（如级联端口或者 TRUNK 端口等）对端的连接保证以及带宽，需要为接口配置描述信息（description）。通常采用以下命名方法："to 对端设备名 带宽"，例如："description to ZD-H3-NE16E-2 8M"表示该端口对端设备中心备用 NE16E 路由器，带宽为 8M。

除了设备固定的接口之外，我们常常会手工创建一些接口，例如，MP 接口、以太网子接口、VLAN 接口等。对这些接口后面分配的数字应该尽量包含实际的意义，例如 Mp-group A/B/C，接口的 A 表示槽位，B 表示卡位，前两者是固定的，C 可以设置为能够包含对端设备信息的数字，例如对端设备 Loopback 接口地址中明确区分自身信息的一位，或者是对端设备所属的 OSPF 区域号等信息。

练习题

1. 网络设计的原则包括哪些？
2. 层级化网络模型分为哪几层，每层的基本功能是什么？
3. 网络设备在硬件上分为几类，每一类的特点是什么？
4. 简述网络设备命名描述规则。

第2章 以太网交换机

在局域网中，交换机是非常重要的网络设备，负责在主机之间快速转发帧。交换机与集线器的不同之处在于，交换机工作在数据链路层，能够根据数据帧中的 MAC 地址进行转发，本章介绍了共享式以太网和交换式以太网的区别以及以太网交换机的相关知识。

本章学习要点

- 了解集线器的工作原理与分类。
- 掌握 3 种交换技术以及交换类型。
- 掌握以太网交换机性能指标、分类和选择方法。

2.1 集线器概述

集线器（Hub）是计算机网络中连接多台计算机或者其他设备的连接设备，由它连接的以太网，构成为共享式以太网。集线器基本上是一个共享设备，其实质是一个中继器，主要提供信号放大和中转的功能。它把一个端口接收的全部信号向所有端口分发出去。一些集线器在分发之前将弱信号加强后重新发送，一些集线器则排列信号的时序以提供所有端口间的同步数据通过。

集线器属于数据通信系统中的基础设备，它和双绞线等传输介质一样，是一种不需任何软件支持或只需很少管理软件管理的硬件设备。它被广泛应用到各种场合。集线器工作在局域网（LAN）环境，像网卡一样，应用于 OSI 参考模型第一层，因此又被称为物理层设备。集线器内部采用了电器互连，当维护 LAN 的环境是逻辑总线或环型结构时，完全可以用集线器建立一个物理上的星型或树型网络结构。在这方面，集线器所起的作用相当于多端口的中继器。其实，集线器实际上就是中继器的一种，其区别仅在于集线器能够提供更多的端口服务，所以集线器又叫多口中继器。

2.1.1 集线器工作原理

在计算机网络中，以太网是非常典型的广播式共享局域网，所以集线器的基本工作原理是广播（Broadcast）技术。在集线器工作过程中，无论从哪一个端口收到一个数据包，都将此数据包广播到其他端口。而集线器不具有寻址功能，所以它并不记忆每个端口所连接网卡的MAC地址。

当集线器将数据包以广播方式发出时，连接在集线器端口上的网卡将判断这个包是否是发送给自己的，如果是则根据以太网数据包所要求的功能执行相应的动作，如果不是则丢掉。集线器对数据包中的内容不进行处理，它只负责将从一个端口上收到的数据广播到所有其他端口。

在共享式以太网网络中，所有结点构成一个冲突域，所有结点必然工作在半双工状态下。冲突域内介质的带宽是共享的，随时可能发生冲突，如图2.1所示。

图2.1 集线器构成冲突域

2.1.2 集线器分类与产品

集线器有很多种类型，按结构和功能分类有非管理集线器、叠式集线器和底盘式集线器，如图2.2所示。非管理的集线器是最简单的集线器，通过以太网总线提供中央网络连接，以星型的形式连接起来，只用于很小型的至多12个结点的网络中。非管理的集线器没有管理软件或协议来提供网络管理功能，这种集线器可以是无源的也可以是有源的。

图2.2 集线器

堆叠式集线器是稍微复杂一些的集线器。堆叠式集线器最显著的特征是8个转发器可以直接彼此相连。这样只需简单地添加集线器并将其连接到已经安装的集线器上就可以扩展网络，这种方法不仅成本低，而且简单易行。

底盘集线器是一种模块化的设备，在其底板电路板上可以插入多种类型的模块。有些集线器带有冗余的底板和电源。同时，有些模块允许用户不必关闭整个集线器便可替换那些失效的模块。集线器的底板给插入模块准备了多条总线，这些插入模块可以适应不同的段，如以太网、快速以太网、光纤分布式数据接口（FDDI）和异步传输模式（ATM）中。有些集线器还包含有网桥、路由器或交换模块。有源的底盘集线器还可能会有重定时的模块，用来与放大的数据信号关联。

按局域网的类型分类，集成器可以分为以下几种。

① 单中继网段集线器——最简单的集线器，是一类用于最简单的中继式LAN网段的集线器，与堆叠式以太网集线器或令牌环网多站访问部件（MAU）等类似。

② 多网段集线器——从单中继网段集线器直接派生而来，采用集线器背板，这种集线器带有多个中继网段。其主要优点是可以将用户分布于多个中继网段上，以减少每个网段的信息流量负载，网段之间的信息流量一般要求独立的网桥或路由器。

③ 端口交换式集线器——该集成器是在多网段集线器基础上，将用户端口和多个背板网段之间的连接过程自动化，并通过增加端口交换矩阵（PSM）来实现的集线器。PSM 可提供一种自动工具，用于将任何外来用户端口连接到集线器背板上的任何中继网段上。端口交换式集线器的主要优点是，可实现移动、增加和修改的自动化特点。

④ 网络互联集线器——端口交换式集线器注重端口交换，而网络互联集线器在背板的多个网段之间可提供一些类型的集成连接，该功能通过一台综合网桥、路由器或 LAN 交换机来完成。目前，这类集线器通常都采用机箱形式。

⑤ 交换式集线器——有一个核心交换式背板，采用一个纯粹的交换系统代替传统的共享介质中继网段，并且混合的（中继/交换）集线器。应该指出这类集线器和交换机之间的特性几乎没有区别。

2.2 交换机概述

交换机（Switch）是一种用于电信号转发的网络设备。它可以为接入交换机的任意两个网络结点提供独享的电信号通路。最常见的交换机是以太网交换机。其他常见的还有电话语音交换机、光纤交换机等。

交换（switching）是按照通信两端传输信息的需要，用人工或设备自动完成的方法，把要传输的信息送到符合要求的相应路由上的技术的统称。广义的交换机（Switch）就是一种在通信系统中完成信息交换功能的设备。

在计算机网络系统中，交换概念的提出改进了共享工作模式。我们以前介绍过的集线器构成了共享式以太网。

1993 年局域网交换设备出现，1994 年国内掀起了交换网络技术的热潮。其实，交换技术是一个具有简化、低价、高性能和高端口密集特点的交换产品，体现了桥接技术的复杂交换技术在 OSI 参考模型的第二层操作。与桥接器一样，交换机按每一个包中的 MAC 地址相对简单地决策信息转发。而这种转发决策一般不考虑包中隐藏的更深的其他信息。与桥接器不同的是交换机转发延迟很小，操作接近单个局域网性能，远远超过了普通桥接互连网络之间的转发性能。

交换技术允许共享型和专用型的局域网段进行带宽调整，以减轻局域网之间信息流通出现的瓶颈问题。现在已有以太网、快速以太网、FDDI 和 ATM 技术的交换产品。

类似传统的桥接器，交换机提供了许多网络互连功能。交换机能经济地将网络分成小的冲突网域，为每个工作站提供更高的带宽。协议的透明性使得交换机在软件配置简单的情况下直接安装在多协议网络中；交换机使用现有的电缆、中继器、集线器和工作站的网卡，不必做高层的硬件升级；交换机对工作站是透明的，这样管理开销低廉，简化了网络结点的增加、移动和网络变化的操作。

利用专门设计的集成电路可使交换机以线路速率在所有的端口并行转发信息，提供了比传统桥接器高得多的操作性能。如理论上单个以太网端口对含有 64 个八进制数的数据包，可提供 14 880bit/s 的传输速率。这意味着一台具有 12 个端口、支持 6 道并行数据流的“线路速率”以太网交换器必须提供 89 280bit/s 的总体吞吐率（6 道信息流 × 14 880bit/s/道信息流）。专用集成电路

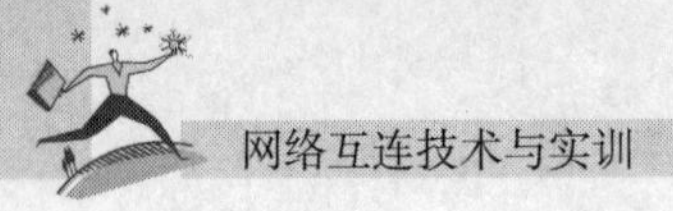

技术使得交换机在更多端口的情况下以上述性能运行，其端口造价低于传统型桥接器。

交换技术最初是人工交换阶段（如最初的电话接线员，人工完成通信线路的建立、维护和拆除），随着半导体技术的发展和开关电路技术的成熟，人们发现可以利用电子技术替代人工交换。电话终端用户只要向电子设备发送一串电信号，电子设备就可以根据预先设定的程序，将请求方和被请求方的电路接通，并且独占此电路，不会与第三方共享。这种交换方式被称为“程控交换”。而这种设备也就是“程控交换机”。

随着计算机及其互连技术的迅速发展，以太网成为了迄今为止普及率最高的短距离二层计算机网络。而以太网的核心部件就是以太网交换机。

目前，以太网交换机厂商根据市场需求，推出了三层甚至四层交换机。但无论如何，其核心功能仍是二层的以太网数据包交换，只是带有了一定的处理 IP 层甚至更高层数据包的能力。

光交换是下一代交换技术。目前大多数的交换技术都是基于电信号的，即使是目前的光纤交换机也是先将光信号转为电信号，经过交换处理后，再转回光信号发到另一根光纤。由于光电转换速率较低，同时电路的处理速度存在物理学上的瓶颈，因此人们希望设计出一种无需经过光/电转换的“光交换机”，其内部不是电路而是光路，逻辑原件不是开关电路而是开关光路。这样将大大提高交换机的处理速率。

2.2.1 3 种交换技术

随着计算机及网络技术的不断发展，目前交换技术主要分为 3 类：端口交换、帧交换和信元交换。

1. 端口交换

端口交换最早出现在插槽式的集线器中，这类集线器的背板通常划分有多条以太网段（每条网段为一个广播域），不用网桥或路由连接，网络之间是互不相通的。以大主模块插入后通常被分配到某个背板的网段上，端口交换用于将以太模块的端口在背板的多个网段之间进行分配、平衡。根据支持的程度，端口交换还可细分为以下几种。

① 模块交换：将整个模块进行网段迁移。

② 端口组交换：通常模块上的端口被划分为若干组，每组端口允许进行网段迁移。

③ 端口级交换：支持每个端口在不同网段之间进行迁移。这种交换技术是基于 OSI 第一层上完成的，具有灵活性和负载平衡能力等优点，没有改变共享传输介质的特点，不能称之为真正的交换。

2. 帧交换

帧交换是目前应用最广的局域网交换技术，它通过对传统传输介质进行微分段，提供并行传送的机制，以减小冲突域，获得高的带宽。一般来讲每个公司的产品的实现技术均会有差异，对数据帧的处理方式一般有以下几种。

① 直通交换（Cut Through）：提供线速处理能力，交换机只读出数据帧的前 14 个字节，便封装数据包进入交换引擎，在规定时间内丢到背板总线上，再送到目的端口，这种交换方式交换速度快，但容易出现丢包现象。

② 存储转发：首先接收完整的数据帧，进行验错和控制，然后封装数据包进入交换引擎后被存在一个缓冲区，由交换引擎转发到背板总线上，这种交换方式克服了丢包现象，但降低了交换速度。

③ 无碎片直通式（Fragment Free）：介于前两者之间的一种方案，交换机只读出数据帧的前 64 个字节，进行部分验错和控制，然后转发。

第 1 种方法的交换速度非常快，但缺乏对网络帧进行更高级的控制，缺乏智能性和安全性，同时也无法支持具有不同速率的端口的交换。因此，各厂商把后两种技术作为重点。

3. 信元交换

ATM 技术采用固定长度 53 个字节的信元交换。由于长度固定，因而便于用硬件实现。ATM 采用专用的非差别连接，并行运行，可以通过一个交换机同时建立多个结点，但并不会影响每个结点之间的通信能力。ATM 还容许在源结点和目标、结点建立多个虚拟链接，以保障足够的带宽和容错能力。ATM 采用了统计时分电路进行复用，因而能大大提高通道的利用率。ATM 的带宽可以达到 25M、155M、622M 甚至数 Gb 的传输能力。但随着万兆以太网的出现，曾经代表网络和通信技术发展的未来方向的 ATM 技术，开始逐渐失去存在的意义。

2.2.2　集线器与交换机比较

局域网交换机起源于集线器（Hub）、网桥等广泛应用的网络通信基础设备，但它在引进数据包交换技术后，在性能和功能上有了很大的发展，集线器、网桥等设备正在被交换机所取代。

技术的进步带动了交换机价格的迅速下降，普通用户也有能力去购买这样的设备，但是同早期的网络设备（主要是同集线器）相比较，它有什么优势呢？这也是大多数用户所关心的问题。下面就对两种实现结果相同、但是工作机理不同的设备交换机（Switch）和集线器（Hub）做一对比，比较情况如表 2.1 所示。

表 2.1　交换机和集线器对比

	集　线　器	交　换　机
OSI 模型	物理层	数据链路层
级联数量	4 台（10M）/2 台（100M）	不限
是否查看报文	不能，只能再生整个报文	是，可以基于 MAC 地址转发报文
端口延迟	小于 3 μs	50～1 500μs 与报文大小有关
CSMA/CD	整体适用	仅适用于每个独立端口
网络设计用途	连接客户	分割冲突域

2.3　交换机的工作原理

以太网交换机是一种“网桥”设备，处于 OSI 第二层数据链路层。网桥（Bridge）是一种依靠软件对数据帧进行转发的设备，类似于计算机上安装多个网络适配器。

网桥将两个相似的网络连接起来，并对网络数据的流通进行管理。它工作于数据链路层，不但能扩展网络的距离或范围，而且可提高网络的性能、可靠性和安全性。它将网络划分成多个网段，隔离出安全网段，防止其他网段内的用户非法访问。由于网络的分段，各网段相对独立，一个网段的故障不会影响到另一个网段的运行。

网桥的功能在延长网络跨度上类似于中继器，然而它能提供智能化连接服务，即根据帧的终点地址处于哪一网段来进行转发和滤除。网桥对站点所处网段的了解是靠“自学习”实现的。

网桥的存储和转发功能与中继器相比有优点也有缺点，其优点有以下几点。

① 使用网桥进行互连克服了物理限制，这意味着构成 LAN 的数据站总数和网段数很容易扩充。

② 网桥纳入存储和转发功能可使其适应于连接使用不同 MAC 协议的两个 LAN，因而构成一个不同 LAN 混连在一起的混合网络环境。

③ 网桥的中继功能仅仅依赖于 MAC 帧的地址，因而对高层协议完全透明。

④ 网桥将一个较大的 LAN 分成段，有利于改善可靠性、可用性和安全性。

网桥的主要缺点是：由于网桥在执行转发前先接收帧并进行缓冲，与中继器相比会引入更多时延；由于网桥不提供流控功能，因此在流量较大时有可能使其过载，从而造成帧的丢失。

2.3.1 工作原理简述

交换机是依靠硬件（ASIC）对数据帧进行转发的设备，根据交换机内部的一个表格“MAC 地址表”实现数据帧的转发、过滤和 MAC 地址的学习功能。通过下面一个例子来说明交换机如何实现的数据帧的转发、过滤和 MAC 地址的学习功能过程。

第 1 步：当交换机初始化的时候，MAC 地址表是空的，如图 2.3 所示。

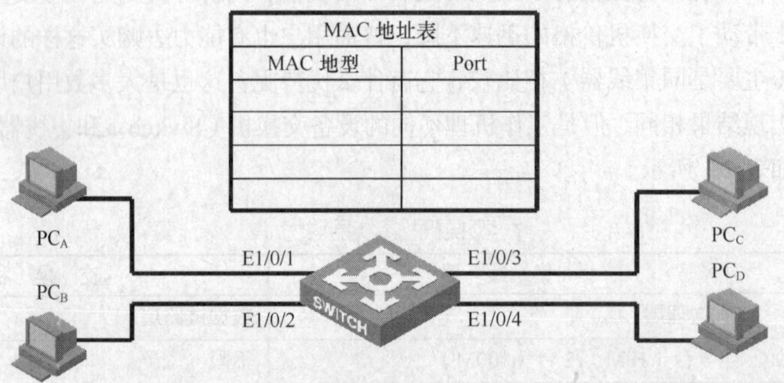

图 2.3　交换机初始 MAC 地址表

第 2 步：交换机根据收到数据帧中的源 MAC 地址建立该地址同交换机端口的映射，并将其写入 MAC 地址表中，如图 2.4 所示。

第 3 步：交换机将数据帧中的目的 MAC 地址同已建立的 MAC 地址表进行比较，以决定向哪个端口进行转发。经过一段时间的学习，交换机就会学习到交换机上所有端口所对经的 MAC 地址，如图 2.5 所示。

如果数据帧中的目的 MAC 地址不在 MAC 地址表中，则向所有端口转发。这一过程称之为泛洪（flood），广播帧和多播帧向所有的端口转发。

对于过滤功能，我们可以假设在图 2.5 中端口 E1/0/1 下通过集线器连接了 PC_A 和 PC_E，则其 MAC 地址如表 2.2 所示。当 PC_A 发送数据帧到 PC_E 时，由于集线器是物理层设备数据帧会发送到所有接口，PC_E 会收到该帧但同时交换机端口 E1/0/1 也会接收到该帧，此时交换机会查看 MAC 地址表，发现目的 MAC 地址与源 MAC 地址在同一本地端口下，则交换机会将该帧扔入交换机缓存中丢弃，这就是过滤功能。

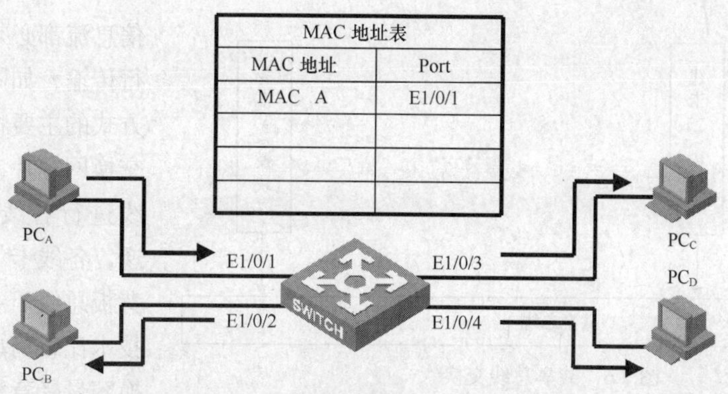

图 2.4　交换机通信过程中的 MAC 地址表

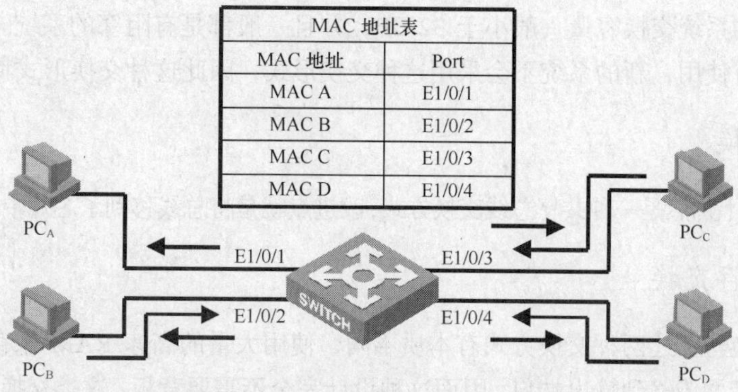

图 2.5　交换机最终形成的 MAC 地址表

表 2.2　　交换机和集线器对比

MAC 地址表	
MAC 地址	端　口
MAC_A　MAC_E	E1/0/1
MAC_B	E1/0/2
MAC_C	E1/0/3
MAC_D	E1/0/4

2.3.2　交换机的交换机制

交换背板是交换机最基本的硬件组成部分，提供插槽或端口间的连接和数据传输，交换背板的性能直接地影响着整机的处理性能。评价交换机交换能力的两个技术指标是背板的带宽和包转发率。交换机的背板带宽，是交换机接口处理器或线卡和数据总线间所能吞吐的最大数据量。

背板带宽标志了交换机总的数据交换能力，也称交换带宽，单位为 Gbit/s。一般的交换机的背板带宽从几 Gbit/s 到上百 Gbit/s 不等。一台交换机的背板带宽越高，所能处理数据的能力就越强。按交换机制可以分为 4 种：第 1 种是共享总线交换，第 2 种是环型交换，第 3 种是共享内存交换，第 4 种是 Crossbar 交换。

1.　共享总线交换

总线交换是最古老的一种数据交换方式，采用由一种介质组成的单块背板，模块之间的所有

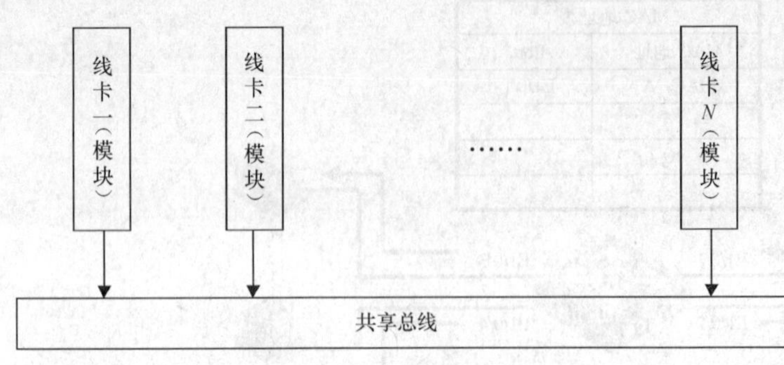

图 2.6　共享总线交换

信息流都必须经过这条总线进行传输，如图 2.6 所示。这种方式的主要特点是没有专门的交换网芯片，通过共享背板总线进行各线卡之间的数据传递，各线卡（模块）分时占用背板总线。主要优点是结构和技术比较简单，突出缺点是交换容量受背板总线带宽限制，无法构建大容量系统，并且随着背板总线带宽的增加，码流的同步控制也成为一大瓶颈。目前采用这种交换方式的系统交换容量一般小于 32 GB，并且一般都是有阻塞的系统。这种交换形式在一些老机型上仍有使用，新的系统不会采用这种交换形式，因此这种交换形式将逐渐被淘汰。

2. 环型交换

环型交换实质上仍然是一种共享总线交换方式，改进点就是将总线移到了芯片中，而不是在背板上。

3. 共享内存交换

共享内存交换与上述两种交换方式有本质不同，使用大量的高速 RAM 来存储输入数据，由于数据直接从存储器传输到输出端口，因而这种设计完全不需要背板。这类交换机比较容易实现，但受内存速度的限制无法支持大容量交换，在扩展到某个程度时存储器的存储操作会产生延迟，交换容量一般在 20 GB～80 GB。其次由于在这种设计中增中加冗余交换引擎不仅复杂、而且成本高，所以这种交换机不可避免地存在单故障点隐患。有鉴于此，共享型存储器交换机最适合于小系统、堆叠式系统或较大系统中的分布式交换模块。

4. Crossbar 交换

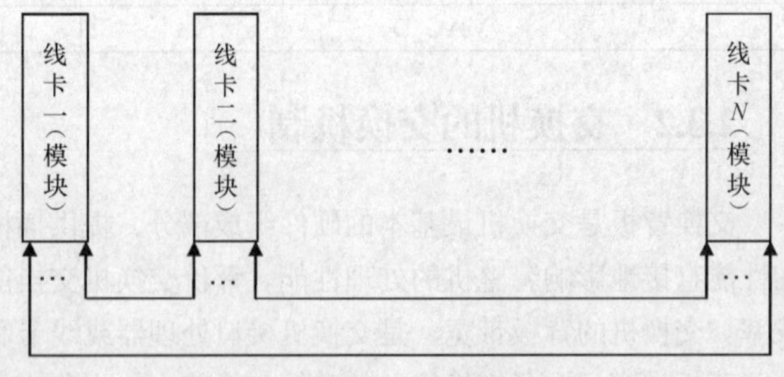

图 2.7　Crossbar

Crossbar 交换（又称为纵横制交换机或矩阵交换机）其结构的可扩展性与其实现方法有关，已知容量可以扩展到 100Gbit/s，如图 2.7 所示。成本和复杂性考虑是这种交换机的容量的主要限制因素。在点对点交换机的全矩阵实施方案中，每个模块都通过连线直接连至其他的每个模块，形成了全网状背板。由于每个模块都有自己的一组连接线，因而不必设置中央交换阵列。背板总容量等于连接线的总线（$N*(N-1)$）乘以一条点对点链路的传输速度。

前面 3 种交换结构都是某种程度上的共享带宽，背板交换共享背板总线带宽，环型交换共享环型总线带宽，共享内存交换共享 RAM 带宽。而 Crossbar 结构的交换网完全突破了这种限制，在交换网络内部没有带宽的瓶颈，即不会因为带宽资源不够而产生阻塞。Crossbar 结构的交换网采用了一种矩阵结构实现了无阻塞交换，Crossbar 交换网络在数据平面没有任何瓶颈。这正是因

为 Crossbar 引入了交换矩阵这种新的交换方式，摒弃了共享带宽的交换方式，在数据交换方式上是一种革命性的变化。Crossbar 交换网的扩展能力非常强，交换容量可以做的很大，基本不受硬件条件限制，目前单颗芯片交换容量在 256 G～700 G 之间，多颗芯片可以构建 T 级乃至几 T 容量的大型交换网络，足以满足当前和未来几年网络对交换容量的需求，并且随着硬件集成技术的进步，单颗 Crossbar 芯片支持的容量会更大。Crossbar 交换结构的大容量和强大的扩容能力正是高端设备首选这种结构的原因，这种交换结构极大的提高了高端设备的容量和未来的扩展能力。并且 Crossbar 交换结构具有良好的 QoS 保障机制，如仲裁，低时延，按端口按优先级的流控功能。值得一提的是与共享缓存相比，Crossbar 的交换时延几乎可以忽略不计。

2.4 交换机的组成

2.4.1 交换机的硬件组成

交换机在硬件上，由接口、主处理器、内存、FLASH、电源系统等构成。

① 中央处理器：与计算机一样，交换机也包含了一个中央处理器（CPU）。不同系列和型号的交换机，其中的 CPU 也不尽相同。

② ROM（Read Only Memory）：保存着交换机的引导或启动程序（Bootstrap Program）。这也是交换机运行的第一个软件（加电自检 POST：Power-On Self-Test），负责让交换机进入正常的工作状态。有些交换机将一套完整的 IOS 保存在 ROM 中，以便在另一个 IOS 不能使用时，作应急之用。ROM 通常存放在一个或多个芯片上。路由器中的 ROM 是可擦写的，所以 IOS 是可以升级的。

③ NVRAM（Nonvolatile Random Access Memory）：主要作用是保存操作系统在交换机启动时读入的配置数据，即常说的启动配置或备份配置。当交换机加电启动时，首先寻找和执行的即是该配置，如果该配置存在，路由器启动后，该配置就成了“运行配置”，当修改运行配置并执行存储后，运行配置就被复制到 NVRAM 中，当下次路由器加电后，该配置就会被自动调用。

④ FLASH：可以形象地比作我们常用的 PC 的硬盘，但远没有硬盘的容量大，主要用处是保存操作系统软件，维持交换机的正常工作。若交换机安装了 FLASH，它便是用来引导路由器的 IOS 软件的默认位置。

⑤ RAM（Random Access Memory）：与 PC 上的随机存储器相似，提供临时信息的存储，同时保存着当前的配置信息，即平常所说的运行配置，IOS 通过 RAM 满足其所有的常规存储的需要。

交换机加电启动过程如下。

第 1 步：系统硬件加电自检。运行 ROM 中的硬件检测程序，检测各组件能否正常工作。完成硬件检测后，开始软件初始化工作。

第 2 步：软件初始化过程。运行 ROM 中的 BootStrap 程序，进行初步引导工作。

第 3 步：寻找并载入操作系统文件。系统文件可以存放在多处，至于到底采用哪一个，是通过命令设置指定的。

第 4 步：操作系统装载完毕，系统在 NVRAM 中搜索保存的 Startup-Config 文件，进行系统的配置。如果 NVRAM 中存在 Startup-Config 文件，则将该文件调入 RAM 中并逐条执行，否则系统进入 Setup 模式，进行交换机初始配置。

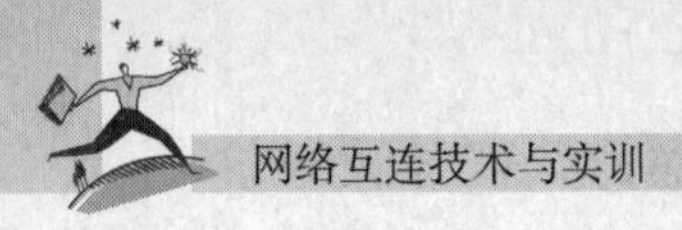

2.4.2 局域网交换机的种类及选择

网络设备市场对交换机有很多不同的命名，很大程度上是各品牌间对交换机不同的命名，局域网交换机根据使用的网络技术可以分为以太网交换机、令牌环交换机、FDDI 交换机、ATM 交换机、快速以太网交换机等。

按交换机应用领域来划分，可分为桌面型交换机、工作组交换机、部门级交换机、校园网交换机、企业级交换机。

① 企业级交换机：属于一类高端交换机，一般采用模块化的结构；可以提供用户化定制、优先级队列服务和网络安全控制，并能很快适应数据增长和改变的需要，从而满足用户的需求。企业级交换机一般都是吉比特以上以太网交换机，企业级交换机所采用的端口一般都为光纤接口，这主要是为了保证交换机高的传输速率。作为企业的骨干交换机时，能支持 500 个信息点以上大型企业应用的交换机为企业级交换机。

② 校园网交换机：应用相对较少，主要应用于较大型网络，且一般作为网络的骨干交换机。这种交换机具有快速数据交换能力和全双工能力，可提供容错等智能特性，还支持扩充选项及第三层交换中的虚拟局域网（VLAN）等多种功能。主要应用于物理距离分散的较大型网络中。这类交换机通常采用光纤或者同轴电缆作为传输介质，交换机当然也就需提供 SC 光纤口和 BNC 或者 AUI 同轴电缆接口。

③ 部门级交换机：面向部门级网络使用的交换机，它较前面两种所能应用的网络规模要小许多。这类交换机可以是固定配置，也可以是模块配置，一般除了常用的 RJ-45 双绞线接口外，还带有光纤接口。部门级交换机一般具有较为突出的智能型特点，支持基于端口的 VLAN（虚拟局域网），可实现端口管理，可任意采用全双工或半双工传输模式，可对流量进行控制，有网络管理的功能，可通过 PC 机的串口或经过网络对交换机进行配置、监控和测试。一般认为支持 300 个信息点以下中型企业的交换机为部门级交换机。

④ 工作组交换机：传统集线器的理想替代产品，一般为固定配置，配有一定数目的 10Base-T 或 100Base-TX 以太网口。工作组交换机一般没有网络管理的功能，一般认为支持 100 个信息点以内的交换机为工作组级交换机。

⑤ 桌面型交换机：这是最常见的一种最低档交换机，它区别于其他交换机的一个特点是支持的每端口 MAC 地址很少，通常端口数也较少（12 口以内，但不是绝对），只具备最基本的交换机特性，当然价格也是最便宜的。这类交换机虽然在整个交换机中属最低档的，但是相比集线器来说它还是具有交换机的通用优越性，况且有许多应用环境也只需这些基本的性能，所以它的应用还是相当广泛的。它主要应用于小型企业或中型以上企业办公桌面。在传输速度上，目前桌面型交换机大都提供多个具有 10/100Mbit/s 自适应能力的端口。

如果按交换机的端口结构来分，交换机大致可分为固定端口交换机和模块化交换机两种不同的结构。其实还有一种机箱式交换机是两者兼顾，那就是在提供基本固定端口的基础之上再配备一定的扩展插槽或模块。

① 固定端口交换机：所带有的端口是固定的，一般的端口标准是 8 端口、16 端口和 24 端口。固定端口交换机虽然相对来说价格便宜一些，但由于它只能提供有限的端口和固定类型的接口，因此，无论从可连接的用户数量上，还是从可使用的传输介质上来讲都具有一定的局限性，但这种交换机在工作组中应用较多，一般适用于小型网络、桌面交换环境。固定端口交换机因其安装

架构又分为桌面式交换机和机架式交换机。与集线器相同，机架式交换机更易于管理，更适用于较大规模的网络，它的结构要符合 19 英寸国际标准，它是用来与其他交换设备或者是路由器、服务器等集中安装在一个机柜中。而桌面式交换机，由于只能提供少量端口且不能安装于机柜内，所以，通常只用于小型网络。

② 模块化交换机：虽然在价格上要贵很多，但拥有更大的灵活性和可扩充性，用户可任意选择不同数量、不同速率和不同接口类型的模块，以适应千变万化的网络需求。而且，机箱式交换机大都有很强的容错能力，支持交换模块的冗余备份，并且往往拥有可热插拔的双电源，以保证交换机的电力供应。在选择交换机时，应按照需要和经费综合考虑选择机箱式或固定方式。一般来说，企业级交换机应考虑其扩充性、兼容性和排错性，因此，应当选用机箱式交换机；而骨干交换机和工作组交换机则由于任务较为单一，故可采用简单明了的固定式交换机。

根据交换机工作的协议层划分可分第二层交换机、第三层交换机和第四层交换机，工作的层次越高，说明其设备的技术性越高，性能也越好，档次也就越高。

① 第二层交换机：依赖于链路层中的信息（如 MAC 地址）完成不同端口数据间的线速交换，主要功能包括物理编址、错误校验、帧序列以及数据流控制。目前桌面型交换机一般是属于这类型，因为桌面型的交换机一般来说所承担的工作复杂性不是很强，又处于网络的最底层，所以也就只需要提供最基本的数据链接功能即可。目前第二层交换机应用最为普遍（主要是价格便宜，功能符合中、小企业实际应用需求），一般应用于小型企业或中型以上企业网络的桌面层次。要说明的是，所有的交换机在协议层次上来说都是向下兼容的，也就是说所有的交换机都能够工作在第二层。

② 第三层交换机：它比第二层交换机更加高档，功能更强。第三层交换机因为工作于 OSI/RM 模型的网络层，所以它具有路由功能，它是将 IP 地址信息提供给网络路径选择，并实现不同网段间数据的线速交换。当网络规模较大时，可以根据特殊应用需求划分为小而独立的 VLAN 网段，以减小广播所造成的影响。通常这类交换机是采用模块化结构，以适应灵活配置的需要。在大中型网络中，第三层交换机已经成为基本配置设备。

③ 第四层交换机：是采用第四层交换技术而开发出来的交换机产品，相对原来的第二层、第三层交换技术具有明显的优点，从操作方面来看，第四层交换是稳固的，因为它将包控制在从源端到宿端的区间中。另一方面，路由器或第三层交换，只针对单一的包进行处理，不清楚上一个包从哪来、也不知道下一个包的情况。它们只是检测包报头中的 TCP 端口数字，根据应用建立优先级队列，路由器根据链路和网络可用的结点决定包的路由；而第四层交换机则是在可用的服务器和性能基础上先确定区间。目前由于这种交换技术尚未真正成熟且价格昂贵，所以，第四层交换机在实际应用中目前还较少见。

如果按交换机是否支持网络管理功能，我们可以将交换机又可大分为网管型和非网管理型两大类。网管型交换机提供了基于终端控制口（Console）、基于 Web 页面以及支持 Telnet 远程登录网络等多种网络管理方式。但是，网管型交换机相对下面所介绍的非网管型交换机来说要贵许多。目前大多数部门级以下的交换机多数都是非网管型的，只有企业级及少数部门级的交换机支持网管功能。

局域网交换机是组成网络系统的核心设备。对用户而言，局域网交换机最主要的指标是端口的配置、数据交换能力、包交换速度等因素，因此在选择交换机时要注意以下事项。

① 交换端口的数量；

② 交换端口的类型；

③ 系统的扩充能力；

④ 主干线连接手段；

⑤ 交换机总交换能力；

⑥ 是否需要路由选择能力；

⑦ 是否需要热切换能力；

⑧ 是否需要容错能力；

⑨ 能否与现有设备兼容，顺利衔接网络管理能力。

交换机选购时，性能方面除了要满足 RFC2544 建议的基本标准，即吞吐量、时延、丢包率外，随着用户业务的增加和应用的深入，还要满足了一些额外的指标，如 MAC 地址数、路由表容量（三层交换机）、ACL 数目、LSP 容量、支持 VPN 数量等。

交换机功能是最直接指标。一般的接入层交换机，简单的 QoS 保证、安全机制、支持网管策略、生成树协议和 VLAN 都是必不可少的功能，经过仔细分析，在某些功能进行进一步的细分，而这些细分功能正是导致产品差异的主要原因，也是体现产品附加值的重要途径。

2.4.3 常用交换机产品介绍

H3C 能够提供业界覆盖最全面的交换机产品。从园区到数据中心、盒式到箱式、从 FE、GE 到 10G 和 100G，从 L2 到 L4/7，从 IPv4 到 IPv6，从接入到核心，用户都有最丰富选择和灵活组合。选择设备时，产品型号代表它的功能和结构，H3C 对产品命名的格式如下。

H3C S NN XX [SI|EI|HI] {Z|G|P|T|V|W|C|M|S|F}

① SI (Standard software Image)表示设备为标准版本，包含基础特性；

② EI(Enhanced software Image)表示设备为增强版本，包含某些高级特性；

③ HI(Hyper software Image)表示设备为高级版本，包含某些更高级特性；

④ Z，表示没有上行接口；（新产品不允许此位）

⑤ G，表示上行 GBIC 接口；

⑥ P，表示上行 SFP 接口；

⑦ T，表示上行 RJ-45 接口；

⑧ V，表示上行 VDSL 接口；

⑨ W，表示上行可配置 WAN 接口；

⑩ C，表示上行接口可选配；

⑪ M，表示上行接口为多模光口；

⑫ S，表示上行接口为单模光口；

⑬ F，表示下行接口为模板板，可插光接口板或电接口板，主要为兼容 3526F、3526EF、3552F 等老产品的命名。

当同时存在时，表示上行接口为多种接口类型复合。

美国思科公司（Cisco System Inc.）可谓无人不知，无人不晓。凭借它的 IOS（Internet Operating System），思科公司在多协议路由器市场上处于绝对领先的地位。目前，在 Internet 中，有近 80% 的路由器来自 Cisco。其实除了路由器这个主打产品之外，思科还有全线的网络设备，包括集线器、交换机、访问服务器、软硬防火墙、网络管理软件等。Cisco 非常注意对新技术的跟踪，通过一系列的合作与兼并，思科成功地介入了宽带接入、无线通信等新兴市场。Cisco 的交换机产

品以“Catalyst”为商标，包含 1900、2800、2900、3500、4000、5000、5500、6000、8500 等 10 多个系列。总的来说，这些交换机可以分为两类。

① 固定配置交换机，包括 3500 及以下的大部分型号，比如 1924 是 24 口 10M 以太交换机，带两个 100M 上行端口。除了有限的软件升级之外，这些交换机不能扩展；

② 模块化交换机，主要指 4000 及以上的机型，网络设计者可以根据网络需求，选择不同数目和型号的接口板、电源模块及相应的软件。

选择设备时，产品型号代表它的功能和特点，思科对 Catalyst 交换机产品命名的格式如下。

Catalyst NN XX [-C] [-M] [-A/-EN]

① NN 是交换机的系列号；

② XX 对于固定配置的交换机来说是端口数，对于模块化交换机来说是插槽数；

③ C 标志表明带光纤接口；

④ M 表示模块化；

⑤ A 和 EN 分别是指交换机软件是标准板或企业版。

练习题

1. 局域网常见类型包括（　）。

A. 以太网　　B. 令牌环网　　C. 令牌总线网　　D. FDDI

2. 局域网的常用线缆包括（　）。

A. 光纤　　B. 双绞线　　C. V.35 线缆　　D. 同轴电缆

3. 简述交换技术发展的几个阶段。
4. 交换机与集线器的不同点有哪些？
5. 三层交换机和二层交换机的不同有哪些？
6. 分别查找 4 款思科和 H3C 交换机型号，要求是部门级、模块化、三层交换机。

实训

实训 1　交换机的终端管理

1. 实训内容

交换机 Console 的配置。

2. 实训目的

掌握思科和 H3C 交换机系统相关配置。

3. 实训环境

H3C S26 或 S36 系列或者是思科 29 或 35 系列交换机交换机 1 台、PC1 台、直连网线 1 根、配置电缆 1 根。

4. 实训拓扑图

实训拓扑图如图 2.8 所示。

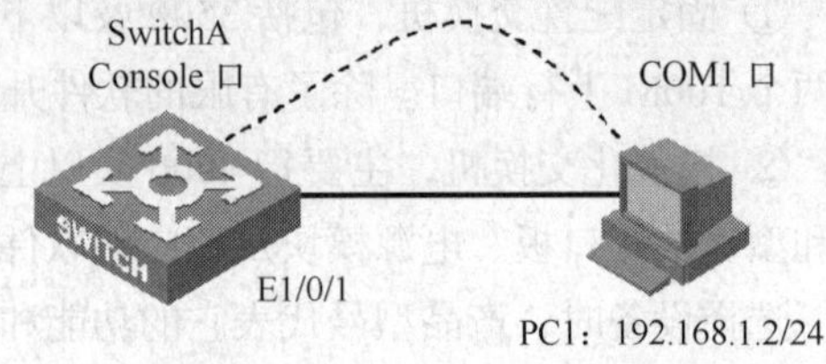

图 2.8 交换机终端管理

5. 实训要求

① 将 PC1 的 COM1 口与交换机 Console 口相连，配置交换机名字为 SwitchA，管理地址为：192.168.1.1/24；

② 开启 Telnet 服务并设置相关参数，设置相关安全设置。

6. 实训步骤

（1）H3C 设备配置步骤

第 1 步，进入系统视图，配置主机名，设置交换机 IP 地址并启动 Telnet 服务；

```
<Sysname> system-view
[Sysname]sysname SwitchA
[SwitchA]int vlan 1
[SwitchA-vlan-1]ip add 192.168.1.1 24
[SwitchA-vlan-1]quit
[SwitchA] telnet server enable
```

第 2 步，配置从 VTY 用户界面登录后可以访问的命令级别为 2 级；

```
[SwitchA] user-interface vty 0
[SwitchA-ui-vty0] user privilege level 2
```

第 3 步，设置 VTY0 用户界面支持 Telnet 协议；

```
[SwitchA-ui-vty0] protocol inbound telnet
```

第 4 步，设置 VTY0 用户的终端屏幕的一屏显示 30 行命令；

```
[SwitchA-ui-vty0] screen-length 30
```

第 5 步，设置 VTY0 用户历史命令缓冲区可存放 20 条命令；

```
[SwitchA-ui-vty0] history-command max-size 20
```

第 6 步，设置 VTY0 用户界面的超时时间为 6min；

```
[SwitchA -ui-vty0] idle-timeout 6
```

第 7 步，设置 Telnet 认证方式，认证方式分为 None（无认证）、Password（密码认证）、Scheme（用户名+口令认证）；

[SwitchA] user-interface vty 0

[SwitchA -ui-vty0] authentication-mode [none| password|Scheme]

[SwitchA -ui-vty0] set authentication password simple 1234 “如果选择 password 认证，该行命令必选，设密码为 1234”

[SwitchA] local-user test “如果选择 Scheme 认证，该行命令必选，设用户名为 test”

[SwitchA -luser-guest] password simple 1234 “如果选择 Scheme 认证，该行命令必选，设口令为 1234”

[SwitchA luser-guest] service-type telnet level 2 “如果选择 Scheme 认证，该行命令必选，设该用户级别为 2”

[SwitchA -luser-guest] quit

[SwitchA] domain default enable system “如果选择 Scheme 认证，该行命令必选，指定 system 域为缺省域”

[SwitchA] domain system　　“如果选择 Scheme 认证，该行命令必选”

[SwitchA -isp-system] authentication default local　“如果选择 Scheme 认证，该行命令必选并设置该域 Scheme 认证方式 local”

（2）思科设备配置步骤

第 1 步，进入全局模式，配置主机名、交换机 IP 地址、特权密码、启动 Telnet 服务；

```
Switch>enable
Switch#conf t
Switch(config)#hostname SwitchA
Switch(config)#password 1234
SwitchA(config)#int vlan 1
SwitchA(config-vlan1)#ip add 192.168.1.1 255.255.255.0
```

第 2 步，设置 Console 密码。

```
SwitchA(config)#line console 0
SwitchA(config-line)# login
SwitchA(config-line)#password 1234
```

第 3 步，设置 Telnet 参数。

```
SwitchA(config)#line vty 0 4
SwitchA(config-line)#exec-timeout 5 2
SwitchA(config-line)# login
SwitchA(config-line)#password 1234
SwitchA(config-line)#exit
SwitchA(config)# privilege configure level 3 username
SwitchA(config)# privilege configure level 3 copy run start
SwitchA(config)# privilege configure level 3 ping
SwitchA(config)# privilege configure level 3 show run
SwitchA(config)# enable secret level 3 cisco
```

第3章 二层安全控制技术

随着网络不断发展，网络攻击、网络病毒以及非法网络资源获取日益威胁着网络的正常运行。对于局域网内部网络安全和防护，最大的威胁来自于接入层，接入层是用户与网络的接入点，因此也是入侵者试图闯入的好地方或者网络病毒爆发的源点，需要在访问接入层实施安全控制策略，以保障网络的安全。通过多种网络安全技术，可以有效地将针对网络的破坏降到最低，将网络故障进行有效地隔离。本章就是针对接入层和汇聚层介绍了不同的安全防护技术。

本章学习要点

- 了解 VLAN 技术的原理。
- 掌握 802.1Q 协议的相关标准。
- 理解 VLAN 技术的分类与应用。
- 掌握接入层和汇聚层其他安全技术。

3.1 VLAN 技术原理

传统的局域网使用的是二层交换机代替集线器（Hub），每个端口可以看成是一根单独的总线，可以使冲突域缩小到每个端口，使得网络发送单播报文的效率大大提高，极大地提高了二层网络的性能。但是网络中所有端口仍然处于同一个广播域，交换机在传递广播报文的时候依然要将广播报文复制多份，发送到网络的各个角落。随着网络规模的扩大，网络中的广播报文越来越多，广播报文占用的网络资源越来越多，严重影响网络性能，这就是所谓的广播风暴问题。

过去由于交换机的二层网络工作原理的限制，交换机对广播风暴的问题无能为力。为了提高网络的效率，一般需要将通过路由器网络进行分段：把一个大的广播域划分成几个小的广播域。图 3.1 中用路由器替换图 3.2 中的中心结点交换机，使得广播报文的发

送范围大大减小。这种方案解决了广播风暴的问题，但是用路由器是在网络层上分段将网络隔离，网络规划复杂，组网方式不灵活，并且大大增加了管理维护的难度。作为替代的 LAN 分段方法，虚拟局域网（VLAN）被引入到网络解决方案中来，用于解决大型的二层网络环境面临的问题。

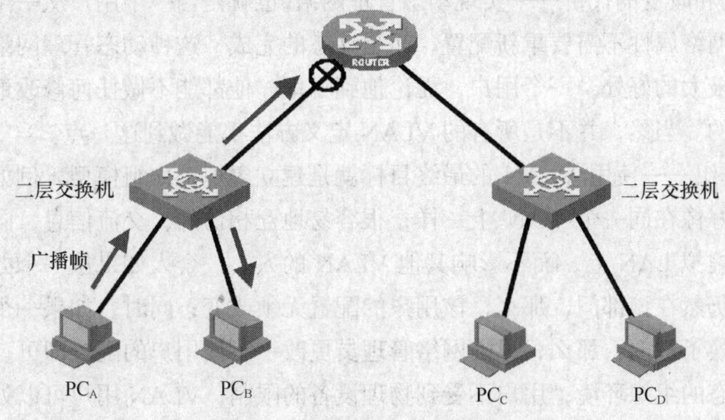

图 3.1　路由器划分广播域

3.1.1　VLAN 的定义和特点

虚拟局域网（Virtual Local Area Network，VLAN）逻辑上把网络资源和网络用户按照一定的原则进行划分，把一个物理上实际的网络划分成多个小的逻辑的网络。这些小的逻辑的网络形成各自的广播域，也就是虚拟局域网 VLAN。图 3.2 中几个部门都使用一个中心交换机，但是各个部门属于不同的 VLAN，形成各自的广播域，广播报文不能跨越这些广播域传送。

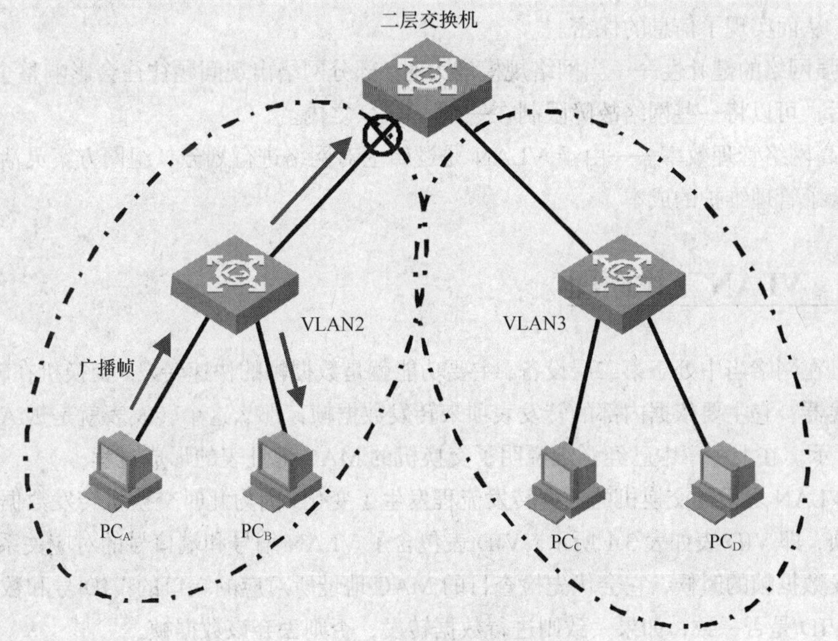

图 3.2　VLAN 技术分割广播域

虚拟局域网将一组位于不同物理网段上的用户在逻辑上划分成一个局域网内，在功能和操作上与传统 LAN 基本相同，可以提供一定范围内终端系统的互连。VLAN 与传统的 LAN 相比，具有以下优势。

① 减少移动和改变的代价——实现动态管理网络。也就是当一个用户从一个位置移动到另一个位置是，他的网络属性不需要重新配置，而是动态的完成，这种动态管理网络给网络管理者和使用者都带来了极大的好处，一个用户，无论他到哪里，他都能不做任何修改地接入网络，这种前景是非常美好的。当然，并不是所有的 VLAN 定义方法都能做到这一点。

② 虚拟工作组——使用 VLAN 的最终目标就是建立虚拟工作组模型。例如，在企业网中，同一个部门的就好像在同一个 LAN 上一样，很容易地互相访问，交流信息，同时，所有的广播包也都限制在该虚拟 LAN 上，而不影响其他 VLAN 的人。一个人如果从一个办公地点换到另外一个地点，而他仍然在该部门，那么，该用户的配置无须改变；同时，如果一个人虽然办公地点没有变，但他更换了部门，那么，只需网络管理员更改一下该用户的配置即可。这个功能的目标就是建立一个动态的组织环境；用户不受到物理设备的限制，VLAN 用户可以处于网络中的任何地方；VLAN 对用户的应用不产生影响。

VLAN 的应用解决了许多大型二层交换网络产生的问题，限制了广播包。它的主要特点集中表现在以下几个方面。

① 提高带宽的利用率——有效地解决了广播风暴带来的性能下降问题。一个 VLAN 形成一个小的广播域，同一个 VLAN 成员都在由所属 VLAN 确定的广播域内，那么，当一个数据包没有路由时，交换机只会将此数据包发送到所有属于该 VLAN 的其他端口，而不是所有的交换机的端口，这样，就将数据包限制到了一个 VLAN 内，在一定程度上可以节省带宽。

② 增强通信的安全性——VLAN 的数据包不会发送到另一个 VLAN，这样，其他 VLAN 的用户的网络上是收不到任何该 VLAN 的数据包，这样就确保了该 VLAN 的信息不会被其他 VLAN 的人窃听，从而实现了信息的保密。

③ 增强网络的健壮性——当网络规模增大时，部分网络出现问题往往会影响整个网络，引入 VLAN 之后，可以将一些网络故障限制在一个 VLAN 之内。

④ 提高网络管理效率——由于 VLAN 是逻辑上对网络进行划分，组网方案灵活，配置管理简单，降低了管理维护的成本。

3.1.2 VLAN 工作原理

交换机在网络当中处于第二层设备，主要功能就是数据帧的快速转发，交换机在转发数据时，不同于集线器，它主要依据内部的转发表项来转发数据帧，那么这个转发表就是 MAC 地址表，如图 3.3 所示。在上一章中已经详细说明了交换机的 MAC 地址表的形成过程。

划分 VLAN 之后的交换机的数据转发流程发生了变化，因为此时交换机转发数据时参考的依据多了一项，即 VID 表如表 3.1 所示。VID 表包含了 VLAN 编号和端口号的对应关系，当交换机再进行转发数据帧的时候，它会优先检查目的 MAC 地址所对应的端口的 VID 号和数据源所对应的端口的 VID 是否一致，如果一致则进行数据转发，否则丢弃该数据帧。

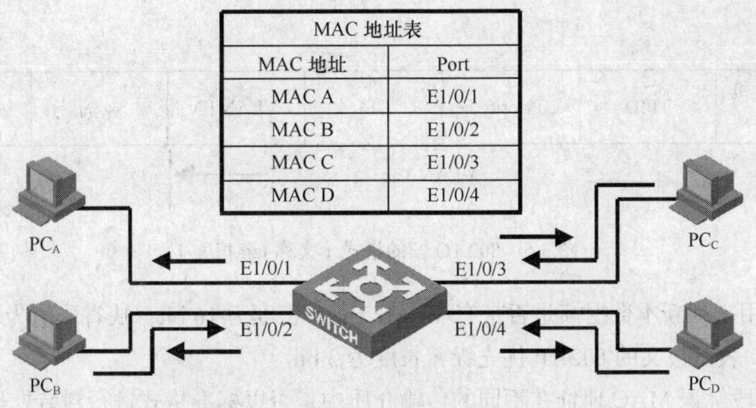

图 3.3　交换机最终形成的 MAC 地址表

表 3.1　VID 表

VLAN 编号（VID）	端　口
3	E1/0/1,E1/0/2,E1/0/3
2	E1/0/4,E1/0/5,E1/0/6
1	E1/0/7,E1/0/8,… E1/0/24

3.1.3　IEEE 802.1Q 协议

IEEE 802.1Q 是虚拟桥接局域网的正式标准，定义了同一个物理链路上承载多个子网的数据流的方法。IEEE 802.1Q 定义了 VLAN 帧格式，为识别帧属于哪个 VLAN 提供了一个标准的方法。这个格式统一了标识 VLAN 的方法，有利于保证不同厂家设备配置的 VLAN 可以互通。IEEE 802.1Q 定义了以下内容。

① VLAN 的架构；

② VLAN 中所提供的服务；

③ VLAN 实施中涉及的协议和算法

1. 802.1Q 帧的格式

IEEE 802.1Q 协议不仅规定 VLAN 中的 MAC 帧的格式，而且还制定诸如帧发送及校验、回路检测，对业务质量（QoS）参数的支持以及对网管系统的支持等方面的标准。

传统的以太网数据帧（见图 3.4）在目的 MAC 地址和源 MAC 地址之后封装的是上层协议的类型字段。

目标地址和源地址	类型（报文所属协议类型）	数据

图 3.4　传统的以太网数据帧格式（又称 untag 报文）

而 IEEE 802.1Q 协议规定在目的 MAC 地址和源 MAC 地址之后封装 4 个字节的 VLAN 标志（Tag），用以标识 VLAN 的相关信息，如图 3.5 所示。

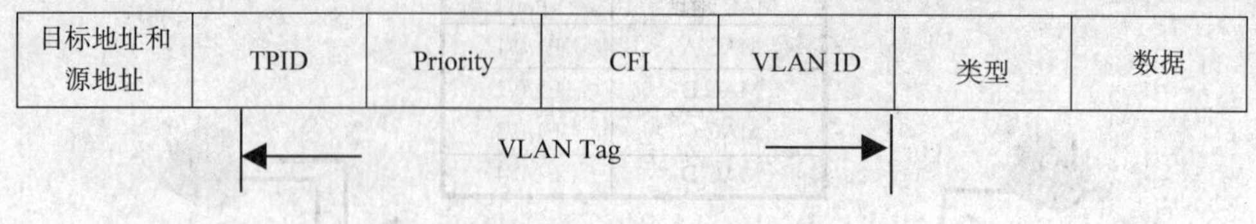

图 3.5　802.1Q 帧的格式（又称 tag 报文）

① TPID 用来判断本数据帧是否带有 VLAN Tag，长度为 16 bit，缺省取值为 0x8100。

② Priority 表示报文的 802.1P 优先级，长度为 3 bit。

③ CFI 字段标识 MAC 地址在不同的传输介质中是否以标准格式进行封装，长度为 1 bit，取值为 0 表示 MAC 地址以标准格式进行封装，为 1 表示以非标准格式封装，缺省取值为 0。

④ VLAN ID 标识该报文所属 VLAN 的编号，长度为 12 bit，取值范围为 0～4 095。由于 0 和 4 095 为协议保留取值，所以 VLAN ID 的取值范围为 1～4 094，交换机在初始情况下所有端口都属于 VLAN1，一般我们将 VLAN1 称之为默认 VLAN 或者本征 VLAN。网络设备利用 VLAN ID 来识别报文所属的 VLAN，根据报文是否携带 VLAN Tag 以及携带的 VLAN Tag 值，来对报文进行处理。

2. 交换机端口类型

支持 802.1Q 的交换机端口类型一般分为 Accesss、Trunk，思科、华为以及 H3C 等厂商的交换机均是这样划分的，但对于其他厂商的交换机叫法不同，如 D-LINK 的交换机的端口类型称之为 Untagged 和 Tagged，对于 H3C 的交换机它还增加了一个新的端口类型 Hybrid。

（1）Access

① Access 类型的端口只能属于一个 VLAN，一般用于连接计算机的端口；

② Access 接口接收到的数据帧都是 untag 报文，如果收到 tag 报文将自动丢弃；

③ Access 接口向外发送的数据帧时，必须保证数据帧中不包含 VLAN 标签，即必须是 untag 报文；

④ 在交换机初始状态所有端口的类型默认为 Access。

在 H3C 交换机 CLI 模式下配置命令如下：

[Switch]int e#/#/#　　“在系统视图下选择端口，e#/#/#接口编号”；

[Switch-Ethernet1/0/1]port　link-type　access　“在接口视图下指定类型为 access，默认设置”；

在思科交换机 CLI 模式下配置命令如下：

Switch（config）#int　f#/#　　“在全局模式下选择端口，f#/#接口编号；”

Switch（config-if）#switchport　mode　access　“在接口模式下指定类型为 access，默认设置”；

（2）Trunk

① Trunk 类型的端口默认属于 VLAN1，当 Trunk 端口所存在的本地交换机 VID 表中有多个 VLAN 时，那么 Trunk 端口也自动属于这些 VLAN，并自动加入到 VID 表中，例如假设端口 E1/0/1 属性为 Trunk 时，其交换机 VID 表如表 3.2 所示。

② Trunk 类型的端口可以接收和发送 VLAN1 的 untag 报文。

③ Trunk 类型的端口可以接收本地交换机 VID 表中存在的所有 VLAN 的 tag 报文，然后查找

VID 表向相应端口转发；当 Trunk 端口接收到含有本地交换机 VID 表不存在的 VID 标签的 tag 报文时将自动丢弃该数据帧。

④ Trunk 类型的端口向外发送数据帧时，都是含有 VID 值的 tag 报文；当向外发送的 tag 帧 VID 值为 1 时，其自动将其变为 untag 报文。

⑤ Trunk 类型的端口一般用于交换机之间连接的端口，两台交换机 Trunk 端口之间所连接的链路称之为 802.1Q 中继链路。

表 3.2　Trunk 端口在 VID 表中的表现

VLAN 编号（VID）	端　口
3	E1/0/1（Trunk），E1/0/2,E1/0/3
2	E1/0/1（Trunk），E1/0/4,E1/0/5,E1/0/6
1	E1/0/1（Trunk），E1/0/7,E1/0/8,… E1/0/24

在 H3C 交换机 CLI 模式下配置命令如下：

[Switch]int e#/#/#　　“在系统视图下选择端口，e#/#/#接口编号”；

[Switch-Ethernet1/0/1]port　link-type　trunk　“在接口视图下指定类型为 trunk”；

[Switch-Ethernet1/0/1]port　trunk　permit　vlan　{ VID | all }　“在接口视图下指定那些 VLAN 或者是全部 VLAN 可以通过中继链路进行转发”；

在思科中低端交换机（例如 Catelyst2960 系列交换机）CLI 模式下配置命令如下：

Switch（config）#int　f#/#　　“在全局模式下选择端口，f#/#接口编号”；

Switch（config-if）#switchport　mode　trunk　“在接口模式下指定类型为 trunk”；

Switch（config-if) #switchport　trunk　allow　vlan　{ VID | all }　“在接口模式下指定那些 VLAN 或者是全部 VLAN 可以通过中继链路进行转发”；

在思科高端交换机（例如 Catelyst6500 系列交换机）CLI 模式下配置命令如下：

Switch（config）#int　f#/#　　“在全局模式下选择端口，f#/#接口编号”；

Switch（config-if）#switchport　trunk　encapsulation　{dot1q | isl | negotiate}；

① 由于思科高端交换机对中继链路封装格式有两种标准分别是 802.1Q（前面已经介绍不再重复）和 ISL（Inter-Switch Link）思科所独有的标准；

② ISL 称之为交换机间链路，ISL 所产生的 tag 报文是在每个 untag 帧的头部增加 26 字节信息 VLAN 标签，在帧尾部附加 4 字节 CRC，因此 ISL 的 tag 报文中含有更多的域，但是它只支持 1 024 个 VLAN。大部分思科交换机只支持 802.1Q，但也有的思科交换机支持 ISL。当网络中同时存在 802.1Q 的 tag 报文和 ISL 的 tag 报文时，这两种技术无法兼容，会造成内部网络 VLAN 的混乱。如果真的存在上述情况，唯一的解决方法就是通过路由器透明桥接实现兼容；

③ 对于 negotiate 参数，属于默认模式会自动检测对端端口的封装格式；

Switch（config-if）#switchport　mode　trunk　“在接口模式下指定类型为 trunk”；

（3）Hybrid

① H3C 独有的类型，功能上可以认为是 Access 和 Trunk 的混合体。

② Hybrid 类型的端口通过设置 PVID 参数来指定该端口属于哪一个 VLAN，当 Hybrid 端口所存在的本地交换机 VID 表中有多个 VLAN 时，那么 Hybrid 端口不能自动但可以人为指定属于这些 VLAN 或者某几个 VLAN，并将 VID 表专门分为了 PVID 表和 VID 表，例如假设端口 E1/0/1

属于 Hybrid 类型时，它的 PVID 值设为 2，允许该端口可以访问 VLAN3、4，但不能访问 VLAN5、6，其 PVID 表和 VID 表分别如表 3.3 和表 3.4 所示。

③ Hybrid 端口接收 untag 报文时，首先查找 PVID 表读取本地端口所对应的 PVID 值，然后根据 PVID 值所对应的 VID 值，查找 VID 表来确定哪些端口可以访问，然后转发 untag 报文；接收到 tag 报文时，与 Trunk 端口处理方式一样。

④ Hybrid 端口向外发送数据帧时，如果此前本地交换机收到的该帧为 tag 报文则发送 tag 报文，如果此前本地交换机收到的该帧为 untag 报文则发送 untag 报文。

⑤ Hybrid 端口可以用于交换机之间连接，也可以用于连接用户的计算机。

表 3.3　　PVID 表（一对一的关系）

端　口	PVID 值
E1/0/1	2
E1/0/2	3
E1/0/3	3
E1/0/4	4
E1/0/5	4
E1/0/6	5
E1/0/7	5
E1/0/8	6
E1/0/9	6

表 3.4　　VID 表（一对多的关系）

VLAN 编号（VID 值）	端　口
2	E1/0/1（Hybrid），E1/0/2,E1/0/3,E1/0/4,E1/0/5
3	E1/0/1（Hybrid），E1/0/2,E1/0/3
4	E1/0/1（Hybrid），E1/0/4,E1/0/5
5	E1/0/6,E1/0/7
6	E1/0/8,E1/0/9

在 H3C 交换机 CLI 模式下配置命令如下：

[Switch]int e#/#/#　　　“在系统视图下选择端口，e#/#/#接口编号”；

[Switch-Ethernet1/0/1]port　link-type　hybrid　“在接口视图下指定类型为 hybrid”；

[Switch-Ethernet1/0/1]port　hybrid　pvid　vlan vlan-id　“在接口视图下指定 PVID 值，vlan-id 为 VID 的值”；

例如[Switch-Ethernet1/0/1]port　hybrid　pvid　vlan 2；

[Switch-Ethernet1/0/1]port　hybrid　vlan　vlan-id　vlan-id untagged　“在接口视图下指定可以互通的端口的 VLAN”；

例如[Switch-Ethernet1/0/1]port　hybrid　vlan　2 3 4　untagged。

3.2 VLAN 的分类及实现

在局域网中，为了能够满足局域网用户的安全隔离以及解决广播报文泛滥的问题，出现了以 802.1Q 为标准的 VLAN 技术，现在 VLAN 技术在网络中应用越来越广泛和成熟，其分类和功能

越来越复杂。

一般来说，按照 VLAN 技术的应用对象进行分类可以分为基于端口的 VLAN、基于 MAC 的 VLAN、基于协议的 VLAN、基于 IP 的 VLAN 等。对于基于端口的 VLAN，又可以分为基于单台交换机的 VLAN 应用和跨交换机 VLAN 应用。

3.2.1　基于端口的 VLAN

1. 基于单台交换机的 VLAN 应用

在一台交换机上将几个端口捆绑在一起形成一个或多个逻辑上虚拟的网络，这些端口所连接的设备无法与其他端口的设备通信。此时交换机处理的报文均为 untag 报文。它的应用范围仅限于小型局域网应用，设备相对固定。

例如，在某一小型公司只有 20 个左右的网络用户，在这种情况下，一台 24 口的二层可网管交换机就可以满足用户的网络需求。但是，为了保障相关部门的独立性和安全行，我们需要将其按照部门划分 VLAN，根据用户所连接的以太网交换机的端口来划分。假设我们将端口 E1/0/1 到 E1/0/5 分给财务部，将端口 E1/0/6 到 E1/0/10 分给行政部，将端口 E1/0/11 到 E1/0/20 分给市场部，此时我们需要建立 3 个 VLAN，分别是 VLAN 2、3、4。

这种划分的方法的优点是，定义 VLAN 成员时非常简单，只要将所有的端口都指定一下就可以了。它的缺点是，如果 VLAN A 的用户离开了原来的端口，到了一个新的交换机的某个端口，那么就必须重新定义。

针对上述的例子，我们可以形成表 3.5 的 VID 表。

表 3.5　　单台交换机 VID 表

VLAN 编号（VID）	端　口
2	E1/0/1 to E1/0/5
3	E1/0/6 to E1/0/10
4	E1/0/11to E1/0/20

（1）H3C 设备的配置命令

对于上述的 VID 表如果采用 H3C 的 2630E 交换机实现，在 H3C 交换机 CLI 模式下配置命令如下。

第 1 步，创建 VLAN 并进入 VLAN 视图；

[Switch] vlan　vlan-id　“在系统视图下分别建立 VLAN，vlan-id 表示 VID 的值”；

例如[Switch] vlan　2；

第 2 步，将指定端口加入到当前 VLAN 中；

[Switch-vlan2] port interface-list　“在 VLAN 视图下加入接口，interface-lis 表示接口编号”；

例如[Switch-vlan2]port E1/0/1 TO E1/0/5；

当然也可以在接口视图下将各个接口加入 VLAN。

[Switch]int e#/#/#　　　“在系统视图下选择端口，e#/#/#接口编号”；

[Switch-Ethernet1/0/1]port　link-type　access　“在接口视图下指定类型为 access，默认设置”；

[Switch-Ethernet1/0/1]port access vlan-id　“在接口视图下将该端口加入 VLAN，vlan-id 表示 VID 的值”；

（2）思科设备的配置命令

对于上述的 VID 表如果采用思科的 2950 交换机实现，在思科交换机 CLI 模式下配置命令如下。

第 1 步，创建 VLAN；

Switch（config）# vlan vlan-id [name vlan_name]“在全局模式下分别建立 VLAN，vlan-id 表示 VID 的值，vlan_name 表示 VLAN 的名字”；

例如 Switch（config）# vlan 2 name caiwu；

第 2 步，将指定端口加入到当前 VLAN 中；

Switch（config）#interface range fa#/star_of_range – end_of_range“在全局模式下加入接口，fa#/star_of_range 接口的起始编号 end_of_range 截止编号”；

例如 Switch（config）#interface range f0/1 - 5；

当然也可以在接口模式下将各个接口加入 VLAN。

SwitchA（config）# interface f#/# “在全局模式下选择端口，f#/#接口编号”；

SwitchA（config-if）# switchport mode access “在接口模式下指定类型为 access，默认设置”；

SwitchA（config-if）# switchport access vlan vlan-id “在接口视图下将该端口加入 VLAN，vlan-id 表示 VID 的值”；

2. 公共端口的应用

在单台交换机上划分 VLAN，实现技术比较简单，功能相对单一。在前面的例子中如果该公司需要行政、市场部门访问互联网，而禁止财务部门访问外网。此时 VLAN 技术的缺陷就显现出来，此时就需要分别为行政、市场两个 VLAN 添加接口，分别连接宽带路由器。这样就造成了网络资源的浪费。对于这种情况，将如何解决？

公共端口是指独立于其他 VLAN 的一个接口（见图 3.6），可以同时是被多个 VLAN 访问，但又不影响其他 VLAN 的访问控制功能。它一般属于 VLAN 1，当然也可以单独指定一个 VID 值。公共端口的属性有别于普通接口 Access 属性，对于思科的交换机而言，公共端口的属性只能是 Trunk 属性，由于 Trunk 端口只能接受和发送 tag 报文，因此必须要求与公共端口连接的设备支持 802.1Q 协议；对于 H3C 的交换机而言，公共端口的属性既可以是 Trunk 属性又可以是 Hybrid 属性，当端口为 Trunk 属性是只能接受和发送 tag 报文，因此必须要求与公共端口连接的设备支持 802.1Q 协议。当端口为 Hybrid 属性，对于与之相连接的设备没有要求。公共端口技术常用于宽带路由器、打印服务器等网络公共资源的设置。

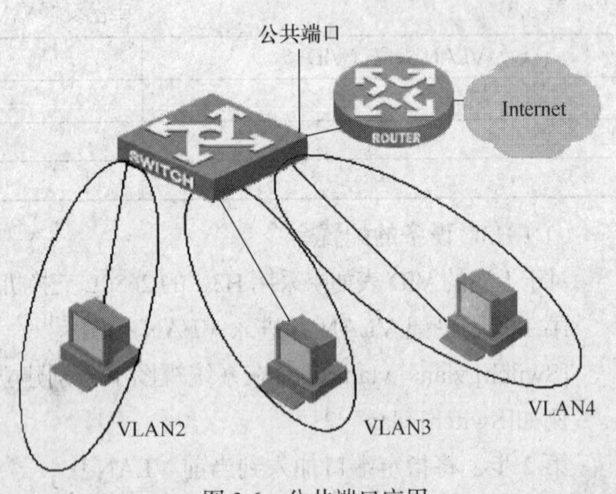

图 3.6 公共端口应用

3. 跨交换机的 VLAN 应用

在单一的交换机上不同 PC 之间进行通信时，交换机只要根据 VID 表来决定是否转发就可以

了。当用户规模超出了一台交换机的范围，可能同一 VLAN 同时出现在不同交换机上是，如何保障相同 VLAN 的通信以及不同 VLAN 的访问控制功能就必须依赖于 802.1Q 协议。

跨交换机的 VLAN（见图 3.7）是指在多个交换机上分别设置 VLAN 参数，将不同的交换机通过 Trunk 接口级联在一起，在中继链路传输 tag 报文，从而实现相同 VLAN 的通信以及不同 VLAN 的访问控制功能。

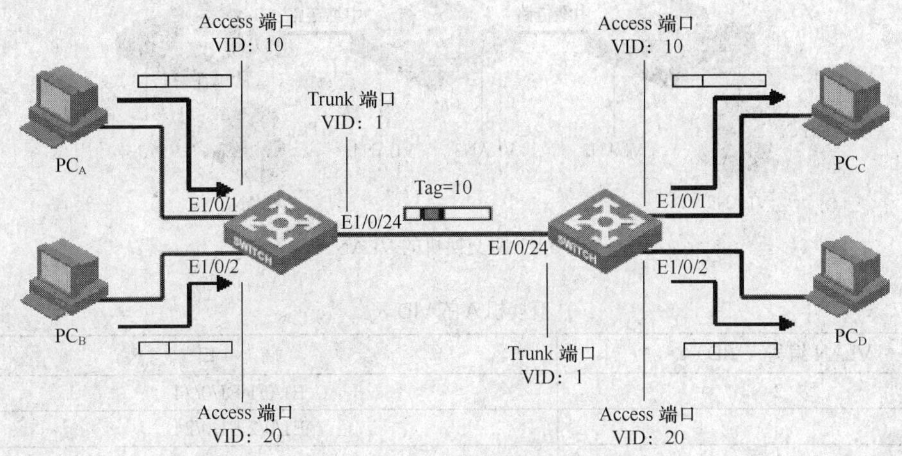

图 3.7　跨交换机的 VLAN

当同一 VLAN 的 PC_B 与 PC_D 通信时，其通信步骤如下。

第 1 步，PC_B 发出的 untag 报文进入交换机端口 E1/0/2，交换机会根据 VID 表，发现可以向端口 E1/0/24 转发报文。

第 2 步，当 E1/0/24 向外转发报文时，由于其为 Trunk 属性且报文来自于 VLAN20，则生成 VID 值为 20 的 tag 报文。

第 3 步，当带有 VID 值为 20 的 tag 报文进入另一台交换 Trunk 端口时，Trunk 端口会读取 tag 报文的 VID 值，并查找本地交换机的 VID 表，向端口 E1/0/2 转发。

第 4 步，当端口 E1/0/2 向外转发报文时，由于其属性为 Access，则去除 VLAN 标志，向外发送 untag 报文。

第 5 步，当 PC_D 收到 untag 报文时，会做出响应，发出 untag 的响应报文。

两台交换机 VID 表如表 3.6 所示。

表 3.6　两台交换机 VID 表

VLAN 编号（VID）	端　口
10	E1/0/1 E1/0/24
20	E1/0/2 E1/0/24
1	E1/0/3to E1/0/24

3.2.2　GVRP

当跨交换机的 VLAN 应用中交换机的数量超过两个且 VLAN 的数量增加时，会出现在不同交换机上同一 VLAN 的用户可能无法访问的情况。如图 3.8 和表 3.7、表 3.8、表 3.9 所示，当交

换机 A 中 VLAN 2 的用户 PCA 发送 untag 报文给交换机 C 中 VLAN 2 的用户 PCB 时，当交换机 A 的E1/0/24Trunk 端口发送 tag 报文进入交换机 B 的 E1/0/23Trunk 端口时，交换机 B 的 E1/0/23Trunk 端口会读取 tag 报文的 VID 值，并查找本地交换机的 VID 表，但是在表 3.8 中不存在 VID 值为 2 的信息，此时交换机 B 就会丢弃该报文，从而造成了不同交换机同一 VLAN 成员无法通信。

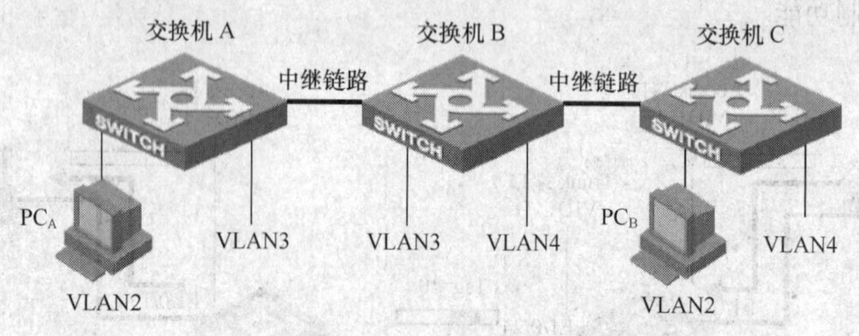

图 3.8　跨交换机的 VLAN

表 3.7　交换机 A 的 VID 表

VLAN 编号（VID）	端　口
2	E1/0/1 E1/0/24
3	E1/0/2 E1/0/24
1	E1/0/3 to E1/0/23

表 3.8　交换机 B 的 VID 表

VLAN 编号（VID）	端　口
3	E1/0/1 E1/0/23 E1/0/24
4	E1/0/2 E1/0/23 E1/0/24
1	E1/0/3 to E1/0/23

表 3.9　交换机 C 的 VID 表

VLAN 编号（VID）	端　口
2	E1/0/1 E1/0/24
4	E1/0/2 E1/0/24
1	E1/0/3to E1/0/23

产生上述问题的根本原因有如下两个。

① 各个交换机中的 VLAN 信息不一致，VLAN 是由网络管理员手工设置在交换机上的，对于上述问题除非网络管理人员在交换机 B 上设置上 VLAN 2 且不将任何接口加入该 VLAN，此时 Trunk 端口会自动成为 VID 表中的 VLAN 2 成员。但是这样做的话，对于复杂的网络，网络管理员无法短时间内完全了解网络的拓扑结构，或者是整个网络的 VLAN 太多时，工作量会非常大，而且非常容易配置错误。

② 当 Trunk 端口接收到含有本地交换机 VID 表不存在的 VID 标签的 tag 报文时将自动丢弃该数据帧。

GVRP（GARP VLAN registration protocol）被称为通用 VLAN 注册协议，专门用于解决多交换机中的 VLAN 信息不一致的问题。其中 GARP（通用属性注册协议）主要用于建立一种属性传递扩散的机制，以保证协议实体能够注册和注销该属性。GARP 作为一个属性注册协议的载体，可以用来传播属性。将 GARP 报文的内容映射成不同的属性即可支持不同上层协议应用。例如，

GMRP 和 GVRP。

① GMRP 是 GARP 的一种应用，用于注册和注销组播属性。

② GVRP 是 GARP 的一种应用，用于注册和注销 VLAN 属性。

GARP VLAN 注册协议（GVRP）是一种 GARP（通用属性注册协议）的应用，提供 802.1Q 兼容的 VLAN 裁剪（VLAN pruning）功能和在 802.1Q 干线端口（trunk port）上建立动态 VLAN。GVRP 定义在 IEEE 802.1P 标准中，允许对 802.1Q VLAN 进行控制。GVRP 交换机之间能够相互交换 VLAN 配置信息，裁剪不必要的广播和未知单播流量以及在通过 802.1Q 干线连接的交换机上动态创建和管理 VLAN。

GVRP 可以实现 VLAN 属性的自动注册和注销如图 3.9 所示。

① VLAN 的注册：指的是将端口自动加入 VLAN；

② VLAN 的注销：指的是将端口自动退出 VLAN。

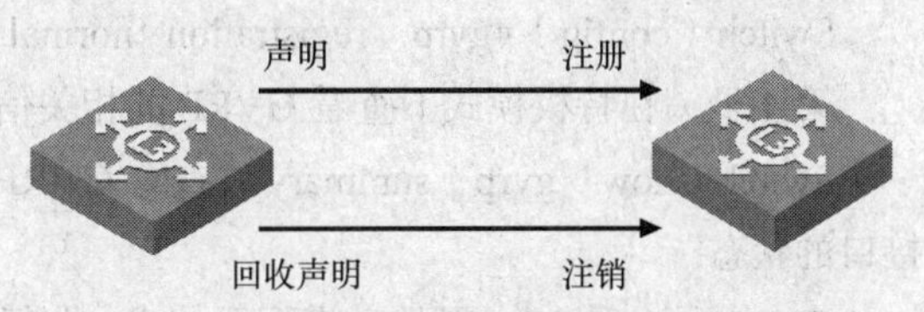

图 3.9　VLAN 的注册和注销

GVRP 通过声明和回收声明实现 VLAN 属性的注册和注销，且 GVRP 的属性注册和注销仅仅是对于接收到 GVRP 报文的端口而言的。

① 当端口接收到一个 VLAN 属性声明时，该端口将注册该声明中包含的 VLAN 信息（端口加入 VLAN）；

② 当端口接收到一个 VLAN 属性的回收声明时，该端口将注销该声明中包含的 VLAN 信息（端口退出 VLAN）。

手工配置的 VLAN 称为静态 VLAN，通过 GVRP 创建的 VLAN 称为动态 VLAN。GVRP 有 3 种注册模式，不同的模式对静态 VLAN 和动态 VLAN 的处理方式也不同。GVRP 的 3 种注册模式分别定义如下。

① Normal 模式：允许动态 VLAN 在端口上进行注册，同时会发送静态 VLAN 和动态 VLAN 的声明消息，缺省设置。

② Fixed 模式：不允许动态 VLAN 在端口上注册，只发送静态 VLAN 的声明消息。

③ Forbidden 模式：不允许动态 VLAN 在端口上进行注册，同时删除端口上除 VLAN 1 外的所有 VLAN，只发送 VLAN 1 的声明消息。

（1）H3C 设备的配置命令

第 1 步，[Switch]gvrp　“在系统视图下使能 GVRP”；

第 2 步，将交换机的相应端口 E#/#/#配置为 Trunk 端口，并允许必要的 VLAN 通过；

```
[Switch]interface  e#/#/#
[Switch -Ethernet#/#/#]port link-type trunk
[Switch -Ethernet#/#/#]port trunk permit vlan all
```

第 3 步，[Switch -Ethernet#/#/#]gvrp “在交换机的相应端口 E#/#/#上使能 GVRP”；

第 4 步，[Switch -Ethernet#/#/#]gvrp　registration {normal |Fixed |Forbidden}　“在交换机的相应端口 E#/#/#上设定 GVRP 注册模式”。

（2）思科设备的配置命令（下列配置只在思科一些高端交换机或者 COS 系统下的交换机才能支持）

第 1 步，将交换机的相应端口 fa/#/#配置为 Trunk 端口，并允许必要的 VLAN 通过；

Switch（config）#int　f#/#　　　“在全局模式下选择端口，f#/#接口编号”

Switch（config-if）#switchport　mode　trunk　“在接口模式下指定类型为 trunk”

Switch（config-if)) #switchport　trunk　allow　vlan　“在接口模式下指定那些 VLAN 或者是全部 VLAN 可以通过中继链路进行转发”

第 2 步，在全局模式下，开启 GVRP；

Switch（config）#gvrp global

第 3 步，在全局模式下指定 GVRP 注册模式；

Switch（config）#gvrp　registration {normal |Fixed |Forbidden}

第 4 步，在特权模式下查看 GVRP 的相关信息。

Switch#show　gvrp　summary “查看 GVRP 的配置”或者 show　gvrp interface “查看 GVRP 接口的状态”

GVRP 是一种 VLAN 的动态配置技术，在复杂的组网环境中应用 GVRP，能够简化 VLAN 配置管理，减少因为配置不一致而导致的网络互通问题。此外，没有收到 VLAN 注册消息的端口不会加入动态 VLAN，从而实现了 VLAN 的裁减，抑制了不必要的流量。随着 GVRP 支持 MSTP 多实例，在未来的组网应用中，GVRP 将会得到更广泛的应用。

3.2.3　VTP

VTP 也是用于解决多交换机中的 VLAN 信息不一致的问题，只不过 VTP 是思科设备的私有协议。VTP（VLAN 中继协议）是一种消息协议，使用第二层帧，在全网的基础上管理 VLAN 的添加、删除和重命名，以实现 VLAN 配置的一致性。VTP 可以用 VTP 管理网络中 VLAN1 到 1005，在一台交换机上集中进行 VLAN 的配置变更，所作的变更会被自动传播到网络中所有其他的交换机上。

VTP 使用域的概念，管理在一个域内的所有 VLAN，在同一管理域中的交换机共享它们的 VLAN 信息，并且一个交换机只能参加到一个 VTP 管理域，不同域中的交换机不能共享 VTP 信息。

VTP 域也称为 VLAN 管理域，由一个以上共享 VTP 域名的相互连接的交换机组成。要使用 VTP，就必须为每台交换机指定 VTP 域名。VTP 信息只能在 VTP 域内保持，一台交换机可属于并且只属于一个 VTP 域。

VTP 模式有以下 3 种模式。

① 服务器模式（Server 缺省）：VTP 服务器控制着它们所在域中 VALN 的生成和修改，所有的 VTP 信息都被通告在本域中的其他交换机，而且所有这些 VTP 信息都是被其他交换机同步接收的。

② 客户机模式（Client）：VTP 客户机不允许管理员创建、修改或删除 VLAN，它们监听本域中其他交换机的 VTP 通告，并相应修改它们的 VTP 配置情况。

③ 透明模式（Transparent）：VTP 透明模式中的交换机不参与 VTP，当交换机处于透明模式时，它不通告其 VLAN 配置信息. 而且，它的 VLAN 数据库更新与收到的通告也不保持同步，但它可以创建和删除本地的 VLAN。不过这些 VLAN 的变更不会传播到其他任何交换机上。

缺省情况下，Catalyst 交换机处于 VTP 服务器模式，并且不属于任何管理域，直到交换机通

过中继链路接收了关于一个域的通告，或者在交换机上配置了一个 VLAN 管理域，交换机才能在 VTP 服务器上把创建或者更改 VLAN 的消息通告给本管理域内的其他交换机。如果在 VTP 服务器上进行了 VLAN 配置变更，所做的修改会传播到 VTP 域内的所有交换机上。如果交换机配置为“透明”模式，可以创建或者修改 VLAN，但所做的修改只影响单个的交换机。控制 VTP 功能的一项关键参数是 VTP 配置修改编号，这个 32 位的数字表明了 VTP 配置的特定修改版本，配置修改编号的取值从 0 开始，每修改一次，就增加 1 直到达到 4 294 967 295，然后循环归 0，并重新开始增加。每个 VTP 设备会记录自己的 VTP 配置修改编号，VTP 数据包会包含发送者的 VTP 配置修改编号。这一信息用于确定接收到的信息是否比当前的信息更新。要将交换机的配置修改号置为 0，只需要禁中继，改变 VTP 的名称，并再次启用中继。

使用 VTP 时，加入 VTP 域的每台交换机在其中继端口上通告如下信息。

① 管理域；

② 配置版本号；

③ 它所知道的 VLAN；

④ 每个已知 VLAN 的某些参数。

这些通告数据帧被发送到一个多点广播地址(多播地址)，以使所有相邻设备都能收到这些帧。新的 VLAN 必须在管理域内的一台服务器模式的交换机上创建和配置，该信息可被同一管理域中所有其他设备学到，VTP 帧是作为一种特殊的帧发送到中继链路上的。

VTP 还有一个重要的功能，就是修剪(VTP PRUNING)，它能减少中继端口上不必要信息量。在 Catalyst 交换机上，VTP 修剪功能缺省是关闭的。缺省情况下发给某个 VLAN 的广播会送到每一个在中继链路上承载该 VLAN 的交换机。即使交换机上没有位于那个 VLAN 的端口也是如此。VTP 通过修剪，来减少没有必要扩散的通信量，来提高中继链路的带宽利用率。

在 VTP 管理域中，有两个 VTP 版本可供采用，Catalyst 交换机既可运行版本 1，也可运行版本 2，但是一个管理域中这两个版本是不可互操作的。因此在同一个 VTP 域中，每台交换机必须配置相同的 VTP 版本。交换机上默认的版本协议是 VTP 版本 1，如果要在域中使用版本 2，只要在一台服务器模式交换机配置 VTP 版本 2 就可以了。VTP 版本 2 增加了版本 1 所没有的以下主要功能。

① 与版本相关的透明的模式：在 VTP 版本 1 中一个 VTP 透明模式的交换机在用 VTP 转发信息给其他交换机时，先检查 VTP 版本号和域名是否与本机相匹配，匹配时才转发该消息。VTP 版本 2 在转发信息时，不检查版本号和域名；

② 令牌环支持：VTP 版本 2 支持令牌环交换和令牌环 VLAN，这个是 VTP 版本 2 和版本 1 的最大区别。

思科设备配置 VTP：

第 1 步，确定将在网络中运行的 VTP 版本。

switch(config)#vtp version {1|2}　“在全局模式下确定版本 1 缺省还是 2”

第 2 步，建立域并为域选择交换机成员。

switch(config)#vtp domain xxx　“在全局模式下确定域名 xxx，并将该交换机加入到该域，域名长度可达 32 字符”

switch(config)#no vtp domain xxx “在全局模式下在 xxx 域中删除该交换机或者将交换配置为透明模式即可让这个交换机脱离该 VTP 管理域”

第 3 步，为了使管理域更安全，域中每个交换机都需要配置域名和口令，并且这些交换机的域名和口令必须一致。

switch(config)#vtp password xxxx “在全局模式下确定域/内密码为 xxxx，口令可达 64 个字符长度”

第 4 步，为交换机选择一个 VTP 的工作模式并决定是否需用启用修剪功能。

switch(config)#vtp mode {server|client| transparent} “在全局模式下确定本地交换机的模式，建议至少将两台核心交换机设置为 VTP 服务器模式，而将其他交换机设置为 VTP 客户机模式，设置为透明模式时不与网络中的其他交换机共享 VLAN 信息”

switch(config)#vtp pruning “在全局模式下启用修剪功能，当在命令前加 no 时则修剪功能”

当然也可以在 Trunk 接口下指定哪些 VLAN 启用修剪功能。

switch(config)#interface fa#/#

switch(config-if)#switchport trunk pruning vlan vlan-id

第 5 步，在全局模式下使用 show vtp status 查看 VTP 信息。

3.2.4 基于 MAC 地址的 VLAN

基于 MAC 地址的 VLAN（见图 3.10）是根据每个主机的 MAC 地址来划分，即对所有主机都根据它的 MAC 地址配置主机属于哪个 VLAN；交换机维护 VID 表，这个 VID 表记录 MAC 地址和 VLAN 的对应关系。这种划分 VLAN 的方法的最大优点就是当用户物理位置移动时，即从一个交换机换到其他的交换机时，VLAN 不用重新配置，所以，可以认为这种根据 MAC 地址的划分方法是基于用户的 VLAN。

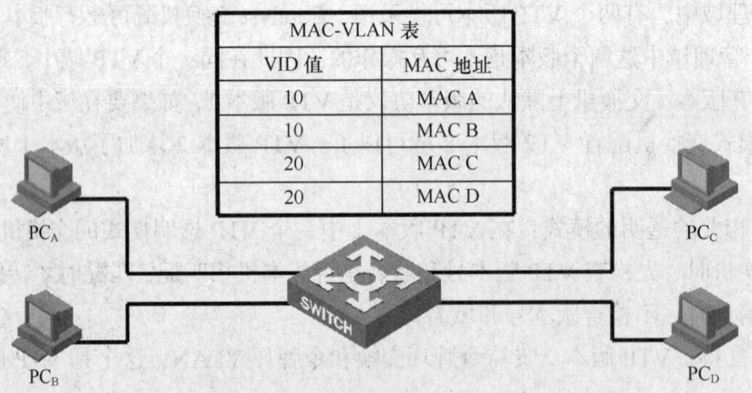

图 3.10 基于 MAC 地址的 VLAN

这种方法的缺点是初始化时，所有的用户都必须进行配置，如果用户很多，配置的工作量是很大的。此外这种划分的方法也导致了交换机执行效率的降低，因为在每一个交换机的端口都可能存在很多个 VLAN 组的成员，这样就无法限制广播包。另外，对于使用笔记本电脑的用户来说，他们的网卡可能经常更换，这样 VLAN 就必须不停的配置。

1. H3C 交换机的配置

H3C 的交换机实现基于 MAC 的 VLAN 功能，只能 VLAN 成员所连接的交换机端口必须是

Hybrid 属性，配置步骤如下：

第 1 步，通过指定 mask 参数配置 MAC-VLAN 表，用于描述 MAC 地址、VLAN、优先级之间的关系；

[Switch] mac-vlan mac-address mac-add vlan [mask mac-mask] vlan vlan-id [priority pri] “在系统视图下将主机 MAC 地址（可以包含 MAC 地址的掩码，从而可以实现一次指定多个 MAC 地址）加入某一 VLAN（也可以同时为该 VLAN 发送的 tag 报文中设定优先级）”

如[SwitchA] mac-vlan mac-address 0002-8888-0001 vlan 2

第 2 步，在用户端口设置 Hybrid 属性和开启 MAC VLAN 功能；

```
[Switch]interface    e#/#/#
[Switch -Ethernet#/#/#]port link-type hybrid
[Switch -Ethernet#/#/#]mac-vlan enable
```

2. 思科交换机的配置

H3C 的交换机通过手工指定 MAC 地址和 VLAN 的关系，我们可以称这种 VLAN 为静态 VLAN。对于思科的交换机它是通过 VMPS，基于源 MAC 地址动态的、在交换机端口上划分 VLAN，我们可以称之为动态 VLAN，如图 3.11 所示。

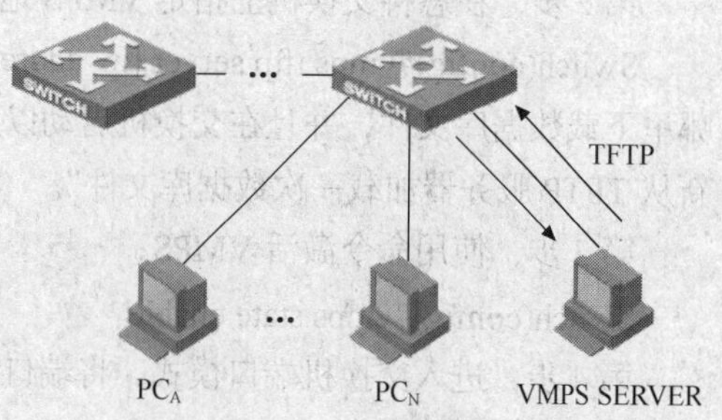

图 3.11　思科基于 MAC 的 VLAN

VMPS 被成为 VLAN 管理策略服务器（VLAN Management Policy Server）属于 Client/Server 架构。VMPS 包括一个映射 MAC 地址到 VLAN 分配的数据库。当一个帧到达动态端口时，交换机根据帧的源地址查询 VMPS，获取相应的 VLAN 分配。

动态 VLAN 使用智能管理软件，可以基于 MAC 地址、协议甚至应用程序来动态创建 VLAN。思科设备管理员可以使用 VMPS 的服务来建立 MAC 地址数据库，并根据这个动态创建 VLAN，VMPS 数据库把 MAC 地址映射到 VLAN 上。它的具体工作步骤如下。

① 当启动了 VMPS 以后，交换机首先会从一个预先指定好的 TFTP 服务器上下载 MAC 地址-VLAN 的映射数据库，然后打开一个 UDP 进程来监听从客户端发来的请求，并进行处理。

② 当 VMPS 接到从客户端发来的一个合法请求后，首先查看数据库中是否有该 MAC 地址-VLAN 的映射记录。如果有，则把对应的 VLAN 号发给客户端交换机；如果没有，且 VMPS 处于非安全模式下，则客户端只是简单地拒绝该主机的访问；同样是没有该 MAC 地址的映射记录，但 VMPS 处于安全模式下，则客户端交换机上连接该 MAC 的断口被关闭，要重新开启此端口，只有进行手工操作。

③ 用户可以配置一个缺省的 VLAN，如果数据库中没有该 MAC 的记录，则它会被分配到这个 VLAN 上。用户也可以使用 NONE 关键字来明确地指定一个 MAC 不能属于某个 VLAN。

VMPS 还提供了一些策略，以使 VMPS 配置起来更加灵活。这些策略包括端口组（Port-group）和 VLAN 组（VLAN-group）。

具体配置步骤如下：

第 1 步，要搜集 MAC 地址，再来做 MAC 地址到 VLAN 的映射，然后保存为文本文件（数据库文件），存放到 TFTP 服务器上，一般 VMPS 数据库格式；

例如，其文本文件如下。

VMPS Database for TEST

vmps domain TEST　　　　　　　　　　“指定 VMPS 域名为 TEST”

vmps mode open　　　　　　　　　　　“指定 VMPS 模式”

vmps fallback　NONE　　　　　　　　“定义缺省 VLAN 名为 NONE”

MAC Addresses

vmps-mac-addrs

address <addr>; vlan-name <vlan_name>;

address 0002.1111.1111 vlan-name shichang　“将 MAC 地址为 0002.1111.1111 与 VLAN shichan 建立映射”

address 0002.2222.2222 vlan-name shichang

address 0002.3333.3333 vlan-name shichang

第 2 步，在思科交换机上指定 VMPS 地址和数据库文件名；

Switch(config)#vmps tftp server [ip_address] [filename_VMPS_Database]“在全局模式下指定在哪里下载数据库文件，并且在交换机启动以后加载到 RAM 中，交换机每次启动的时候，都会重新从 TFTP 服务器加载一次数据库文件”。

第 3 步，使用命令激活 VMPS；

Switch(config)#vmps state enable

第 4 步，进入交换机端口模式，将端口设为动态分配 VLAN；

Switch(config)# int fa#/#

Switch(config-if)# switchport access vlan dynamic

第 5 步，在其他交换机指定与 VMPS 服务器相连的交换机地址；

Switch(config)# vmps server [ip_address_of_Switch] [primary]

3.2.5　基于协议的 VLAN

基于协议的 VLAN（见图 3.12）是根据端口上收到的 untag 报文中的 type 字段，来给报文分配不同的 VLAN，然后将数据帧自动划分到指定的 VLAN 中传输。此特性主要用于将网络中提供的服务类型与 VLAN 相绑定，方便管理和维护。基于协议的 VLAN 可以划分 VLAN 的协议有 IPI、PX、Apple Talk（AT），封装格式有 EthernetII、802.3 raw、802.2 LLC、802.2 SNAP 等。实际当中的应用比较少，目前网络中主机运行的都是 IP，运行其他协议的主机很少。

H3C 配置基于协议 VLAN 配置只对 Hybrid 属性的端口才有效，具体步骤如下：

第 1 步，创建 VLAN 并进入 VLAN 视图；

[Switch] vlan vlan-id

第 2 步，在 VLAN 视图下创建协议模板，匹配网络协议；

[Switch-vlan-id] protocol-vlan　protocol　“主要协议是 IP、IPX、AT”

第 3 步，在端口视图下将端口加入 VLAN；

[Switch-Ethernet#/#/#]port　hybrid　vlan　vlan_id

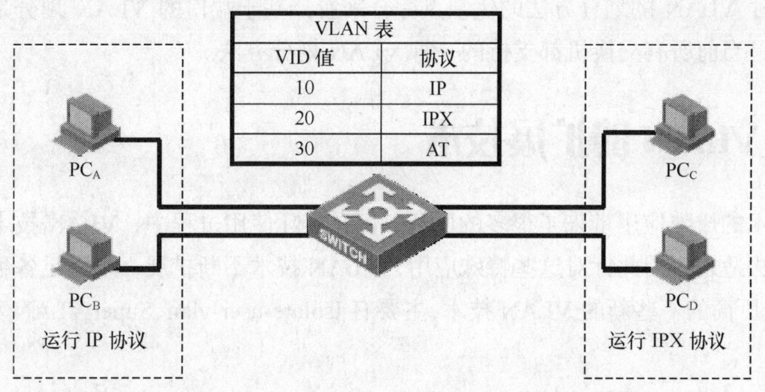

VLAN 表	
VID 值	协议
10	IP
20	IPX
30	AT

图 3.12　基于协议的 VLAN

3.2.6　基于 IP 的 VLAN

基于 IP 子网的 VLAN（见图 3.13）是根据报文源 IP 地址及子网掩码作为依据来进行划分的。设备从端口接收到报文后，根据报文源 IP 地址，找到与现有 VLAN 的对应关系，然后自动划分到指定的 VLAN 中转发。类似基于 MAC 的 VLAN，用户自由移动位置而不影响交换机配置，并且可以按照传输协议进行子网划分，从而实现针对具体应用服务来组织管理用户。但是它也有几个不足，首先要求交换机必须是三层高端交换机，实现技术成本高；其次交换机必须检查每个数据包的网络地址，这将耗费交换机的资源；最后同一个端口可能存在多个 VLAN 用户，这对广播的抑制效率有所下降。

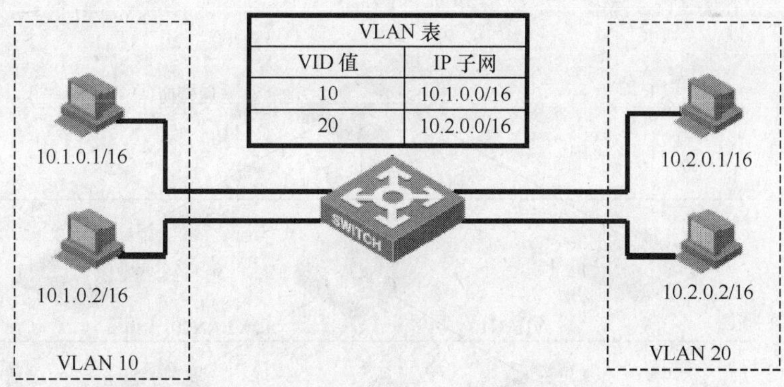

VLAN 表	
VID 值	IP 子网
10	10.1.0.0/16
20	10.2.0.0/16

图 3.13　基于 IP 的 VLAN

H3C 配置基于 IP 的 VLAN 配置只对 Hybrid 属性的端口才有效，具体步骤如下：

第 1 步，在 VLAN 视图下将 VLAN 与指定的 IP 子网建立关联；

[Switch-vlan-id]ip-subnet-vlan [ip-subnet-index] ip ip-address [mask]

例如：[Switch- vlan 10]ip-subnet-vlan ip 10.1.0.0 255.255.0.0

[Switch- vlan 20]ip-subnet-vlan ip 10.2.0.0 255.255.0.0

第 2 步，在端口视图下将当前端口与基于 IP 子网的 VLAN 建立关联；

[Switch-Ethernet#/#/#]port　hybrid ip-subnet-vlan vlan vlan_id

从上述几种 VLAN 的划分方法的优缺点综合来看，基于端口的 VLAN 划分是最普遍使用的方法之一，它是当前所有交换机都支持的一种 VLAN 划分方法。

3.3 VLAN 的扩展技术

VLAN 技术的成熟应用带来了很多的便利，但在实际使用过程中，VLAN 技术还有或多或少的应用场景无法适用。因此针对这些特殊应用，VLAN 技术不断扩展，来满足各种的应用。本节主要介绍 H3C 厂商的一些新的 VLAN 技术，主要有 Isolate-user-vlan、Super VLAN 和 VLAN VPN。

3.3.1 Isolate-user-vlan

Isolate-user-vlan 是一种纯二层的 VLAN 技术。它的主要目标是在解决大量接入层用户隔离问题的同时又不增加汇聚层设备负担。例如，对于小区宽带接入，运营商一般要求接入用户互相隔离，VLAN 是天然的隔离技术，当时 802.1Q 协议规定，设备最大可使用的 VLAN 资源是 4 094 个。对于运营商而言其 VLAN 资源远远不够。Isolate-user-vlan 技术应用而生，它既能保障接入层用户之间的隔离，又能将接入层的 VLAN ID 屏蔽掉，运营商只可以发现汇聚层的 VLAN ID，此时 4 094 个 VLAN 就可以满足要求。

下面以图 3.14 为例，介绍其实现的主要原理接入交换机 SA 或 SB 的所有用户共享同一个 VLAN，然后（要求 SA 和 SB 上的所有端口都必须是 Hybrid 属性）接入到汇聚交换机（SC），对于 SC 而言它的 VID 表中只有 VLAN 10、20（称这些 VLAN 为 Isolate-user-vlan）的信息，并不能发现 SA 或 SB 下的 VLAN 信息。而接入交换机 SA 或 SB 的用户之间采用独立的 VLAN ID（称这些 VLAN 为 Secondary VLAN）进行用户隔离。

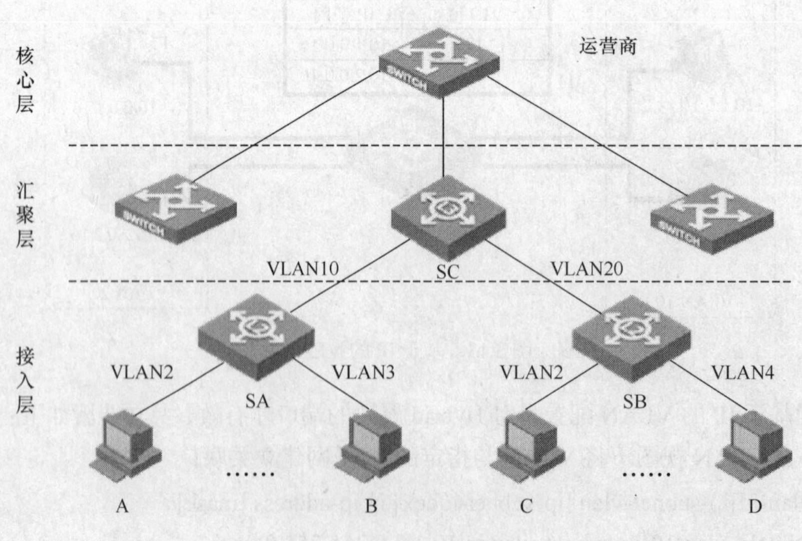

图 3.14　多用户宽带接入

Isolate-user-vlan 的具体配置步骤如下：

第 1 步，建立 Isolate-user-vlan，并向 Isolate-user-vlan 添加端口；

如[SA]vlan 10

[SA- vlan 10] Isolate-user-vlan enable

[SA- vlan 10]port e1/0/1

第 2 步，建立 Secondary VLAN，并向 Secondary VLAN 添加端口；

如[SA]vlan 2

[SA- vlan 2]port e1/0/2

[SA]vlan 3

[SA- vlan 3]port e1/0/3

第 3 步，在系统视图下配置 Isolate-user-vlan 和 Secondary VLAN 的映射关系；

[SA] Isolate-user-vlan Isolate-user-vlan-id secondary secondary-vlan-id

如[SA] Isolate-user-vlan 10 secondary 2 3

对于汇聚层交换机的配置不受 SA 或 SB 的影响。

3.3.2　Super VLAN

Isolate-user-vlan 解决了 VLAN ID 资源不足的问题，但是它是一个纯二层技术，一般应用在接入层。当我们在汇聚层三层交换机为每一个 VLAN 配置网关（路由接口）时，就会出现 IP 地址的资源浪费，如果在汇聚层三层交换机也能出现类似 Isolate-user-vlan 的 VLAN 嵌套，多个 VLAN 共享一个路由接口且可以灵活控制它们之间的访问，这样就可以大大提高网络 IP 资源的利用率。

在图 3.15 中我们将 VLAN10 称之为 Super VLAN，将 VLAN2 3 称之为 LVAN10 下的 Sub VLAN（子 VLAN），Super VLAN 的具体配置如下。

第 1 步，建立 Sub VLAN，同基于端口的普通 VLAN 配置一样，这里不再重复；

第 2 步，在系统视图建立 Super VLAN；

[Switch]vlan super-vlan-id

[Switch- vlan-id]super vlan

第 3 步，在 Super VLAN 视图下配置 Sub VLAN 和 Super VLAN 的映射关系；

[Switch- super- vlan-id]subvlan sub-vlan-id

如[Switch]vlan 10

[Switch- vlan 10] super vlan

[Switch- vlan 10] subvlan 2 3

第 4 步，在系统视图下为 Super VLAN 配置路由接口地址；

[Switch]interface vlan-interface super-vlan-id

[Switch- vlan-interface super-vlan-id] ip address ip-address mask

第 5 步，在 Super VLAN 视图下开启或关闭 ARP 功能，来控制 Sub VLAN 之间的访问，当开启时运行 Sub VLAN 之间的访问；

[Switch- vlan-id]local-proxy-arp enable “开启 ARP 功能，当在命令前加 undo 时表示关闭”。

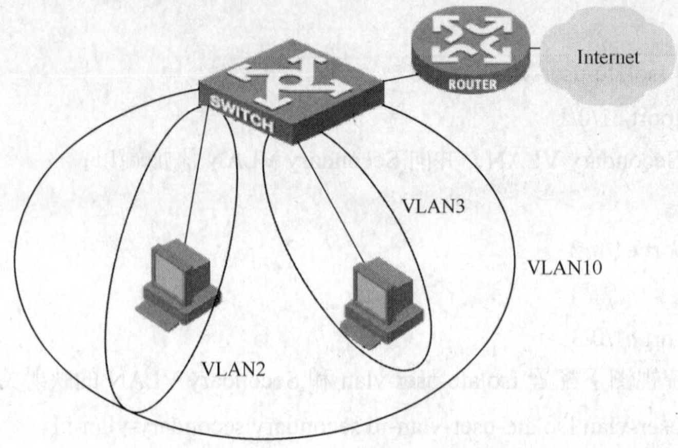

图 3.15　多 VLAN 共享路由接口

3.3.3　VLAN VPN

VLAN VPN 可以提供廉价的、简洁的二层 VPN 解决方案，将分散在不同物理地址的局域网安全的互连起来（见图 3.16）。不需要信令协议的支持，可以通过静态配置实现，而且网络边缘设备支持 VLAN VPN 功能，内部只需要支持 802.1Q 的设备即可。

VLAN VPN 是指将用户私网 VLAN 标志封装在公网的 VLAN 标志中，使 tag 报文带着两层 VLAN 标志穿越运营商的骨干网络（公网）。在公网中报文只根据外层 VLAN 标志传播，用户的私网 VLAN 标志被屏蔽。

VLAN VPN 主要可以解决如下几个问题。

① 缓解日益紧缺的公网 vlan id 资源问题；

② 用户可以规划自己的私网 vlan id，不会导致和公网 vlan id 冲突；

③ 为小型城域网或企业网提供一种较为简单的二层 VPN 解决方案。

VLAN VPN 的实现方法比较简单，只要在相关接口上开启 VLAN-VPN enable 就可以了。

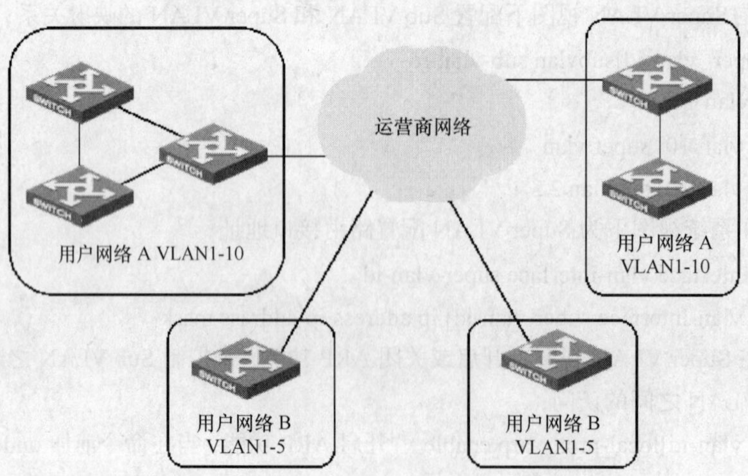

图 3.16　VLAN VPN 网络用户连接

3.4 端口接入控制

端口接入控制的主要目的是验证用户身份的合法性，以及在认证基础上对用户的网络访问行为进行授权和计费。目前有多种方式实现端口接入控制，常见的接入控制技术有 802.1x、MAC 地址认证，当然对于互联网的访问控制技术还有以太网访问控制列表以及 PORTAL 认证。

3.4.1 802.1x

802.1x 是 IEEE 为了解决基于端口的接入控制（Port-Based Access Control）而定义的一个标准。换句话讲，就是只验证一下用户的身份，而验证的这个过程，就是 802.1x 所定义的认证策略。

802.1x 协议是一种基于端口的网络访问控制协议（Port Based Network Access Control）。“基于端口的网络访问控制”是指在局域网接入设备的端口这一级对所接入的用户设备进行认证和控制。连接在端口上的用户设备如果能通过认证，就可以访问局域网中的资源；如果不能通过认证，则无法访问局域网中的资源。

802.1x 使用典型的 Client/Server 体系结构，包括 3 个实体，分别为 Supplicant system（客户端）、Authenticator system（设备端）以及 Authentication server system（认证服务器），如图 3.17 所示。

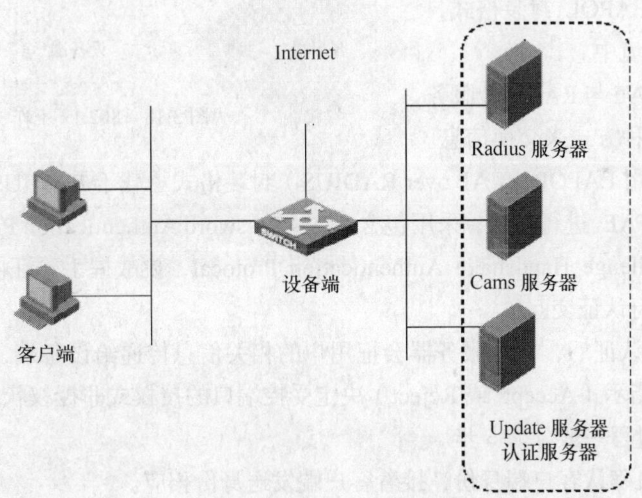

图 3.17 802.1x 拓扑结构

① 客户端是位于局域网段一端的一个实体，由该链路另一端的设备端对其进行认证。客户端一般为一个用户终端设备，用户通过启动客户端软件发起 802.1x 认证。客户端必须支持 EAPOL（Extensible Authentication Protocol over LAN，局域网上的可扩展认证协议）。

② 设备端是位于局域网段一端的另一个实体，对所连接的客户端进行认证。设备端通常为支持 802.1x 协议的网络设备，它为客户端提供接入局域网的端口，该端口可以是物理端口，也可以是逻辑端口。

③ 认证服务器是为设备端提供认证服务的实体。认证服务器用于实现对用户进行认证、授权

和计费，通常为 RADIUS（Remote Authentication Dial-In UserService，远程认证拨号用户服务）服务器。该服务器可以存储有关用户的信息。包括用户名、密码以及其他参数，例如用户所属的 VLAN、CAR 参数、优先级、用户的访问控制列表等。

设备端为客户端提供接入局域网的端口，这个端口被划分为两个逻辑端口。

① 非受控端口始终处于双向连通状态，主要用来传递 EAPOL（Extensible Authentication Protocol over LAN，局域网上可扩展认证协议）最终能够发出或接收认证报文。

② 受控端口在授权状态下处于双向连通状态，用于传递业务报文；在非授权状态下禁止从客户端接收任何报文。

受控端口和非受控端口是同一端口的两个部分；任何到达该端口的帧，在受控端口与非受控端口上均可见。设备端利用认证服务器对需要接入局域网的用户执行认证，并根据认证结果（Accept 或 Reject）对受控端口授权/非授权状态进行相应的控制。

在非授权状态下，受控端口可以被设置成单向受控和双向受控。

① 实行双向受控时，禁止帧的发送和接收；

② 实行单向受控时，禁止从客户端接收帧，但允许向客户端发送帧。

IEEE 802.1x 认证使用 EAP（Extensible Authentication Protocol，可扩展认证协议）的体系结构，来实现客户端、设备端和认证服务器之间认证信息的交换，如图 3.18 所示。

① 在客户端 PAE 与设备端 PAE 之间，EAP 报文使用 EAPOL 封装格式，直接承载于 LAN 环境中。

② 在设备端 PAE 与 RADIUS 服务器之间，可以使用两种方式来交换信息。一种是 EAP 报文使用 EAPOR（EAP over RADIUS）封装格式承载于 RADIUS 协议中；另一种是 EAP 报文由设备端 PAE 进行终结，采用包含 PAP（Password Authentication Protocol，密码验证协议）或 CHAP（Challenge Handshake Authentication Protocal，挑战握手验证协议）属性的报文与 RADIUS 服务器进行认证交互。

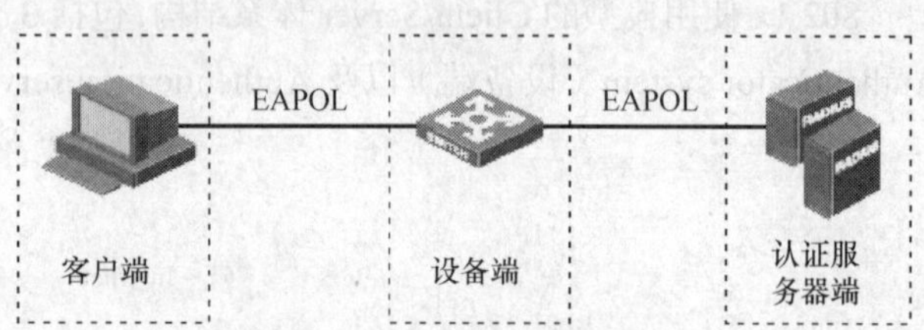

图 3.18 802.1x 工作机制

③ 当用户通过认证后，认证服务器会把用户的相关信息传递给设备端，设备端 PAE 根据 RADIUS 服务器的指示（Accept 或 Reject）决定受控端口的授权或非授权状态。

802.1x 的认证过程一般分为 6 步。

第 1 步，交换机确认客户端身份，接着客户端发送身份相应。

第 2 步，交换机接收到之后，会把这个 EAPOL 的信息重新封装到高层协议里面，比如 UDP，然后再发给 RADIUS 服务器去验证。

第 3 步，如果身份无效则直接拒绝；如果身份有效，那么服务器会要求验证密码，这里将会是发起 challenge 的认证。

第 4 步，交换机重新封装转发服务器端要求验证密码的报文。

第 5 步，PC 响应验证密码的报文。

第 6 步，认证通过，交换机开放端口，使用户可以访问局域网或互联网。

在 802.1x 认证过程中会启用几个定时器来控制接入用户、设备以及 RADIUS 服务器之间的交互，802.1x 的主要定时器有以下几种。

① 用户名请求超时定时器（tx-period）：设备向用户发出 EAP request/Identity 请求报文后，设备端启用该定时器，如果在这个时间段内没有收到用户响应，则设备端重发请求，H3C 默认为 30 s，思科为 5 s，一般不予设置。

② 客户端认证超时定时器（supp-timeout）：设备向用户发出 EAP request/MD5 Challenge 请求报文后，设备端启用该定时器，如果在这个时间段内没有收到用户响应，则设备端重发请求，默认为 30 s，一般不予设置。

③ 认证服务器超时定时器（server-timeout）：设备向认证服务器发出 RADIUS Access-request 请求报文后，设备端启用该定时器，如果在这个时间段内没有收到用户响应，则设备端重发请求，默认为 100 s，一般不予设置。

④ 握手定时器（handshake-period）：定义用户在认证成功后，设备对用户的周期性握手请求，以定期检查用户在线情况，这个周期就是由该定时器设置，默认为 15 s。如果我们将尝试请求报文次数设为 2，也就是说在经过 30 s（2 × 15）一直没有收到用户响应，则认为用户下线，如果用户重新连接就必须再次认证。

⑤ 静默时间（quiet-period）：对用户认证失败后的沉默时间，再此期间内处理该用户认证请求，H3C 默认为 30 s，思科为 60 s。

⑥ 周期性重认证定时器（reauth-period）：在此时间间隔对在线用户进行重复认证，H3C 默认为 30 s，思科为 3 600 s，一般不予设置。

1. H3C 交换机 802.1x 的配置

802.1x 提供了一个用户身份认证的实现方案，但是仅仅依靠 802.1x 是不足以实现该方案的。接入设备的管理者可以选择使用 RADIUS 服务器或本地认证（交换机内部设置用户名和密码）方法，以配合 802.1x 完成用户的身份认证。配置步骤如下：

第 1 步，在系统视图下开启全局的 802.1x 特性；

[Switch] dot1x

第 2 步，开启端口的 802.1x 特性，如果端口启动 802.1x 则不能配置该端口的最大 MAC 地址学习个数（通过命令 mac-address max-mac-count 配置）；另外如果端口启动了 802.1x，则不能配置该端口加入汇聚组；

[Switch] dot1x interface E#/#/#

第 3 步，在系统视图下设置端口同时接入用户数量的最大值；

[Switch]dot1x max-user user-number [interface interface-list]　“允许同时最多有 256 个接入用户”

第 4 步，设置 802.1x 用户认证方式；

[Switch] dot1x authentication-method {chap|eap|pap}　“缺省采用 chap 方式，当采用设备本身作为认证服务器时，802.1x 用户的认证方法，不可以配置为 EAP 方式”

第 5 步，如果采用本地认证，则添加本地接入用户并设置相关参数；

[Switch-luser-localuser] service-type lan-access　“指定本地认证”

[Switch] local-user user-name　“指定用户名”

[Switch-luser-localuser] password { cipher | simple } password　“指定密码”

如果采用 RADIUS 认证，需要设定 RADIUS 方案，指定认证服务器地址、端口号以及密钥，指定计费服务器地址、端口号以及密钥；

[Switch]radius scheme XXX　　　　　　　　“指定认证方式为 RADIUS，方案为 XXX”

[Switch-radius-Radius]primary authentication ip-address port “配置 RADIUS 方案的主认证服务器地址和端口号”

[Switch-radius-Radius]primary accounting ip-address port “配置 RADIUS 方案的主认证服务器地址和端口号”

[Switch-radius-Radius]key authentication string　“设置认证密钥”

[Switch-radius-Radius]key accounting string　　　“设置计费密钥”

[Switch-radius-Radius]user-name-format without-domain “配置交换机将用户名中的用户域名去除掉后送给 RADIUS 服务器”

[Switch]domain domain-name　“创建用户域”

[Switch-isp-huawei]radius-scheme XXXX　“指定 XXXX 为该用户域的 RADIUS 方案”

[Switch]domain default enable XXXXX　“指定 XXXXX 交换机缺省的用户域”

第 6 步，在系统视图下设置定时器，可采用默认设置；

[Switch]dot1x timer { handshake-period handshake-period-value | quiet-period quiet-period-value | server-timeout server-timeout-value | supp-timeout supp-timeout-value | tx-period tx-period-value | ver-period ver-period-value }

第 7 步，在系统视图下设置认证请求帧的最大重发送次数，可采用默认设置 2，最大 10 次；

[Switch] dot1x　retry　max-retry-value

第 8 步，在系统视图下查看 802.1x 信息；

[Switch]display dot1x [session|statics] [interface interface-list]

2. 思科交换机 802.1x 的配置

第 1 步，在全局模式下开启 AAA 功能；

Switch(config)#aaa new-model

第 2 步，在全局模式下创建 802.1x 认证；

Switch(config)#aaa authentication dotqx default {local|radius} “选择 local 则表示采用本地认证，选择 radius 则表示采取 RADIUS 服务器认证”

第 3 步，在交换机上启用 802.1x 认证；

Switch(config)#dot1x system-auth-control　“注意在 12.1(14)EA1 版以后 802.1x 的配置有了修改，改为 enable 802.1x”

第 4 步，在全局模式下设置端口同时接入用户数量的最大值；

Switch(config)#dot1x host-mode multi-host multi-host-num

第 5 步，如果采取本地认证，则添加本地接入用户并设置相关参数；

Switch(config)# username username-string password　password-sring

如果采取 RADIUS 认证，需要设定 RADIUS 方案，指定认证服务器地址、端口号以及密码；

Switch(config)#dradius-server　host　ip-address　auth-port　port　key　radius_string

第 6 步，在接口模式下开启 802.1x；

Switch(config)#Int fa#/#

Switch(config-if)#dot1x port-control auto

第 7 步，在全局模式下设置定时器；

Switch(config)#dot1x timeout { handshake-period handshake-period-value | quiet-period quiet-period-value | server-timeout server-timeout-value | supp-timeout supp-timeout-value | tx-period tx-period-value | ver-period ver-period-value }

第 8 步，在全局模式下设置认证请求帧的最大重发送次数，可采用默认设置 2，最大 10 次；

Switch(config)#dot1x max-reauth-req count

第 9 步，在特权模式下查看 802.1x 信息；

Switch#show dot1x [session|statics] [interface interface-list]

802.1x 是一种链路层验证机制协议，它的优点是，它只要求存在链路层连接，客户端不需要分配供验证用的第三层地址，因而降低了风险。此外链路层验证涉及了所有能够在链路上工作的协议，从而不必为每种协议提供网络层验证。802.1x 还能够使执行点尽可能地接近网络边缘，因此可以针对连接设备的特定需求定制细粒度访问规则。

3.4.2　MAC 地址认证

MAC 地址认证是一种基于端口和 MAC 地址对用户的网络访问权限进行控制的认证方法，它不需要用户安装任何客户端软件。设备首次检测到用户的 MAC 地址后，就对该用户进行认证操作，用户无需参与认证过程。它的认证方式与 802.1x 类似，也采取本地认证或 RADIUS 服务器认证两种，它的配置步骤类似也 802.1x，我们可通过交换机配置手册配置即可。这里我们介绍一种 H3C 交换机相对简单的认证方式，也称 IP+MAC+端口绑定认证，如图 3.19 所示。在 H3C 的三层交换机进行 IP+MAC+端口的绑定，实现对合法用户上网的保护，防止恶意用户通过修改地址上网。

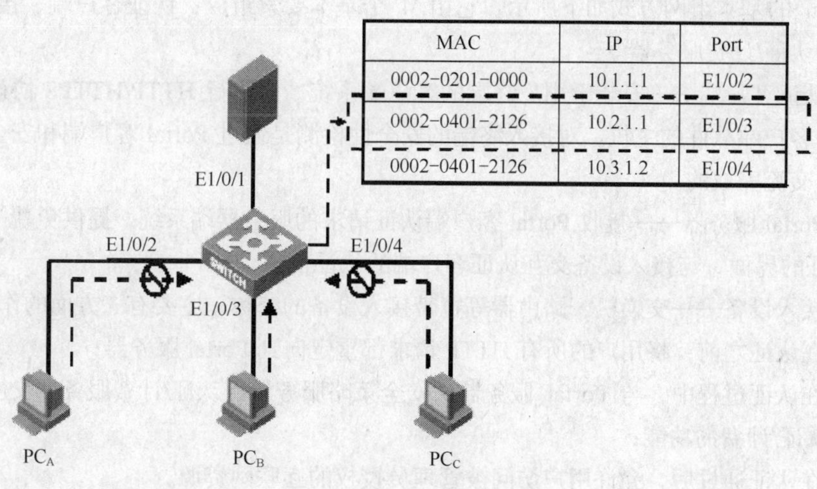

图 3.19　IP+MAC+端口认证

IP+MAC+端口绑定认证，可以实现对转发报文的过滤控制，提高安全性。进行 IP+MAC+端口绑定配置之后，在端口收到报文时，会查看报文源中的源 MAC 地址、源 IP 地址与交换机配置表的内容是否一致，如果报文源中的源 MAC 地址、源 IP 地址与所设定的相同，端口则转发该报文

否则丢弃。它的配置步骤为：

第 1 步，在系统视图下启用 IP+MAC+端口绑定功能；

```
[Switch] am enable
```

第 2 步，将指定 MAC 地址、IP 地址和端口进行绑定；

```
[Switch] am user-bind mac-addr mac-address    ip-addr ip-address interface e#/#/#
```

3.4.3 Portal 认证

Portal 认证（见图 3.20）通常也称为 Web 认证，一般将 Portal 认证网站称为门户网站。它是将未认证用户上网时，设备强制用户登录到特定站点，用户可以免费访问其中的服务。当用户需要使用互联网中的其他信息时，必须在门户网站进行认证，只有认证通过后才可以使用互联网资源。Portal 业务可以为运营商提供方便的管理功能，门户网站可以开展广告、社区服务等个性化业务。

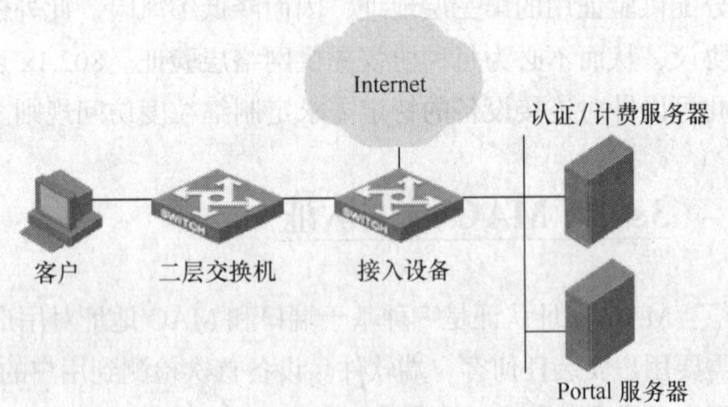

图 3.20　Portal 认证

Portal 认证主要用于像宾馆、酒店等公共网络结点，免费客户通过 IE 浏览器就可以完成认证。利用 Portal 认证的门户功能，运营商可以将小区广播、广告、信息查询、网上购物等业务放到 Portal 上，用户上网时就会被动地看到上述信息。

Portal 的基本组网方式如下所示，它由 4 个基本要素组成：认证客户端、接入设备、Portal 服务器和认证/计费服务器。

① 认证客户端——安装于用户终端的客户端系统，为运行 HTTP/HTTPS 协议的浏览器或运行 Portal 客户端软件的主机。对接入终端的安全性检测是通过 Portal 客户端和安全策略服务器之间的信息交流完成的。

② Portal 服务器——接收 Portal 客户端认证请求的服务器端系统，提供免费门户服务和基于 Web 认证的界面，与接入设备交互认证客户端的认证信息。

③ 接入设备——交换机、路由器等宽带接入设备的统称，主要有 3 方面的作用。

- 在认证之前，将用户的所有 HTTP 请求都重定向到 Portal 服务器；
- 在认证过程中，与 Portal 服务器、安全策略服务器、认证/计费服务器交互，完成身份认证/安全认证/计费的功能；
- 在认证通过后，允许用户访问被管理员授权的互联网资源。

④ 认证/计费服务器——与接入设备进行交互，完成对用户的认证和计费。

Portal 的认证方式有二层认证方式（不能跨三层转发设备）和三层认证方式（可以跨三层转发设备）。

① 二层认证方式——这种方式支持在接入设备连接用户的二层端口上开启 Portal 认证功能，只允许源 MAC 地址通过认证的用户才能访问外部网络资源。目前，该认证方式仅支持本地 Portal 认证，即接入设备作为本地 Portal 服务器向用户提供 Web 认证服务。

② 三层认证方式——这种方式支持在接入设备连接用户的三层接口上开启Portal认证功能。三层接口Portal认证又可分直接认证方式、二次地址分配认证方式和可跨三层认证方式。直接认证方式和二次地址分配认证方式下，认证客户端和接入设备之间没有三层转发；可跨三层认证方式下，认证客户端和接入设备之间可以跨接三层转发设备。

- 直接认证方式——用户在认证前通过手工配置或DHCP直接获取一个IP地址，只能访问Portal服务器，以及设定的免费访问地址；认证通过后即可访问网络资源。认证流程相对二次地址较为简单。
- 二次地址分配认证方式——用户在认证前通过DHCP获取一个私网IP地址，只能访问Portal服务器，以及设定的免费访问地址；认证通过后，用户会申请到一个公网IP地址，即可访问网络资源。该认证方式解决了IP地址规划和分配问题，对未认证通过的用户不分配公网IP地址。例如运营商对于小区宽带用户只在访问小区外部资源时才分配公网IP。用本地Portal服务器的Portal认证不支持二次地址分配认证方式。
- 可跨三层认证方式——和直接认证方式基本相同，但是这种认证方式允许认证用户和接入设备之间跨越三层转发设备。

组网方式上，三层认证方式的认证客户端和接入设备之间可以跨接三层转发设备；非三层认证方式则要求认证客户端和接入设备之间没有三层转发。三层Portal认证仅以IP地址唯一标识用户；而二层Portal认证以IP和MAC地址的组合来唯一标识用户。

3.5 镜像技术

在日常网络维护、内部网络安全保护以及网络病毒防护过程中，需要掌握网络中转发的是什么流量，流量是从哪个网络结点出发到哪个网络结点终止，以及网络带宽的利用率都是一个网络管理人员最为关心的事情。镜像技术就是掌握网络运行以及安全防护的一个重要工具。

镜像就是将指定端口的报文或者符合规则的报文复制到目的端口。用户可以通过镜像技术，进行网络监管和故障排除。它一般分为端口镜像和流镜像。

3.5.1 端口镜像

由于部署IDS、网络分析仪、防病毒网管等产品需要监听网络流量，但是在目前广泛采用的交换网络中监听所有流量有相当大的困难，因此需要通过配置交换机来把一个或多个端口的报文转发到某一个端口来实现对网络的监听（成为本地镜像，见图3.21），或者将这些报文通过中间网络设备转发到指定交换机上的目的端口（远程镜像）。

在应用端口镜像技术的过程中，需要对源端口、目的端口以镜像方向需要加以注意，它的概念如下。

① 源端口（或者叫被镜像端口）是被监控的端口，用户可以对通过该端口的报文进行监控和分析。

② 目的端口（或者叫镜像端口）为监控端口，该端口将接收到的报文转发到数据监测设备，以便对报文进行监控和分析。

③ 端口镜像的方向分为3种。

- 入方向：仅对从源端口收到的报文进行镜像。
- 出方向：仅对从源端口发出的报文进行镜像。
- 双向：对从源端口收到和发出的报文都进行镜像。

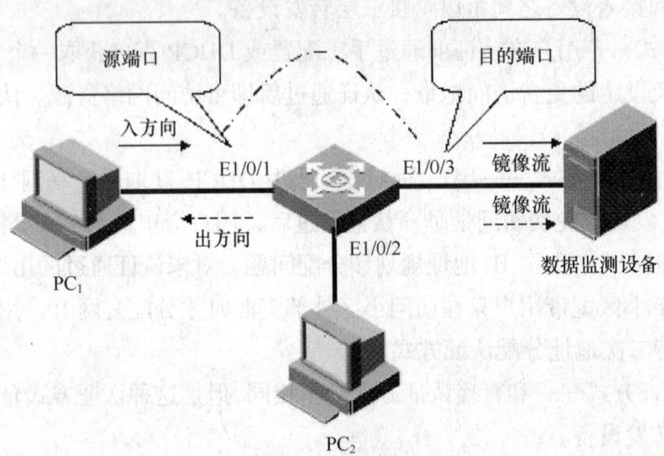

图 3.21　本地端口镜像技术

1. H3C 交换机配置步骤

第 1 步，在系统视图下创建本地镜像组；

[SwitchA]mirroring-group group-id local

第 2 步，确立源端口即被镜像端口和监控的数据方向；

[Switch] mirroring-group group-id mirroring-port mirroring-port-list {inbound|outbound|both}

如[Switch] mirroring-group 1 mirroring-port E1/0/1 E1/0/2 both

第 3 步，确立目的端口即监控端口；

[Switch] mirroring-group group-id monitor-port monitor -port

如[Switch] mirroring-group 1 monitor-port G1/0/1

2. 思科交换机配置步骤

对于 29 系列交换机采取如下配置：

Switch(config)# interface fa#/#　　　“指定镜像端口”

Switch(config-if)#port　monitor fa#/#　　“指定被镜像端口”

如 Switch(config)# interface fa0/3

Switch(config-if)#port　monitor fa0/1

对于 35 系列交换机采取如下配置：

Switch(config)# monitor session session-id source interface fa#/#　“指定镜像编号以及被镜像端口”

Switch(config)# monitor session session-id destination interface fa#/#　“指定镜像端口”

如 Switch(config)# monitor session 1 source interface fa0/1

Switch(config)# monitor session 1 destination interface fa0/3

对于监控设备与被监控设备不在同一台交换机这种情况，我们需要利用 VLAN 技术对镜像的

数据流进行标志，封装成 tag 报文通过反射端口（即通过与中间交换机级联的端口）在经中间设备发送给与监控设备相连接的目的交换机。

结合图 3.22，这里我们只用 H3C 的设备给出简单配置命令以供学习，在上图中所有的级联端口属性均为 Trunk 且都允许 VLAN 2 通过，其他端口属性为 Access，指定 VID 为 2 的 tag 报文为镜像数据流。

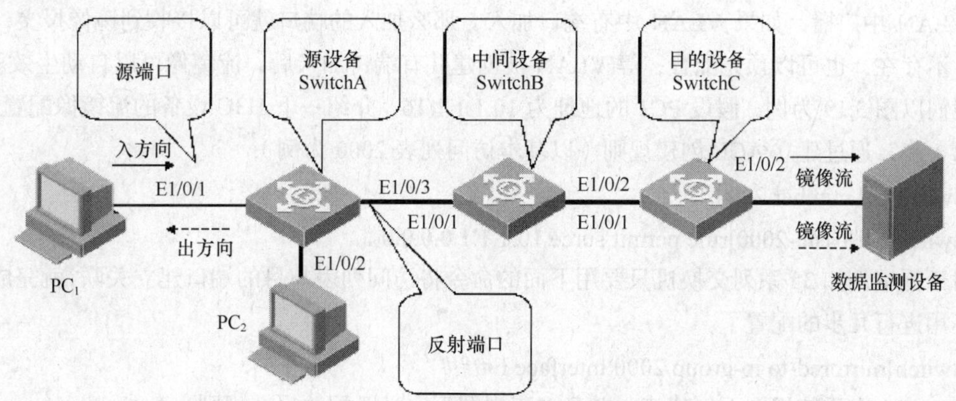

图 3.22　远程镜像技术原理图

源设备交换机 A 的配置：

[SwitchA] mirroring-group 1 remote-source　　　　“指定远程镜像编号为 1 且指定该交换机为源设备”

[SwitchA]vlan 2　“建立 VLAN2 并退出 VLAN 视图”

[SwitchA] mirroring-group 1 remote-source vlan 2 “指定镜像数据封装为 VID 为 2 的 tag 报文”

[SwitchA] mirroring-group 1 mirroring-port E1/0/1 both

[SwitchA] mirroring-group 1 reflector-port　E1/0/4　“指定反射端口”

中间设备交换机 B 的配置（中间不管有多少台都是如此配置）：

[SwitchB]vlan 2

[SwitchB] remote-probe vlan enable　　　　　　“中间设备开启镜像功能且允许镜像 VID 为 2 的 tag 报文通过”

目的设备交换机 C 的配置：

[SwitchC]vlan 2　“建立 VLAN2 并退出 VLAN 视图”

[SwitchC] mirroring-group 1 remote-destination　　“确定远程镜像编号为 1 且指定该交换机为目的设备”

[SwitchC] mirroring-group 1 remote-probe vlan 2　　“确定镜像数据为 VID 为 2 的 tag 报文”

[SwitchC] mirroring-group 1 monitor-port　E1/0/2　“指定目的反射端口”

3.5.2　流镜像

流镜像是指通过制定一定的规则，将符合规则的数据包复制到用户指定的目的地以进行网络检测和故障排除。

流镜像分为 3 种：流镜像到端口、流镜像到 CPU、流镜像到 VLAN。

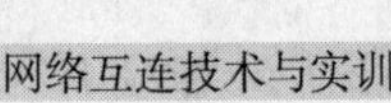

① 流镜像到端口：把通过配置了流镜像的端口中符合要求的数据包复制一份，然后发送到目的端口。

② 流镜像到 CPU：是把通过配置了流镜像的端口中符合要求的数据包复制一份，然后发送到 CPU 以供分析诊断。

③ 流镜像到 VLAN：是把通过配置了流镜像的端口中符合要求的数据包复制一份，然后发送到 VLAN 中广播，如果 VLAN 中有端口加入，那么加入的端口就可以接收到镜像报文，如果 VLAN 不存在，也可以预先配置，等 VLAN 被创建并有端口加入后，流镜像可以自动生效。

我们以图 3.19 为例，假设 PC1 的地址为 10.1.1.1/16，介绍一下 H3C 设备的流镜像配置步骤。

第 1 步，通过建立 ACL 创建规则（以基本访问列表 2000 为例）；

```
[Switch]acl number 2000
[Switch-acl-basic-2000]rule permit surce 10.1.1.1 0.0.0.0
```

对于低端例如 35 系列交换机只要用下面的命令将访问列表与目的端口建立关联，就完成了配置，不用进行几步的配置了。

```
[Switch]mirrored-to ip-group 2000 interface E#/#/#
```

第 2 步，在系统视图下创建流，并且在流视图下定义匹配的报文规则；

```
[Switch]traffic classifier classifier-name    "流的编号，例如 1"
[Switch-classifier-1]if-match acl acl-num    "前面定义的 ACL"
```

第 3 步，在系统视图下为流创建行为即镜像数据流镜像到哪里；

```
[Switch]traffic behavior behavior-name    "行为的编号，例如 1"
[Switch]mirrir-to interface E#/#/#    "指定目的端口"
```

第 4 步，创建策略，并将行为和流关联起来；

```
[Switch]qos policy policy-name    "策略的编号，例如 1"
[Switch-qos-policy-1]classic acl-number behavior behavior-name
```

第 5 步，在指定的源端口视图下，将 QoS 策略应用起来；

```
[Switch]interface E1/0/1
[Switch-E1/0/1]qos apple policy policy-name {inbound|outbound|both}
```

在进行镜像配置时，要注意一个端口只能加入一个镜像组的配置，一个镜像组可以有多个源端口，但只能有一个目的端口；用于远程镜像的 VLAN 就不能再用于其他用途。一般配置完成后，可以通过相关的检查命令显示运行和配置情况。

练习题

1. 将表 3.5 单台交换机 VID 表分别用思科交换机的命令和 H3C 交换机的命令编写配置文件。

2. 在表 3.5 单台交换机 VID 表添加端口 E1/0/21 为公共端口，E1/0/21 可以被 VLAN2、3 访问，分别用思科交换机的命令和 H3C 交换机（使用 Hybrid 属性）的命令

编写配置文件。

3. 在表 3.5 单台交换机 VID 表添加端口 E1/0/21、E1/0/22 为公共端口，E1/0/21 可以被 VLAN2、4 访问，E1/0/22 可以被 VLAN3、4 访问，分别用思科交换机的命令和 H3C 交换机（使用 Hybrid 属性）的命令编写配置文件。

4. 按表 3.7 分别使用 H3C 和思科的命令配置跨交换机的 VLAN，并启用 GVRP 和 VTP，参数自定。

5. 写出基于端口的 VLAN、基于 MAC 的 VLAN、基于协议的 VLAN、基于 IP 的 VLAN 的特点和应用场合。

6. 分析 Isolate-user-vlan、Super VLAN 和 VLAN VPN 的相同之处和不同之处。

7. 分析 802.1x、MAC 地址认证的相同之处和不同之处。

8. 描述一下 Portal 协议的工作原理。

9. 分析端口镜像和流镜像的相同之处和不同之处。

10. 按图 3.19，假设 PC1 的地址为 10.1.1.1/16，PC2 的地址为 10.1.1.2/16，用 H3C 配置写出 PC1 与 PC2 之间通信的流镜像配置步骤。

11. 对应 VLAN 技术、接入控制技术和镜像技术，分别找出支持该项技术的 3 款不同系列思科交换机和 3 款不同系列 H3C 交换机。

实训

实训 2　基于端口的 VLAN 的划分

1. 实训内容

基于端口 VLAN 的划分。

2. 实训目的

理解 VLAN 的作用，掌握 VLAN 基于端口的划分方法。

3. 实训环境

H3C S26 或 S36 系列或者是思科 29 或 35 系列交换机交换机 1 台、PC 2 台、直连网线 2 根、配置电缆 1 根。

4. 实训拓扑图

实训拓扑图如图 3.23 所示。

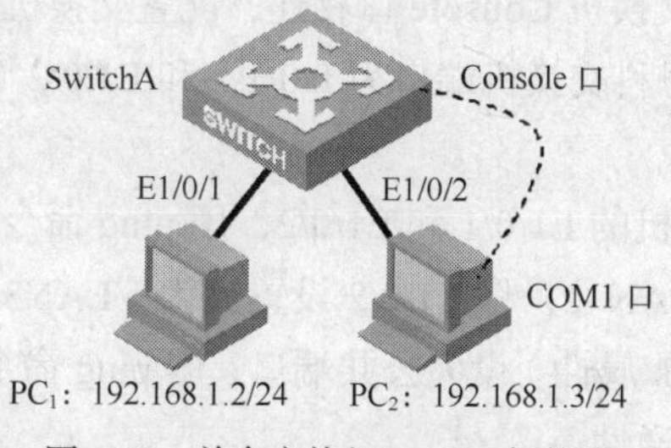

图 3.23　单台交换机 VLAN 拓扑图

5. 实训要求

① 将 PC_2 的 COM1 口与交换机 Console 口相连，配置交换机名字为 SwitchA，管理地址为：192.168.1.1/24，E1/0/1（或者思科交换机端口为 fa0/1）和 E1/0/2（或者思科交换机端口为 fa0/2）端口属性设为 Access。

② PC_1 和 PC_2 分别与交换机的 E1/0/1 和 E1/0/2，用 ping 命令测试连通性。

③ 将 E1/0/1 设置为 VLAN 2，将 E1/0/2 设置为为 VLAN3，用 ping 命令测试 PC_1 与 PC_2 连通性。

实训 3　公共端口的设置

1. 实训内容

公共端口设置。

2. 实训目的

理解 Trunk 端口和 Access 端口属性的区别，掌握 H3C 和思科公共端口技术的不同，掌握使用 Hybrid 属性配置公共端口。

3. 实训环境

H3C S26 或 S36 系列或者是思科 29 或 35 系列交换机交换机 1 台、PC 3 台、直连网线 3 根、配置电缆 1 根。

4. 实训拓扑图

实训拓扑图如图 3.24 所示。

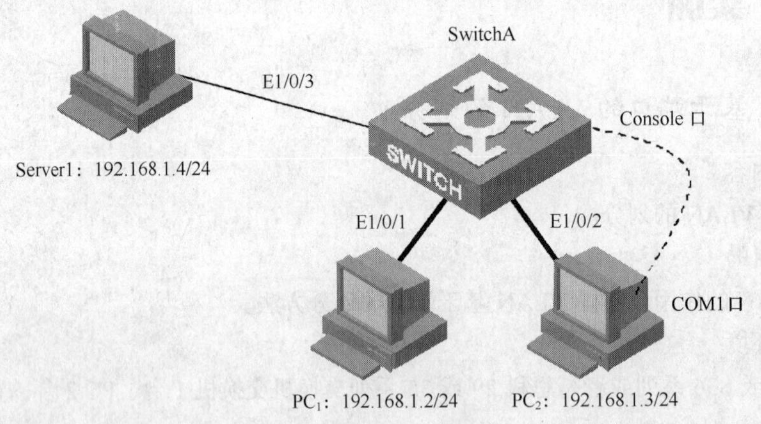

图 3.24　公共端口拓扑图

5. 实训要求

① 将 PC_2 的 COM1 口与交换机 Console 口相连，配置交换机名字为 SwitchA，管理地址为：192.168.1.1/24，E1/0/1（或者思科交换机端口为 fa0/1）和 E1/0/2（或者思科交换机端口为 fa0/2）端口属性设为 Access。

② PC_1 和 PC_2 分别与交换机的 E1/0/1 和 E1/0/2，用 ping 命令测试连通性。

③ 将 E1/0/1 设置为为 VLAN 2，将 E1/0/2 设置为为 VLAN3，将 E1/0/3 为 Hybrid 属性（或者思科交换机端口为 fa0/3Trunk 属性）设为公共端口，用 ping 命令测试 PC_1 与 Server 连通性，用 ping 命令测试 PC_2 与 Server 连通性。

实训 4　跨交换机 VLAN 设置

1. 实训内容

跨交换机 VLAN 设置。

2. 实训目的

理解 Trunk 端口的特点，掌握 GVRP 协议和 VTP 协议的不同。

3. 实训环境

H3C S26 或 S36 系列或者是思科 29 或 35 系列交换机交换机 3 台、PC 5 台、直连网线 5 根、交叉线 2 根、配置电缆 3 根。

4. 实训拓扑图

实训拓扑图如图 3.25 所示。

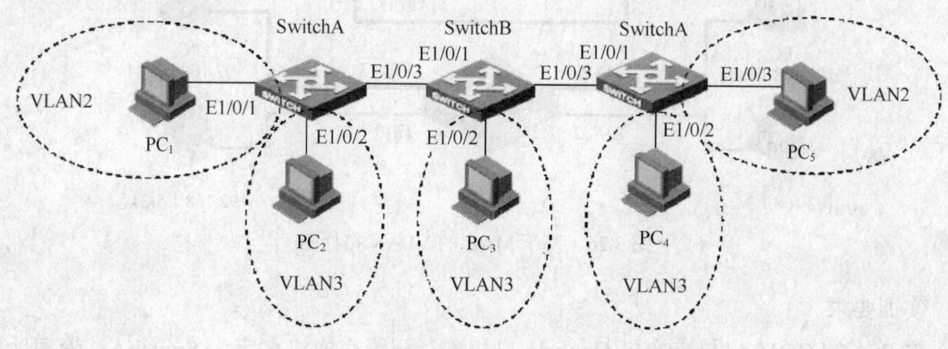

图 3.25　跨交换机交换机 VLAN 拓扑图

5. 实训要求

① 将 PC_2、PC_3、PC_4 的 COM 口分别与交换机 Console 口相连；配置 3 台交换机名字为 SwitchA、SwitchB、SwitchC；管理地址为：192.168.1.1/24、192.168.1.2/24、192.168.1.3/24；所有级联端口属性设为 Trunk 且允许所有 VLAN 通过；PC_1 到 PC_5 的地址分别为 192.168.1.11/24 到 192.168.1.15/24。

② 按图 3.25 在 3 台交换机上设置 VLAN。

③ 用 ping 命令测试 PC_1 与 PC_2 连通性，用 ping 命令测试 PC_1 与 PC_5 连通性，用 ping 命令测试 PC_2 与 PC_3 以及 PC_4 连通性。

④ 在 3 台交换机上开启 GVRP 协议，选择 normal 模式。

⑤ 用 ping 命令测试 PC_1 与 PC_5 连通性。

⑥ 在思科交换机上关闭 GVRP 协议并开启 VTP 协议，域名为 TESTX、口令为 123、将 SwitchA 的模式设为 Server，SwitchB、SwitchC 设为 Client。

⑦ 用 ping 命令测试 PC_1 与 PC_5 连通性。

实训 5　基于 MAC 的 VLAN 设置

1. 实训内容

基于 MAC 的 VLAN 设置。

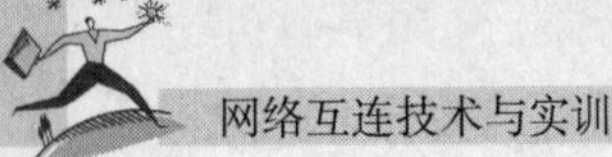

2. 实训目的

掌握 H3C 交换机基于 MAC 地址的 VLAN 配置。

3. 实训环境

H3C S26 或 S36 系列或者是思科 29 或 35 系列交换机交换机 1 台、PC 4 台、直连网线 4 根、配置电缆 1 根。

4. 实训拓扑图

实训拓扑图如图 3.26 所示。

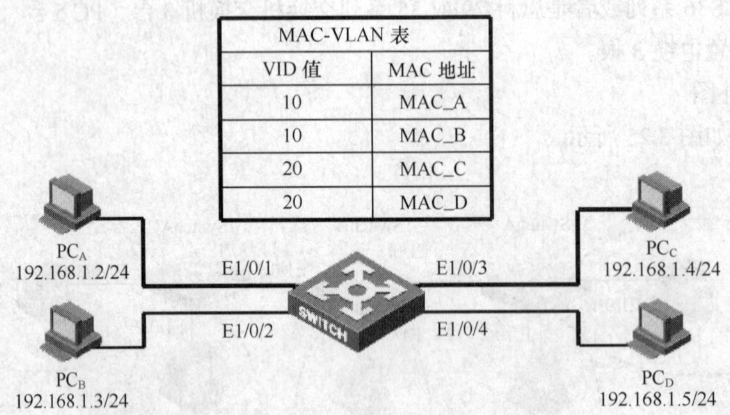

图 3.26 基于 MAC 的 VLAN 拓扑图

5. 实训要求

① 将 PC_A 的 COM 口与交换机 Console 口相连；配置交换机名字为 SwitchA；管理地址为：192.168.1.1/24；所有端口属性设为 Hybrid；PC_1 到 PC_4 的地址分别为 192.168.1.2/24 到 192.168.1.5/24。

② 单击 Windows 系统的开始菜单，点击运行，在对话框输入 CMD，在 DOS 命令行下输入 ARP –A，查看本机的 MAC 地址并记录。

③ 按图 3.24 在交换机上设置基于 MAC 的 VLAN。

④ 用 ping 命令测试 PC_A 与 PC_B 连通性，用 ping 命令测试 PC_A 与 PC_C 连通性。

实训 6 基于 MAC 地址的认证设置

1. 实训内容

基于 MAC 地址的认证设置。

2. 实训目的

掌握 MAC 地址认证的多种方法和原理。

3. 实训环境

H3C S36 系列交换机 1 台、PC 3 台、直连网线 3 根、配置电缆 1 根。

4. 实训拓扑图

实训拓扑图如图 3.27 所示。

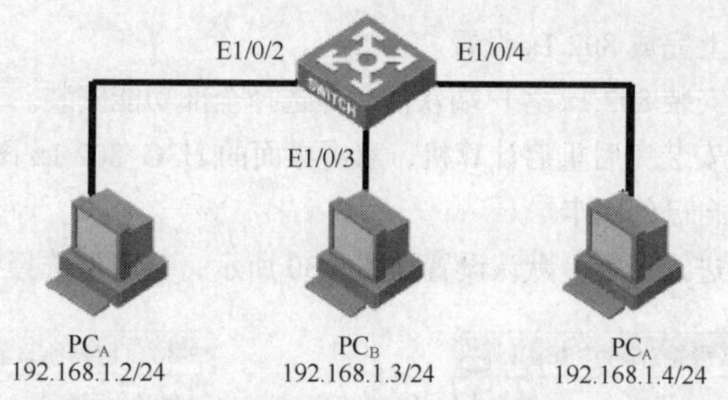

图 3.27　基于 MAC 地址认证拓扑图

5．实训要求

① 将 PC_A 的 COM 口与交换机 Console 口相连；配置交换机名字为 SwitchA；管理地址为：192.168.1.1/24；所有端口属性设为 Hybrid；PC_1 到 PC_3 的地址分别为 192.168.1.2/24 到 192.168.1.3/24。

② 按图 3.27 在交换机上设置 3 台 PC 的 IP+MAC+端口绑定。

③ 分别用 ping 命令测试 PC_A、PC_B、PC_C 与 192.168.1.1 连通性。

实训 7　802.1x 的认证设置

1．实训内容

802.1x 的认证设置。

2．实训目的

掌握 802.1x 认证的多种方法和原理。

3．实训环境

H3C S36 系列或思科 35 系列交换机 1 台、PC 1 台、直连网线 1 根、配置电缆 1 根。

4．实训拓扑图

实训拓扑图如图 3.28 所示。

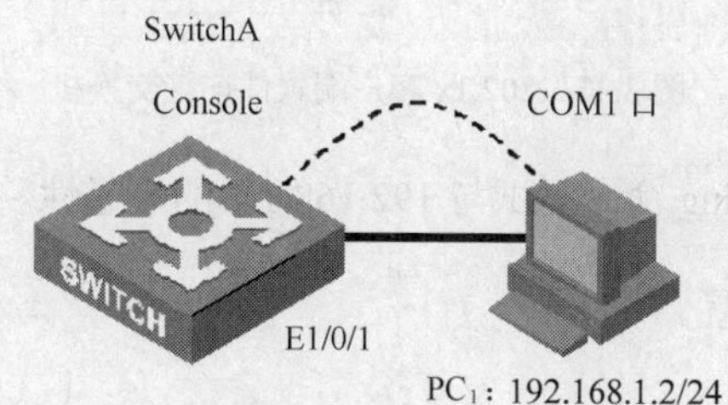

图 3.28　基于 802.1x 认证拓扑图

5．实训要求

① 将 PC_1 的 COM 口与交换机 Console 口相连；配置交换机名字为 SwitchA；管理地址为 192.168.1.1/24；PC 的地址为 192.168.1.2/24。

② 设置 802.1x 采取本地认证方式，设置用户名为 test1、密码为 123，在端口 E1/0/1（思科交换机为 F0/1）开启 802.1x 功能。

6．实训步骤

第 1 步，在交换机上完成 802.1x 设置。

第 2 步，在 PC_1 上安装 802.1x 客户端软件，并选择全部功能安装。

第 3 步，在 PC_1 上安装完后重启计算机，双击桌面的 H3C 802.1x 图标进入如图 3.29 所示界面，网络适配器选择你自己的网卡。

第 4 步，点击属性进入设置，默认设置如图 3.30 所示，一定要选择“握手超时后重认证”。

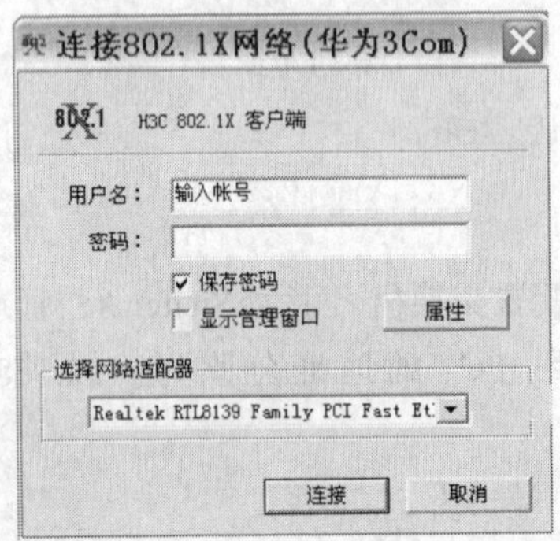

图 3.29 802.1x 客户端软件界面

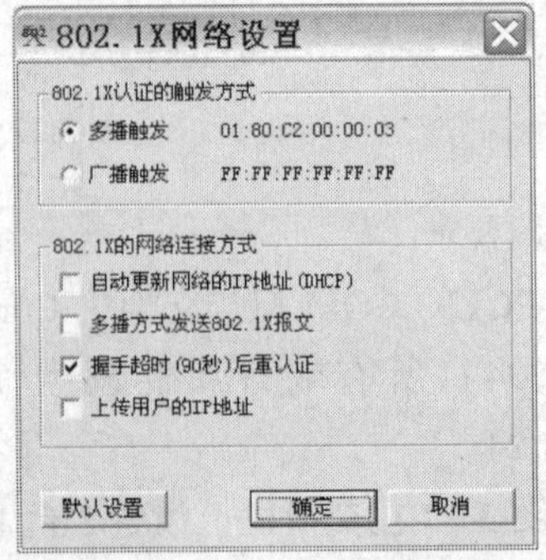

图 3.30 802.1x 客户端软件属性设置

第 5 步，在 PC_1 上用用 ping 命令测试与 192.168.1.1 的连通性。

第 6 步，在客户端软件中输入用户名为 test1，密码为 123，并单击连接，如图 3.31 所示。

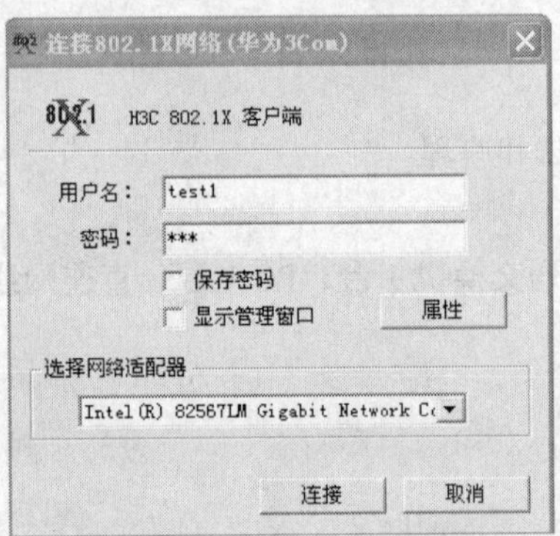

图 3.31 802.1x 客户端软件连接交换机

第 7 步，再在 PC_1 上用 ping 命令测试与 192.168.1.1 的连通性。

实训 8 端口镜像设置

1. 实训内容

端口镜像设置。

2. 实训目的

掌握镜像技术多种方法和原理。

3. 实训环境

H3C S36 系列或思科 35 系列交换机 1 台、PC 2 台、直连网线 2 根、配置电缆 1 根。

4. 实训拓扑图

实训拓扑图如图 3.32 所示。

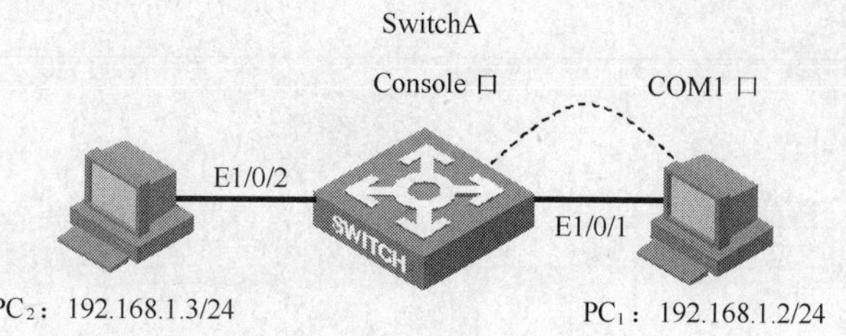

图 3.32　端口镜像拓扑图

5. 实训要求

① 将 PC_1 的 COM 口与交换机 Console 口相连；配置交换机名字为 SwitchA；管理地址为 192.168.1.1/24；PC1 的地址为 192.168.1.2/24，PC2 的地址为 192.168.1.3/24。

② 在交换机上设置端口镜像，把端口 E1/0/2（思科交换机为 F0/2）设为监控端口，把端口 E1/0/1（思科交换机为 F0/1）设为被监控端口。

6. 实训步骤

第 1 步，在交换机上完成端口镜像设置。

第 2 步，在 PC_2 上安装安装 Commview 网络分析软件。

第 3 步，第一次安装需要单击“是”按钮，如图 3.33 所示。

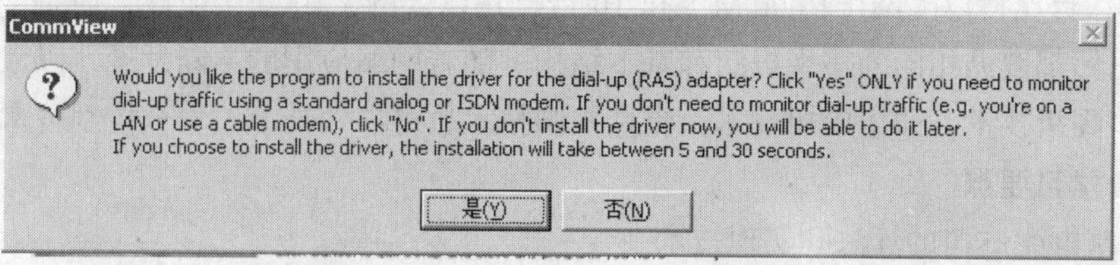

图 3.33　Commview 网络分析软件的安装

第 4 步，进入主菜单，单击“开始”按钮。

第 5 步，在 PC_1 上用 ping 命令测试测试 PC_1 与 192.168.1.1 的连通性。

第 6 步，在 PC_2 的 Commview 网络分析软件上单击停止按钮。

第 7 步，在 PC_2 单击 Packets 按钮观察数据构成，查找是否有承载 ICMP 协议的 IP 协议的数据帧被捕获，如图 3.34 所示。

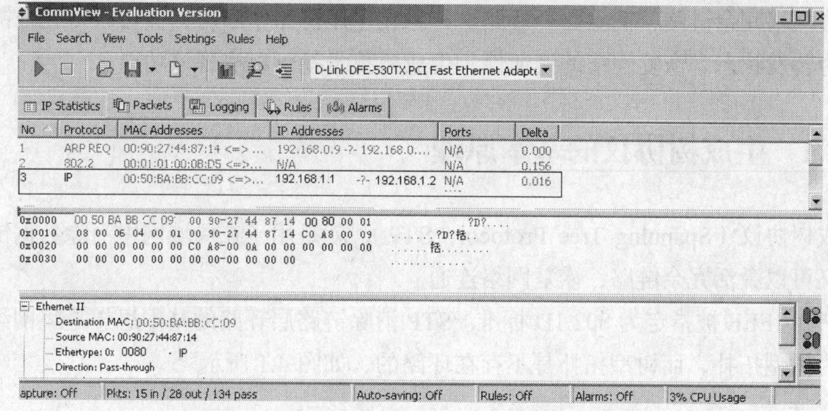

图 3.34　Commview 网络分析数据包分析界面

第4章 二层交换高级技术

从 1973 年以太网诞生以来，以太网技术经历了标准以太网（10 M）、快速以太网（100 M）、吉比特以太网（1 000 M）和 10 吉比特以太网（10GE）阶段，但是，无论如何变化它们都遵循相同的实现机制和基本结构。随着网络应用的不断发展，以太网延伸出了很多高级技术，如生成树技术、流量控制技术、可靠性技术、安全控制技术等。

本章学习要点

- 掌握生成树的算法和实现技术。
- 了解快速生成树、H3C 的 MSTP 以及思科 PVST。
- 理解流量控制技术原理和实现方法。
- 掌握链路聚合技术以及堆叠技术的实现方法。

4.1 生成树技术

基于网络的可靠性考虑，网络中通常存在冗余链路，为了避免形成广播风暴，需要一种方法阻塞冗余链路，消除路径环路，并且在主用链路中断时，又可以将冗余链路自动切换为转发状态，恢复网络的连通性。生成树技术就可以实现该功能。

4.1.1 生成树协议的基本原理

生成树协议（Spanning Tree Protocol，STP），就是用于在局域网中消除数据链路层环路，又可以激活冗余链路，恢复网络连通。

STP 在 IEEE 被指定为 802.1D 标准。STP 消除链路层环路的基本思想是将网络拓扑修建成为树型拓扑，而树型拓扑是不存在环路的，如图 4.1 所示。

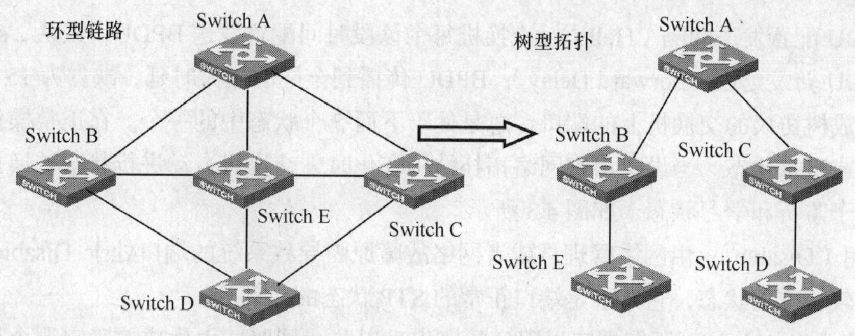

图 4.1　STP 修建网络拓扑

经修建后的网络中，Switch A 作为树型拓扑的根结点被称为根桥，其他交换机被称为非根网桥，所有非根网桥上只能有一个与根桥向上级连的端口被称为根端口，在所有交换机上与根端口相连的接口被称为指定端口，除根端口和指定端口外，在冗余链路上的级联端口必然有一个是指定端口，另外一个则被称为非指定端口。所有非根网桥中处于上游的交换机对于其下一跳的交换机被称为指定网桥。

运行生成树算法的交换机在规定的间隔（默认 2 s）内通过网桥协议数据单元（BPDU）的多播帧与其他交换机交换配置信息。BPDU（Bridge Protocol Data Unit，桥接数据单元）是用来进行生成树计算和维护生成树的报文，它包含了根桥 ID、路径开销、指定网桥 ID 以及发送该 BPDU 的网桥的端口 ID 值，如图 4.2 所示。

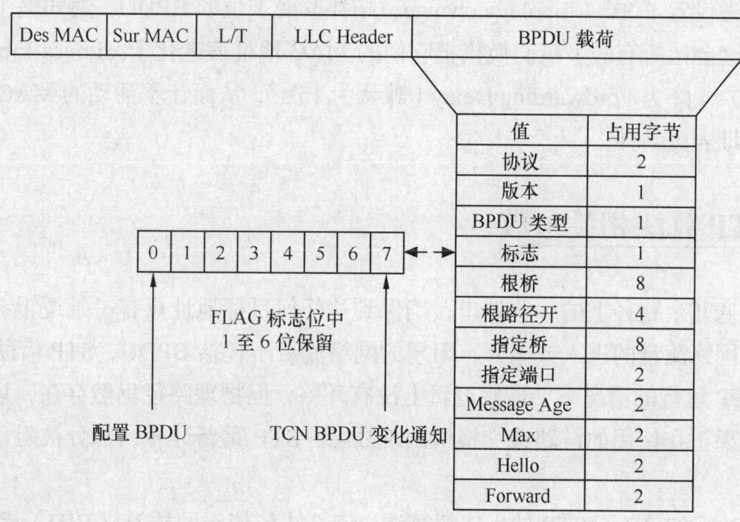

值	占用字节
协议	2
版本	1
BPDU 类型	1
标志	1
根桥	8
根路径开	4
指定桥	8
指定端口	2
Message Age	2
Max	2
Hello	2
Forward	2

图 4.2　BPDU 数据格式

① 协议，固定 0x0000，表示生成树协议；

② 版本：目前有 3 个版本，STP 版本为 0x00；

③ BPDU 类型：用于配置树型结构的 BPDU 类型为 0x00 被称为配置 BPDU，拓扑发生变化造成树型结构的改变 BPDU 类型为 0x08 被称为 TCN BPDU；

④ BPDU 存活时间（Message Age）：BPDU 从发出到，到当前时间为止 BPDU 已经存活的时间；

⑤ 最大 BPDU 时间（Max Age）：配置 BPDU 最大存活时间，默认 20 s；

⑥ BPDU 配置发送间隔（Hello）：交换机每个该段时间配置发送 BPDU，默认 2 s；

⑦ BPDU 转发延迟（Forward Delay）：BPDU 传播到全网的最大时延，缺省为 15 s。

运行生成树协议的交换机上的端口，总是处于下面 5 个状态中的一个。在正常操作期间，端口处于转发或阻塞状态。当设备识别网络拓扑结构变化时，交换机自动进行状态转换，在这期间端口暂时处于监听和学习状态，如图 4.3 所示。

① 禁用（Disable）：由网络管理员或者网络故障原因导致系统的端口处于 Disable 状态。这个状态是比较特殊的状态，它并不是端口正常的 STP 状态的一部分。

② 阻塞（Blocking）：所有端口以阻塞状态启动以防止回路。由生成树确定哪个端口转换到转发状态，处于阻塞状态的端口不转发数据但可接受 BPDU，非指定端口处于该状态。

③ 监听（Listening）：不转发，检测 BPDU（临时状态）。

④ 学习（Learning）：不转发，学习 MAC 地址表（临时状态）。

⑤ 转发（Forwarding）：端口能转送和接受数据，根端口、指定端口均处于该状态。

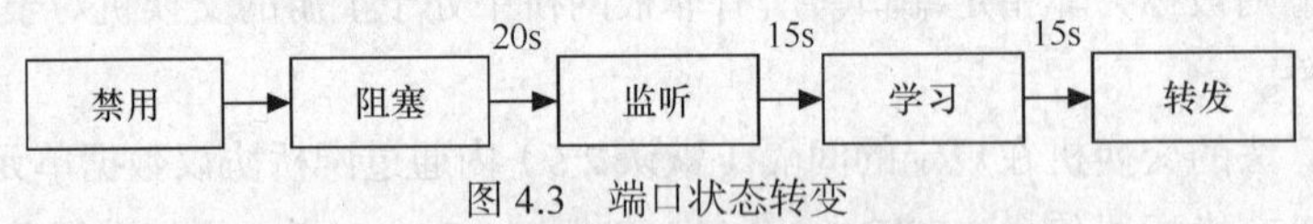

图 4.3　端口状态转变

这些状态的转变，会引发网络拓扑结构发生改变。此时发生变化的交换机会在它的根端口上每隔 Hello 时间就发送 TCN BPDU，直到上级的指定网桥邻居确认了该 TCN BPDU 为止。当根网桥收到后，会发送设置了 TC（topology change，拓扑改变）位的 BPDU，通知整个生成树拓扑结构发生了变化。这会让所有的下级交换机把它们的 MAC 地址表老化（Address Table Aging）计时器从默认值（300 s）降为 Fordwarding Delay（默认为 15 s），从而让不活动的 MAC 地址比正常情况下更快地从地址表更新掉。

4.1.2　STP 算法相关参数

STP 通过阻塞冗余路径上的一些端口，确保到达任何目标地址只有一条逻辑链路。处于阻塞状态的端口阻止网络流量的进入或离开，阻塞的网络流量不包括 BPDU，STP 借助交换 BPDU 来阻止环路。在 STP 运行的情况下，虽然逻辑上没有环路，但物理路径仍然存在，只是被禁用以阻止环路发生，如果正在使用的链路或交换机出现故障，STP 重新计算，部分被阻止的端口被激活用来提供冗余。

IEEE 802.1D 标准定义了 STP 的生成树算法。该算法依赖于网桥 ID（BID）、路径开销和端口 ID 参数来做出决定。

1．网桥 ID

网桥 ID（BID）是生成树算法的第 1 个参数，BID 决定了桥接网络的中心，称为根网桥或根交换机。BID 参数是一个 8 字节域，前 2 个字节（10 进制）称为“网桥优先级”，后 6 个字节（16 进制）是交换机的一个 MAC 地址。网桥优先级用来衡量一个网桥的优先度，范围是 0～65 535，默认是 32 768。

比较两个 BID 的大小的原则：一是网桥优先级小的 BID 优先，二是如果网桥优先级相同，

BID 中的后 6 个字节的 MAC 小的 BID 优先。

2. 路径开销

路径开销是生成树算法的第 2 个参数，非根网桥决定到根网桥的路径。路径开销是用来衡量网桥之间的距离的远近的，其值是两个网桥之间某条路径上所有链路开销的总和，路径开销与跳数无关。路径开销决定到根网桥或根交换机的最佳路径，最小的路径开销是到根交换机的最佳路径。路径开销的值的规律：带宽越大，STP 开销越小。不同厂家对于该值的定义略有不同，如表 4.1 所示。

表 4.1　链路开销值

带　宽	链 路 类 型	H3C 链路开销	Csico 链路开销
10Mbit/s	半双工	100	100
	全双工	95	
	链路聚合	90	
100Mbit/s	半双工	19	19
	全双工	18	
	链路聚合	15	
1Gbit/s	全双工	4	4
	链路聚合	3	
10Gbit/s	全双工	2	2

3. 端口 ID

端口 ID 是生成树算法的第 3 个参数，也决定到根交换机的路径。它由 2 个字节组成，包括“端口优先级”和“端口号”，各占 8 位。端口优先级值从 0～255，默认 128；端口号包括 256 个。端口 ID 大小的判定与 BID 大小的判定相同。

4.1.3 STP 算法收敛过程

STP 算法通过交换 BPDU 来创建一个逻辑无环的拓扑，在选举过程中一旦出现某一条件相同时，应严格执行下列 4 步判决顺序。

第 1 步，确定根交换机。

第 2 步，计算非根网桥到根交换机的最小路径开销。

第 3 步，确定最小的发送者 BID。

第 4 步，确定最小的端口 ID。

网桥为每个端口存储一个其收到的最佳 BPDU，当有其他的 BPDU 到达交换机的端口时，交换机会使用 4 步判决过程来判断此 BPDU 是否比该端口原来存储的 BPDU 更好，如果新收到的 BPDU（或者本地生成的 BPDU）更好，则替换原有值。

当一个网桥第 1 次被激活时，其上所有端口每隔一个 Hello 时间发送一次 BPDU；如果一个端口发现从其他网桥收到的 BPDU 比自己发送的好，则本地端口就停止发送自身生成的 BPDU 而转发收到的 BPDU；如果在 Max Age 内没有从邻居网桥收到更好的 BPDU，本地端口则重新开始

发送 BPDU，即最大生存时间是最佳 BPDU 的超时时间。

生成树算法收敛于一个无环拓扑的初始过程包含 3 个选举步骤：第 1 步，选举一个根交换机；第 2 步，选举根端口；第 3 步，选举指定端口。

在网络第 1 次“初始”时，所有网桥都洪泛混合的 BPDU 信息，网桥通过执行 STP 4 步判决过程，形成整个网络或 VLAN 唯一的生成树。在网络稳定后，BPDU 从根网桥流出，沿着无环支路到达网络中的每一个网段。网络发生变化时，生成树协议按照收敛 3 个步骤做出处理。

第 1 步，选举根桥。根交换机是一个具有最小 BID 的网桥，它是唯一的，是通过交换 BPDU 选举得出来的。交换机通过传递 BPDU 来发现哪台交换机是最小的 BID，从而将具有最小 BID 的网桥作为根交换机。最初时交换机总将自己认为是根网桥，当它发现有比自己小的 BID 时，就将收到的具有最小 BID 的交换机作为根网桥。

第 2 步，选举根端口。在根交换机选举完后，就开始选举根端口了。所谓根端口，就是按照路径开销最靠近根交换机的端口，也就是说具有最小根路径开销的端口。每一个非根交换机都必须选举一个根端口。

第 3 步，选举指定端口。通过以上两个步骤后，生成树算法还没有消除任何环路，因为还没有选举指定端口。所谓指定端口，就是连接在某个网段上的一个桥接端口，它通过该网段既向根交换机发送流量也从根交换机接收流量。桥接网络中的每个网段都必须有一个指定端口。

指定端口也是根据最小根路径开销来决定，因此根交换机上的每个活动端口都是指定端口，因为它的每个端口都具有最小根路径开销（它的根路径开销是 0）。

注意：所谓根端口、指定端口和非指定端口只适用级联端口。接入端口在指定端口选举中不起任何作用。接入端口是用来连接到主机或者三层端口的。

通过图 4.4 我们详细介绍 STP 的收敛过程。

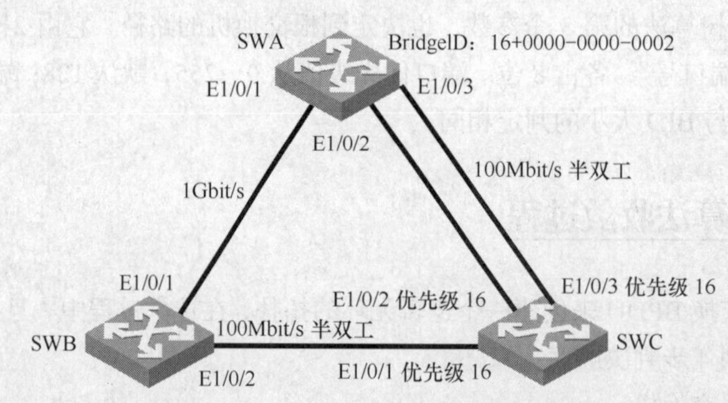

图 4.4　环型链路拓扑

第 1 步，选举根桥。在初始状态所有交换机都认为自身为根桥，所以发送根桥为自身 ID 的 BPDU，通过交换 BPDU，SWA 和 SWB 的优先级最小，但 SWA 的 MAC 小于 SWB 所以 SWA 被选举为根桥。

第 2 步，选举 SWB 上的根端口。SWB 到根桥的路径有 2 个，E1/0/1 链路开销为 4，E1/0/2 链路开销为 119（100+19），所以在 SWB 上 E1/0/1 为根端口。

第 3 步，选举 SWC 上的根端口。SWC 到根桥的路径有 3 个，E1/0/2 链路开销为 4，E1/0/3 链路开销为 4，E1/0/2 链路开销为 119（100+19），所以在 SWB 上 E1/0/2 和 E1/0/3 都与可能成为

根端口；下面对 E1/0/2 和 E1/0/3 进行比较。

① 首先比较 SWC 端口 E1/0/2 和 E1/0/3 达到根桥的链路开销，其值小的为根端口，但是两者的链路开销一样；

② 然后比较 SWC 端口 E1/0/2 和 E1/0/3 与之相连的交换机的网桥 ID，其值小的为根端口，但是这两个端口连接的都是根桥 ID 一样；

③ 最后比较这两个端口的端口 ID，端口 ID 的比较与网桥 ID 比较一样，首先比优先级，如果相同再比较端口编号。最终由于 E1/0/2 的编号小于 E1/0/3，它成为了根端口。

第 4 步，选举 SWA 上的指定端口。SWA 为根桥所以 E1/0/1、E1/0/2、E1/0/3 均为指定端口，而 SWC 上的 E1/0/3 与根桥 E1/0/3 之间这条冗余链路，由于根桥 E1/0/3 为指定端口则 SWC 上的 E1/0/3 为非指定端口状态为 Blocking。

第 5 步，选举 SWB 和 SWC 上的指定端口。对于 SWB 上的 E1/0/2 和 SWC 上的 E1/0/1 之间的这条冗余链路，必然有一个端口为指定端口另一个为非指定端口。

① 首先比较 SWB 的 E1/0/2 端口和 SWC 的 E1/0/2 达到根桥的链路开销，其值小的为指定端口，但是它两者的链路开销一样；

② 然后比较两者的网桥 ID，SWC 的网桥 ID 小于 SWB 的网桥 ID，则 SWC 的 E1/0/2 为指定端口，SWB 的 E1/0/2 为非指定端口状态为 Blocking。

通过上述 5 步实际上是 3 步，最终整个网络收敛，形成了没有环路的树型拓扑。

4.1.4　STP 配置

1. H3C 的 STP 相关配置

第 1 步，在系统视图下开启设备 STP 特性；

[Switch] stp [enable|disable]　“enable 是开启 disable 是关闭”

第 2 步，在系统视图下配置 STP 的工作模式；

[Switch] stp mode { stp | rstp | mstp }　“rstp 为快速生成树、mstp 是基于 VLAN 的生成树”

第 3 步，在系统视图下配置网桥 ID 优先级，此步可跳过；

[Switch] stp priority bridgey-priority

第 4 步，在端口视图下设置链路开销和端口优先级，此步可跳过；

[Switch]int E#/#/#

[Switch- E#/#/#]stp cost cost-num

[Switch- E#/#/#]stp port port-priority

第 5 步，在系统视图下配置相关定时器时间，此步可跳过；

[Switch]stp timer [hello|max-age|forword-delay] seconds

2. 思科的 STP 相关配置

第 1 步，在全局模式下启用 PSTP（基于 VLAN 的 STP）；

Switch(config)#spanning-tree vlan vlan-id　“当选择 VLAN1 时这就类似于公共生成树”

第 2 步，在全局模式下指定交换机网桥 ID（基于 VLAN）；

```
Switch(config)#spanning-tree vlan vlan-id priority bidge-priority
```

第 3 步，在接口图下设置链路开销和端口优先级，此步可跳过；

```
Switch(config)#int fa#/#
Switch(config-if)# spanning-tree vlan vlan-id cost cost-num
Switch(config-if)# spanning-tree vlan vlan-id port port-priority
```

第 4 步，在全局模式下配置相关定时器时间，此步可跳过；

```
Switch(config)#spanning-tree vlan vlan-id [hello-time| forward-time| max-age] seconds
```

4.1.5 快速生成树

在 STP 算法中，交换机的端口从 Blocking 转换成 Forwording 需要 50s 的时间，而且由于网络拓扑的改变例如某主链路或交换机故障导致整个网络需要重新计算以达到收敛，从而形成树型拓扑，这个过程将会导致网络在一段时间按内无法维持畅通，尤其是端口翻滚造成的影响更加严重。因此 2RSTP(Rapid Spanning Tree Protocol，快速生成树协议)技术应运而生，它的主要功能是通过更短时间实现网络的收敛，使网络更加稳定。

2001 年 IEEE 定义了基于 IEEE 802.1w 标准的快速生成树协议（RSTP）。RSTP 在 STP 基础上做了 3 点重要改进，加快了收敛速度（最快可在 1s 以内）。

① 为根端口和指定端口设置了快速切换用的替换端口（Alternate Port）和备份端口（Backup Port）两种角色。当根端口失效的情况下，替换端口就会快速转换为新的根端口并无时延地进入转发状态；当指定端口失效的情况下，备份端口就会快速转换为新的指定端口并无时延地进入转发状态。

② 在只连接了两个交换端口的点对点链路中，指定端口只需与下游网桥进行一次握手就可以无时延地进入转发状态。如果是连接了 3 个以上网桥的共享链路，下游网桥是不会响应上游指定端口发出的握手请求的，只能等待两倍 Forward Delay 时间进入转发状态。

③ 直接与终端相连而不与其他网桥相连的端口定义为边缘端口（Edge Port）。边缘端口可以直接进入转发状态，不需要任何延时。由于网桥无法知道端口是否是直接与终端相连，所以需要人工配置。

4.1.6 多生成树

RSTP 相对于 STP 协议的确有很多改进，并且向下兼容 STP，可以混合组网。但是 RSTP 和 STP 一样同属于单生成树（Single Spanning Tree，SST），有它自身的诸多缺陷，主要表现在 3 个方面。

① 由于整个交换网络只有一棵生成树，在网络规模比较大的时候会导致较长的收敛时间。

② 因为 RSTP 是单生成树协议，所有 VLAN 共享一棵生成树，为了保证 VLAN 内部可以正常通信，网络内每个 VLAN 都必须沿着生成树的路径方向连续分布，否则将会出现有的 VLAN 由于内部链路被阻塞而被分隔开，从而导致 VLAN 内部无法通信的问题。

③ 当某条链路被阻塞后将不承载任何流量，无法实现负载均衡，造成了带宽的极大浪费。

这些缺陷都是单生成树无法克服的，于是支持 VLAN 的多生成树协议（MSTP，思科将其定义为 PVSTP）出现了。MST（Multiple Spanning Tree，多生成树）是把 IEEE 802.1w 的快速生成树（RST）算法扩展而得到的。采用多生成树（MST），能够通过干道（Trunks）建立多个生成树，

关联 VLANs 到相关的生成树进程，每个生成树进程具备单独于其他进程的拓扑结构；MST 提供了多个数据转发路径和负载均衡，提高了网络容错能力，因为一个进程（转发路径）的故障不会影响其他进程（转发路径）。

一个生成树进程只能存在于具备一致的 VLAN 进程分配的桥中，必须用同样的 MST 配置信息来配置一组桥，这使得这些桥能参加到一组生成树进程中，具备同样的 MST 配置信息的互连的桥构成多生成树区（MST Region）。

MSTP 技术优点如下。

① 多生成树协议 MSTP 是 IEEE 802.1s 中定义的一种新型生成树协议，相对于 STP 和 RSTP，优势非常明显。

② MSTP 引入“域”的概念，把一个交换网络划分成多个域。每个域内形成多棵生成树，生成树之间彼此独立；在域间，MSTP 利用 CIST 保证全网络拓扑结构的无环路存在。

③ MSTP 引入“实例（Instance）”的概念，将多个 VLAN 映射到一个实例中，以节省通信开销和资源占用率。MSTP 各个实例拓扑的计算是独立的（每个实例对应一棵单独的生成树），在这些实例上就可以实现 VLAN 数据的负载分担。

④ MSTP 可以实现类似 RSTP 的端口状态快速迁移机制。

⑤ MSTP 兼容 STP 和 RSTP。

图 4.5 所示为 MSTP 整体效果示意图。

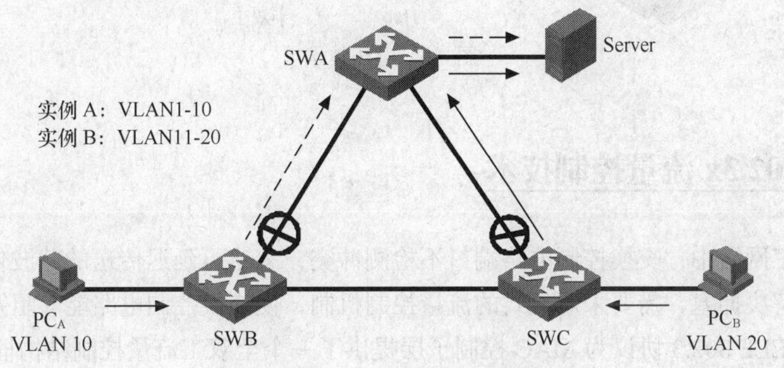

图 4.5　MSTP 整体效果示意图

在 Cisco 交换设备上缺省 STP 模式就是 PVST+，它将每个 VLAN 定义一个 STP，最多可以有 64 棵基于 VLAN 的生成树，与 MSTP 概念一致。除此之外，思科的 STP 模式还包括以下两种。

① IEEE 通用生成树（CST）：是 IEEE 解决运行虚拟局域网 VLAN 生成树的方法。CST 定义，整个第 2 层交换网络所有实现了的 VLAN，仅使用一个生成树实例。这个生成树实例运行在整个交换局域网上。

② 带 CST 的 Cisco PER VLAN 生成树（PVST + ）：是 Cisco 解决在虚拟局域网上处理生成树问题的另一个方案。PVST + 允许 CST 信息传给 PVST，以便与其他厂商在 VLAN 上运行生成树的实现方法进行操作。

4.2 流量控制

在没有拥塞控制的交换机中，丢包导致“滚雪球效应”及严重的性能下降。流量控制用于防

止在端口阻塞的情况下丢帧，是当发送或接收缓冲区开始溢出时通过将阻塞信号发送回源地址实现的。流量控制可以有效的防止由于网络中瞬间的大量数据对网络带来的冲击，保证用户网络高效而稳定的运行。常用的流量控制技术分为背压技术和 802.3x 流量控制技术。

4.2.1 背压技术

背压技术（见图 4.6）是用于半双工模式下的通信，交换控制电路发出一种伪碰撞信号（False Collision Signal）技术。背压技术通常根据已用缓冲区的容量比例来实现，当已用缓冲区容量达到一个预先设定的比例时，端口将根据这个阈值生成阻塞信号，而当空闲缓冲区容量超过另一个较低的比例时，端口将取消阻塞信号。在拥塞端口所在的网段内，阻塞信号的传输可以使该网段里所有的端口都能检测到冲突，等待阻塞信号结束后再传输数据帧，从而阻止更多的碰撞，暂时中止了数据的传输，使缓冲区的空间得到释放。例如，如果一台高速 100 Mbit/s 服务器通过交换机将数据发送给一个 10 Mbit/s 的客户机，该交换机将尽可能多地缓冲其帧，一旦交换机的缓冲器装满，它就通知服务器停止发送。

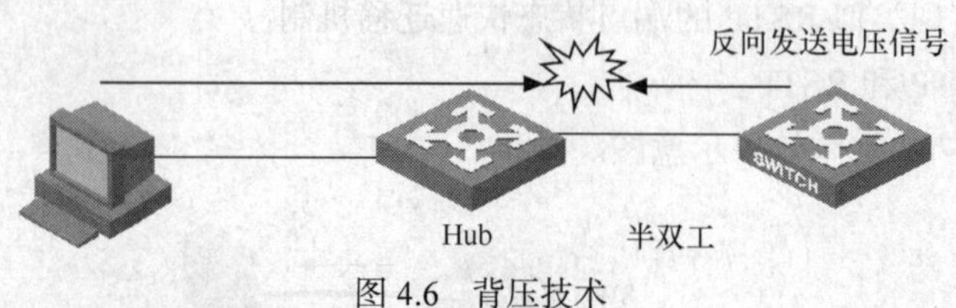

图 4.6　背压技术

4.2.2　802.3x 流量控制技术

而在全双工网络中，交换控制电路端口不检测冲突，忽略可延迟传送的载波侦听，所以不能采用背压技术解决拥塞，需要采用显式的流量控制机制，使交换控制电路能够阻塞处于拥塞状态的站点。于是 IEEE 802.3 协议为 MAC 控制子层提供了一个全双工流量控制结构框架（见图 4.7），MAC 控制子层是介于逻辑链路控制子层和介质访问控制子层间的可选功能。

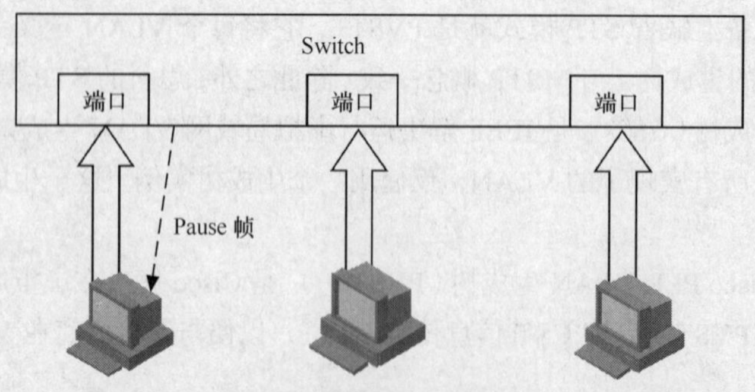

图 4.7　802.3x 流量控制

交换控制电路要防止缓冲区溢出，可以利用 MAC 控制子层来控制以太网介质访问控制子层的操作。当已用缓冲区容量达到一个预先设定的阈值时，端口向全双工链路对方发出停止发送数据的请求，这个请求通过 MAC 控制子层产生的控制帧实现。

同样，端口可以接收由其他站点 MAC 控制子层产生的控制帧，控制帧夹在客户数据帧流中发送，接收方会根据帧的内容将控制帧分离出来，提交到 MAC 控制子层中的流量控制模块，流量控制模块解析控制帧的内容，提取帧中的控制参数，根据控制参数决定暂停发送的时间。

在全双工 MAC 控制框架下，流量控制机制是通过 Pause 功能实现的。Pause 功能可以防止瞬时过载导致缓冲区溢出时不必要的帧丢失。Pause 操作实现了一种简单的停 – 等式流量控制机制。如果某个端口要停止帧的接收，可以发送一个带有参数的 Pause 帧，参数指示全双工链路对方在开始发送数据前需要等待的时间。当链路对方接收到 Pause 帧后，在参数指定的时间内停止发送数据。当指定时间超出，或端口流量控制状态解除后，原拥塞端口重新发出操作参数为 0 的 Pause 帧，链路对方从暂停的位置继续发送数据帧。

MAC 控制帧是符合 IEEE 802.3 协议的以太网帧，可以通过其唯一的类型域标识符（0x8808）识别。MAC 控制帧在网络上的发送和接收与数据帧类似，除了前导码和帧开始符外，长度为以太网帧的最小帧长度（64 字节）。MAC 控制帧的“数据”字段内，前两个字节标识了 MAC 控制的操作码，表示帧请求的控制功能。目前协议只定义了一种操作代码，即 PAUSE 操作，操作代码为 0x0001。操作码后是操作所需的参数，参数只用了数据字段的 2 个字节，“数据”字段中其余位将填充 0。

PAUSE 帧各个字段的定义如下。

Des MAC	Sur MAC	Length/Type	PAUSE 操作参数

① 类型：为所有 MAC 控制帧保留类型 0x8808。

② PAUSE 操作参数：为 2 字节的暂停时间参数。它是 PAUSE 发送方请求对方停止发送数据帧的时间长度，通常为 0xFFFF，时间度量单位是以当前传输速率传输 512 位数据所用的时间，接收方实际暂停的时间为操作参数字段内容与以当前传输速率传输 512 位数据所用时间的乘积。

4.3 二层可靠技术

随着园区网规模的不断扩大，承载在园区网上的应用也越来越丰富，在许多关键应用中要求网络提供不间断的服务，这就要求网络设备要具有高可靠性，不存在单点故障。而网络的高可靠性，除了可靠的网络产品以外，还需要大量的高可靠技术的支持，例如生成树技术就是将冗余的链路逻辑断开，当主链路故障时自动回复冗余链路。对于一个高可用和高可靠的园区网络，主要关心 3 个方面技术。

① 链路的备份技术——在用于避免由于单链路故障导致网络通信的中断，当主链路中断时备用链路会成为新的主用链路。主要包括链路聚合、RRPP、Smart Link 3 种技术。

② 堆叠技术——将多台设备通过堆叠接口连接在一起形成一台“联合设备”。

③ 设备备份技术——分为两类，包括设备自身的备份技术和设备间的备份技术 VRRP。

链路备份的链路备份技术主要有链路聚合、RRPP、Smart Link 3 种技术。在城域网中大多采用环网来提高可靠性，一般为 RPR 或以太网换。RPR 需要专用硬件成本高。而以太网环技术日益成熟且价格低廉。目前解决两层网络环路的技术有 STP 和 RRPP。STP 应用成熟但收敛在秒级。而 RRPP 在收敛时间上与网络结点数量无关，可应用较大的环境。Smart Link 是一种针对双上行组网的解决方案，实现高效可靠的链路冗余备份和故障后的快速收敛。

4.3.1 链路聚合

链路聚合（Link Aggregation）也被称为端口聚合，是交换机上多个相同属性的端口捆绑，像单个端口使用，如图 4.8 所示。链路聚合的主要优势有以下几点。

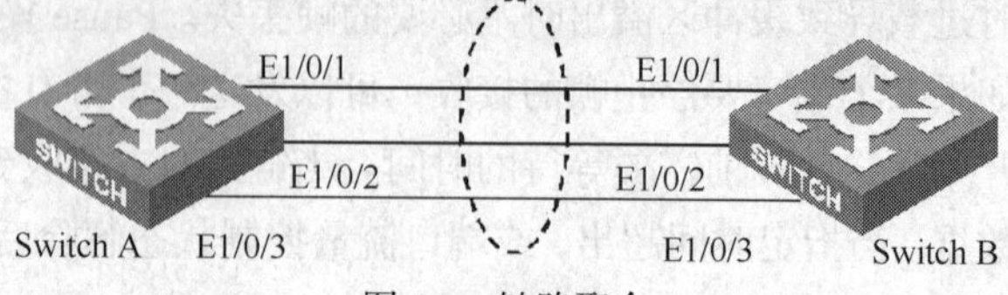

图 4.8 链路聚合

① 增加带宽,可以在网络设备不升级的情况下提供更高带宽，例如将 *n* 个端口聚合起来就可以提供 *n* 倍的带宽。

② 负载分担，将大量的数据在聚合成员中进行再分配。

③ 链路备份，在聚合链路中的某条链路故障不能影响网络的连通性。

链路聚合有 3 种方式。一种是手工聚合，由网络管理人员将某些端口加入一个聚合组；一种是由 LACP（Link Aggregation Control Protocol，链路聚合控制协议）动态的确定哪些端口加入或离开聚合组，这种方式称为动态 LACP；还有一种介于两者之间，称之为静态 LACP 聚合，由网络管理人员手工指定哪些端口属于某一聚合组，但这些端口上仍然启用 LACP 协议，一旦静态聚合被删除，这些端口仍然可以通过 LACP 动态的确定加入某一聚合组。

1. H3C 交换机配置链路聚合

第 1 步，在系统视图下进入要被聚合的端口将其设置为相同的属性；

[Switch]interface E#/#/#

[Switch-E#/#/#]duplex full “设置全双工”

[Switch-E#/#/#]speed 100 “设置带宽为 100 Mbit/s”

[Switch-E#/#/#]port link-type trunk

[Switch-E#/#/#]port trunk permit vlan all

第 2 步，在系统视图下创建聚合组的名称；

[Switch] interface bridge-aggregation number “number 聚合端口（聚合组）编号，取值范围为 1～1024”

*注意在有的设备上使用 link-aggregation group number mode {manual|static}，具体需要参照设备手册。

第 3 步，如果是手工模式（缺省），则在相关接口视图下将该接口加入聚合组；

[Switch]interface E#/#/#

[Switch-E#/#/#] port link-aggregation group number

第 4 步，如果是动态模式，需要首先指定动态模式，然后在相关接口模式下将该接口加入聚合组；

[Switch] interface bridge-aggregation number

[Switch- bridge-aggregation number]link-aggregation mode dynamic “指定动态模式”

[Switch]interface E#/#/#

[Switch-E#/#/#]lacp enable “启用 LACP 协议”

[Switch-E#/#/#] port link-aggregation group number

2. 思科交换机配置链路聚合

第 1 步，在全局模式下进入要被聚合的端口将其设置为相同的属性；

Switch(config)#interface fa#/#

Switch(config-if)#duplex full　　“设置全双工”

Switch(config-if)#speed 100　　“设置带宽为 100Mbit/s”

Switch(config-if)# switchport mode trunk

Switch(config-if)# switchport trunk allow vlan all

第 2 步，相关接口模式下将该接口加入聚合组；

Switch(config-if)# channel-group number mode {active| auto | on | passive }　“number 聚合端口（聚合组）编号，取值范围为 1～1 024。active 无条件启用 LACP 协；auto 交换机被动形成一个链路聚合；on 选择手工模式生成链路聚合；passive 选择静态模式生成链路聚合；

4.3.2 RRPP

RRPP（Rapid Ring Protection Protocol，快速环网保护协议）是一个专门应用于以太网环的链路层协议。它在以太网环完整时能够防止数据环路引起的广播风暴，而当以太网环上一条链路断开时能迅速恢复环网上各个结点之间的通信通路，具备较高的收敛速度。

RRPP 产生背景是城域网和企业网大多采用环网（见图 4.9）来构建以提供高可靠性，但环上任意一个结点发生故障都会影响业务。环网采用的技术一般是 RPR 或以太网环。RPR 需要专用硬件，因此成本较高。而以太网环技术日趋成熟且成本低廉，城域网和企业网采用以太网环的趋势越来越明显。

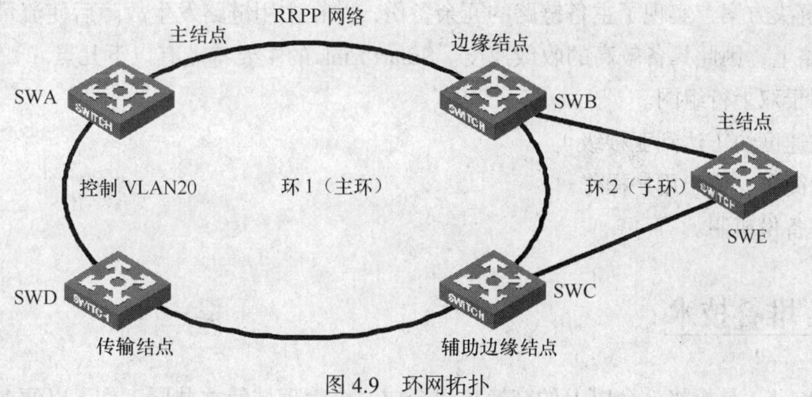

图 4.9　环网拓扑

目前，解决二层网络环路问题的技术有 STP 和 RRPP。STP 应用比较成熟，但收敛时间在秒级。RRPP 是专门应用于以太网环的链路层协议，具有比 STP 更快的收敛速度。并且 RRPP 的收敛时间与环网上结点数无关，可应用于网络直径较大的网络。

RRPP 主要由一个主结点、多个传输结点和控制 VLAN 构成，主结点配置主端口和从端口，正常工作时主结点周期性地从主端口发送 Hello 报文，从端口一旦接收到自己发送 Hello 报文，立刻阻塞从端口。控制 VLAN 主要传输 RRPP 的控制报文，有效保护控制报文。

一旦故障发生时如链路中断，故障相邻的结点或端口上会立刻检测到故障，并立刻向主结点

发送链路故障报文，主结点接收到该报文则认为环处于故障状态，立刻放开从端口链路，同时发送报文通知其他传输结点链路发生问题的状况，以及通告其他结点改变传输方向，传输结点更新转发表后数据流则切换到正常的链路上。

若故障恢复，故障结点或端口会重新启动起来，这时故障结点会临时阻塞该端口，但该端口还能透传 RRPP 协议报文，主结点发送的 Hello 报文可以穿透临时阻塞端口，一旦主结点的从端口接收到自己发送的 Hello 报文，认为环网已经恢复，立刻阻塞从端口，并发送报文通知其他结点打开临时阻塞端口同时刷新状态，业务流量切换到正常链路上来。

4.3.3 Smart-link

当下游设备连接到上游设备时，使用单上行方式容易出现单点故障，造成业务中断。因此通常采用双上行方式，即将一台下游设备同时连接到两台上游设备，以最大限度地避免单点故障，提高网络可靠性。

双上行组网（见图 4.10）虽然能提高网络可靠性，但又引入了环路问题。通常可通过 STP（Spanning Tree Protocol，生成树协议）或 RRPP（Rapid Ring Protection Protocol，快速环网保护协议）来消除环路，但 STP 在收敛速度上只能达到秒级，不适用于对收敛时间有很高要求的用户，而 RRPP 尽管在收敛速度上能达到要求，但组网配置的复杂度较高，主要适用于较复杂的环型组网。

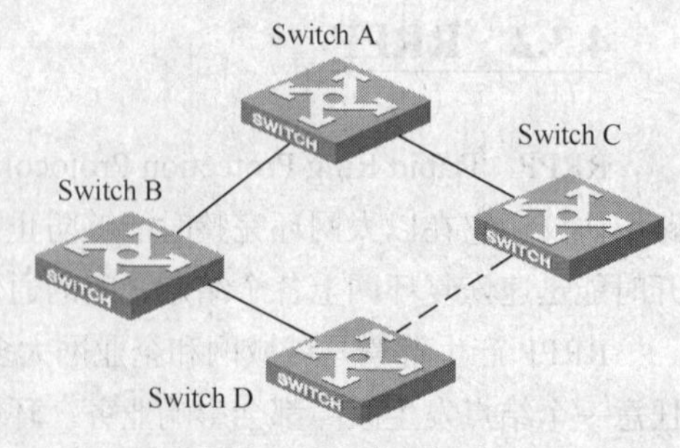

图 4.10 双上行网络

为了在满足用户对链路快速收敛要求的同时又能简化配置，我们针对双上行组网提出了 Smart Link 解决方案，实现了主备链路的冗余备份，并在主用链路发生故障后使流量能够迅速切换到备用链路上，因此具备较高的收敛速度。Smart Link 的主要特点有以下几点。

① 专用于双上行组网。

② 收敛速度快（达到亚秒级）。

③ 配置简单，便于用户操作。

④ 链路备份机制。

4.3.4 堆叠技术

堆叠（Stack）是指将一台以上的交换机组合成一个管理域使之共同工作，以便在有限的空间内提供尽可能多的端口。它的主要特点有以下几点。

① 多台交换机经过堆叠形成一个堆叠单元，整个集合体具有唯一的管理 IP 地址。

② 可以通过该地址管理堆叠中的任何一台设备。

③ 堆叠的形式不会影响设备的性能。

可堆叠的交换机性能指标中有一个“最大可堆叠数”的参数，它是指一个堆叠单元中所能堆叠的最大交换机数，代表一个堆叠单元中所能提供的最大端口密度。

堆叠技术从发展之初到现在基本经历了两代的发展更新。第一代堆叠集中体现在简化管理方

面，可以将多个设备联合起来形成一个管理单元。第二代堆叠技术在简化管理的基础上，更进一步的将组成堆叠的成员设备进行更紧密的结合，使得各个成员能够协同完成网络管理、协议计算、业务转发等各项功能。这种堆叠可以理解成为一个超大型的框式设备，例如集群技术、智能弹性架构都属于第二代。

目前，流行的堆叠技术有 3 种：星型堆叠、环型堆叠和链型堆叠。

环型堆叠是一种基于串联结构的堆叠技术。通过相对高速的端口串联和软件支持，最终可以实现构建一个多交换机的层叠结构；通过环回，单个设备的故障或者单个链路的故障不会导致整个堆叠设备的故障，可以实现一定程度的冗余。但如图 4.11 中主机互相通信时，报文有可能经过所有的交换机才能到达主机，这必将产生严重的时延。而且它们之间的链路将会成为网络的瓶颈。因此环型堆叠是一种简化的堆叠技术，一般建议环型堆叠成员不超过 4 台。

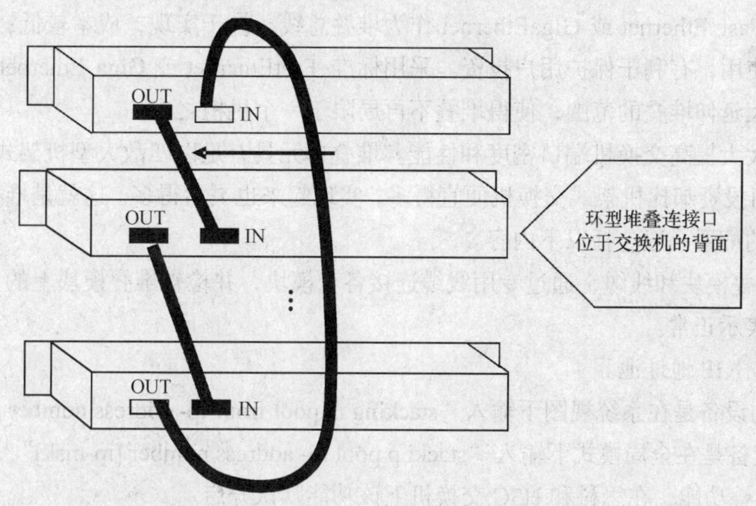

图 4.11　环型堆叠

链型堆叠，与环型堆叠相似，只是最后一个设备不再链接到第一个设备，仅仅形成一个链。此类堆叠内部没有冗余备份链路，一旦堆叠链路故障，堆叠将分裂成多个新的堆叠体，从导致网络故障。

星型堆叠（见图 4.11）是一种高级堆叠技术，需要一个独立的高速堆叠中心，所有堆叠的交换机均通过该中心与其他交换机通信。堆叠中心一般基于专用的 ASIC，其交换容量在 20 G 左右，但其 ASIC 交换容量限制了交换机堆叠的数量，堆叠电缆一般不超过 2 m。

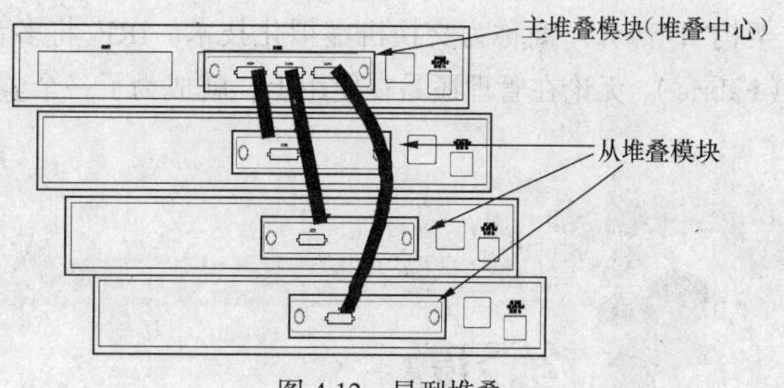

图 4.12　星型堆叠

堆叠与级联这两个概念既有区别又有联系。堆叠可以看作是级联的一种特殊形式。它们的不同之处在于以下几个方面。

① 级联的交换机之间可以相距很远，而一个堆叠单元内的多台交换机之间的距离非常近，一般不超过几米。

② 级联一般采用普通端口，而堆叠一般采用专用的堆叠模块和堆叠电缆。

③ 一般来说，不同厂家、不同型号的交换机可以互相级联，堆叠则不同，它必须在可堆叠的

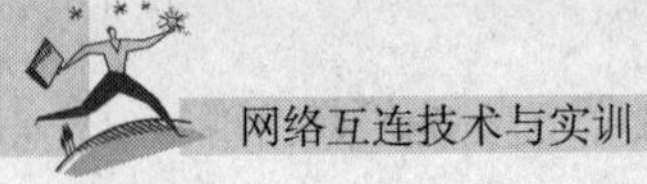

同类型交换机（至少应该是同一厂家的交换机）之间进行。

④ 级联仅仅是交换机之间的简单连接，堆叠则是将整个堆叠单元作为一台交换机来使用，这不但意味着端口密度的增加，而且意味着系统带宽的加宽。

目前，市场上的主流交换机可以细分为可堆叠型和非堆叠型两大类。而号称可以堆叠的交换机中，又有虚拟堆叠和真正堆叠之分。虚拟堆叠，实际就是交换机之间的级联。交换机并不是通过专用堆叠模块和堆叠电缆，而是通过 Fast Ethernet 端口或 GigaEthernet 端口进行堆叠，实际上这是一种变相的级联。即便如此，虚拟堆叠的多台交换机在网络中已经可以作为一个逻辑设备进行管理，从而使网络管理变得简单起来。

目前，市场上有相当一部分可堆叠的交换机属于虚拟堆叠类型而非真正堆叠类型。很显然，真正意义上的堆叠比虚拟堆叠在性能上要高出许多，但采用虚拟堆叠至少有两个好处：虚拟堆叠往往采用标准 Fast Ethernet 或 GigaEthernet 作为堆叠总线，易于实现，成本较低；堆叠端口可以作为普通端口使用，有利于保护用户投资。采用标准 FastEthernet 或 Giga Ethernet 端口实现虚拟堆叠，可以大大延伸堆叠的范围，使得堆叠不再局限于一个机柜之内。

堆叠可以大大提高交换机端口密度和性能。堆叠单元具有足以匹敌大型机架式交换机的端口密度和性能，而投资却比机架式交换机便宜得多，实现起来也灵活得多。这就是堆叠的优势所在。

堆叠功能的配置一般包括以下内容。

① 准备堆叠模块和线缆，通过专用线缆连接各个模块，并检查堆叠模块上的 Link 指示灯是否闪亮，灯亮表示正常。

② 配置堆叠 IP 地址池。

- H3C 的设备是在系统视图下输入“stacking ip pool from-ip- address number [ip-msk]”
- 思科设备是在全局模式下输入“stacki p pool ip- address number [ip-msk]”

③ 建立堆叠功能，在思科和 H3C 交换机上该功能默认开启。

随着堆叠技术的不断发展，各个厂商又开发了集群技术（Group Management Protocol，GMP），通过该协议可以对交换机实现集中管理，例如交换机的注册、软件升级、重启等。该协议与级联技术相配合使用，大大提高了端口的扩展能力，实现了设备高兼容。

在此之后，H3C 公司开发了新的堆叠技术 IRF2.0（Intelligent Resilient Framework，智能弹性架构），部分厂商称为交换机虚拟化技术。IRF 将多台设备互相连接起来形成一个“联合设备”（Fabric）。无论在管理还是在使用上，就成为了一个整体。

练习题

1. 在图 4.4 环型链路拓扑 SWA 与 SWB 之间在建立一条 E1/0/3 之间冗余链路，SWB 上的参数与 SWC 一致，按照 STP 算法写出收敛的步骤和各端口的身份。
2. 按图 4.4 分别用思科和 H3C 的命令格式写出 3 台交换机 STP 的配置命令。
3. 写出思科 PVST、PVST+、CST 3 者的不同。
4. 通过查找资料找出 5 款支持 802.3x 的思科和 H3C 交换机。

5. 通过查找资料找出 5 款支持 RRPP 和 Smart Link 的 H3C 交换机。

实训 9　生成树协议

1. 实训内容

设置 STP 的相关参数实现网络收敛。

2. 实训目的

掌握 STP 算法和 STP 设置命令。

3. 实训环境

H3C S26 或 S36 系列或者是思科 29 或 35 系列交换机交换机 3 台、PC 机 3 台、直连网线 3 根、交叉线 4 根、配置电缆 3 根。

4. 实训拓扑图

实训拓扑图如图 4.13 所示。

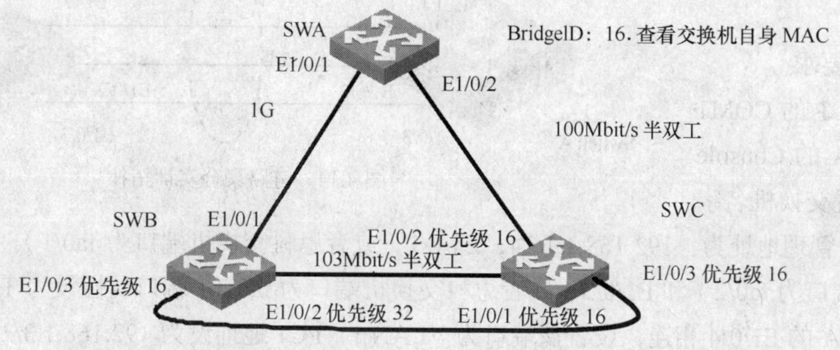

图 4.13　STP 实训拓扑

5. 实训要求

① 将 PC1 的 COM1 口与交换机 A 的 Console 口相连，配置交换机名字为 SWA，管理地址为 192.168.1.1/24；E1/0/1（或者思科交换机端口为 fa0/1）和 E1/0/2（或者思科交换机端口为 fa0/2）端口属性设为 Trunk；将 PC1 的网卡与 SWA 的 E1/0/3 相连，设置该端口为 VLAN 1，PC1 地址设为 192.168.1.4/24；按图 4.13 所示配置 SWA 生成树相关参数。

② 将 PC2 的 COM1 口与交换机 B 的 Console 口相连，配置交换机名字为 SWB，管理地址为 192.168.1.2/24，E1/0/1（或者思科交换机端口为 fa0/1）、E1/0/2（或者思科交换机端口为 fa0/2）和 E1/0/3（或者思科交换机端口为 fa0/3）端口属性设为 Trunk，将 PC2 的网卡与 SWB 的 E1/0/4 相连，设置该端口为 VLAN 1，PC2 地址设为 192.168.1.5/24；按图 4.13 所示配置 SWA 生成树相关参数。

③ 将 PC3 的 COM1 口与交换机 C 的 Console 口相连，配置交换机名字为 SWC，管理地址为 192.168.1.3/24，E1/0/1（或者思科交换机端口为 fa0/1）、E1/0/2（或者思科交换机端口为 fa0/2）和

E1/0/3（或者思科交换机端口为 fa0/3）端口属性设为 Trunk，将 PC3 的网卡与 SWC 的 E1/0/4 相连，设置该端口为 VLAN 1，PC3 地址设为 192.168.1.6/24；按图 4.13 所示配置 SWA 生成树相关参数。

④ 用 display 命令或 show 命令查看 SWA、SWB、SWC 相关端口的状态，并记录。

⑤ 用 ping -t 命令测试 PC2 与 PC3 连通性。

⑥ 将交换机 B 的 E1/0/1（或者思科交换机端口为 fa0/1）上的级联线缆拔下，在 PC2 上观察 ping –t 192.168.1.6 的变化，并记录变化间隔时间。

⑦ 查看 SWA、SWB、SWC 相关端口的属性，并记录。

实训 10　链路聚合

1. 实训内容

设置链路聚合的配置。

2. 实训目的

掌握手工和静态配置链路聚合的配置命令。

3. 实训环境

H3C S26 或 S36 系列或者是思科 29 或 35 系列交换机交换机 2 台、PC 机 2 台、直连网线 2 根、交叉线 2 根、配置电缆 2 根。

4. 实训拓扑图

实训拓扑图如图 4.14 所示。

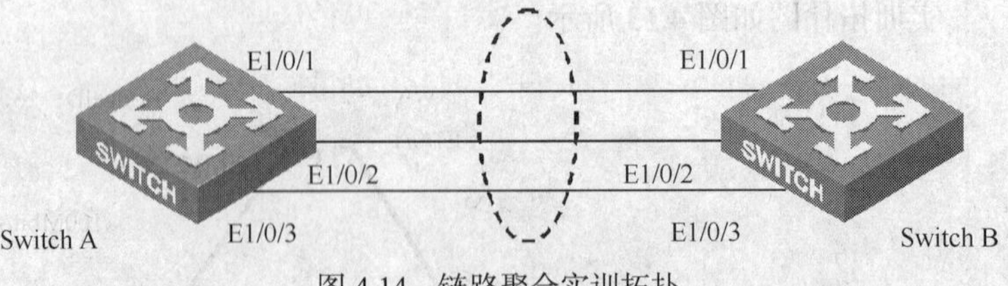

图 4.14　链路聚合实训拓扑

5. 实训要求

① 将 PC1 的 COM1 口与交换机 A 的 Console 口相连，配置交换机名字为 SwitchA，管理地址为：192.168.1.1/24；E1/0/1（或者思科交换机端口为 fa0/1）、E1/0/2（或者思科交换机端口为 fa0/2）和 E1/0/3（或者思科交换机端口为 fa0/3）端口属性设为 Trunk；将 PC1 的网卡与 SWA 的 E1/0/4 相连，设置该端口为 VLAN 1，PC1 地址设为 192.168.1.3/24。

② 将 PC2 的 COM1 口与交换机 B 的 Console 口相连，配置交换机名字为 SwitchB，管理地址为：192.168.1.2/24；E1/0/1（或者思科交换机端口为 fa0/1）、E1/0/2（或者思科交换机端口为 fa0/2）和 E1/0/3（或者思科交换机端口为 fa0/3）端口属性设为 Trunk；将 PC1 的网卡与 SWA 的 E1/0/4 相连，设置该端口为 VLAN 1，PC1 地址设为 192.168.1.4/24。

③ 将交换机 A 和 B 的端口 E1/0/1（或者思科交换机端口为 fa0/1）、E1/0/2（或者思科交换机端口为 fa0/2）和 E1/0/3（或者思科交换机端口为 fa0/3）通过手工方式实现链路聚合。

④ 用 ping -t 命令测试 PC1 与 PC2 连通性。

⑤ 用 display 命令或 show 命令查看 SWA、SWB 端口 E1/0/1（或者思科交换机端口为 fa0/1）、E1/0/2（或者思科交换机端口为 fa0/2）和 E1/0/3（或者思科交换机端口为 fa0/3）的状态。

⑥ 观察交换机 SWA、SWB 端口 E1/0/1（或者思科交换机端口为 fa0/1）、E1/0/2（或者思科交换机端口为 fa0/2）和 E1/0/3（或者思科交换机端口为 fa0/3）Active 指示灯的情况，并记录。

⑦ 将 SWA、SWB 端口 E1/0/1（或者思科交换机端口为 fa0/1）的级联链路端口，然后再观察这 3 个端口 Active 指示灯的情况，并记录。

第5章 三层交换技术

近年来，随着互联网和信息化建设的迅猛发展，使人们越来越感觉到传统路由器已经从原来的交通指挥员变成了现在的路口瓶颈。传统路由器在网络中起到隔离网络、隔离广播、路由转发、防火墙的作用，并且随着网络的不断发展，它们的工作量也在迅速增长。如今出于安全和管理方便等方便的考虑，VLAN（虚拟局域网）技术在网络中大量应用。VLAN 技术可以逻辑隔离各个不同的网段、端口甚至主机，而各个不同 VLAN 间的通信都要经过路由器来完成转发。由于局域网中数据流量很大，VLAN 间大量的信息交换都要通过路由器来完成转发，这时候随着数据流量的不断增长路由器就成为了网络的瓶颈。

为了解决局域网络的这个瓶颈，局域网都采用了三层交换机。三层交换是相对于传统交换概念而提出的。传统的交换技术是在 OSI 网络标准模型中的第二层——数据链路层进行操作的，而三层交换技术是在网络模型中的第三层实现了数据包的高速转发。

本章学习要点

- 掌握三层交换机的工作原理。
- 掌握三层交换机路由的配置。
- 掌握 ACL 包过滤的配置方法。
- 掌握 VRRP 的协议原理和配置方法。
- 理解 DHCP 中继的原理。

5.1 三层交换技术简介

传统的二层网络中所有的交换机都处于一个广播域当中，为防止广播泛滥、广播风暴。我们使用 VLAN 技术（见图 5.1）来解决上述问题。

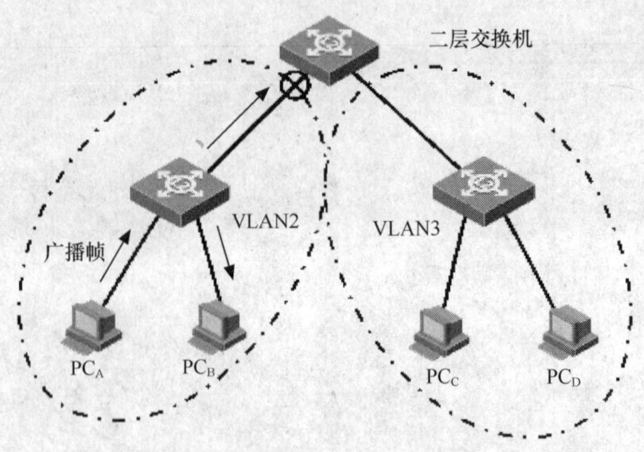

图 5.1　二层 VLAN 隔离广播

VLAN 隔离了二层广播域，也就严格地隔离了各个 VLAN 之间的任何流量，分属于不同 VLAN 的用户不能互相通信，不同 VLAN 之间的流量不能直接跨越 VLAN 的边界。

然而随着网络应用的不断发展，用户又希望将 VLAN 之间的访问控制做到精细化，即希望 VLAN 中的某些特殊用户可以访问其他 VLAN，其他普通用户则保持原状。如果要实现该功能，则必须使用路由器的路由功能和访问控制列表技术。路由器的某一接口收到其所连接网段（某一 VLAN）的数据帧解封装成包，再通过路由表以及访问控制列表来判断是否将该包路由到另外一个网段（其他 VLAN），如果允许则在路由器相应的接口上把包再封装成帧，从该接口转发出去。这样的实现过程，必然要求在二层交换机上的每一个 VLAN 使用一条单独的物理链路连接到同一路由器的不同接口上。具体如图 5.2 所示。

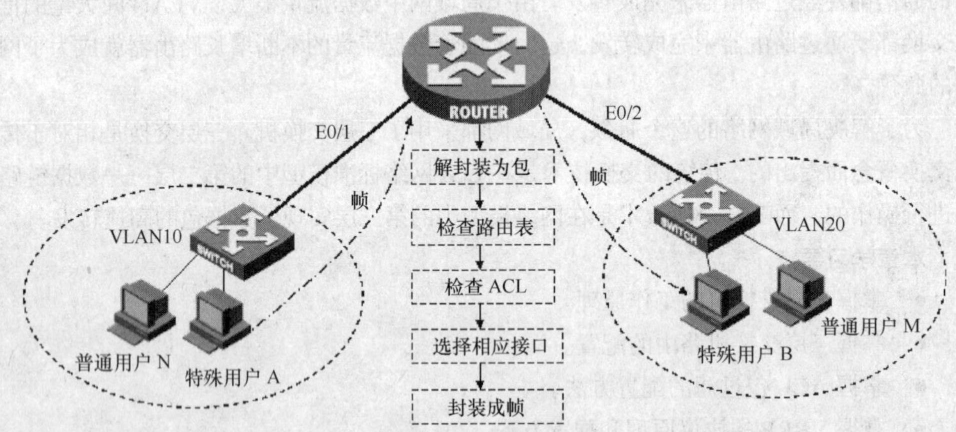

图 5.2　传统网络使用路由器连接不同 VLAN

我们在网络之中划分 VLAN 的目的，是为了隔离广播，提高网络带宽利用率和提高网络的安全性。但是这些必须建立在网络的通信可用的基础上，网络的可用性是网络建设的第一原则。为了实现 VLAN 之间的通信，则必须由路由器来完成，每个 VLAN 都要独占一个核心交换机端口和一个路由器端口。那么对于路由器来说，就需要使用很多端口来连接不同的 VLAN，路由器本身的端口数量直接影响了网络中数据的传输。

在 20 世纪 90 年代，针对路由器端口数量的问题，采取过一个新的技术称之为单臂路由。单臂路由是指在路由器的一个物理接口上，进行逻辑细分形成多个逻辑接口并将这些接口封装成

Trunk 属性，这样在一台中继链路上就可以同时传输多个 VlAN 的数据帧。使用单臂路由，可以提高链路的带宽使用率，节省端口资源和简化网络管理的特点，如图 5.3 所示。

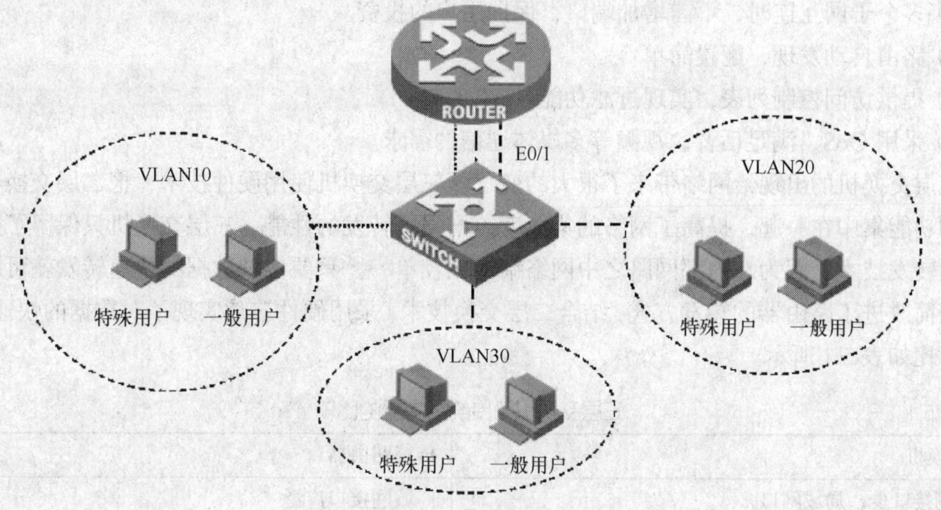

图 5.3　使用 Trunk 链路做单臂路由

然而使用单臂路由，对于路由器而言就产生了一个不足。由于路由器使用的是通用 CPU，数据包的转发全靠软件来完成，对于 CPU 来说压力很大。软件需要处理包括报文接收、校验、路由查找、报文分片等功能，直接导致了路由器的转发性能降低，从而无法实现线速转发。

5.1.1　三层交换的特点

二层交换机和路由器在功能上的集成产生了三层交换机，三层交换机在功能上实现了 VLAN 的划分、VLAN 内部的二层交换和 VLAN 间路由的功能，如图 5.4 所示。其主要特点有如下几点。

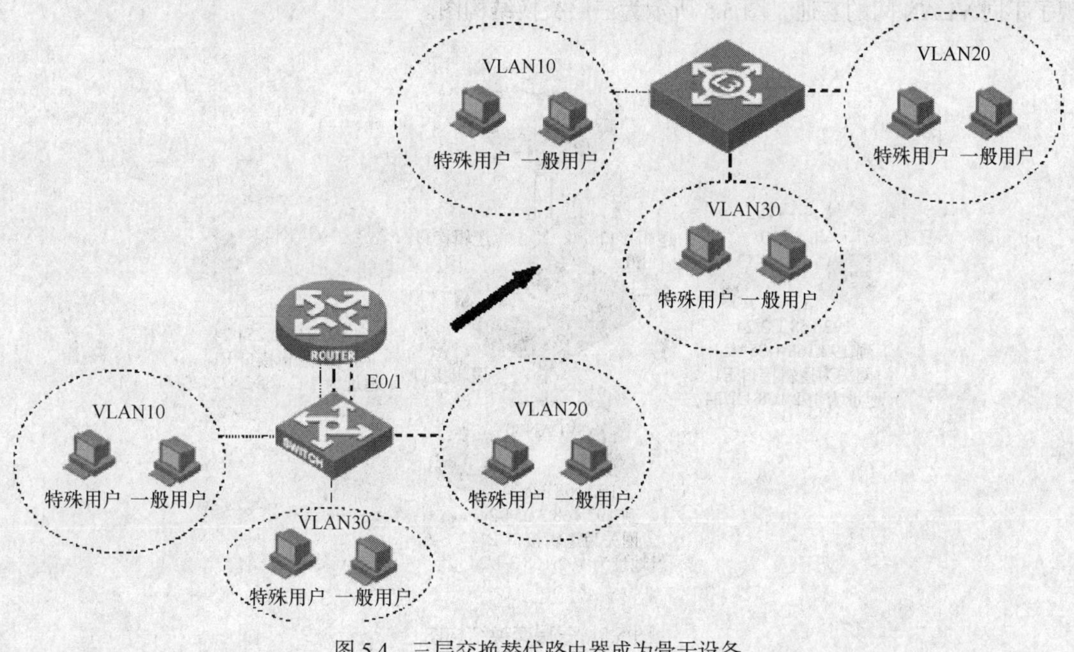

图 5.4　三层交换替代路由器成为骨干设备

① 线速路由。

② 二、三层功能有机结合。

③ 多个子网互连时，不需增加端口，保护用户的投资。

④ 路由自动发现，配置简单。

⑤ 提供访问控制列表，实现过滤功能。

⑥ 采用 QoS，满足话音，视频等多媒体通信的需求。

三层交换机的出现给网络带来了很大的变化。三层交换机使用硬件技术，把二层交换机和路由器的功能集中在一起，提高了网络的集成度，增强了转发的性能。三层交换机只保留了路由器的路由转发技术，因为在内部网路之中网络结构比较单一，只要实现数据的快速转发就可以了。同时精简改进了路由器的转发方式，结合二层交换技术，采用硬件芯片实现了对数据的快速转发。具体对比如表 5.1 所示。

表 5.1　三层交换机与传统路由器的比较

L3 交换机	传统路由器
广域网接口少，局域网口多	广域网接口广泛
支持的路由协议较少	支持多种路由协议
依靠 VLAN 隔绝广播	可以隔绝广播
网络号是赋予 VLAN 的	网络号是赋予端口的
采用硬件 ASIC，路由速度快	采用软件，路由速度慢

三层交换机是把二层转发技术和三层转发技术融合在一起，那么在三层交换机内部则体现为二层转发引擎和三层转发引擎。二层转发引擎的功能和二层交换机功能一致，主要通过硬件芯片来实现不同 VLAN 间的数据转发。而三层转发引擎则使用硬件的 ASIC 芯片来实现数据包的转发。那么对应到 IP 网络模型当中，则是每个 VLAN 对应一个网段，三层交换的三层转发引擎负责实现了不同 VLAN 间的互通。图 5.5 所示为三层交换结构图。

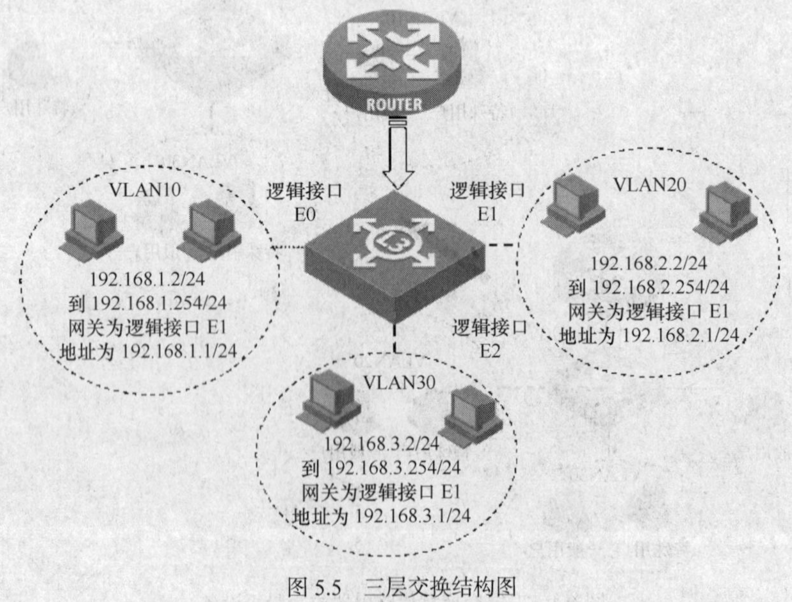

图 5.5　三层交换结构图

5.1.2　三层交换机的工作原理

当数据帧进入到三层交换机内部，将分别通过二层交换模块和三层交换模块，来完成一次通信。其涉及了交换机的 MAC 地址表、VLAN 表以及路由表、访问列表等控制技术，来实现正确的转发，如图 5.6 所示。

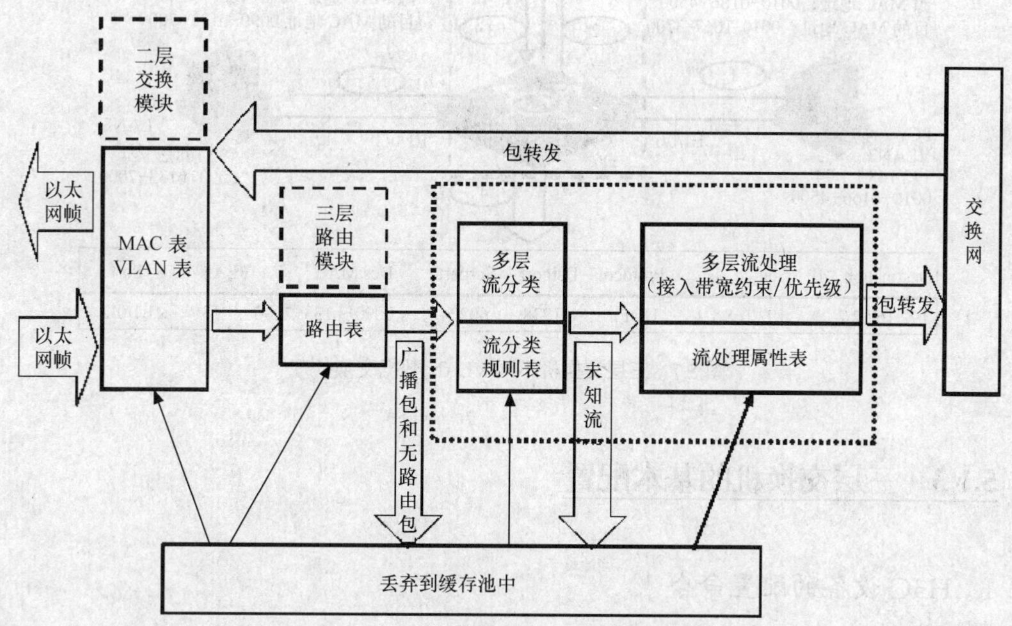

图 5.6　三层交换机数据流处理流程

以图 5.7 为例，简要的说明三层交换机在处理不同 VLAN 的数据交换步骤。

第 1 步，PCA 要向 VLAN2 的逻辑接口（三层模块地址）发出 ARP 包，交换机收到一个 PCA 要到达 PCB 的的数据帧，并查看数据帧的目的 MAC 地址。如果缓存有相应的条目，就可以根据相应条目直接使用快速交换技术完成三层数据路由，如果没有相应条目，则执行步骤 2；

第 2 步，二层交换模块将数据帧转入三层交换模块，根据三层路由协议找到目的的路径，并重新改变二层的源 MAC 地址并将三层相应的路由路径映射成二层信息条目；

第 3 步，三层交换模块将生成的条目回传到二层交换模块的相应缓存中，形成完整的条目；

第 4 步，二层交换模块根据三层模块回传的条目，来比较后续的数据帧的目的地址，如果数据帧中的目的地址与缓存相匹配则执行步骤五，否则执行步骤 1；

第 5 步，如果进入交换机的数据帧的目的与二层缓存的条目比较，则匹配的数据帧将直接进入二层交换，旁路三层路由，完成快速的三层交换。

从以上可以看到，当 PCA 向 PCB 发送的数据包时全部交给二层交换处理，信息得以高速交换。由于仅仅在路由过程中才需要三层处理，绝大部分数据都通过二层交换转发，因此三层交换机的速度很快，接近二层交换机的速度，从而实现“一次路由，多次交换”的快速交换。

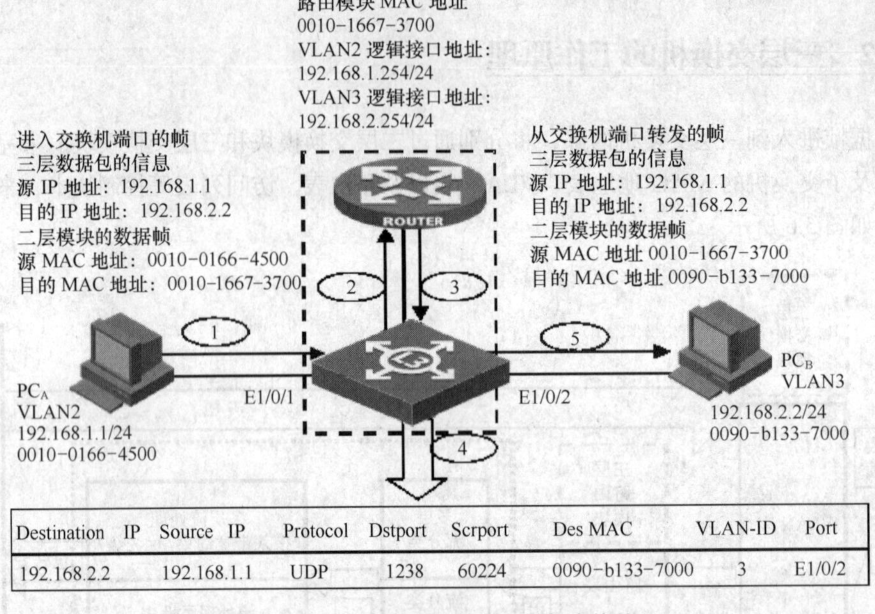

Destination IP	Source IP	Protocol	Dstport	Scrport	Des MAC	VLAN-ID	Port
192.168.2.2	192.168.1.1	UDP	1238	60224	0090-b133-7000	3	E1/0/2

图 5.7　三层交换机不同 VLAN 数据交换处理

5.1.3　三层交换机的基本配置

1. H3C 设备的配置命令

在三层交换机上可以通过给 VLAN 添加逻辑接口（虚接口）和 IP 地址来实现三层交换功能，具体配置如下。

第 1 步，创建 VLAN 并把相应接口加入 VLAN，配置命令略；

第 2 步，在系统视图下为相应 VLAN 创建虚接口；

[Switch]interface vlan vlan-id　“VLAN 和 VLAN 虚接口通过 vlan-id 关联，创建 VLAN 虚接口之前必须保证对应 VLAN 已经创建”；

第 3 步，在 VLAN 接口视图下配置 VLAN 虚接口的 IP 地址；

[Switch Vlan-interface] ip address ip-address　{mask | mask-length}　“给指定 VLAN 虚接口添加地址”。

2. 思科设备的配置命令

以思科 Catelyst36 系统交换机为例来实现三层交换功能，其具体配置如下。

第 1 步，创建 VLAN 并把相应接口加入 VLAN，配置命令略；

第 2 步，在全局模式下三层交换机上启动路由功能；

Switch(config)# ip routing　“有些系列的思科三层交换机路由功能是默认关闭的”

第 3 步，在全局模式下为相应 VLAN 创建虚接口；

Switch(config)#interface vlan vlan-id　“激活 VLAN 虚接口”

第 4 步，在接口模式下配置 VLAN 虚接口的 IP 地址；

switch(config-if)#ip address ip-address mask

5.2 路由实现

如果网络之中存在多台三层交换机（见图 5.8），那么仅仅通过创建 VLAN 接口分配 IP 地址是不够的，还需要在三层交换机上建立和维护路由表。在网络中配置好接口后，可以通过配置静态路由或使用动态路由协议来建立和维护路由表。对于局域网来说，经常使用的动态路由协议主要有 RIP 和 OSPF。

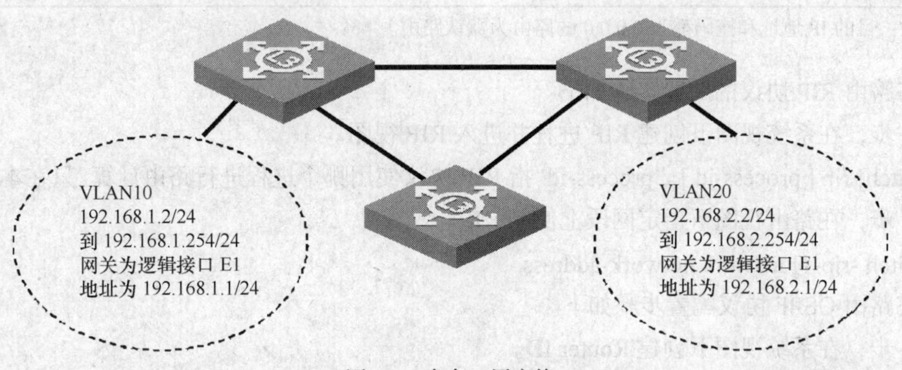

图 5.8　多台三层交换

RIP（Routing information Protocol，路由信息协议）是一种较为简单的内部网关协议，主要用于小规模网络之中，由于实现较为简单，配置维护也比较方便，因此在实际组网中被广泛地应用。

RIP 协议的特点如下。

① 动态路由协议，距离矢量路由协议，内部网关协议。

② 最大衡量值是 15 hops。

③ 每隔 30s 更新路由信息。

④ RIPv1 有类别路由协议（RFC1058）。

⑤ RIPv2 无类别路由协议（RFC1721/1722）。

OSPF（Open Shortest Path Fist，最短路径优先）是有 IETF 开发的一种基于链路状态的内部网关协议，用来替代存在问题的 RIP 协议。

OSPF 协议的特点如下。

① 状态链接路由协议，无路由不可到达限制。

② 链路状态发生变化时，更新路由信息。

③ OSPF 是无类别路由协议。

④ OSPF 比 RIP 有更好的性能，更快的收敛速度。

1. H3C 设备的配置命令

当网络中有多台三层交换机时，需要使用路由来实现不同 VLAN 间的互通，在 H3C 交换机上配置，分为静态路由或动态路由实现。

静态路由的配置（见表 5.2），只需在系统视图下完成如下命令：

[Switch]ip route-static dest-address { mask | mask-length } {gateway-address | interface-type

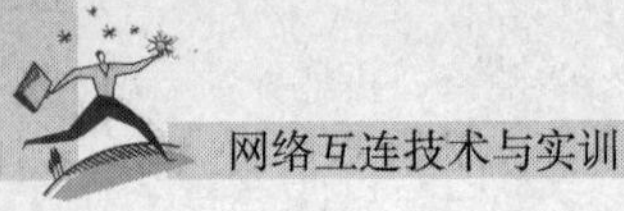

interface-name } [preference preference-value]

表 5.2 静态路由配置命令

参　数	注　释
dest-address	目标网络地址
mask | mask-length	子网掩码或掩码长度
gateway-address	下一跳的地址
interface-type interface-name	与下一跳相连的本地设备接口名称
preference-value	路由的优先级，默认是 100

*注意：目的 IP 地址和掩码都为 0.0.0.0 的路由为默认路由。

动态路由 RIP 协议的配置步骤如下。

第 1 步，在系统视图下创建 RIP 进程并进入 RIP 视图。

[Switch] rip [process-id]“process-id 指 RIP 协议使用哪个进程进行路由计算。只在本地有效”

第 2 步，在路由视图下指定网段上使能 RIP。

[Switch -rip-1] network network-address

动态路由 OSPF 协议配置步骤如下。

第 3 步，在系统视图下创建 Router ID。

[Switch]router id ip-address “router-id 是 OSPF 路由计算时的唯一标示，全局必须唯一”

第 4 步，在系统视图下启动 OSPF 进程。

[Switch]ospf [process-id]　“process-id 是 OSPF 计算路由的进程，只具有本地意义，不同进程之间互不访问”

第 5 步，在路由视图下配置 OSPF 区域。

[Switch -ospf-100]area area-id “area-id 区域号，定义方式和 IP 地址类似”

第 6 步，在区域视图下指定的接口上启动 OSPF。

[Router-ospf-1-area-0.0.0.0] network network-address wildcard-mask “定义需要向外广播的网段，需要和通配符掩码结合使用”

2. 思科设备的配置命令

在思科交换机上实现路由功能，也分为静态和动态配置。

（1）静态路由配置

Switch(config)#ip router dest-address mask next-hop “全局模式下配置静态路由，dest-address mask 目的网段掩码，next-hop 下一跳路由器地址”

（2）RIP 协议的配置

第 1 步，全局视图下激活 RIP 协议；

Switch(config)#router rip

第 2 步，路由模式下发布本地接口所在的网段信息。

Switch (config-router)#network network-number

（3）OSPF 协议配置

第 1 步，在全局模式下给环回接口加地址，路由器的 RID 是路由器接口的最高的 IP 地址，

当有环回口存在是，路由器将使用环回口的最高 IP 地址作为起 RID，从而保证 RID 的稳定；

Switch(config)#int loopback 0

Switch(config-if)#ip address ip-address mask

第 2 步，在全局模式下启动 ospf 进程；

Switch(config)#router ospf process-id

第 3 步，在路由模式下在区域内宣告直连路由；

Switch(config-router)#network network-address wildcard-mask area area-id

5.3 访问控制列表

信息点间通信，内外网络的通信都是企业网络中必不可少的业务需求，但是为了保证内网的安全性，需要通过安全策略来保障非授权用户只能访问特定的网络资源，从而达到对访问进行控制的目的，如图 5.9 所示。随着访问控制列表技术广泛应用，它所涉及的范围从 OSI 第二层一直延伸到 OSI 的传输层，本节主要介绍以太网访问控制列表的应用。

图 5.9　包过滤防火墙应用

访问控制列表简称为 ACL，通过配置对报文的匹配规则和处理操作来实现报文过滤功能。其匹配条件有以下几项。

① 源 MAC 地址、目的 MAC 地址。

② 源 IP 地址、目的 IP 地址。

③ 端口号。

④ 自定义。

ACL 可以应用到诸多领域，其中最基本的应用就是报文过滤。此外还可以应用于下列业务。

① NAT（Network Address Translation，地址转换）：允许某些内部主机（具有私有 IP 地址）具有访问 Internet（外部网络）的权利，而其他内部主机则不允许。这是通过将 ACL 和 NAT 地址池进行关联来实现的，即只有满足 ACL 条件的数据报文才可以进行地址转换，从而有效地控制地址转换的使用范围。

② IPSec：能够对不同的数据流施加不同的安全保护，例如对不同的数据流使用不同的安全协议、算法和密钥。实际应用中，数据流首先通过 ACL 来定义，匹配同一个 ACL 的所有流量在逻辑上作为一个数据流。然后通过在安全策略中引用该 ACL，从而确保指定的数据流受到保护。

③ QoS（Quality of Service，服务质量）：流分类是有区别地进行服务的前提和基础。实际应

用中，首先制定流分类策略（规则），流分类规则既可以使用IP报文头的TOS字段内容来识别不同优先级特征的流量，也可以通过ACL定义流分类的策略，例如，综合源地址、目的地址、MAC地址、IP协议或应用程序的端口号等信息对流进行分类。然后，在流量监管、流量整形、拥塞管理和拥塞避免等具体实施上引用流分类策略或ACL。

④ 路由策略：在发送与接收路由信息时所实施的策略，它能够对路由信息进行过滤。路由策略有多种过滤方法。其中ACL作为它的一个重要过滤器被广泛使用，即用户使用ACL指定一个IP地址或子网的范围，作为匹配路由信息的目的网段地址或下一跳地址。

根据不同的数据元素，H3C厂商的产品将ACL可以分为5类，思科厂商的产品将ACL分为6类，但常用的就两类，即下列的前两类。

① 基本ACL（H3C的序号为2000～2999，思科的序号为0到99，序号即ACL的名字）：只根据报文的源地址信息指定规则。

② 扩展ACL（也称高级ACL，H3C的序号为3000～3999，思科的序号为0到99）：根据报文的源IP地址信息、目的IP地址信息、IP承载的协议类型、协议的特性等三、四层信息指定规则。

③ 二层ACL（也称以太网访问列表，序号4000～4999）：根据报文的源MAC地址、目的MAC地址、VLAN优先级、二层协议类型等二层信息指定规则。

④ 用户自定义ACL：（序号5000～5999）：可以以报文的报文头、IP头为基准，指定从第几个字节开始与掩码进行“与”操作，将报文提取的字符与用户定义的字符串相比较，找到匹配的报文。

注意：ACL定义的序号可能会跟不同厂商的产品的定义不同，在使用时需参考产品手册。

一个ACL的构成主要由一系列的子规则（rule）来组成，子规则用于数据包的分类，并定义动作来决定数据包的下一步操作。常用的动作有permit和deny，ACL还可以带上时间段，表示使某一条ACL在特定的时间段内起作用。

H3C的ACL可以分为Auto模式和Config模式，而思科的ACL按照输入子规则顺序类似于H3C的Config模式。

① Auto模式根据最长匹配的原则排列rule的顺序；

② Config模式根据用户配置循序排列rule的循序。

1. H3C的ACL功能配置步骤

第1步，在系统视图下配置时间段，可跳过；

[Switch]time-range time-name [start-time to end-time] [days-of-the-week] [from start-time start-date] [to end-time end-date]

表5.3　定义时间段命令

参　数	注　释
time-name	定义时间段名字
start-time to end-time	定义绝对时间，例如8:00至18:00
days-of-the-week	定义一个星期的几天，例如daily
from start-time start-date] [to end-time end-date	定义从哪一天几点开始到哪一天几点结束

例如，[Switch]time-range test 8：00 18：00 daily

第 2 步，在系统视图下配置 ACL，并指定 ACL 的序号；

[Switch] acl number acl-number [name acl-name] [match-order {auto|config}]

第 3 步，如果取值范围为 2000～2999 或者 4000～4999，则在 ACL 视图下定义规则；

[Switch -acl-acl-numbe] rule [rule-id] {deny|permit} [fragment | logging | {source| source-mac} { sour-addr sour-wildcard | any }| time-range time-name]

表 5.4　　基本或二层 ACL 配置命令

参　数	注　释
rule-id	访问控制列表的子规则号
deny | permit	匹配规则所执行的动作，deny 表示拒绝报文通过，permit 表示允许报文通过
fragment	定义规则仅对非尾片分片报文有效
logging	对符合条件的报文记录日志
source| source-mac	source 用于基本访问列表，source-mac 用于二层访问列表
sour-addr sour-wildcard | any	匹配的源地址，当为 any 时指匹配任意网段地址
time-range time-name	定义的时间段内有效

例如，[Switch-acl-ethernetframe-4000]rule 1 deny source-mac 0000-1111-1111-1111 ffff-ffff-ffff-ffff　time-range test

如果取值范围为 3000～3999，则在 ACL 视图下定义规则；

[Switch-acl-adv-num0] rule [rule-id] { deny | permit } protocol [destination { dest-addr dest-wildcard | any }| destination-port operator port1 [port2] established | fragment | [source{sour-addr sour-wildcard | any }source-port | operator port1 [port2] | time-range time-name]

表 5.5　　高级 ACL 配置命令

参　数	注　释
protocol	IP 协议承载的协议类型，例如：Gre、TCP、UDP、ICMP、IGMP 等
destination {dest-addr　dest-wildcard | any }	匹配的目的地址和反掩码，any 为匹配任意目的网段
destination-port operator port1 [port2]	目的端口号，operator 表示端口操作码 lt（小于）gt（大于）eq（等于）neq（不等于），例如 eq 23
established	对 TCP 连接报文的处理规则
source{sour-addr sour-wildcard | any }source-port | operator port1 [port2	对于源的相关参数

注：没有列写的参数同表 5.4。

第 4 步，在接口视图下接口应用 ACL。

[Switch-vlan-2] firewall packet-filter { acl-number | name acl-name } { inbound | outbound } "inbound 为入方向，即数据包进入到设备中，outboud 为出方向，即数据包从设备内部流出"

2. 思科的 ACL 功能配置步骤

第 1 步，在全局模式下配置时间段；

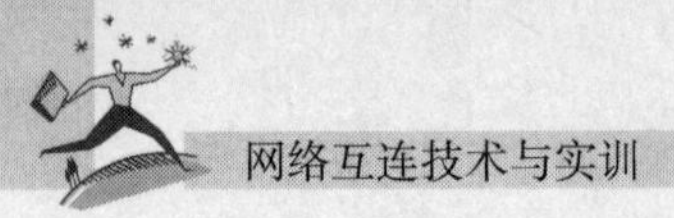

Switch(config)#time-range time-name absolute start [hour：minutes] [day month year] [end] [hour：minutes] [day month year]

第 2 步，在全局模式下建立基本 ACL 配置；

Switch(config)#access-list acl-num [permit|deny] ip-addres wildcard [time-name]

“acl-num 指访问控制列表的名字，permit|deny 为匹配规则所执行的动作，deny 表示拒绝报文通过，permit 表示允许报文通过。ip-addres wildcard 数据源的 ip 地址，和 wildcard 结合表示一个网段”

或者是在全局模式下建立扩展 ACL 配置；

Switch(config)#access-list acl-num [permit|deny] protocol [{sour-addr sour-wildcard | any} | {operator source-port1 [source-port2]}] [{destination-addr destination -wildcard | any} | {operator destination -port1 [destination -port2]}] [time-name] “思科命令与 H3C 命令类似，只不过思科将源地址作为首项”

第 3 步，在相应的接口模式下应用 ACL；

Switch(config)#interface f#/# “全局视图下进入接口”

Switch(config-if)#ip access-group acl-num [in|out] “in|out 表示报文在入/出接口的方向”

ACL 通过过滤数据包并且丢弃不希望抵达目的地的数据包来控制通信流量。然而网络能否有效地减少不必要的通信流量，这还要取决于网络管理员把 ACL 放置在哪个地方。部署的要点有以下几点。

① 尽可能在靠近数据源的路由器接口上配置 ACL，以减少不必要的流量转发。

② 高级 ACL 应该在靠近被过滤源的接口上应用 ACL，以尽早阻止不必要的流量进入网络。

③ 基本 ACL 过于靠近被过滤源的基本 ACL，可能阻止该源访问合法目的地址。

④ 应在不影响其他合法访问的前提下，尽可能使 ACL 靠近被过滤的源地址。

ACL 包过滤也是有局限性的，ACL 是根据报文中的二、三、四层信息来进行报文过滤的。

① 对应用层的信息无法识别。

② 无法根据用户名来决定数据是否通过。

③ 无法给不同的用户授予不同的权限级别。

④ ACL 是静态配置，无法对应用层协议进行动态检测。

5.4 设备备份技术

随着园区网规模的不断扩大，承载在园区网上的应用也越来越丰富，许多关键应用要求网络提供不间断的服务，这就要求网络设备要具有高可靠性，不存在单点故障。

产品的可靠性是指产品在规定条件下、在规定时间内完成规定的功能的能力。对产品而言，可靠性越高越好。而网络的高可靠性，除了产品以外，还需要大量的高可靠技术的支持。对于一个高可用和高可靠的园区网络，主要关心 3 个方面技术。

① 链路的备份技术——在上一章中我们提到了链路备份技术主要包括链路聚合、RRPP、Smart Link 3 种技术。

② 堆叠技术——将多台设备通过堆叠接口连接在一起形成一台“联合设备”。

③ 设备备份技术——分为两类，包括设备自身的备份技术和设备间的备份技术 VRRP。

设备自身的备份技术，主要是指设备自身的冗余设计。对于交换机而言，主要指主控板、交换网板、电源系统等关键部件支持冗余热备份。主控板发生故障或者被拔出时，备用板将迅速自动取代主用板成为新的主用板，以保证设备的继续运行；交流/直流电源采用 N+1 冗余热备份，保证系统正常运行；风扇系统 1：1 热备，并且提高温度自动调节。

设备间备份技术 VRRP（Virtual Router Redundancy Protocol，虚拟路由器冗余协议），是一种容错协议，通过将物理设备和逻辑设备的分离，保证当主机的下一跳出现故障时可以及时的由另一台设备来取代，从而保证通信的连续性和可靠性。

5.4.1　VRRP 概述

在复杂的园区网中，借助 VRRP 能在某台设备出现故障时仍然提供高可靠的缺省链路，有效避免单一链路发生故障后网络中断的问题，而无需修改动态路由协议、路由发现协议等配置信息。

如图 5.10 所示，在同一网段内的所有主机都设置一条相同的以太网网关为下一跳的缺省路由。主机发往其他网段的报文将通过缺省路由发往网关，再由网关进行转发，从而实现主机与外部网络的通信。当网关发生故障时，本网段内所有以网关为缺省路由的主机将无法与外部网络通信。

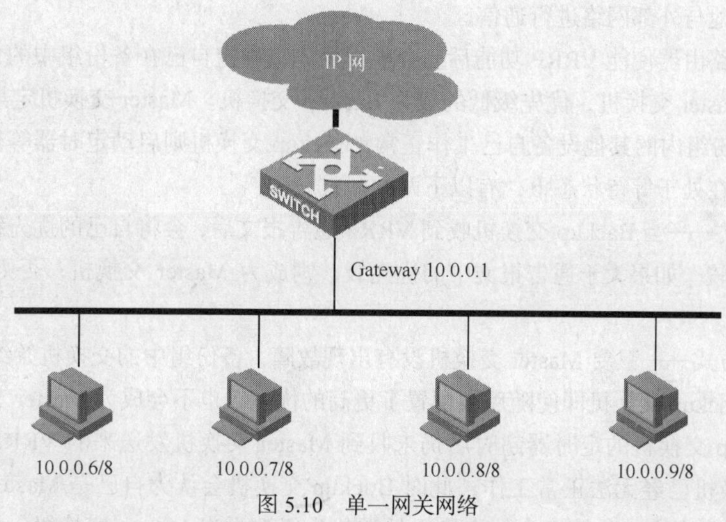

图 5.10　单一网关网络

缺省路由为用户的配置操作提供了方便，但是对缺省网关设备提出了很高的稳定性要求。增加出口网关是提高系统可靠性的常见方法，此时如何在多个出口之间进行选路就成为需要解决的问题。

VRRP 将多台路由器同时承担业务，形成多台虚拟路由器，分担内网和外网之间的流量，如图 5.11 所示。它以虚拟路由器的形式为终端用户提供服务，而实际负责数据转发的路由器由一组运行 VRRP 协议的路由器选举产生，从而实现三层网关的备份。

在同一 VLAN 虚接口下提供多组 VRRP 组，不同 VRRP 选择不同的路由器或三层交换机担当 Master，相互实现备份。同时通过 VLAN 内主机设置不同的 Virtual IP 为网关地址实现负载分担，如图 5.12 所示。

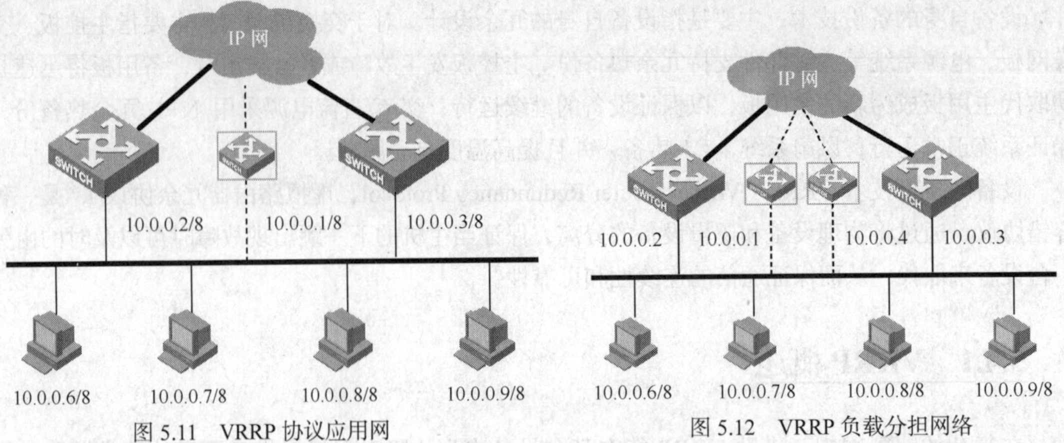

图 5.11　VRRP 协议应用网　　　　图 5.12　VRRP 负载分担网络

VRRP 备份组具有以下特点。

① 虚拟交换机或虚拟路由器具有 IP 地址，此时局域网内的主机仅需要知道这个虚拟设备的 IP 地址，并将其设置为缺省路由的下一跳地址。

② 网络内的主机通过这个虚拟设备与外部网络进行通信。

③ 备份组内的交换机根据优先级，选举出 Master 交换机，承担网关功能。当备份组内承担网关功能的 Master 交换机发生故障时，其余的交换机将取代它继续履行网关职责，从而保证网络内的主机不间断地与外部网络进行通信。

交换机或者路由器使能 VRRP 功能后，会根据优先级确定自己在备份组中的角色。优先级高的交换机成为 Master 交换机，优先级低的成为 Backup 交换机。Master 交换机定期发送 VRRP 通告报文，通知备份组内的其他设备自己工作正常；Backup 交换机则启动定时器等待通告报文的到来。备份交换机在处于等待状态下，有以下两种模式。

① 抢占方式——当 Backup 交换机收到 VRRP 通告报文后，会将自己的优先级与通告报文中的优先级进行比较。如果大于通告报文中的优先级，则成为 Master 交换机；否则将保持 Backup 状态。

② 非抢占方式——只要 Master 交换机没有出现故障，备份组中的交换机始终保持 Master 或 Backup 状态，Backup 交换机即使随后被配置了更高的优先级也不会成为 Master 交换机。

如果 Backup 交换机的定时器超时后仍未收到 Master 交换机发送来的 VRRP 通告报文，则认为 Master 交换机已经无法正常工作，此时 Buckup 交换机会认为自己是 Master 交换机，并对外发送 VRRP 通告报文。备份组内的交换机根据优先级选举出 Master 交换机，承担报文的转发功能。

VRRP 还提供监视接口功能，来更好地扩充备份功能。它不仅能在备份组中某交换机的接口出现故障时提供备份功能，还能在交换机的其他接口不可用时提供备份功能。当被监视的接口处于 down 状态时，拥有该接口的交换机的优先级会自动降低一个指定的数额，从而可能导致备份组内其他交换机的优先级高于这个交换机的优先级，使优先级高的 Backup 交换机转变为 Master 交换机，如图 5.13 所示。

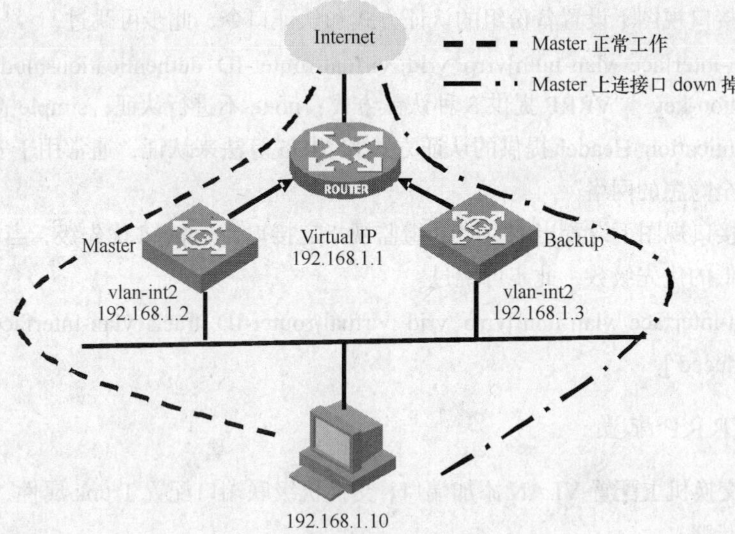

图 5.13 VRRP 监视上行端口实例

交换机还可以通过监听接口状况实现备份功能，当监视接口出现故障时，自动降低交换机所在备份组的优先级，从而实现备份。

5.4.2 VRRP 的配置

1. H3C 设备的 VRRP 配置

第 1 步，在系统视图下，设定虚拟 IP 地址是否可以使用 ping 命令测试；

[Switch]vrrp ping-enable "请在备份组建立之前进行设定，否则系统不允许再使用此命令来设定虚拟 IP 地址是否可以使用 ping 命令 ping 通"

第 2 步，在系统视图下设置虚拟 IP 地址和 MAC 地址的对应形式，Real-mac 表示使用以太网交换机接口的实际 MAC 地址和虚拟 IP 地址映射，此步可跳过；

[Switch] vrrp method { real-mac | virtual-mac }"vrtual-mac 表示使用虚拟 MAC 地址和虚拟 IP 地址映射"

第 3 步，在相应的路由器接口或者 VLAN 虚接口视图下创建备份组和虚拟地址；

[Switch-Vlan-interface vlan-num]vrrp vrid virtual-router-ID virtual-ip virtual-address

例如[Switch-Vlan-interface2]vrrp vrid 1 virtual-ip 10.0.0.1;

第 4 步，在接口视图下设置备份组的优先级，优先级取值范围为 0～255，缺省优先级为 100，优先级数值越大，当前交换机越有可能成为 Master；

[Switch-Vlan-interface vlan-num]vrrp vrid virtual-router-ID priority priority

第 5 步，在接口视图下设置备份组的抢占方式和延迟时间，缺省方式是抢占模式，延迟时间为 0，当 VRRP 组当中的 Matster 故障之后，备份交换机会在抢占时间后抢占成为新的 Matster，此步可跳过；

[Switch-Vlan-interface vlan-num]vrrp vrid virtual-router-ID preempt-mode [timer delay delay-value]

第 6 步，在接口视图下设置备份组的认证方式和认证口令，此步可跳过；

[Switch-Vlan-interface vlan-num]vrrp vrid virtual-router-ID authentication-mode [nono simple MD5] authentication-key "VRRP 提供 3 种认证方式：none 不进行认证；simple 简单字符认证；MD5 利用 Authentication Header 提供的认证方式和 MD5 算法来认证，通常用于安全要求较高但网络本身存在安全隐患的网络"

第 7 步，在接口视图下设置当前 VRRP 组监视指定接口，reduced 优先级，当端口 down 掉之后当前交换机降低的优先级数，此步可跳过。

[Switch-Vlan-interface vlan-num]vrrp vrid virtual-router-ID track vlan-interface interface-num [priority-value-reduced]

2. 思科 VRRP 配置

第 1 步，在交换机上配置 VLAN 添加端口，交换机级联端口配置 Trunk 属性，给 VLAN 虚接口添加地址，此步略；

第 2 步，在相应的接口模式下配置 VRRP 虚拟地址；

Switch (config-if)# vrrp virtual-router-ID virtual-address "给 VLAN 虚接口添加虚拟网关地址"

第 3 步，在接口模式下配置为抢占模式；

Switch (config-if)#vrrp virtual-router-ID preempt "将当前交换机的 VRRP 工作模式设置为抢占模式"

第 4 步，在接口模式下配置当前交换机的优先级；

Switch (config-if)# vrrp virtual-router-ID priority priority "优先级较高的设备成为 master，较低的设备成为 backup，master 的虚拟网关生效，VRRP 默认优先级为 100"

第 5 步，在接口模式下配置 VRRP 验证；

Switch (config-if)# vrrp virtual-router-ID authentication [text|md5] key-string [8|0-7] "配置 VRRP 基于明文认证（安全级别选择 8）还是 MD5 的认证（安全级别选择 0 到 7）"

第 6 步，在全局模式下监视端口的配置；

Switch (config)# track vlan-interface interface-num [line-protocol | ip-routing]

第 7 步，在接口模式下设置当前 VRRP 组监视指定接口，reduced 优先级，当端口 down 掉之后当前交换机降低的优先级数，此步可跳过。

Switch (config-if)#vrrp virtual-router-ID track vlan-interface interface-num decrement priority-value-reduce

5.5 DHCP 中继

由于在 IP 地址动态获取过程中采用广播方式发送报文，因此 DHCP 只适用于 DHCP 客户端和服务器处于同一个子网内的情况。为进行动态主机配置，需要在所有网段上都设置一个 DHCP 服务器，这显然是很不经济的。

DHCP 中继功能的引入解决了这一难题：客户端可以通过 DHCP 中继与其他网段的 DHCP 服务器通信，最终获取到 IP 地址。这样，多个网络上的 DHCP 客户端可以使用同一个 DHCP 服务器，既节省了成本，又便于进行集中管理，如图 5.14 所示。

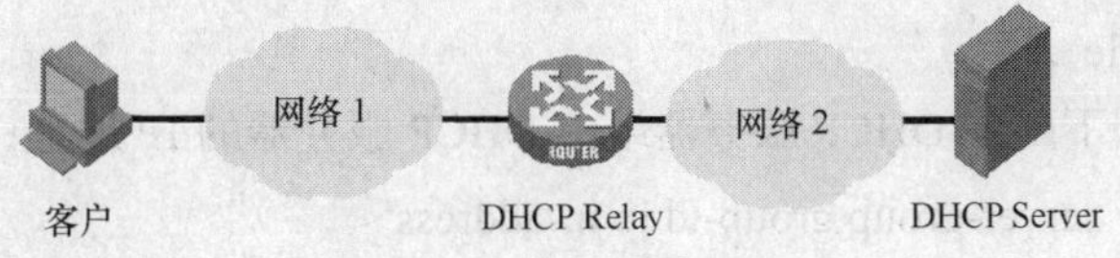

图 5.14　DHCP 中继网络

5.5.1　DHCP 中继的基本原理

DHCP 中继的工作原理如下（见图 5.15）。

① 具有 DHCP 中继功能的网络设备收到 DHCP 客户端以广播方式发送的 DHCP-DISCOVER 或 DHCP-REQUEST 报文后，将报文中的 giaddr 字段填充为 DHCP 中继的 IP 地址，并根据配置将报文单播转发给指定的 DHCP 服务器。

② DHCP 服务器根据 giaddr 字段为客户端分配 IP 地址等参数，并通过 DHCP 中继将配置信息转发给客户端，完成对客户端的动态配置。

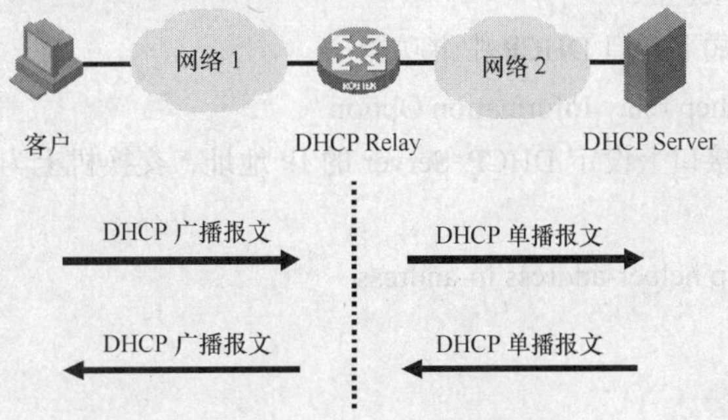

图 5.15　DHCP　中继工作原理

5.5.2　DHCP 中继的配置

客户端和 DHCP 服务器如果不在同一个子网内，就需要用到 DHCP 中继功能来实现网络设备转发 DHCP 协议报文。在路由器或三层交换机上配置 DHCP 中继步骤如下。

第 1 步，使能 DHCP 服务，只有使能 DHCP 服务后，其他相关的 DHCP 配置才能生效。

第 2 步，配置接口工作在 DHCP 中继模式，配置接口工作在中继模式后，当接口收到 DHCP 客户端发来的 DHCP 报文时，会将报文转发给 DHCP 服务器，由服务器分配地址。

第 3 步，配置 DHCP 服务器组，为了提高可靠性，可以在一个网络中设置多个 DHCP 服务器。多个 DHCP 服务器构成一个 DHCP 服务器组。当接口与 DHCP 服务器组建立归属关系后，会将客户端发来的 DHCP 报文转发给服务器组中的所有服务器。

第 4 步，配置通过 DHCP 中继释放客户端的 IP 地址，在某些情况下可能需要通过 DHCP 中继手工释放客户端申请到的 IP 地址。配置通过 DHCP 中继释放客户端的 IP 地址后，DHCP 中继会主动向 DHCP 服务器发送 DHCP-RELEASE 报文，DHCP 服务器收到该报文后，将会释放指定 IP 地址的租约。

1. H3C 设备的 DHCP 配置

第 1 步，在系统视图下使能 DHCP 服务；

[Switch] dhcp enable

第 2 步，系统视图下配置 DHCP 服务器组中 DHCP 服务器的 IP 地址；

[Switch] dhcp relay server-group group-id ip ip-address

第 3 步，在相应接口视图下指定 DHCP 中继模式，在三层交换机上此接口为需要中继的 VLAN 虚拟接口；

[Switch –vlan-Interface vlan-num] dhcp select relay

第 4 步，在相应接口视图下配置接口与 DHCP 组关联；

[Switch –vlan-Interface vlan-num] dhcp relay server-select group-id

2. 思科设备的 DHCP 配置

第 1 步，在交换机上创建相应的 VLAN，给 VLAN 添加端口和三层虚接口地址，此步略；

第 2 步，在全局模式下开启 DHCP 服务；

Switch (config)#service dhcp

第 3 步，在全局模式下开启 DHCP 中继功能；

Switch (config)#ip dhcp relay Information Option

第 4 步，在指定的接口上设定 DHCP Server 的 IP 地址，交换机上为 VLAN 接口，路由器为需要中继网段的接口。

Switch (config-if)#iIp helper-address ip-address

练习题

1. 三层交换机整个处理流程分为以下哪些部分？（ ）

A. 路由协议　　B. 平台软件协议栈部分

C. 硬件处理流程　　D. 驱动代码部分

2. 最长匹配三层交换机硬件处理部分主要包括哪些表项？（ ）

A. 二层 MAC 地址表　　B. L3 Table　　C. ARP 表　　D. DEF_IP 表

3. 交换机收到数据帧时，先检查（ ）

A. 数据帧的 VLAN 属性　　B. 数据帧的目的 MAC 地址

C. 数据帧的源 MAC 地址　　D. 数据帧的目的 IP 地址

E. 数据帧的源 IP 地址

4. 下面有关交换机 VLAN 接口描述正确的是（ ）

A. 交换机有多少个 VLAN 就可以创建多少个 VLAN 接口

B. VLAN 接口是一种虚接口，它不作为物理实体存在于交换机上

C. 每个 VLAN 接口只可以配置一个 IP 地址

D. 每个 VLAN 可以配置一个主 IP 地址，多个从地址

5. VRRP 的虚拟路由器号（VRID）可以配置几个（ ）

A. 0　　B. 1　　C. 255　　D. 256

6. VRRP 支持的验证方式有哪些？（ ）

A. 无认证　　B. 简单字符认证　　C. MD5 认证　　D. Sha 认证

7. VRRP 组中，Backup 交换机成为 Master 交换机，可能的原因有（ ）

A. 非抢占模式下，Master 交换机没有出现故障，Backup 交换机被配置了更高的优先级

B. 在抢占模式下，Master 交换机没有出现故障，Backup 交换机被配置了更高的优先级

C. 非抢占模式下，Master 交换机出现故障后恢复

D. 在抢占模式下，Master 交换机出现故障后恢复

8. DHCP 中继和 DHCP 服务器之间交互的报文采用（ ）

A. unicast　　B. broadcast　　C. multicast　　D. anycast

9. 请简要概述一下三层交换机的特点。

10. 构建网络时需要使用各种技术来保证网络的可靠性和安全性，除使用 ACL、VRRP 技术外，请谈谈还有什么技术可以保证网络的安全。

实训

实训 11　单台三层交换

1. 实验内容

单台三层交换的配置。

2. 实验目的

理解三层交换机的原理，掌握在三层交换机上 VLAN 间路由的配置方法方法。

3. 实验环境

H3C 3610 系列交换机或 Cisco 3550 系列交换机 1 台，PC 2 台，直连网线 2 根、配置电缆各 1 根。

4. 实训拓扑图

实训拓扑图如图 5.16 所示。

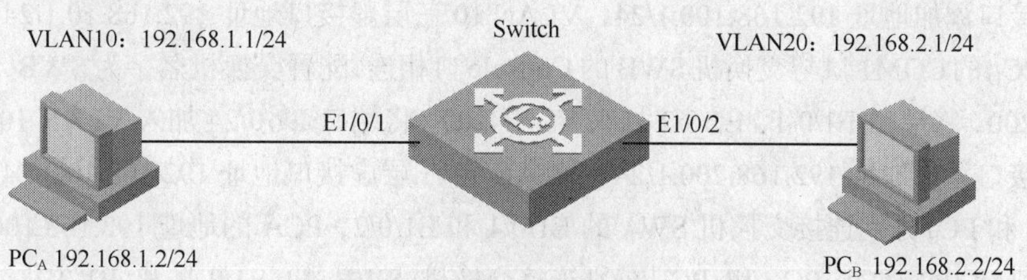

图 5.16　单台三层交换机

5. 实训要求

① 将 PC_A 的 COM1 口与交换机 Console 口相连，配置交换机名字为 Switch，创建 VLAN 10、

VLAN 20，将端口 E1/0/1（思科交换机为 F0/1）加入 VLAN 10，将端口 E1/0/2（思科交换机为 F0/2）加入到 VLAN 20，分别给 VLAN 10 三层虚接口添加地址 192.168.1.1，VLAN 20 三层虚接口地址 192.168.2.1。

② PC_A 和 PC_B 分别连接交换机的 E1/0/1 和 E1/0/2，PC_A 的地址 192.168.1.2/24，PC_B 地址为 192.168.2.2/24，用 ping 命令测试连通性。

③ PC_A 和 PC_B 的主机分别将网关指向 VLAN 10，VLAN 20 的虚接口地址，用 ping 命令测试连通性。

实训 12　多台三层交换

1. 实验内容

多台三层交换的配置。

2. 实验目的

理解三层交换机的原理，掌握在三层交换机上 VLAN 间路由的配置方法。

3. 实验环境

H3C 3610 系列交换机或 Cisco 3550 系列交换机 2 台，PC 4 台，直连网线 4 根、交叉线 1 根、配置电缆 2 根。

4. 实训拓扑图

实训拓扑图如图 5.17 所示。

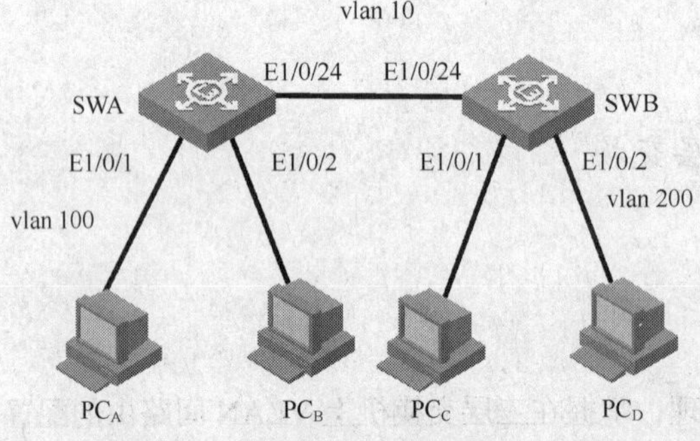

图 5.17　多台三层交换机

5. 实训要求

① 将 PC_A 的 COM1 口与交换机 SWA 的 Console 口相连，配置交换机名字为 SWA，创建 VLAN 10，VLAN 100，将端口 E1/0/1、E1/0/2 加入 VLAN 100，将端口 E1/0/24 加入 VLAN 10，给 VLAN 100 三层虚接口添加地址 192.168.100.1/24，VLAN 10 三层虚接口地址 192.168.10.1/24。

② 将 PC_D 的 COM1 口与交换机 SWB 的 Console 口相连，配置交换机名字为 SWB，创建 VLAN 10，VLAN 200，将端口 E1/0/1、E1/0/2 加入 VLAN200，将端口 E1/0/24 加入 VLAN 10，给 VLAN 100 三层虚接口添加地址 192.168.200.1/24，VLAN 10 三层虚接口地址 192.168.10.2/24。

③ PC_A 和 PC_B 分别连接交换机 SWA 的 E1/0/1 和 E1/0/2，PCA 的地址 192.168.100.2/24，PC_B 地址为 192.168.100.3/24。PC_C 和 PC_D 分别连接交换机 SWB 的 E1/0/1 和 E1/0/2，PC_C 的地址 192.168.200.2/24，PC_D 地址为 192.168.200.3/24。

④ PC_A 和 PC_B 的主机分别将网关指向 VLAN 100 虚接口地址，PC_C 和 PC_D 的主机分别将网关指向 VLAN 200 虚接口地址，用 ping 命令测试连通性。

⑤ 要求分别使用静态路由、RIP、OSPF 路由协议实现全网连通。

实训 13　访问控制列表

1. 实验内容

交换机上访问控制列表的配置。

2. 实验目的

理解 ACL 的原理，掌握交换机上配置 ACL 的方法。

3. 实验环境

H3C 3610 系列交换机或 Cisco 3550 系列交换机 1 台，PC 3 台，服务器 1 台，直连网线 4 根、配置电缆 1 根。

4. 实训拓扑图

实训拓扑图如图 5.18 所示。

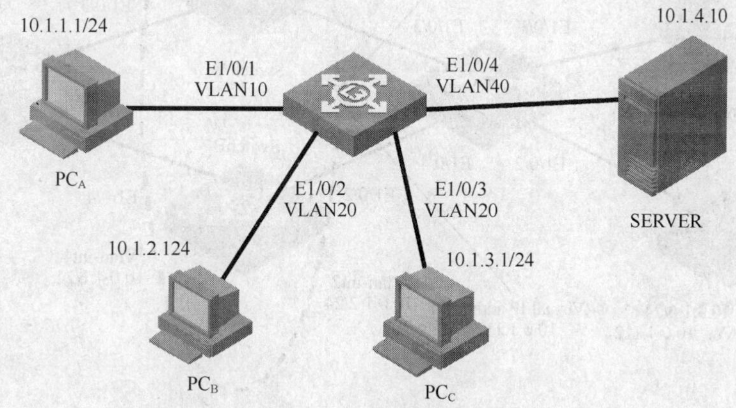

图 5.18　访问列表配置拓扑

5. 实训要求

① 将 PC_A 的 COM1 口与交换机 Console 口相连，配置交换机名字为 SWA；

② 如上图配置 VLAN，并将 VLAN10 虚接口设为 10.1.1.254/24、VLAN20 虚接口设为 10.2.1.254/24、VLAN30 虚接口设为 10.3.1.254/24、VLAN40 虚接口设为 10.4.1.254/24；

③ 配置基本 ACL 防止 PC_A 访问 SERVER，使用 ping 命令测试 PC_A 与 SERVER 的连通性以及 PC_A 与 PC_B 的连通性；

④ 删除基本访问列表，配置高级 ACL 防止 PC_A 和 PC_B 的互相访问，使用 ping 命令测试 PC_A 与 PC_B 的连通性，以及 PC_A 与 SERVER 的连通性；

⑤ 限制 PC_C 在上班时间 8:00 至 18:00 访问 SERVER，使用 ping 命令测试 PC_C 与 SERVER 的连通性，以及 PC_C 与 PC_B 的连通性；

⑥ 删除高级访问列表，在 H3C 交换机上使用二层访问列表，限制 PC_B 在上班时间 8:00 至 18:00 访问 SERVER。

实训 14　VRRP 实现

1. 实验内容

VRRP 的配置。

2. 实验目的

理解 VRRP 的原理，掌握交换机上配置 VRRP 的方法。

3. 实验环境

H3C 3610 系列交换机或 Cisco 3550 系列交换机 4 台，PC 4 台，直连网线 2 根、交叉线 4 根、配置电缆 2 根。

4. 实训拓扑图

实训拓扑图如图 5.19 所示。

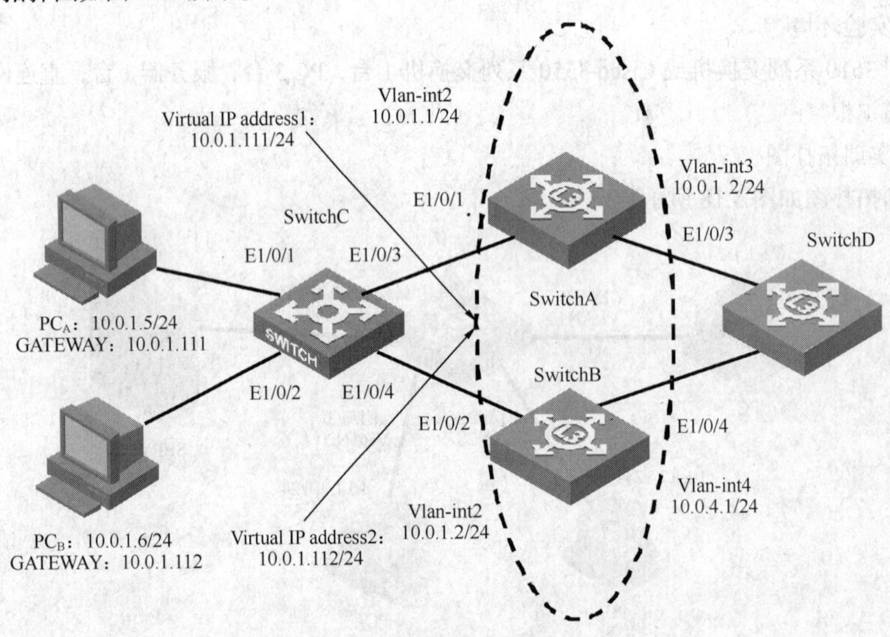

图 5.19 VRRP 配置拓扑

5. 实训要求

① 将 PC_A 的 COM1 口与交换机 A 的 Console 口相连，PC_B 的 COM1 口与交换机 B 的 Console 口相连。

② 按图连接上述设备，交换机所有接口均为 Access 属性。

③ 在交换机 C 和 D 上不做任何配置，在交换机 A 上建立两个 VLAN 分别是 VLAN2 和 VLAN3，将接口 E1/0/1 加入 VLAN2，设置 VLAN2 的虚接口为 10.0.1.1/24；将接口 E1/0/3 加入 VLAN3，设置 VLAN3 的虚接口为 10.0.2.1/24。

④ 在交换机 B 上建立两个 VLAN 分别是 VLAN2 和 VLAN4，将接口 E1/0/2 加入 VLAN2，设置 VLAN2 的虚接口为 10.0.1.2/24；将接口 E1/0/4 加入 VLAN4，设置 VLAN4 的虚接口为 10.0.4.1/24。

⑤ 利用 VRRP 建立备份组 1，虚拟地址为 10.0.1.111/24，设置交换机 A 为 Master，设置交换机 B 为 Backup，选择抢占模式，将 PCA 的地址设为 10.0.1.5/24，网关为 10.0.1.111/24。

⑥ 用 ping 命令测试 PC_A 与 10.0.1.111、10.0.1.1、10.0.1.2 的连通性。

⑦ 利用 VRRP 建立备份组 2，虚拟地址为 10.0.1.112/24，设置交换机 B 为 Master，设置交换机 A 为 Backup，选择抢占模式。

⑧ 用 ping 命令测试 PC_B 与 10.0.1.112、10.0.1.1、10.0.1.2 的连通性。

6. 实训步骤

（1）H3C 交换机 A 的配置。

```
[Switch]vrrp ping-enable
[Switch]vlan 2
[Switch-vlan2]port e1/0/1
[Switch-vlan2]int vlan 2
[Switch-vlan-interface2]ip add 10.0.1.1 24
[Switch-vlan-interface2]vrrp vrid 1 virtual-ip 10.0.1.111
[Switch-vlan-interface2]vrrp vrid 1 priority 120
[Switch-vlan-interface2] vrrp vrid 1 preempt-mode
[Switch-vlan-interface2]vrrp vrid 2 virtual-ip 10.0.1.112
[Switch-vlan-interface2]vrrp vrid 2 priority 100
[Switch-vlan-interface2] vrrp vrid 2 preempt-mode
[Switch-vlan-interface2]quit
[Switch]vlan 3
[Switch-vlan3]port e1/0/3
[Switch-vlan3]int vlan 3
[Switch-vlan-interface3]ip add 10.0.2.1 24
```

（2）H3C 交换机 B 的配置。

```
[Switch]vrrp ping-enable
[Switch]vlan 2
[Switch-vlan2]port e1/0/2
[Switch-vlan2]int vlan 2
[Switch-vlan-interface2]ip add 10.0.1.2 24
[Switch-vlan-interface2]vrrp vrid 1 virtual-ip 10.0.1.111
[Switch-vlan-interface2]vrrp vrid 1 priority 100
[Switch-vlan-interface2] vrrp vrid 1 preempt-mode
[Switch-vlan-interface2]vrrp vrid 2 virtual-ip 10.0.1.112
[Switch-vlan-interface2]vrrp vrid 2 priority 120
[Switch-vlan-interface2] vrrp vrid 2 preempt-mode
[Switch-vlan-interface2]quit
[Switch]vlan 4
[Switch-vlan4]port e1/0/4
[Switch-vlan4]int vlan 4
[Switch-vlan-interface4]ip add 10.0.4.1 24
```

（3）思科交换机 A 和 B 的配置。

略

第6章 高级交换技术

随着网络应用的不断发展，视频会议、远程教学、新闻发布、视频在线点播等大量数据流在网络应用中不断出现，而网络的传输速率随着网络建设的完成就已经固定。对于不断增加的数据流量，通过多播技术提高网络传输的效能，利用 QoS 技术进步合理分配资源从而实现网络高效可用。

本章学习要点

- 了解多播技术的原理。
- 掌握 IGMP 协议的应用。
- 掌握多播路由协议的技术与应用。
- 理解 QoS 的基本概念以及分类应用。
- 了解网络管理基本概念。

6.1 多播

传统的 IP 通信有两种方式，一是在一台源 IP 主机和一台目的 IP 主机之间进行，即单播 Unicast；第二种是在一台源 IP 主机和网络中所有其他的 IP 主机之间进行，即广播 Broadcast。如果要将信息发送给网络中的多个主机而非所有主机，则要么采用广播方式要么由源主机分别向网络中的多台目标主机以单播方式发送 IP 包，采用广播方式实现时不仅会将信息发送给不需要的主机而浪费带宽，也可能由于路由回环引起严重的广播风暴，采用单播方式实现时由于 IP 包的重复发送会白白浪费掉大量带宽也增加了服务器的负载，所以传统的单播和广播通信方式不能有效地解决单点发送多点接收的问题。

IP 多播是指在 IP 网络中将数据包以尽力传送（Best-Effort）的形式发送到网络中的某个确定结点子集，这个子集称为多播组（Multicast group）。多播的基本思想是源主机只发送一份数据，这份数据中的目的地址为多播组地址，多播组中的所有接收者都可接收到同

样的数据拷贝，并且只有多播组内的主机目标主机可以接收该数据，网络中其他主机不能收到。

6.1.1 多播概述

IP 网络数据传输方式有以下 3 种，如图 6.1 所示。

① 单播（Unicast）传输：在发送者和每一接收者之间实现点对点网络连接。如果一台发送者同时给多个的接收者传输相同的数据，也必须相应的复制多份相同数据包。如果有大量主机希望获得数据包的同一份拷贝时，将导致发送者负担沉重、延迟长、网络拥塞；为保证一定的服务质量需增加硬件和带宽。

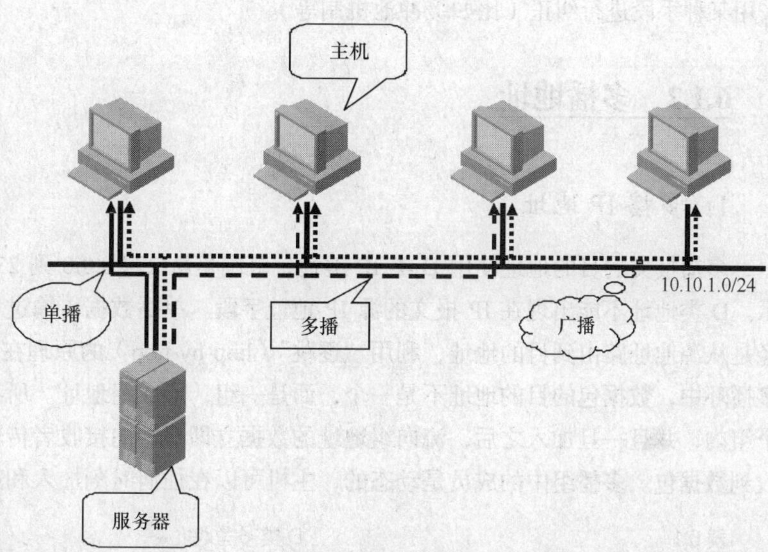

图 6.1 IP 网络数据传输方式

② 广播（Broadcast）传输：是指在 IP 子网内广播数据包，所有在子网内部的主机都将收到这些数据包。广播意味着网络向子网每一个主机都投递一份数据包，不论这些主机是否乐于接收该数据包。所以广播的使用范围非常小，只在本地子网内有效，通过路由器和交换机网络设备控制广播传输。

③ 多播（Multicast）传输：在发送者和每一接收者之间实现点对多点网络连接。如果一个发送者同时给多个接收者传输相同的数据，也只需复制一份相同数据包。它提高了数据传送效率。减少了骨干网络出现拥塞的可能性。

多播是一种允许一个或多个发送者（多播源）发送单一的数据包到多个接收者（一次的，同时的）的网络技术。多播源把数据包发送到特定多播组，而只有属于该多播组的地址才能接收到数据包。多播可以大大的节省网络带宽，因为无论有多少个目标地址，在整个网络的任何一条链路上只传送单一的数据包。在发送者和每一接收者之间实现点对多点网络连接。如果一台发送者同时给多个的接收者传输相同的数据，也只需复制一份相同的数据包。它提高了数据传送效率，减少了骨干网络出现拥塞的可能性。

多播的优势有以下几点。

① 提高效率：控制网络流量，减轻服务器和 CPU 负荷。

② 优化性能：减少冗余流量。

③ 分布式应用：使多结点应用成为可能。

由于多播是基于 UDP 的，所以多播不可避免存在如下一些劣势。

① 尽力投递：报文丢失是不可避免的。因此多播应用程序不能依赖多播网络进行可靠性保证，必须针对多播网络的这个特点进行特别设计。“可靠多播”目前仍然处于研究阶段。

② 没有拥塞避免机制：缺少 TCP 窗口机制和慢启动机制，多播可能会出现拥塞。如果可能的话，多播应用程序应该尝试检测并避免拥塞。

③ 报文重复：某些多播协议的特殊机制（如 Assert 机制和 SPT 切换机制）可能会造成偶尔的数据包的重复。多播应用程序应该容忍这种现象。

④ 报文失序：同样，多播协议有的时候会造成报文到达的次序错乱，多播应用程序必须自己采用某种手段进行纠正（比如缓冲池机制等）。

6.1.2 多播地址

1. 多播 IP 地址

多播报文的目的地址使用 D 类 IP 地址，范围是从 224.0.0.0 到 239.255.255.255，如表 6.1 所示。D 类地址不能出现在 IP 报文的源 IP 地址字段。单播数据传输过程中，一个数据包传输的路径是从源地址路由到目的地址，利用“逐跳”（hop-by-hop）的原理在 IP 网络中传输。然而在 IP 多播环中，数据包的目的地址不是一个，而是一组，形成组地址。所有的信息接收者都加入到一个组内，并且一旦加入之后，流向组地址的数据立即开始向接收者传输，组中的所有成员都能接收到数据包。多播组中的成员是动态的，主机可以在任何时刻加入和离开多播组。

表 6.1　D 类多播地址

D 类地址范围	含　义
224.0.0.0-224.0.0.255	为预留的多播地址（永久组地址），地址 224.0.0.0 保留不做分配，其他地址供路由协议使用
224.0.1.0-224.0.1.255	是公用多播地址，可以用于 Internet
224.0.2.0-238.255.255.255	用户可用的多播地址（临时组地址），全网范围内有效
239.0.0.0-239.255.255.255	为本地管理多播地址，仅在特定的本地范围内有效

多播组可以是永久的也可以是临时的。多播组地址中，有一部分由官方分配的，称为永久多播组。永久多播组保持不变的是它的 IP 地址，组中的成员构成可以发生变化。永久多播组中成员的数量都可以是任意的，甚至可以为零。那些没有保留下来供永久多播组使用的 IP 多播地址，可以被临时多播组利用。表 6.2 所示为预留多播地址。

表 6.2　预留多播地址

D 类地址范围	含　义
224.0.0.0	基准地址（保留）
224.0.0.1	所有主机地址
224.0.0.2	所有多播路由器地址
224.0.0.3	不分配
224.0.0.4	DVMRP 路由器
224.0.0.5	OSPF 路由器
224.0.0.6	OSPR DR
224.0.0.7	ST 路由器
224.0.0.8	ST 主机
224.0.0.9	RIP-2 路由器

续表

D 类地址范围	含　义
224.0.0.10	IGRP 路由器
224.0.0.11	活动代理
224.0.0.12	DHCP 服务器/中继代理
224.0.0.13	所有 PIM 路由器

2. 多播 MAC 地址

以太网传输单播 IP 报文的时候，目的 MAC 地址使用的是接收者的 MAC 地址。但是在传输多播报文时，传输目的不再是一个具体的接收者，而是一个成员不确定的组，所以使用的是多播 MAC 地址。多播 MAC 地址是和多播 IP 地址对应的。IANA（Internet Assigned Number Authority）规定，多播 MAC 地址的高 24 bit 为 0x01005e，MAC 地址的低 23bit 为多播 IP 地址的低 23bit。

由于 IP 多播地址的后 28 位中只有 23 位被映射到 MAC 地址，这样就会有 32 个 IP 多播地址映射到同一 MAC 地址上，如图 6.2 所示。

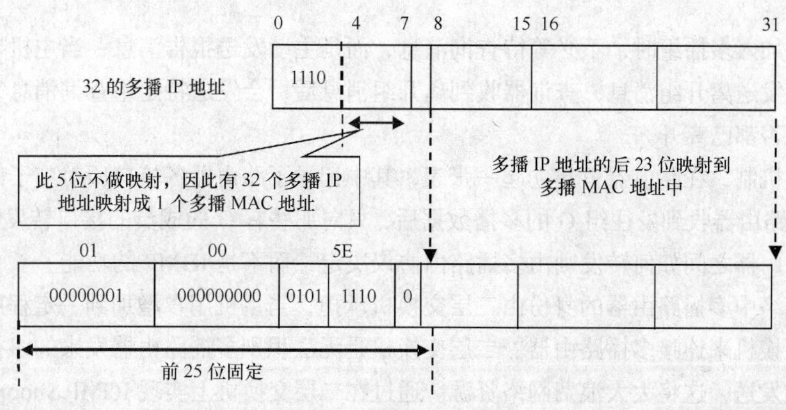

图 6.2　多播 MAC 映射

6.1.3　多播成员管理

组成员关系管理（见图 6.3）是指在路由器/交换机上建立直连网段内的组成员关系信息，具体说，就是各接口/端口下有哪些多播组的成员。

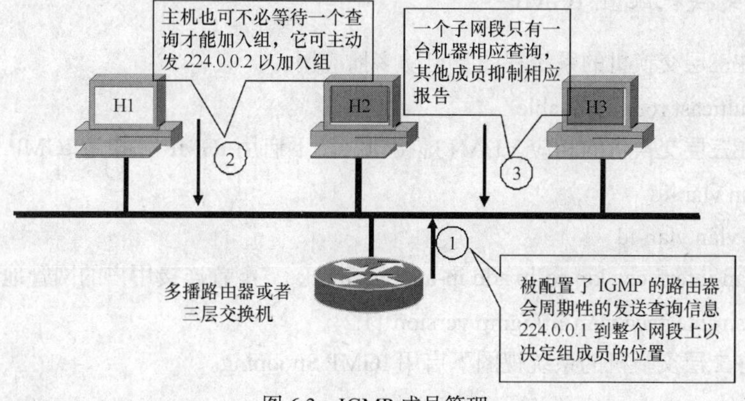

图 6.3　IGMP 成员管理

IGMP（Internet Group Management Protocol，因特网组管理协议)是运行于主机和与主机直连的路由器之间成员管理协议，其实现的功能是双向的：一方面，主机通过 IGMP 通知路由器希望接收某个特定多播组的信息；另一方面，路由器通过 IGMP 周期性地查询局域网内的多播组成员是否处于活动状态，实现所连网段组成员关系的收集与维护。通过 IGMP，在路由器中记录的信息是某个多播组是否在本地有组成员，而不是多播组与主机之间的对应关系。

目前 IGMP 有以下 3 个版本。

① IGMPv1（RFC 1112）中定义了基本的组成员查询和报告过程。

② IGMPv2（RFC 2236）在 IGMPv1 的基础上添加了组成员快速离开的机制等。

③ IGMPv3（RFC 3376）中增加的主要功能是成员可以指定接收或拒绝来自某些多播源的报文，以实现对 SSM 模型的支持。

如图 6.3 所示，当同一个网段内有多个 IGMP 路由器时，IGMP 通过查询器选举机制从中选举出唯一的查询器。查询器周期性地发送普遍组查询消息进行成员关系查询，主机通过发送报告消息来响应查询。而作为组成员的路由器，其行为也与普通主机一样，响应其他路由器的查询。

当主机要加入多播组时，不必等待查询消息，而是主动发送报告消息；当主机要离开多播组时，也会主动发送离开组消息，查询器收到离开组消息后，会发送特定组查询消息来确定该组的所有组成员是否都已离开。

通过上述机制，在路由器里建立起一张表，其中记录了路由器各接口所对应子网上都有哪些组的成员。当路由器收到发往组 G 的多播数据后，只向那些有 G 的成员的接口转发该数据。至于多播数据在路由器之间如何转发则由多播路由协议决定，而不是 IGMP 的功能。

在园区网络中多播路由器的身份由三层交换机承担，当主机用户增加到一定程度时，它们必须经过二层交换机来连接多播路由器。二层交换机是无法识别多播路由器发来的多播报文，将会以广播的形式发送，这将大大浪费网络资源。通过在二层交换机上实现 IGMP Snooping 功能可以解决上述问题。

IGMP Snooping 是运行在二层设备上的多播约束机制，用于管理和控制多播组。运行 IGMP Snooping 的二层设备通过对收到的 IGMP 报文进行分析，为端口和 MAC 多播地址建立起映射关系，并根据这样的映射关系转发多播数据。它的实现可以节约网络带宽，增强多播信息的安全性。

1. H3C 交换机配置 IGMP

第 1 步，在三层交换机的系统视图下启动多播应用。

```
[Switch] multicast routing-enable
```

第 2 步，在三层交换机的相应 VLAN 虚接口视图下启用 IGMP 并指定 IGMP 版本号。

```
[Switch]vlan vlan-id
[Switch]int vlan vlan-id
[Switch-Vlan-interface vlan-id]ip add ip-address mask   “配置连接用户的网管地址”
[Switch-Vlan-interface vlan-id] igmp version {1|2}
```

第 3 步，在二层交换机的系统视图下启用 IGMP Snooping。

```
[Switch]igmp-snooping
```

第 4 步，在二层交换机对应的 VLAN 视图下启用 IGMP Snooping。

```
[Switch-Vlan10] igmp-snoopin enable
```

2. 思科交换机配置 IGMP

第 1 步，在三层交换机的全局模式下启动多播应用。

```
Switch(config)# ip multicast routing
```

第 2 步，在三层交换机的相应 VLAN 虚接口模式下启用 IGMP 并指定 IGMP 版本号。

```
Switch(config)# vlan vlan-id
Switch(config-vlan)# int vlan vlan-id
Switch(config-if)#ip address ip-address mask  "配置连接用户的网管地址"
Switch(config-if)#ip igmp version {1|2}
```

第 3 步，在二层交换机的全局模式下启用 IGMP Snooping。

```
Switch(config)#ip igmp snooping
```

第 4 步，在二层交换机全局模式下将 IGMP Snooping 与相应 VLAN 建立映射，并指定与三层交换机连接的端口。

```
Switch(config)#ip igmp snooping vlan vlan-id mroute interface fa#/#
```

6.1.4 多播转发机制

与单播转发路径不同，多播数据转发路径基于树型结构，不同的多播路由协议计算生成多播分发树也不同。由于多播报文的目的地址是一组接收者，无法从发送路径方向判断多播转发的最佳路径，多播采取逆向路径转发检查机制（Reverse Path Forwarding，RPF）确保多播数据沿正确路径传输。

在多播传输中，接收者可能是一组分布在网络任何角落的主机，这就决定了多播数据的转发路径是点到点的一颗树，因此多播报文转发路径称为多播分发树。根据树根结点的不同，多播分发树模型可分为以下两种。

① SPT（Shortest Path Tree，最短路径树）：树根为多播源，从树根出发到达每一个接收者所经过的路径都是最优的，一般适用于多播源相对单一和集中；在 SPT 的路由器上都会维护一个表（S，G）表项，用于转发数据，S 表示多播源的 IP 地址，G 表示多播地址，如图 6.4 所示。

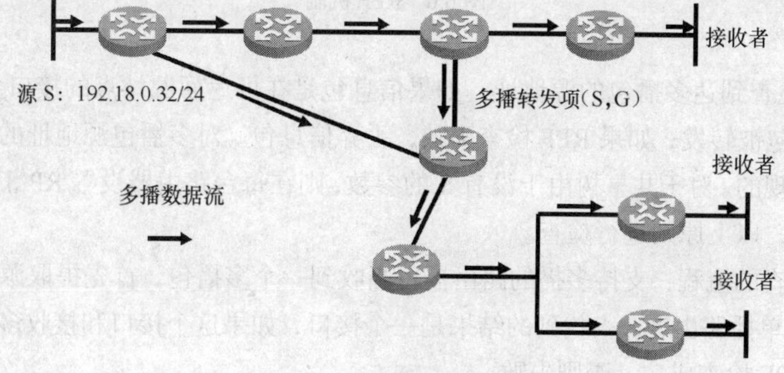

图 6.4　SPT 最短路径树

② RPT（Rendezvous Point Tree，共享树）：树根是网络中的某台路由器，成为 RP（Rendezvous Point，汇聚点）。网络中所有接收者共享 RP，作为多播分发树的树根。多播源发送的多播数据必须首先到达 RP，再有 RP 分发给各个接收者，这样无法保证多播数据从多播源到接收者的路径最优，一般适用于多播源较多且分散；在 RPT 的每个路由器也会维护（*，G）表项，用于转发报文，其中*表示任意源，G 表示多播地址，如图 6.5 所示。

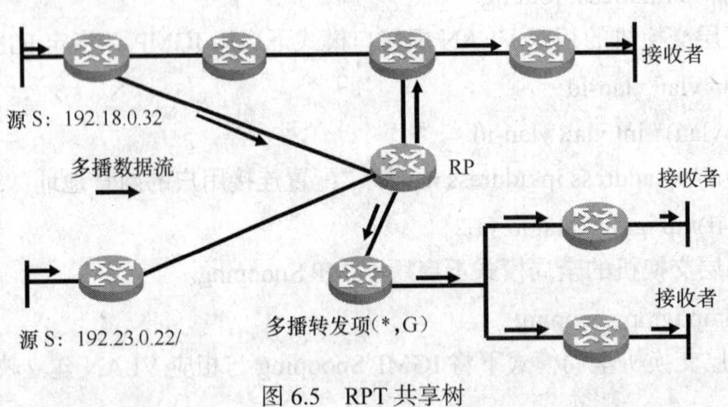

图 6.5　RPT 共享树

逆向路径转发是指多播包的转发不是基于 IP 包的目的地址的，而是用 RPF 检查决定是否转发和丢弃输入信息包，如图 6.6 所示。RPF 检查的过程如下。

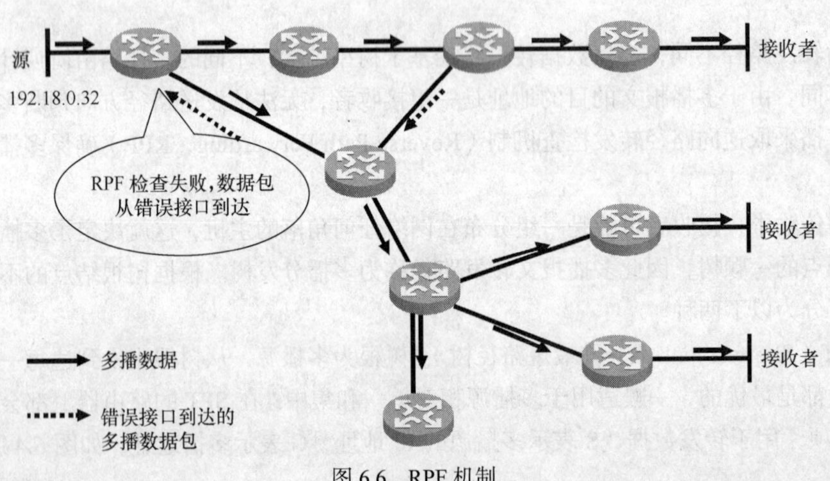

图 6.6　RPF 机制

① 路由器检查到达多播包的源地址，如果信息包是在可返回源站点的接口上到达，则 RPF 检查成功，信息包被转发；如果 RPF 检查失败，丢弃信息包。对多播包源地址的检查是通过查询单播路由表来实现的。对于共享树由于没有 S 的参数，则在每台路由器设置 RP 汇聚点的 IP 地址，以该地址为根据，以上原则进行检查。

② RPF 检查的流程：支持多播的路由器每当收到一个多播包，首先提取源 IP，然后依据源 IP 去查找自己的单播路由表，查找到的结果是一个接口，如果这个接口和接收多播报文的接口是相同的，此时 RPF 检查成功，否则失败。

RPF 检查失败情况如图 6.7 所示。

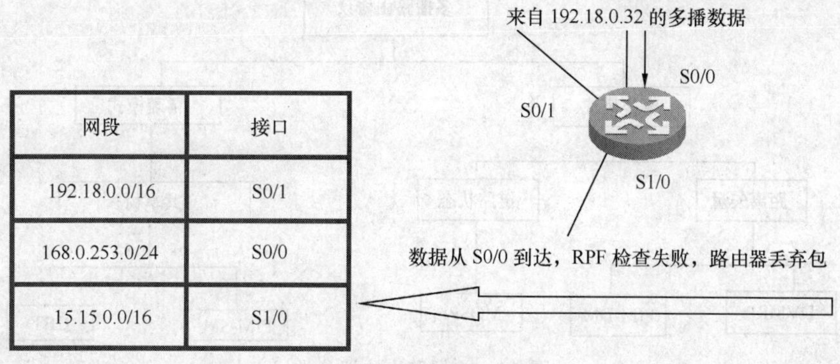

网段	接口
192.18.0.0/16	S0/1
168.0.253.0/24	S0/0
15.15.0.0/16	S1/0

图 6.7　RPF 检查失败

RPF 检查成功情况如图 6.8 所示。

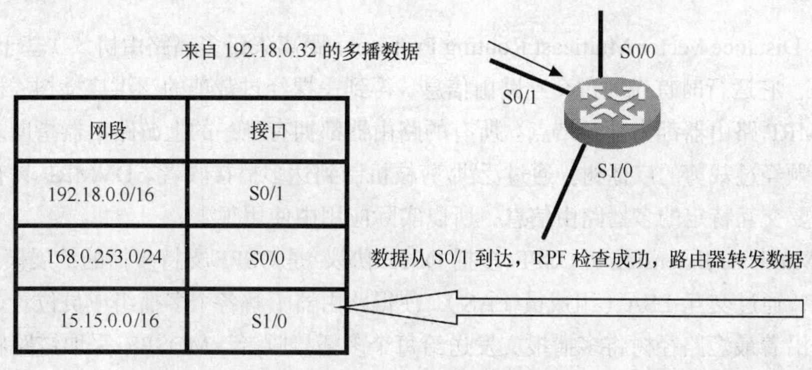

网段	接口
192.18.0.0/16	S0/1
168.0.253.0/24	S0/0
15.15.0.0/16	S1/0

图 6.8　RPF 检查成功

6.1.5　多播路由协议

与单播路由一样，多播路由协议也分为域内和域间两大类。

① 域内多播路由协议：根据 IGMP 协议维护的组成员关系信息，运用一定的多播路由算法构造多播分发树，在路由器中建立多播路由状态，路由器根据这些状态进行多播数据包转发；域内多播路由协议包括 PIM-SM、PIM-DM、DVMRP 等。

② 域间多播路由协议：根据网络中配置的域间多播路由策略，在各自治系统间发布具有多播能力的路由信息以及多播源信息，使多播数据能在域间进行转发；域间多播路由协议包括 MBGP、MSDP 等。

多播路由协议按照转发机制的不同，分为 DM（Dense　Mode，密集模式）和 SM（Sparse Mode，稀疏模式）两种模式，如图 6.9 所示。

① 密集模式：使用“推”（Push）模型，使多播数据整网络的泛滥（Flood），下游不想接收的话则剪枝（Prune）。通过泛滥、剪枝这个过程，周而复始（间隔时间为 3min）。

② 稀疏模式：使用“拉”（Pull）模型，多播数据只发送到有需要的地方，有显式的加入（Join）过程。

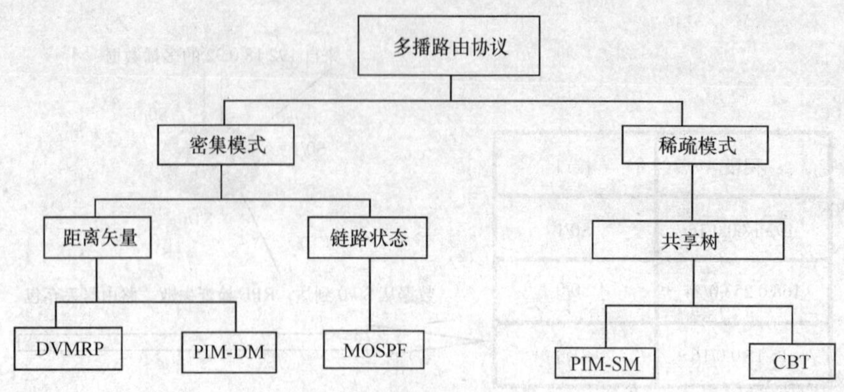

图 6.9 多播路由协议分类

6.1.6 多播路由协议 PIM

DVMRP（Distance Vector Multicast Routing Protocol，距离矢量多播路由协议）基于距离算法，即“RIP 模式”。它运行时首先通过交互路由信息，得到一棵经过裁剪的泛洪广播树，树根为多播源，所有 DVMRP 路由器都为叶子结点。所有的路由器都拥有唯一的上游路由器指向多播源，多播报文沿着这颗经过裁剪的广播树，通过泛洪/剪枝机制到达多播接收者。DVMRP 具有 RIP 的所有缺点并且需要交互特定的多播路由信息，所以实际应用中使用很少。

MOSPF（Multicast Extension to OSPF，多播 OSPF 协议）是 OSPF 支持多播的扩展模式。MOSPF 基于链路算法，通过交互 LSA（组成员 LAS），使得路由器了解各个多播组成员位置，当收到多播报文是可以沿着最短路径树将多播报文发送给每个多播接收者。MOSPF 采取链路状态算法，可以清楚的了解每个接收者的具体位置，所以不会产生大量的泛洪多播流，但是其运行环境受限，只能运行在 OSPF 网络中，实际应用中使用较少。

PIM（Protocol Independent Multicast，协议无关多播）需要使用单播路由表进行 RPF 检查，但是不依赖某种具体的单播路由协议来生成单播路由表。PIM 具有 DVMRP 和 MOSPF 无法比拟的优点，相对 DVMRP，PIM 不需要交互多播路由信息；相对 MOSPF，PIM 灵活简单，因此 PIM 在实际多播中使用广泛。

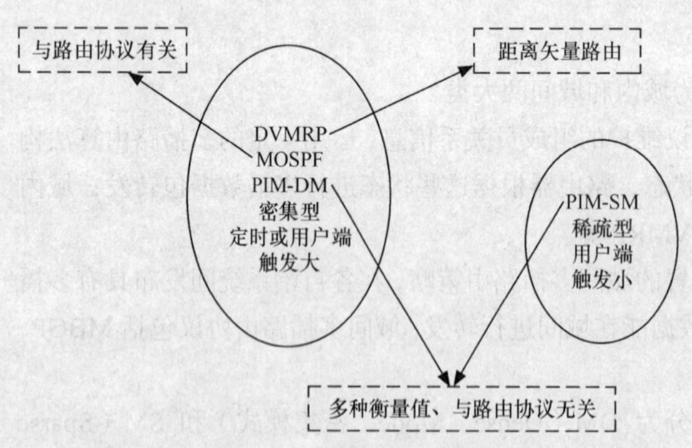

图 6.10 相关多播路由协议的比较

PIM 协议报文基于 UDP 协议，端口号为 103，使用的专门多播地址为 224.0.0.13。根据实现机制的不同，PIM 协议可以分为 PIM-DM、PIM-SM 和 PIM-SSM 3 种，如图 6.10 所示。

1. PIM-DM

在 PIM-DM 域中，运行 PIM-DM 的路由器周期性地发送 PIM Hello 消息，以发现邻接的 PIM 路由器，进行叶子（将接收者称为叶子）网络、叶子路由器的判断，并负责在多路访问网络中选

举 DR（指定路由器）——尽管 PIM-DM 本身并不需要 DR，但如果 PIM-DM 域中的共享网络上运行了 IGMPv1，则需要选举出 DR 来充当共享网络上的 IGMPv1 查询器。

PIM-DM 属于密集模式的多播路由协议，使用“推”模式传送多播数据，通常适用于多播组成员相对比较密集的小型网络，其基本原理如下。

PIM-DM 假设网络中的每个子网都存在至少一个多播组成员，因此多播数据将被扩散到网络中的所有结点。然后，PIM-DM 对没有多播数据转发的分支进行剪枝，只保留包含接收者的分支。这种“扩散—剪枝”现象周期性地发生，被剪枝的分支也可以周期性地恢复成转发状态。当被剪枝分支的结点上出现了多播组的成员时，该结点通过主动向其上游发送嫁接报文，从而由剪枝状态恢复成转发状态，以恢复对多播数据的转发，如图 6.11 所示。

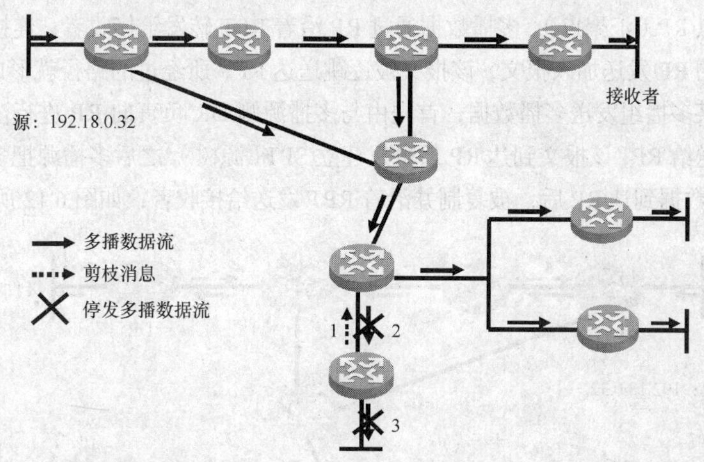

图 6.11　PIM-DM 剪枝

（1）H3C 设备配置 PIM-DM

第 1 步，在三层交换机上系统视图下启用多播路由；

```
[Switch] multicast routing-enable
```

第 2 步，在相应的接口视图下启动 PIM-DM；

```
[Switch]vlan vlan-id
[Switch]int vlan vlan-id
[Switch-Vlan-interface vlan-id]ip add ip-address mask  “配置连接用户的网管地址”
[Switch-Vlan-interface vlan-id]pim dm
```

（2）Cisco 交换机上配置 PIM-DM

第 1 步，在三层交换机的全局模式下启动多播应用；

```
Switch(config)# ip multicast routing
```

第 2 步，在三层交换机的相应 VLAN 虚接口模式下启用 IGMP 并指定 IGMP 版本号；

```
Switch(config)# vlan vlan-id
Switch(config-vlan)# int vlan vlan-id
Switch(config-if)#ip address ip-address mask  “配置连接用户的网管地址”
Switch(config-if)#ip pim dense-mode
```

*注意在开启 PIM 的同时 IGMP 也必须开启，上述配置都是基于 SPT，对于 RPT 只需要设置 RP 的 IP 地址和多播地址。

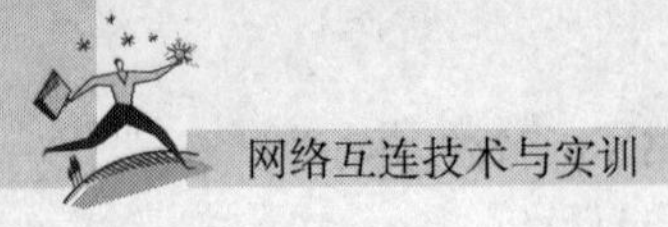

2. PIM-SM

在 PIM-SM 域中，运行 PIM-SM 的路由器周期性地发送 PIM　Hello 消息，以发现邻接的 PIM 路由器，并负责在多路访问网络中选举 DR。这里，DR 负责为与其直连的组成员向多播树根结点的方向发送加入/剪枝消息，或是将直连多播源的数据发向多播分发树。

PIM-SM 属于稀疏模式的多播路由协议，使用“拉”模式传送多播数据，通常适用于多播组成员分布相对分散、范围较广的大中型网络，其基本原理如下。

PIM-SM 假设所有主机都不需要接收多播数据，只向明确提出需要多播数据的主机转发。PIM-SM 实现多播转发的核心任务就是构造并维护 RPT（共享树），RPT 选择 PIM 域中某台路由器作为公用的根结点 RP（汇聚点），多播数据通过 RP 沿着 RPT 转发给接收者；连接接收者的路由器向某多播组对应的 RP 发送加入报文，该报文被逐跳送达 RP，所经过的路径就形成了 RPT 的分支；多播源如果要向某多播组发送多播数据，首先由与多播源侧 DR 负责向 RP 进行注册，把注册报文通过单播方式发送给 RP，该报文到达 RP 后触发建立 SPT（源树）。之后多播源把多播数据沿着 SPT 发向 RP，当多播数据到达 RP 后，被复制并沿着 RPT 发送给接收者，如图 6.12 所示。

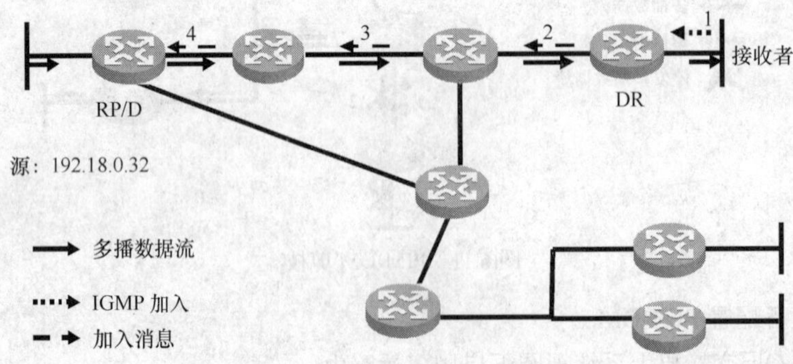

图 6.12　PIM-SM 转发与加入

思科和 H3C 关于 PIM-SM 的配置方法与 PIM-DM 一致，只不过将命令中的 DM 改成 SM 而已。

6.2　QoS 服务质量

QoS（Quality of Service）服务质量，是网络的一种安全机制，是用来解决网络延迟和阻塞等问题的一种技术。在正常情况下，如果网络只用于特定的无时间限制的应用系统，并不需要 QoS，比如 Web 应用或 E-mail 设置等。但是对关键应用和多媒体应用就十分必要，当网络过载或拥塞时，QoS 能确保重要业务量不受延迟或丢弃，同时保证网络的高效运行。

6.2.1　QoS 算法

网络资源总是有限的，只要存在抢夺网络资源的情况，就会出现服务质量的要求。服务质量是相对网络业务而言的，在保证某类业务的服务质量的同时，可能就是在损害其他业务的服务质量。例如，在网络总带宽固定的情况下，如果某类业务占用的带宽越多，那么其他业务能使用的带宽就越少，可能会影响其他业务的使用。因此，网络管理者需要根据各种业务的特点来对网络

资源进行合理的规划和分配，从而使网络资源得到高效利用。

在因特网创建初期，没有意识到 QoS 应用的需要。因此，整个因特网运作如一个"竭尽全力"的系统。每段信息都有 4 个"服务类别"位和 3 个"优先级"位，但是他们完全没有派上用场。在发送和接收者看来，数据包从起点到终点的传输过程中会发生许多事情，并产生如下有问题的结果。

① 丢失数据包：当数据包到达一个缓冲器（buffer）已满的路由器时，则代表此次的发送失败，路由器会依网络的状况决定要丢弃一部分还是不丢弃，而且这不可能在预先就知道，接收端的应用程序在这时必须请求重新传送，而这同时可能造成总体传输严重的延迟。

② 延迟：或许需要很长时间才能将数据包传送到终点，因为它会被漫长的队列迟滞，或需要运用间接路由以避免阻塞；也许能找到快速、直接的路由。总之，延迟非常难以预料。

③ 传输顺序出错：当一群相关的数据包被路由经过因特网时，不同的数据包可能选择不同的路由器，这会导致每个数据包有不同的延迟时间。最后数据包到达目的地的顺序会和数据包从发送端发送出去的顺序不一致，这个问题必须要有特殊额外的协议负责刷新失序的数据包。

④ 出错：有些时候，数据包在被运送的途中会发生跑错路径、被合并甚至是毁坏的情况，这时接收端必须要能侦测出这些情况，并将它们统统判别为已遗失的数据包，再请求发送端再送一份同样的数据包。

通常 QoS 提供以下 3 种服务模型。

① Best-Effort service（尽力而为服务模型）：是一个单一的服务模型，也是最简单的服务模型。网络尽最大的可能性来发送报文，但对时延、可靠性等性能不提供任何保证。它是网络的缺省服务模型，通过 FIFO 队列来实现。它适用于绝大多数网络应用，如 FTP、E-Mail 等。

② Integrated service（综合服务模型，简称 Int-Serv）：是一个综合服务模型，它可以满足多种 QoS 需求。该模型使用资源预留协议（RSVP），RSVP 运行在从源端到目的端的每个设备上，可以监视每个流，以防止其消耗资源过多。这种体系能够明确区分并保证每一个业务流的服务质量，为网络提供最细粒度化的服务质量区分。但是对设备的要求很高，当网络中的数据流数量很大时，设备的存储和处理能力会遇到很大的压力。其可扩展性很差，难以在 Internet 核心网络实施。

③ Differentiated service（区分服务模型，简称 Diff-Serv）：是一个多服务模型，它可以满足不同的 QoS 需求。与 Int-Serv 不同，它不需要通知网络为每个业务预留资源。区分服务实现简单，扩展性较好。

6.2.2 QoS 技术的应用

1. 流量监管

流量监管（见图 6.13）的典型应用是监督进入网络的某一流量的规格，把它限制在一个合理的范围之内，或对超出的部分流量进行"惩罚"，以保护网络资源和运营商的利益。例如，可以限制 HTTP 报文不能占用超过 50%的网络带宽。如果发现某个连接的流量超标，流量监管可以选择丢弃报文，或重新设置报文的优先级。

例如，H3C 的 3624 交换机上对接口 Ethernet1/0/1 的出方向上对满足 CARL 规则 1 的报文进行流量监管。报文正常流速为 200 kbit/s，在第一时间可以有 2 倍于正常流量的突发流量通过，以后速率小于等于 200 kbit/s 时正常发送，大于 200 kbit/s 时，报文优先级改为 0 并发送。

```
[Switch] interface ethernet1/0/1
[Switch-Ethernet1/1] qos car outbound carl 1 cir 200 cbs 50000 ebs 0 green pass red remark-prec-pass 0
```

2. 流量整形

TS（Traffic Shaping，流量整形）是一种主动调整流量输出速率的措施，如图 6.14 所示。一个典型应用是基于下游网络结点的 TP 指标来控制本地流量的输出。

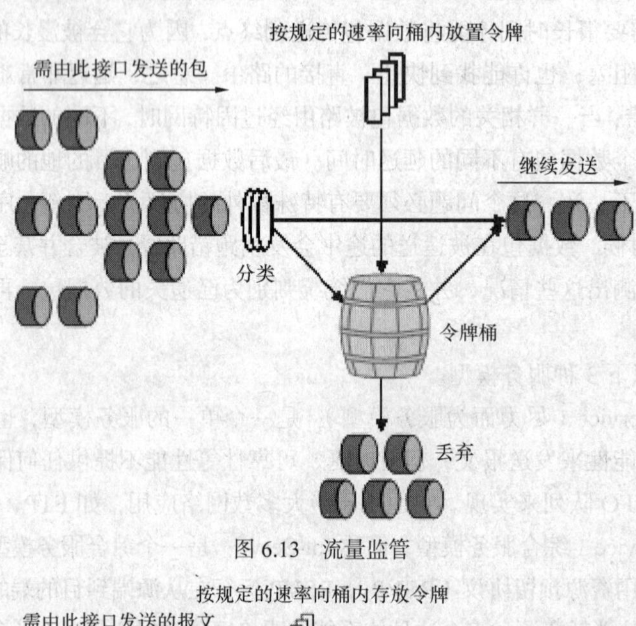

图 6.13 流量监管

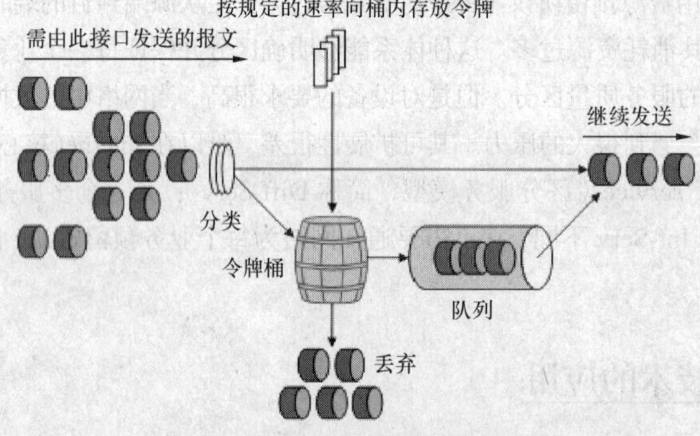

图 6.14 流量整形

流量整形与流量监管的主要区别在于，流量整形对流量监管中需要丢弃的报文进行缓存——通常是将它们放入缓冲区或队列内。当令牌桶有足够的令牌时，再均匀的向外发送这些被缓存的报文。流量整形与流量监管的另一区别是，整形可能会增加延迟，而监管几乎不引入额外的延迟。

例如，H3C 的 3624 交换机上对接口 Ethernet1/0/1 上对满足 ACL 规则 2001 的报文进行流量整形。正常流速为 200 kbit/s，在第一时间可以有 2 倍于正常流量的突发流量（50 000 B）通过，以后速率小于等于 200 kbit/s 时正常发送，速率大于 200 kbit/s 时，将进入缓存队列，缓存队列长度为 100。

```
[Switch] interface ethernet 1/0/1
[Switch-Ethernet1/0/1] qos gts acl 2001 cir 200 cbs 50000 ebs 0 queue-length 100
```

3. 拥塞管理

拥塞，是指当前供给资源相对于正常转发处理需要资源的不足，从而导致服务质量下降的一种现象。在复杂的 Internet 分组交换环境下，拥塞极为常见。以图 6.15 中的两种情况为例介绍。

对于拥塞管理，一般采用队列技术，使用一个队列算法对流量进行分类，之后用某种优先级别算法将这些流量发送出去。每种队列算法都是用以解决特定的网络流量问题，并对带宽资源的分配、延迟、抖动等有着十分重要的影响。下面是几种常用的队列调度机制。

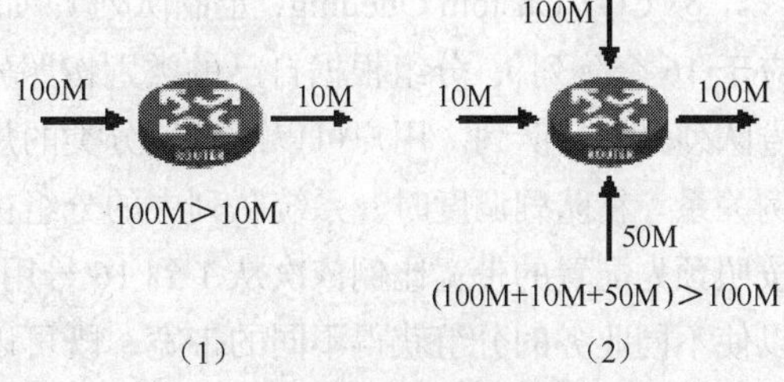

图 6.15　拥塞管理

① FIFO（First In First Out Queuing，先入先出队列）：如图 6.16 所示，按照时间到达的先后决定分组的转发次序。用户的业务流在某个设备能够获得的资源取决于分组的到达时机及当时的负载情况。Best-Effort 报文转发方式采用的就是 FIFO 的排队策略。如果设备的每个端口只有一个基于 FIFO 的输入或输出队列，那么恶性的应用可能会占用所有的网络资源，严重影响关键业务数据的传送。每个队列内部报文的发送（次序）关系缺省是 FIFO。

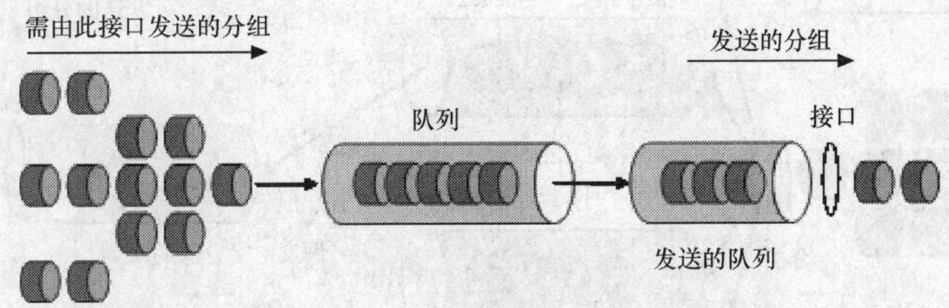

图 6.16　FIFO

② PQ（Priority Queuing，优先队列）：如图 6.17 所示，是针对关键业务应用设计的。关键业务有一个重要的特点，即在拥塞发生时要求优先获得服务以减小响应的延迟。PQ 可以根据网络协议（比如 IP，IPX）、数据流入接口、报文长短、源地址/目的地址等灵活地指定优先次序。优先队列将报文分成 4 类，分别为高优先队列（top）、中优先队列（middle）、正常优先队列（normal）和低优先队列（bottom），它们的优先级依次降低。缺省情况下，数据流进入 normal 队列。

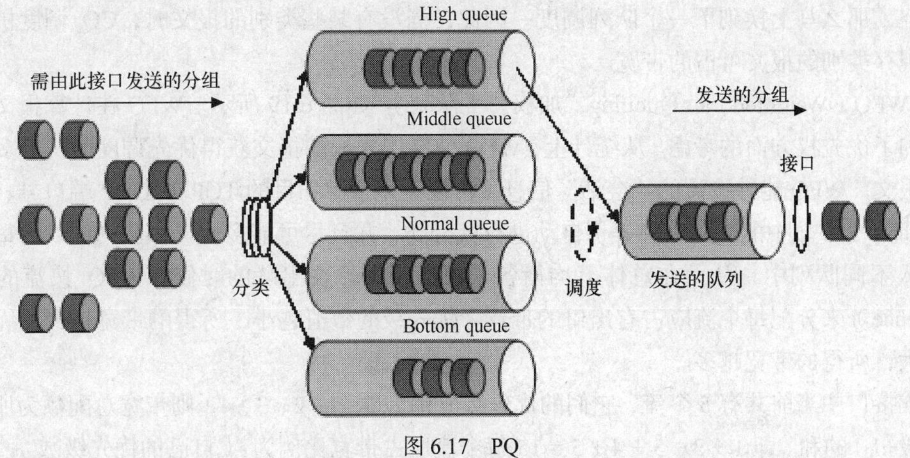

图 6.17　PQ

在队列调度时，PQ 严格按照优先级从高到低的次序，优先发送较高优先级队列中的分组，当较高优先级队列为空时，再发送较低优先级队列中的分组。这样，将关键业务的分组放入较高优先级的队列，将非关键业务的分组放入较低优先级的队列，可以保证关键业务的分组被优先传送，非关键业务的分组在处理关键业务数据的空闲间隙被传送。

PQ 的缺点是如果较高优先级队列中长时间有分组存在，那么低优先级队列中的报文将一直得不到服务。

③ CQ（Custom Queuing，定制队列）：如图 6.18 所示，按照一定的规则将分组分成 16 类（对应于 16 个队列），分组根据自己的类别按照先进先出的策略进入相应的 CQ 队列。CQ 的 1 到 16 号队列是用户队列。用户可以配置流分类的规则，指定 16 个用户队列占用接口或 PVC 带宽的比例关系。在队列调度时，系统队列中的分组被优先发送。直到系统队列为空，再采用轮询的方式按照预先配置的带宽比例依次从 1 到 16 号用户队列中取出一定数量的分组发送出去。这样，就可以使不同业务的分组获得不同的带宽，既可以保证关键业务能获得较多的带宽，又不至于使非关键业务得不到带宽。缺省情况下，数据流进入 1 号队列。

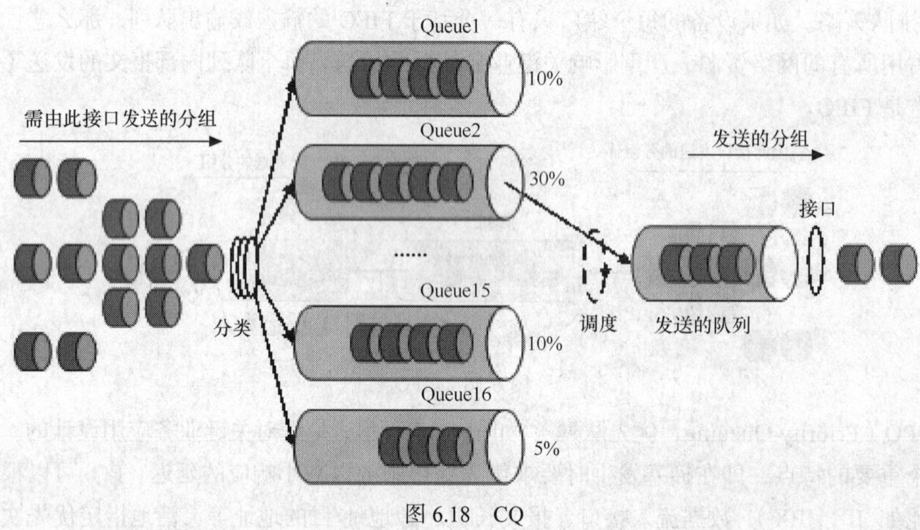

图 6.18 CQ

定制队列的另一个优点是可根据业务的繁忙程度分配带宽，适用于对带宽有特殊需求的应用。虽然 16 个用户队列的调度是轮询进行的，但对每个队列不是固定地分配服务时间片——如果某个队列为空，那么马上换到下一个队列调度。因此，当没有某些类别的报文时，CQ 调度机制能自动增加现存类别的报文可占的带宽。

④ WFQ（Weighted Fair Queuing，加权公平队列）：如图 6.19 所示。WFQ 在计算报文调度次序时增加了优先权方面的考虑。从统计上，WFQ 使高优先权的报文获得优先调度的机会多于低优先权的报文。WFQ 能够按流的“会话”信息（协议类型、源和目的 TCP 或 UDP 端口号、源和目的 IP 地址、ToS 域中的优先级位等）自动进行流分类，并且尽可能多地提供队列，以将每个流均匀地放入不同队列中，从而在总体上均衡各个流的延迟。在出队的时候，WFQ 按流的优先级（precedence）来分配每个流应占有出口的带宽。优先级的数值越小，所得的带宽越少。优先级的数值越大，所得的带宽越多。

例如接口中当前共有 5 个流，它们的优先级分别为 0、1、2、3、4，则带宽总配额为所有（流的优先级+1）的和。即 1 + 2 + 3 + 4 + 5 = 15 每个流所占带宽比例为：（自己的优先级数 + 1）/（所

有（流的优先级+1）的和）。即每个流可得的带宽分别为：1/15，2/15，3/15，4/15，5/15。

由于 WFQ 在拥塞发生时能均衡各个流的延迟和抖动，所以 WFQ 在一些特殊场合得到了有效的应用。比如在使用资源预留协议 RSVP（Resource Reservation Protocol）的保证型业务中，通常就是采用 WFQ 作为调度策略；在流量整形 TS 中，也采用 WFQ 调度缓存的报文。

⑤ CBQ（Class Based Queuing，基于类的队列）：是对 WFQ 功能的扩展，为用户提供了定义类的支持。CBQ 为每个用户定义的类分配一个单独的 FIFO 预留队列，用来缓冲同一类的数据。在网络拥塞时，CBQ 对报文根据用户定义的类规则进行匹配，并使其进入相应的队列，在入队列之前必须进行拥塞避免机制（尾部丢弃或 WRED，Weighted Random Early Detection，加权随机早期检测）和带宽限制的检查。在报文出队列时，加权公平调度每个类对应的队列中的报文。

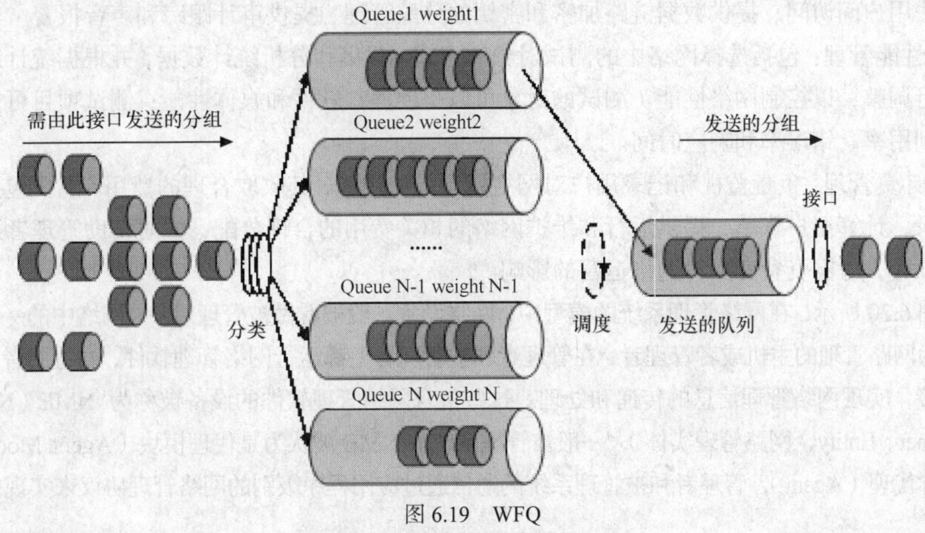

图 6.19　WFQ

CBQ 提供一个紧急队列，紧急报文入该队列，该队列采用 FIFO 调度，没有带宽限制。这样，如果 CBQ 加权公平对待所有类的队列，语音报文这类对延迟敏感的数据流就可能得不到及时发送。为此将 PQ 特性引入 CBQ，称其为 LLQ（Low Latency Queuing，低延迟队列），为语音报文这样的对延迟敏感的数据流提供严格优先发送服务。

LLQ 将严格优先队列机制与 CBQ 结合起来使用，用户在定义类时可以指定其享受严格优先服务，这样的类称作优先类。所有优先类的报文将进入同一个优先队列，在入队列之前需对各类报文进行带宽限制的检查。报文出队列时，将首先发送优先队列中的报文，直到发送完后才发送其他类对应的队列的报文。在发送其他队列报文时将仍然按照加权公平的方式调度。

6.3　网络管理

随着网络技术的发展，网络规模日益扩大，结构更加复杂，支持更多的用户以及更多的服务，人们越来越意识到网络管理的重要性。与早期设备类型单一、应用简单的小型网络的分布式管理不同，网络管理提供了对复杂网络设备的集中维护，远程监控等功能，对于大型网络中的设备提供统一的管理平台。SNMP 和相关的 RMON 规范就是在网络管理需求下产生的标准，各个厂商通过这些标准完成网络管理软件的开发和应用。

网络管理系统由一组软件构成。不同的网络设备厂商通过开发网络管理系统完善客户对设备

可管理性的要求。各个设备厂商按照网络管理的标准协议进行网络管理系统的开发。当前网络管理标准化活动主要基于ISO定义的OSI网络管理框架，划分了5个网络管理的功能区域。

① 拓扑管理：可以发现全网设备，并添加到全网设备的同一拓扑视图中，以此实时监控网络所有设备的运行情况。

② 故障管理：对网络环境中的问题和故障进行定位的过程，通过检测异常事件来发现故障，通过日志记录故障情况，根据故障现象采取相应的跟踪、诊断和测试措施。

③ 配置管理：可以增强网络管理者对网络配置的能力，可以方便的查询网络当前配置信息，并根据需要方便的修改配置，实现对设备的配置管理。

④ 安全管理：提供安全策略，确保只有授权的合法用户可以访问受限的网络资源，主要包括防止非法用户间访问、提供数据链路加密和密钥的分配管理、提供审计跟踪和声音报警。

⑤ 性能管理：包括选择网络中的测试对象和方式。收集和分析统计数据，并根据统计结果和分析进行调整，以控制网络性能。测试的对象可以是硬件、软件和媒体性能；测试项目可能有吞吐率、利用率、错误率和响应时间。

⑥ 计费管理：负责监视和记录用户对网络资源的使用，对其收取合理的费用。主要包括收集计费记录、计算用户账单、提供运行和维护网络的相关费用的合理分配，同时帮助管理者进行网络经营预算，考察资费变更对网络运营的影响。

如图6.20所示，在网络管理系统的模型中，网络设备一般被看做被管理对象，网络中的一台主机用来作为网路管理的主机或者管理者，在管理者和被管理者上都运行网络管理软件，通过二者的接口通信连接，实现网络管理信息的传递和处理。这些包含网络管理软件的设备被称为NME（Network Management Entity，网路管理实体），一般被管理系统的NME被认为是代理模块（Agent Module），或者简称代理（Agent），管理者和被管理系统的通信通过应用程序级别的网络管理协议来实现。

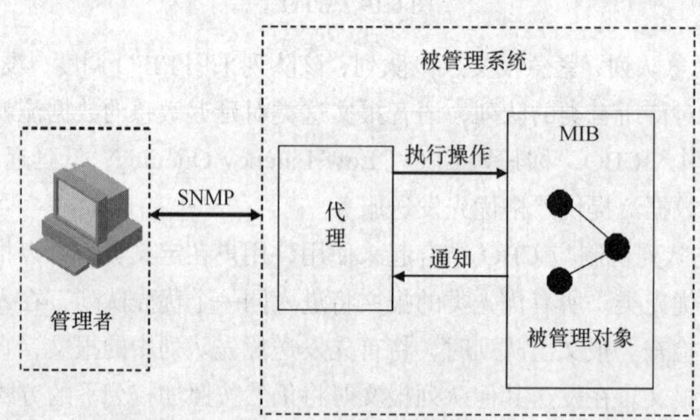

图6.20　网络管理系统模型

从图6.20可以看出，网络管理系统模型包含以下主要元素。

① 管理者：可以是一台工作站，一般位于网络的主干位置，它是网络管理员到网络管理系统的接口。它应该具有网络管理应用软件，同时负责发出操作命令，并接收代理发来的信息。

② 管理信息库MIB（Management Information Base）：是网络管理系统中的重要构件，它有一个系统内的许多被管对象及其属性组成。MIB实际上就是一个虚拟数据库。这个数据库提供有关被管理网络元素的信息，而这些信息由管理进程和各个代理进程共享。MIB由管理进程和各个代理进程共同使用。

③ 代理（Agent）位于被管理对象内部，把来自管理者的命令或者信息转换为本被管理设备特有的命令，完成管理者的指示，或者返回它所在设备的信息。

④ 网络管理协议：实现管理者和被管理者的双向信息通信，最初网络管理者通过 ICMP 来检查网络运行的状况，Ping 即时一个典型的应用，随着网络复杂性的增长，1988 年有了广泛使用的 SNMP 和 RMON。

6.3.1　SNMP

SNMP（Simple Network Management Protocol，简单网络管理协议）的前身是简单网关监控协议（SGMP），用来对通信线路进行管理。随后人们对 SGMP 进行了很大的修改，特别是加入了符合 Internet 定义的 SMI（Structure of Management Information，管理信息结构）和 MIB，改进后的协议就是著名的 SNMP。SNMP 的目标是管理互联网 Internet 上众多厂家生产的软硬件平台，因此 SNMP 受 Internet 标准网络管理框架的影响也很大。现在 SNMP 已经出到第三个版本的协议，其功能较以前已经大大地加强和改进了。

SNMP 采用了 Client/Server 模型的特殊形式：代理/管理站模型。对网络的管理与维护是通过管理工作站与代理间的交互工作完成的。代理负责回答 SNMP 管理工作站关于 MIB 定义信息的各种查询。代理和管理站通过 SNMP 协议中的标准消息进行通信，每个消息都是一个单独的数据报。SNMP 使用 UDP（用户数据报协议）作为第四层协议（传输协议），进行无连接操作。SNMP 消息报文包含两个部分：SNMP 报头和协议数据单元 PDU。

SNMP 的信息交换是通过相关的管理者发送的相关命令给代理来实现的，主要操作有两种。

① 读操作：使用 3 种“Get”报文，来完成对被管理设备的查询、检索，以及代理对于上述要求的响应。

② 写操作：使用两种“Set”报文改变被网管对象的状态。

除此之外，SNMP 通过共同体（Community）字段实现信息交换的安全性。共同体（Community）是管理端和代理进程之间的明文口令，必须一致。当进行读操作时需要设置“Read only”属性，其默认口令为“Public”；当进行写操作时需要设置“R/W”属性，其默认口令为“Private”。

SNMP 在管理者和代理之间通信时，主要采取以下两种工作机制。

① 轮询机制：每个管理工作站向被管对象周期性地发送轮询信息，代理进程接到轮询信息之后进行响应，它通过 UDP 协议来承载报文其端口号为 161。它的优点是系统相对简单，能限制网络上管理信息的通信量。但是它灵活性较差，管理的设备不能太多。

② Trap 机制：SNMP 允许某些特定情况下不经询问，由被管对象主动向管理端发送信息，它通过 UDP 协议来承载报文其端口号为 161。其优点在于仅在严重事件时才发送 Trap，Trap 信息很简单而且字节数很少。

SNMP 的发展经历 3 个版本：SNMPv1、SNMPv2、SNMPv3。

① SNMP v1 基本上没有什么安全性可言，在安全方面 SNMP v1 存在以下主要的安全问题：SNMP 数据包的修改，指一个未经验证的用户捕获到 SNMP 数据包后，修改其信息，又把数据包发送到目的站。而接收设备不能得知数据的改变，于是就响应包里的信息，导致安全问题。

② SNMP v2 在原有的 Get、GetNext、Set、Trap 等操作外增加了 GetBulk 和 Inform 两个新的协议操作。其中 GetBulk 操作快速获取大块数据。Inform 操作允许一个 NMS 向另一个 NMS 发送

Trap 信息，并接收一个响应消息 SNMP v2 安全标准对数据修改、假冒和数据包顺序改变等安全问题提出了比较满意的解决方案，进一步为安全标准提出了一系列的目标，提出了分级的安全机制以及验证机制和使用 DES 标准加密算法。

③ SNMP v3 并不是一个自成体系，用以取代 SNMP v1 和 SNMP v2 的协议。SNMP v3 定义了安全方面的扩展能力，用来和 SNMP v1 及 SNMP v2c 相连接。在 SNMP v3 工作组定义的 5 个 RFC 中，2271 描述了现行的 SNMP 使用的体系结构，2275 描述了一种接入控制的方法，它同 SNMP v3 的核心功能是独立开的，只有 2272～2274 三个 RFC 才是真正有关安全方面的建议。

以图 6.21 为例介绍 H3C 和思科实现 SNMP 配置的步骤。

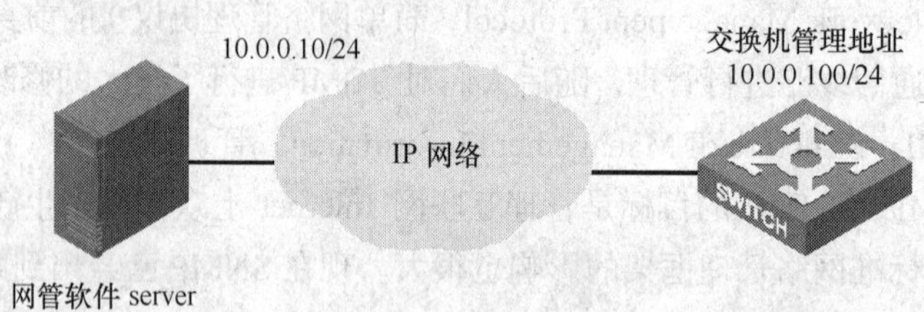

图 6.21　SNMP 配置

1. H3C 配置 SNMP 步骤

第 1 步，在系统视图下配置交换机的管理地址；

[Switch]int vlan 1

[Switch-interface-vlan1]ip address 10.0.0.100 24

第 2 步，在系统视图下启用 SNMP 代理功能；

[Switch]snmp-agent

第 3 步，在系统视图下配置 SNMP 读写属性，需要修改默认口令；

[Switch]snmp-agent community write private

[Switch]snmp-agent community read public

第 4 步，在系统视图下配置 SNMP 版本，缺省版本 3；

[Switch]snmp-agent sys-info version all

2. 思科配置 SNMP 步骤

第 1 步，在全局模式下设置交换机管理地址；

Switch(config)#int vlan 1

Switch(config-if)#ip address 10.0.0.100 255.255.255.0

第 2 步，在全局模式下设置交换机管理工作站地址；

Switch(config)#snmp-server host 10.0.0.10 [traps|informs] [version {1|2|3} “选择 trap 机制需要发送的报文目的地址还是轮询机制需要发送的报文目的地址，version 来指定 SNMP 的版本”

*注意如果选择 Trap 机制需要首先在全局模式下输入 snmp-server enable traps 来开启该功能。

第 3 步，在全局模式下设置共同体口令；

Switch(config)#snmp-server community string [ro|rw] “选择 ro 为读操作口令，选择 rw 为写操作口令”

6.3.2　RMON

RMON（Remote Network Monitoring）远端网络监控，最初的设计是用来解决从一个中心点管理各局域分网和远程站点的问题。RMON 规范是由 SNMP MIB 扩展而来。RMON 中，网络监视数据包含了一组统计数据和性能指标，它们在不同的监视器（或称探测器）和控制台系统之间相互交换。结果数据可用来监控网络利用率，以用于网络规划，性能优化和协助网络错误诊断。RMON 使 SNMP 更有效、更积极主动地监测远程网络设备，为监控子网的运行提供了一种高效的手段。RMON 能够减少网管站同代理间的通信流量，达到简便而有力地管理大型互连网络的目的。

当前 RMON 有两种版本：RMON v1 和 RMON v2。RMON v1 在目前使用较为广泛的网络硬件中都能发现，它定义了 9 个 MIB 组服务于基本网络监控；RMON v2 是 RMON 的扩展，专注于 MAC 层以上更高的流量层，它主要强调 IP 流量和应用程序层流量。RMON v2 允许网络管理应用程序监控所有网络层的信息包，这与 RMON v1 不同，后者只允许监控 MAC 及其以下层的信息包。

RMON 监视系统由两部分构成：探测器（代理或监视器）和管理站。RMON 代理在 RMONMIB 中存储网络信息，它们被直接植入网络设备（如路由器、交换机等），代理也可以是 PC 机上运行的一个程序。代理只能看到流经它们的流量，所以在每个被监控的 LAN 段或 WAN 链接点都要设置 RMON 代理，网管工作站用 SNMP 获取 RMON 数据信息。

RMON MIB 有不少变种。例如，令牌网 RMON MIB 提供了针对令牌网网络管理的对象。SMON MIB 是由 RMON 扩展而来，主要用来为交换网络提供 RMON 分析。

H3C RMON 应用实例介绍如下。

第 1 步，应用要求。

Agent 通过 Console 口连接配置终端，通过 Internet 连接远端 NMS。在 RMON 以太网统计表中设定一个表项，对以太网端口 GigabitEthernet1/0/1 进行性能统计，当端口在一段时间内收到的字节数超过设置的门限后，记录日志。

第 2 步，组网图如图 6.22 所示。

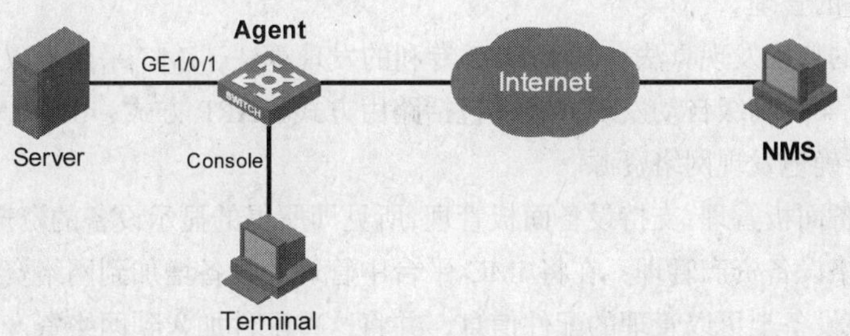

图 6.22　RMON 配置

第 3 步，配置 RMON 对接口 GigabitEthernet1/0/1 进行流量统计。

```
<Switch> system-view
[Switch] interface GigabitEthernet 1/0/1
[Switch -GigabitEthernet1/0/1] rmon statistics 1 owner user1-rmon
[Switch -GigabitEthernet1/0/1] return
```

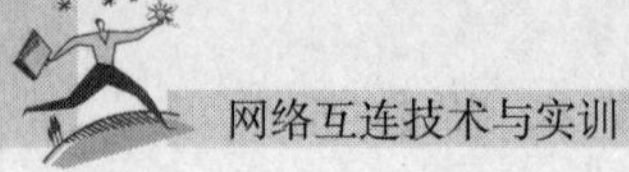

第 4 步，在系统视图下配置一个事件，在该事件被触发的时候，会记录日志。

[Switch] rmon event 1 log owner 1-rmon“配置一个告警组，对接口 GigabitEthernet1/0/1 收到的字节数进行抽样，当超过上下限值的时候，都会记录日志”

[Switch] rmon alarm 1 1.3.6.1.2.1.16.1.1.1.4.1 10 delta rising-threshold 1000 1 falling-threshold 100 1 owner 1-rmon“结点 1.3.6.1.2.1.16.1.1.1.4.1 表示 RMON 统计组 1 接收到的字节数，即 GigabitEthernet1/0/1 接收到的字节数”

6.3.3 常用网络管理软件

随着网络技术的发展，网络的规模和结构日益庞大和复杂。针对网络管理的需求，许多厂商开发了自己的网络管理产品，有一些产品形成了一定规模。它们采用了标准的网络管理协议，提供了通用的解决方案，形成了一个网络管理系统平台，其他的厂商在这些平台的基础上又提供了各种管理工具。下面介绍一些具有较高的性能的网络管理软件。

1. H3C 网络管理平台

H3C 智能管理中心（intelligence Management Center，iMC）平台（以下简称 iMC 平台）为用户提供了实用、易用的网络管理功能，在网络资源的集中管理基础上，实现拓扑、故障、性能、配置、安全等管理功能，不仅提供功能，更通过流程向导的方式告诉用户如何使用功能满足业务需求，为用户提供了网络精细化管理最佳的工具软件。对于设备数量较多、分布地域较广并且又相对较为集中的网络，iMC 平台提供分级管理的功能，有利于对整个网络进行清晰分权管理和负载分担。iMC 平台除了涵盖网络管理功能外，还是其他业务管理组件的承载平台，共同实现了管理的深入融合联动，主要功能如下。

① 更多的管理设备类型：除了传统的路由器、交换机外，更能对网络中的无线、安全、语音、存储、监控、服务器、打印机、UPS 等设备进行管理，实现设备资源的集中化管理。

② 多厂家设备的统一管理：除了对 H3C 的网络设备管理外，iMC 平台还实现了对业界其他主流厂家网络设备的管理。

③ 灵活快捷的自动发现算法：基于 H3C 专利的发现算法，iMC 平台不仅提供了快速自动发现方式，还提供了 4 种高级自动发现方式，包括路由方式、ARP 方式、IPSec VPN 方式、网段方式等，能快速、准确地发现网络资源。

④ 直观的设备面板管理：支持设备面板管理，所见即所得的显示设备的资产组成和运行状态。

⑤ 清晰的网络设备资产管理：在将 iMC 平台中管理的设备增加到网络资产管理的同时，系统还会自动发现该设备上可以管理的配件信息，并将这些配件加入到网络资产中进行管理，管理员可以对网络资产信息进行修改，还可以查看该资产的子模块信息、接口信息以及变更审计历史信息。

2. Cisco 网络管理平台

Cisco Works 是一个思科的网络管理产品，其帮助用户管理基于思科的网络。Cisco Works 是一个基于网络大量发展在 Java 上的工具组。旧的版本较多地使用客户端 Java；最近的版本使用更多 HTML 和改进的工具间的数据共享。Cisco Works 组有下列各种部件组成：Cisco Works 资源管

理要点、Cisco Works 公共服务、Cisco Works 园区管理器、Cisco Works 设备故障管理器、Cisco Works Internet 网络性能监控器、Cisco Works IP 电话管理器。

Cisco Works Windows 是为小型到中型网络或远程工作组开发的一套基于 PC 的集成式网络配置和诊断工具。Cisco Works Windows 包括 Configuration Builder、Show Commands、health Monitor 和 Cisco View 应用程序。

Cisco Works Windows 可以和某个全面的 NMS 平台捆绑在一起为设备统计数据绘制图形并处理客户网络中的警报和问题。作为一种选择，您可以将 Cisco Works Windows 与 HP Open View for Windows 集成在一起以便充分利用与其他 HP Open View 第三方应用程序集成所带来的好处。

Configuration Builder 和 Cisco View 可在没有管理平台的情况下以独立应用程序的形式运行。

在选择网络管理软件时，要结合自身网络特点有针对的选择，主要依据以下几点。

① 管理规模的扩展能力：网络管理软件的运行机制应能满足分布式 Client/Server 结构；一般要求可以管理 5 000 个以上结点的能力；同时允许多个网络系统操作员能方便地从客户端获取多个服务器的信息，其中包括不同逻辑域的管理服务器。

② 智能化监视能力：应具有了解网络结构和网络设备之间相互关系的能力，可以自动发现（Auto Discovery）网络结点及其配置；可以实现有效信息过滤筛选功能；可以自动分析并报告网络事件成因的能力，从而精确定位故障设备，抑制不必要的伪警报。

③ 基于用户管理策略的控制能力：根据实际需要通过网络管理软件灵活地实现自己的管理策略。例如对用户或用户群访问权限的定义和对网络各层次流量的有效控制。

④ 网络管理软件的开放性：即多协议支持，当今不同企业的网络包括了多种多样的网络设备，而且它们运行不同标准和不同性质的管理协议。

⑤ 用户界面简单实用：图形用户界面应趋于人性化，可以允许用户方便地剪裁自己的应用环境，以及创建、修改和删除被管理的结点上的模型；对各种图表和不同层次的视窗有一整套的简便管理手段等。

⑥ 具有有简单、无需编程的开发工具：能够帮助用户裁剪应用环境，制作图标、图形视窗或建立全新的模型等，而使用者无需任何编程知识。

⑦ 软件供应商的技术服务：必须能够向用户提供高质量的技术支持和服务。

对网络管理软件选择除了以上几点外，还需要考虑性价比以及网络中现存的网络设备的特点，因此用户在选择网络管理软件要综合考虑。

练习题

1. 多播协议分为组成员管理协议和多播路由协议，分别写出它们的主要功能。
2. 分别将多播地址 224.1.23.123 和 224.129.23.123 转换成多播 MAC 地址。
3. 写出将多播、广播、单播的主要应用。
4. 分别找出 5 款支持 IGMP 及多播路由思科交换机和 H3C 交换机。

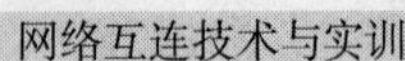

5. QoS 提供以下几种服务模型，它们的特点是什么？

6. 根据网络管理软件选择的要求，查找 3 款符合要求的网络管理软件。

实训

实训 15　多播配置

1. 实验内容

掌握多播配置。

2. 实验目的

掌握 IGMP 协议的实现、多播路由协议的配置以及二层交换机多播的配置。

3. 实验环境

H3C 3610 系列交换机 2 台 H3C 26 系列交换机 1 台或 Cisco 3550 系列交换机 2 台 2950 交换机 1 台，PC 3 台，直连网线 3 根、交叉线 2 根、配置电缆 3 根。

4. 实训拓扑图

实训拓扑图如图 6.23 所示。

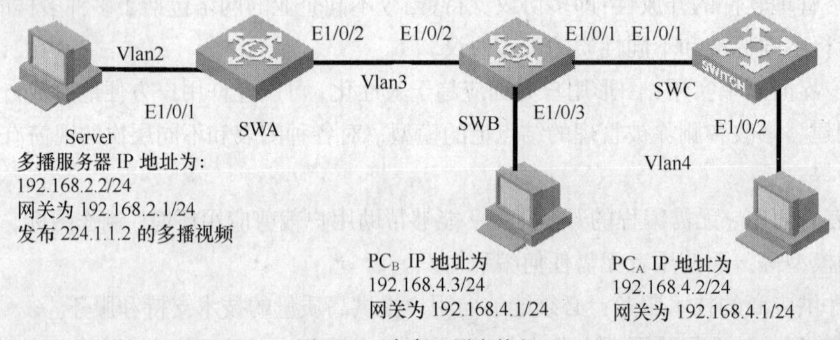

图 6.23　多台三层交换机

5. 实训要求

① 将 PC_A 的 COM1 口与二层交换机 SWC 的 Console 口相连，配置交换机名字为 SWC，创建 VLAN 4，将端口 E1/0/2 加入 VLAN4，将端口 E1/0/1 设置成 Trunk 属性，开启 IGMP Snooping。

② 将 PC_B 的 COM1 口与交换机 SWB 的 Console 口相连，配置交换机名字为 SWB，创建 VLAN 3，VLAN 4，将端口 E1/0/2 加入 VLAN3，将端口 E1/0/3 加入 VLAN4，将端口 E1/0/1 设置成 Trunk 属性，VLAN 3 三层虚接口地址为 192.168.3.1/24，VLAN 4 三层虚接口地址为 192.168.4.1/24，开启 IGMP 协议，启用 RIP 动态路由，并启用 PIM-DM 多播路由。

③ 将 Server 的 COM1 口与交换机 SWA 的 Console 口相连，配置交换机名字为 SWA，创建 VLAN 2，VLAN 3，将端口 E1/0/1 加入 VLAN2，将端口 E1/0/2 加入 VLAN3，VLAN 2 三层虚接口地址为 192.168.2.1/24，VLAN 3 三层虚接口地址为 192.168.3.2/24。开启 IGMP 协议，启用 RIP

动态路由，并启用 PIM-DM 多播路由。

④ 将 Server 配置为多播服务器发布多播为 224.1.1.2 的多播视频；

⑤ 在 PCA 和 PCB 上分别用 IE 浏览器访问 Server 上的多播视频；

⑥ 通过 display 或 show 命令查看 SWA 和 SWB 的多播路由、动态路由以及 IGMP 信息。

第7章 网络附加设备

随着网络技术的不断发展，国内基础网络设施得到了很大改善，网络的稳定性及速度得到大幅度的提高，网络深入到各层面的用户，上网速度的不断提升，大大拓宽、丰富了我们的资讯渠道，拉近彼此之间的空间距离，各种各样的新型服务层出不穷，从而带动了用户对各种网络附加设备的强劲需求。本章就是介绍针对各种应用所采用的不同的网络附加设备。

本章学习要点

- 了解 SOHO 网关的原理。
- 掌握网络的基本存储模式。
- 理解网络监控的设计。
- 掌握 VoIP 技术的应用。

7.1 SOHO 网关

在这个追求信息化高速发展的时代，网络作为现代人生活必不可少的一部分也随着时代潮流日趋个性化，同样使之衍生出的网络管理也更需简洁化、个性化。但丰富且复杂的网络环境，也着实为 SOHO 型企业、社区提出了不少网络管理的难题。因此各家企业都针对 SOHO 市场推出多种 SOHO 网关。

7.1.1 网关工作原理

1. 网关的概念

网关就是将两个使用不同协议的网络段连接在一起的设备。它的作用就是对两个网

络段中的使用不同传输协议的数据进行互相的翻译转换。举个例子，一个商业内部局域网就常常需要通过网关发送电子邮件到 Internet 的相关地址。

2. 网关的工作原理

当路由器的物理接口或路由模块的虚拟接口接收到数据包时，通过判断其目的地址与源地址是否在同一网段，来决定是否转发数据包，通常小型办公室的网络设备只有两个接口，一个连接 Internet，另一个连接局域网集线器或交换机，因此，一般设成缺省路由，只要不是内部网段，全部转发，如图 7.1 所示。

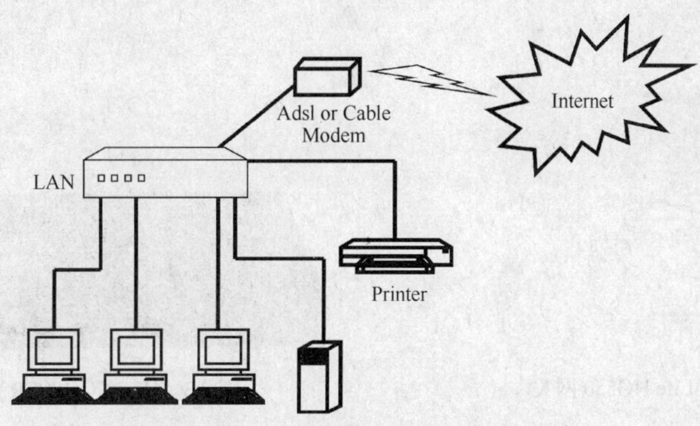

图 7.1　SOHO 网络的拓扑结构

7.1.2　SOHO 网关设备

1. SOHO 网关的主要功能

（1）共享上网

随着宽带上网业务的迅速发展和电脑的普及，越来越多的单位和个人拥有了不止一台电脑，采用 SOHO 网关可以使多个用户同时共享上网，这也是网关的最主要功能。

（2）网络管理

通过 SOHO 网关可以随时了解网络的使用情况，并对网络中的机器进行故障诊断和网络分析，使网络更加稳定。

（3）网络安全

SOHO 网关还集成防火墙、防病毒、防垃圾邮件、上网过滤、机密信息防护等功能，组成用户与互联网连接的安全边界，对进出安全边界的用户信息流进行安全检测、过滤和必要的审计，可在很大程度上确保互联网和企业网之间的网络安全。

2. 网关产品介绍及应用

（1）华为 SOHO 网关 HG550

EchoLife HG550 家庭网关是面向家庭和 SOHO 用户设计的一款高性能 ADSL 无线 VoIP 网关设备，如图 7.2 所示。

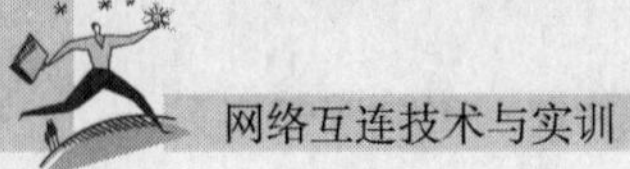

功能描述如下。

① 高带宽 ADSL2+ over POTS。

② LAN 侧提供 Ethernet 接口、WLAN（802.11 b/g）接口和 USB 接口。

③ 支持 VoIP/FoIP。

④ 具备 QoS 策略，支持远程管理及 TR-069 协议。

⑤ 支持 NAT/NAPT、支持防火墙。

（2）H3C SOHO-ER3100-CN

H3C SOHO-ER3100-CN 如图 7.3 所示，功能描述如下。

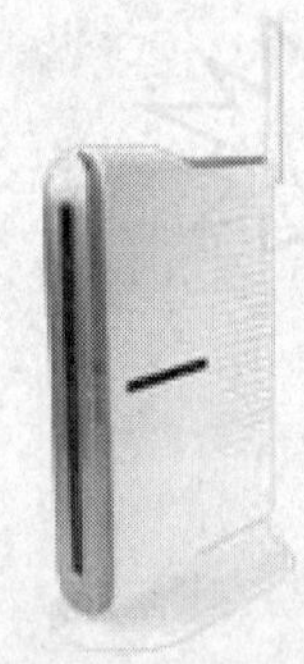

图 7.2　EchoLife HG550 网关

图 7.3　H3C SOHO-ER3100-CN

① 高处理性能。

ER3100 采用 64 位网络处理器，同时配合 DDRII 高速 RAM 进行高速转发，可以达到百兆线速转发。在实际应用中，典型的带机量为 100～200 台。

② IPSec VPN。

ER3100 支持标准的 IPSec VPN，用户可以通过简单的 WEB 配置实现点对点之间的安全的 VPN 连接，最高支持 168 位的 3DES 加密；同时 H3C 结合国内用户的组网特点在 ER3100 上同时支持通过域名方式配置 IPSec VPN 连接和 NAT-T 的 NAT 穿越功能。

③ 多局域网功能（VLAN）。

ER3100 支持多局域网功能，企业可以方便的划分局域网为多个网段，降低广播域和 ARP 病毒的影响，针对每个局域网可以配置单独的 DHCP Server 和防火墙规则，ER3100 最多可同时支持 16 个内部局域网。

④ ARP 病毒双重防护。

ER3100 通过 IP<->MAC 地址绑定功能，固定了网关的 ARP 列表，可以有效防止 ARP 欺骗引起的内网通信中断；此外 ER3100 毫秒级的免费 ARP 的定时发送机制，可以有效地避免局域网 PC 中毒后引发的 ARP 攻击。

⑤ 网络流量限速。

BT、迅雷等 P2P 软件对网络带宽的过度占用会影响到网内其他用户的正常业务，ER3100 通过基于 IP 或基于 NAT 表项的网络流量限速机制可以有效地控制单台 PC 的上/下行流量和建立的 NAT 表项的个数，限制了 P2P 软件对网络带宽的过度占用。

⑥ 业务控制（QQ/MSN/金融软件）。

QQ/MSN 等即时通讯软件的大量普及，造成员工办公效率低下，无法集中精力。ER3100 独

有的应用控制功能，可以方便的限制内网用户对 QQ/MSN 等应用的使用，ER3100 同时支持对大智慧/分析家/同花顺/广发至强/光大证券/国元证券等金融软件的应用控制功能。此外，用户可以通过对特权用户组的设置保证关键用户的使用不受影响。

7.2 数据存储

随着企业网络规模的不断增大和企业网络应用的频繁，企业信息数据量也越来越多，而且企业对这些数据的依赖度也越来越大。面对这样庞大和重要的数据，企业 IT 主管不得不开始考虑如何有效、经济的进行数据存储和管理，确保这些数据的完整性和有效性。目前，数据存储已不再是作为服务器系统的附属功能而存在，已形成了自成体系的庞大行业系统，其重要性也日渐提高。

7.2.1 RAID 技术

RAID（Redundant Array of Inexpensive Disks，独立磁盘冗余阵列），简称磁盘阵列，是将多个独立的物理磁盘按照某种方式组合起来，形成一个虚拟的磁盘。RAID 在操作系统下是作为一个独立的存储设备出现，它可以充分发挥出多块磁盘的优势，提升读写性能，增大容量，提供容错功能以确保数据安全性，同时也易于管理；在任何一块磁盘出现问题的情况下都可以继续工作，不会受到磁盘失效的影响。

1. RAID 实现的方式

RAID 的实现可以有硬件和软件两种不同的方式：硬件方式就是通过 RAID 控制器实现；软件方式则是通过软件把服务器中的多个磁盘组合起来，实现条带化快速数据存储和安全冗余。

硬件 RAID 通常是利用服务器主板上所集成的 RAID 控制器，或者单独购买 RAID 控制卡，连接多个独立磁盘实现的。现在几乎所有的服务器主板都集成了 RAID 控制器，可以实现诸如 RAID 0/1 之类的基本 RAID 模式。如果需要连接更多的磁盘，实现更高速的数据存储和冗余，则需另外配置 RAID 控制卡。总的来说，硬件 RAID 性能较好，应用也较广，特别适合于需要高速数据存储和安全冗余的环境，但价格较贵。

软件 RAID 是利用操作系统（如微软的 Windows 2000、Windows server 2003 等）和第三方存储软件开发商的软件，来实现 RAID 的。它无须另外购买 RAID 控制卡，也可在无 RAID 控制器的主板上实现。这种软件 RAID 的实现方式成本较低，但配置复杂，同时性能较低，仅适合小规模的数据存储网络使用。

另外，现在除了 SCSI 接口磁盘可以配置 RAID 外，像 IDE（ATA）和 SATA（串行 ATA）、SAS（串行 SCSI）接口的磁盘都可以配置。

2. 主要 RAID 模式

根据磁盘和 RAID 卡之间不同的组合方式可配置不同的 RAID 模式，实现不同的磁盘性能改变。下面全面介绍当前可见到的一些磁盘阵列模式及相关的磁盘阵列技术。

（1）JBOD 模式

JBOD（Just Bundle of Disks，简单磁盘捆绑），通常又称为 Span，如图 7.4 所示。其实 JBOD

并不是真正意义上的RAID模式，只是在近几年才被些厂家提出，并被广泛采用。也有人把它归为串联式的RAID 0，其目的纯粹是为了增加磁盘的容量。

Span 是在逻辑上把几个物理磁盘一个接一个地串联到一起，从而提供一个大的逻辑磁盘。Span上的数据简单地从第一个磁盘开始存储，当第一个磁盘的存储空间用完后，再依次从后面的磁盘开始存储数据。其存储原理如图7.4所示。

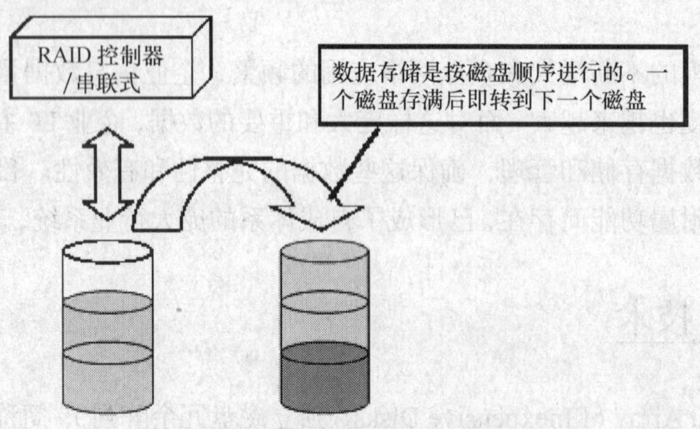

图7.4 JBOD模式的存储原理

Span的存取性能完全等同于对单一磁盘的存取操作，并不提供数据安全保障，只是简单地提供一种利用磁盘空间的方法。Span的存储容量等于组成Span的所有磁盘的容量总和。

（2）RAID 0（无差错控制的条带化阵列）

RAID 0又称为Stripe（条带化）或Striping（带区集），是所有RAID规格中速度最快但可靠性最差的磁盘阵列模式。RAID 0不仅可以将多块磁盘连接起来形成一个容量更大的存储设备，而且还可以获得呈倍数级增长的性能提升。如连接的是两块磁盘，则性能为单磁盘的两倍，如果连接的是3块，则性能是单磁盘的3倍，但通常最多只能连接4块磁盘，所以最多可提高磁盘读写性能到单磁盘的4倍。

与串联式JBOD模式的顺序读写不同，并行模式的RAID 0在读写时可同时对多个磁盘进行并行操作。写入时，数据会以设定的交叉存储区域（带区集，Striping）的大小为单位均匀分割成等量的数据块，然后被分别存放到几个磁盘中；而在读取时，目标数据则被同时从多块磁盘中取出并经控制器组合成完整的文件。

在这种磁盘阵列中，数据条带以系统规定的“段”为单位依次写入多个磁盘，例如，数据段A写入磁盘0，段B写入磁盘1，段C写入磁盘2等，依次类推。当一个数据条带的最后一个数据段在最后一个磁盘中写完后，再返回到磁盘1的下一可用磁盘空间继续写下一个数据条带，依次类推，直到本次所存数据全部存储完毕。存储原理如图7.5所示。

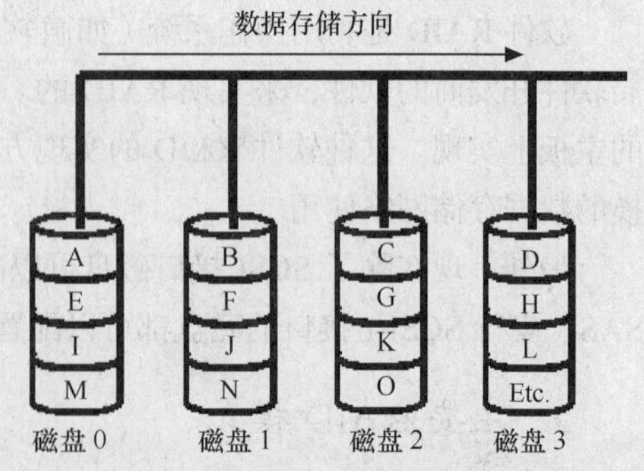

图7.5 RAID 0存储原理

由于采用了磁盘分段的方法，分割数据可以将I/O负载平均分配到所有的驱动器中，即把数据立即写入（读出）多个磁盘，因此它的速度比较快，使得性能显著提高。实际上，数据的传输是按顺序进行的，但多个读（或写）操作则可以相互重叠进行。这就是说，正当段A在写入驱动器0时，段B写入驱动器1的操作也开始了；而当段B还在驱动器1进行写操作时，段C数据已送到驱动器2

中了。依此类推，这样在同一时刻可以有几个盘（甚至是所有的盘）同时写数据。因为数据送入驱动器的速度要远大于写入物理盘的速度，理论上性能可以提高 N–1 倍（N 为阵列磁盘数），目前这一阵列模式最多可连接 4 个磁盘，所以最多可提高性能 3 倍。

但是，RAID 0 却没有数据保护能力，可靠性仅为单磁盘系统的 1/N。如果一个磁盘出现故障，那么数据就会全盘丢失，因为它并没有采取数据冗余措施。例如，假使一个文件的段 A 在驱动器 0，段 B 在驱动器 1，段 C 在驱动器 2，则只要驱动器 0，1，2 中有一个产生故障，就会引起问题。如果驱动器 1 出现故障，则我们只能从驱动器中物理地取得段 A 和段 C 的数据，中间的段 B 的数据就不能恢复了。因此，RAID 0 不适用于关键任务环境，但非常适用于视频、图像的制作和编辑。

（3）RAID 1（镜像结构）

如果说 RAID 0 为了取得高性能而牺牲了安全性，那么 RAID 1 便恰好相反。RAID 1 的设计目的是打造一个安全性极高的存储系统。简而言之，它使用一个磁盘作为主磁盘的实时镜像，以确保在主磁盘出现故障时数据能及时从镜像磁盘中得到恢复，提高了数据存储的安全性。但也因此而损失了至少一半容量，镜像磁盘只能够作为主磁盘的备份，真正有效的容量只能单单来自一个主磁盘。

RAID 1 也被称为“镜像”，因为它是将一个磁盘上的数据完全复制到另一个磁盘上，百分百地实现数据冗余。可以说它是走向 RAID 0 的另一个极端。我们知道，RAID 0 只考虑了增加磁盘容量和提高磁盘读写性能，但却没有采取任何数据冗余措施，使得 RAID 0 没有任何数据安全保障，一旦阵列中的某一个磁盘出现了故障，则整个阵列中的数据都可能遭到破坏，不能恢复。而此处的 RAID 1 则采取了 100%的数据冗余，把阵列中的一个磁盘上的数据全部动态复制下来。这样即使其中一个磁盘发生故障，仍能完整地进行数据恢复。但它却不能提高磁盘容量，也不能提高磁盘读写性能，因为数据在同一时刻仍只是写入一个磁盘中。RAID 1 的存储原理如图 7.6 所示。

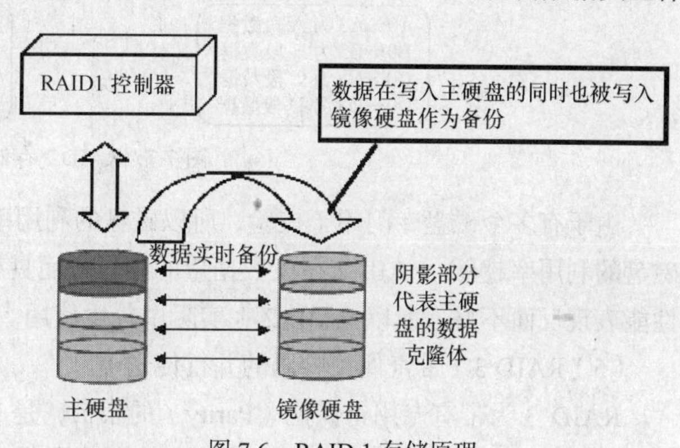

图 7.6 RAID 1 存储原理

由此可见，RAID 1 的优点就是可以提供 100%的数据冗余，数据安全比较有保障。但 RAID 1 的缺点是不能提高磁盘的读写性能，而且磁盘利用率低，只有 50%。相对来说成本也就要比单个无冗余磁盘贵一倍，因为必须购买另一个磁盘用作第 1 个磁盘的镜像。RAID 1 可以由软件或硬件方式实现，也是需要两块磁盘。

（4）RAID 2（带海明码校验）

前面介绍的 RAID 0 的磁盘分段改善了磁盘子系统的性能，因为向磁盘读写数据的速度与磁盘子系统中磁盘数目成正比地增加，但它的缺点是磁盘子系统中任一磁盘的故障都会导致整个计算系统失败。在 RAID 1 中，是把整个分段的磁盘子系统用作镜像，如果已经用了 4 个磁盘进行分段，可以再增加 4 个分段的磁盘作为原来 4 个磁盘的镜像，很明显这是昂贵的（虽然可能比镜像一个昂贵的大磁盘来得便宜）。是否可以不用镜像而用其他的数据冗余方法来提供高容错性能呢？经过专家们的研究，最终发现有一种奇偶码模式可以达到此目的，可以外加专用奇偶校验盘（如在 RAID 2 和 RAID 3 中），或者把奇偶校验数据分布在磁盘阵列的全部磁盘中，也就是采用分布式奇偶校验数据（如在 RAID 5 中）。

RAID 2 是为大型机和超级计算机开发的带海明码校验磁盘阵列，这主要是由这种级别的 RAID 的特点决定的。因为在这种 RAID 模式中，磁盘驱动器组中的第 1 个、第 2 个、第 4 个……第 2 的 n 次幂个磁盘驱动器是专门的校验盘，用于校验和纠错，余下的才用于数据存储，所以磁盘利用率相当低。如图 7.7 所示，在由 7 个磁盘驱动器组建的 RAID 2 中，3 个磁盘驱动器是校验盘，其余的 4 个用于存放数据。

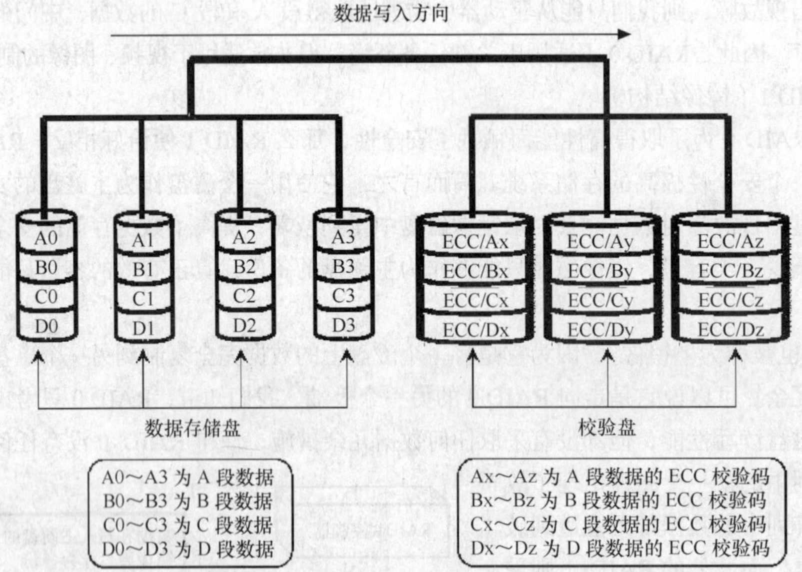

图 7.7　RAID 2 存储原理

由于有多个磁盘专门用于校验，所以磁盘的利用率比较低，而且是磁盘组中的磁盘数越少，磁盘的利用率越低。RAID 2 在大数据量的读写方而具有极高的性能，但在对少量数据进行读写时性能表现反而不好，所以 RAID 2 在实际中较少使用。RAID 2 所需的磁盘数至少是 3 块。

（5）RAID 3（带奇偶校验码的并行传送）

RAID 3 为带有专用奇偶位（Parity）的条带，是 RAID 0 的一种改进模式。它也采用了上面介绍的 RAID 2 模式中的奇偶校验技术。在每个条带片上都有相当于一“块”那么大的空间用来存储冗余信息，即奇偶位。也就是相对于 RAID 0 中的“条带”来说多了一个存储奇偶校验位的“块”，需要专门一块磁盘来存储，如图 7.8 所示。奇偶位是编码信息，如果某个磁盘的数据有误，或者磁盘发生故障，就可以用它来恢复数据。在数据密集型环境或单一用户环境中，组建 RAID 3 对访问较长的连续记录有利。

配置 RAID 3 至少需要 3 块磁盘。

（6）RAID 4（带奇偶校验码的独立磁盘结构）

RAID 4 是带奇偶校验码的独立磁盘结构，与 RAID 3 很相似。不同的是 RAID 4 对数据的访问是按数据块进行的，也就是按磁盘进行的，每次是一个盘。RAID 3 是一次一横条（条带），而 RAID 4 是一次一竖条。所以 RAID 3 常需访问阵列中所有的磁盘驱动器，而 RAID 4 只需访问有用的磁盘驱动器，这样读数据的速度大大提高了。但在写数据方面，需将从数据磁盘驱动器和校验磁盘驱动器中恢复出的旧数据与新数据校验，然后再将更新后的数据和检验位写入磁盘驱动器，所以处理时间较 RAID 3 长。

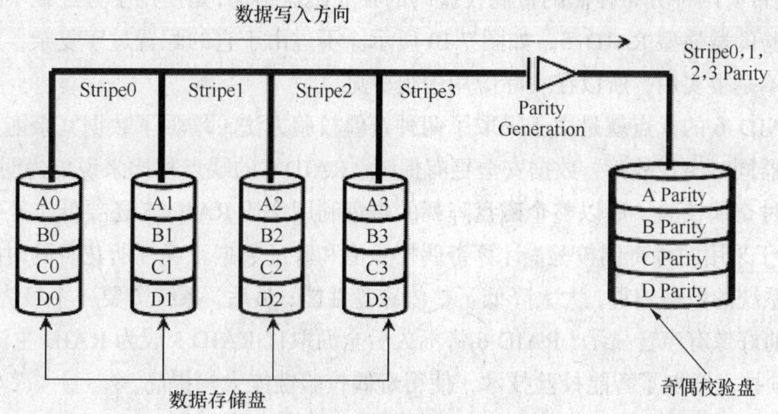

图 7.8　RAID 3 存储原理

配置 RAID 4 也至少需要 3 块磁盘。

（7）RAID 5（分布式奇偶校验的独立磁盘结构）

RAID 5 被称为“带分布式奇偶位的条带”，是目前应用最广的一种磁盘阵列模式。它与 RAID 3 比较类似，每个条带上也都有相当于一个“块”那么大的地方被用来存放奇偶位。但与 RAID 3 不同的是，RAID 5 把奇偶位信息随机地分布在所有的磁盘上，而并非单独用一个磁盘来存储，如图 7.9 所示，这样可大大减轻奇偶校验盘的负担。

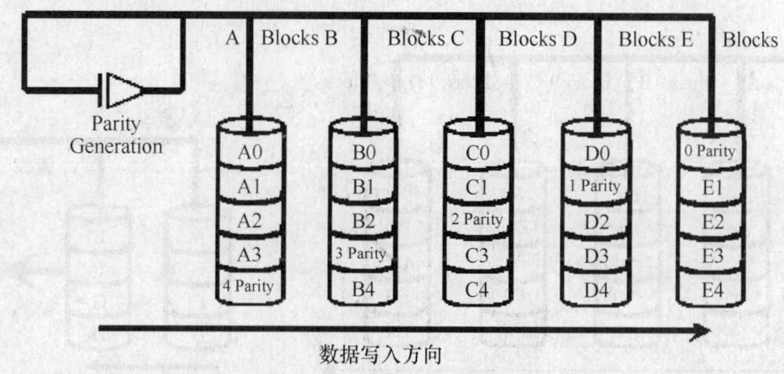

图 7.9　RAID 5 存储原理

RAID 5 的读出效率很高，写入效率一般，块式的集体访问效率不错。因为奇偶校验码分布在不同的磁盘上，所以提高了可靠性。但是它对数据传输的并行性问题解决得不好，而且控制器的设计也相当困难。RAID 5 与 RAID 3 相比，重要的区别在于 RAID 3 每进行一次数据传输，需涉及所有的阵列盘，而对于 RAID 5 来说，大部分数据传输只需对一块磁盘操作，而且可实现并行操作。在 RAID 5 中有“写损失”，即每一次写操作，将产生 4 个实际的读/写操作，其中两次读旧的数据及奇偶信息，两次写新的数据及奇偶信息。

RAID 5 级别尽管有一些容量上的损失，但却能提供较为完美的整体性能，既可有相当程度上的磁盘读写性能和容量的提高，同时又提供了一定程度上的数据安全冗余，因而是被广泛采用的一种磁盘阵列方案。它适合于输入/输出密集、高读/写比率的应用程序，如事务处理等。

配置 RAID 5 也必须至少有 3 块磁盘。

（8）RAID 6（带有两种分布存储的奇偶校验码的独立磁盘结构）

RAID 6 是带有两种分布存储的奇偶校验码的独立磁盘结构，是使用了分配在不同的磁盘上的第二种奇偶校验的增强型 RAID 5，如图 7.10 所示。不过由于它的配置过于复杂，所增加的第一个奇偶校验并不是很实用，所以在实际应用中很少见。

很明显 RAID 6 的优点就是由于采取了两种奇偶校验方法，增强了数据冗余能力，所以它能承受多个驱动器同时出现故障，数据安全更有保障。RAID 6 的缺点相比来说更为明显。首先，由于引入了第二种奇偶校验，所以整个磁盘阵列的磁盘利用率比 RAID 5 还要低（至少需要 4 块磁盘）；其次，由于采用两种奇偶校验，计算奇偶校验值和验证数据正确性所花费的时间和系统资源比较多，造成系统的负载较重，大大降低了整体磁盘性能；最后，系统需要一个极为复杂的 RAID 控制器。但目前好像有声音显示，RAID 6 将不久后全面取代 RAID 5 成为 RAID 主流，其原因是，新型的 RAID 6 技术增加了智能校验技术，使得奇偶校验性能大幅提高。

（9）RAID 10（RAID 0+1）（高可靠性与高效磁盘结构）

RAID 0 虽然有高性能，但安全性差，而 RAID 1 刚好相反，把两者结合起来便产生了两者的综合体：RAID 0+1 模式（也被称为“镜像阵列条带”）。

RAID 0+1 模式既具有 RAID 0 的高性能，又具有 RAID 1 的安全性，而实现 RAID 0+1 模式的方法是将 2 组 RAID 0 的磁盘阵列互为镜像，形成一个 RAID 1 阵列，这样每次写入数据时，RAID 控制器会将数据同时写入两组 RAID 0 阵列中，如图 7.11 所示。尽管 RAID 0+1 兼具 RAID 0 的高速度和 RAID 1 的高安全性的优点，但它至少需要 4 个磁盘，成本较高，而且容量利用率也只有 50%，普通用户是无法承受的。目前多见于既要求高性能又要求安全性的视频服务器系统中。

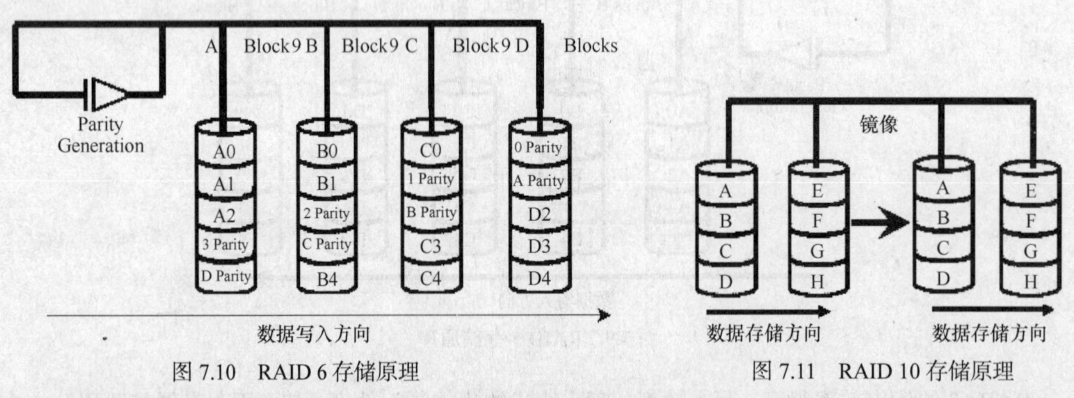

图 7.10　RAID 6 存储原理　　图 7.11　RAID 10 存储原理

（10）RAID 50

RAID 50 被称为“分布奇偶位阵列条带”，它同时具有 RAID 5 和 RAID 0 的特性。它由两组 RAID 5 磁盘组成（每组最少 3 个磁盘），每组都使用了分布式奇偶位，而两组 RAID 5 磁盘再组建成 RAID 0 模式，实现跨磁盘抽取数据，如图 7.12 所示。

RAID 50 提供可靠的数据存储功能和优秀的整体性能，并支持更大的卷容量。即使两个物理磁盘发生故障（每个阵列中一个），数据也可以顺利地恢复过来。

RAID 50 最少需要 6 个驱动器。它最适合需要高可靠性存储、高读取速度、高数据传输性能的应用。这些应用包括多事务处理和有许多用户存取小文件的办公应用程序。

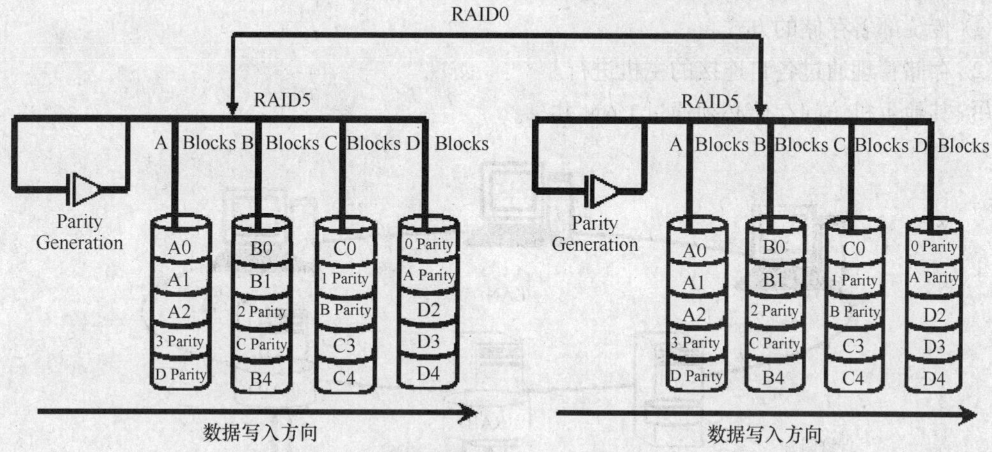

图 7.12　RAID 50 存储原理

7.2.2　存储模式

早先的存储形式是存储设备（通常是磁盘）与应用服务器上的其他硬件直接安装于同一个机箱内，并且该存储设备是给本台应用服务器独占使用的。随着服务器数量的增多，磁盘数量也在增加，且分散在不同的服务器上，这使数据被分割成杂乱分散的“数据孤岛”，无法在系统间自由流动，资源的充分利用和数据的共享变得相当的困难。如果要更换磁盘，需要拆开服务器，这样会中断应用。于是，一种希望将磁盘从服务器中分离出来，进行集中管理的需求出现了。

为了实现存储设备从服务器中分离出来，厂商提出了使用专用的线缆将服务器的总线和存储设备连接起来，通过专门的 SCSI 指令或 FC（Fiber Channel）指令来实现数据的存储。最初出现的是 DAS 结构，通过每台服务器挂接一台独立的存储设备，顶替原先内置的硬盘存储的功能。但是由于资源的浪费和管理的困难等原因，这种结构越来越满足不了应用的需求。之后出现了网络存储，比如 NAS 和 SAN，不仅将存储设备从应用服务器中分离出来，进行集中管理，而且可以通过各种网络设备和网络存储设备共同组成整个系统，提供网络信息系统的信息存取和共享服务。

1. DAS 数据存储方式

DAS（Direct Attached Storage，直接附属存储），也可称为 SAS（Server-Attached Storage，服务器附加存储）。DAS 被定义为直接连接在各种服务器或客户端扩展接口下的数据存储设备，它依赖于服务器，其本身是硬件的堆叠，不带有任何存储操作系统。在这种方式中，存储设备是通过电缆（通常是 SCSI 接口电缆）直接到服务器的，I/O（输入/输入）请求直接发送到存储设备。

DAS 数据存储方式（见图 7.13）适用于以下几种环境。

① 服务器在地理分布上很分散，通过 SAN（存储区域网络）或 NAS（网络直接存储）在它们之间进行互连非常困难。

② 存储系统必须被直接连接到应用服务器。

③ 包括许多数据库应用和应用服务器在内的应用，它们需要直接连接到存储器上，群件应用和一些邮件服务也包括在内。

DAS 数据存储方式的特点如下。

① 传统部署存储的方式。

② 存储管理通过各自连接的主机进行。

③ 其他主机访问存储必须通过 LAN 共享。

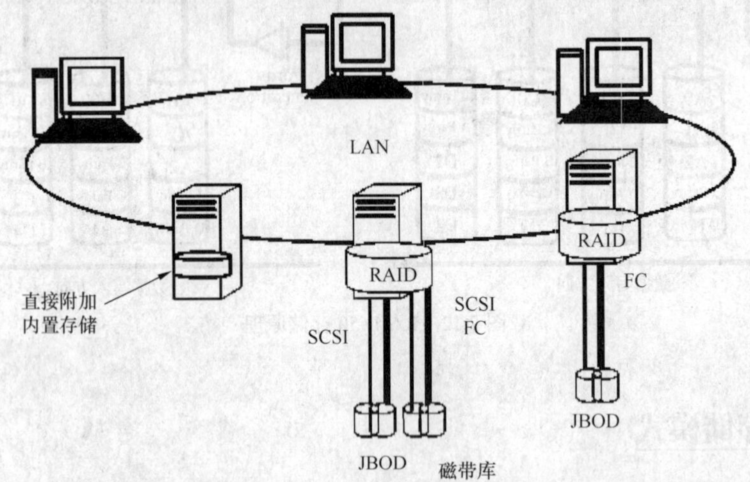

图 7.13　DAS 数据存储方式

2. NAS 数据存储方式

NAS 和 SAN 的出现响应了 3 种重要的发展趋势：网络正成为主要的信息处理模式；需要存储的数据大量增加；数据作为取得竞争优势的战略性资产其重要性在增加。

NAS（Network Attached Storage，网络附属存储），是一种专业的网络文件存储及文件备份设备，或称为网络直联存储设备、网络磁盘阵列。NAS 是部件级的存储方法，它的重点在于帮助工作组和部门级机构解决迅速增加存储容量的需求。

NAS 是一种专业的网络文件存储及文件备份设备，它是基于 LAN（局域网）的，按照 TCP/IP 协议进行通信，以文件的 I/O（输入/输出）方式进行数据传输。一个 NAS 里面包括核心处理器，文件服务管理工具，一个或者多个的硬盘驱动器用于数据的存储。NAS 可以应用在任何的网络环境当中。主服务器和客户端可以非常方便地在 NAS 上存取任意格式的文件，包括 SMB 格式（Windows）NFS 格式（Unix，Linux）和 CIFS 格式等等。NAS 系统可以根据服务器或者客户端计算机发出的指令完成对内在文件的管理。

NAS 数据存储方式（见图 7.14）的特点如下。

① 提供网络文件共享功能。

② 支持的协议包括 CIFS，NFS。

③ 异构平台文件数据的共享。

④ 安装和使用较简单。

3. SAN 数据存储方式

SAN（Storage Area Network，存储区域网络）。它是一种通过光纤集线器、光纤路由器、光纤交换机等连接设备将磁盘阵列、磁带等存储设备与相关服务器连接起来的高速专用子网。

SAN 专注于企业级存储的特有问题。大多数分析都认为 SAN 是未来企业级的存储方案，这

是因为 SAN 便于集成，能改善数据可用性及网络性能，而且还可以减轻管理作业。

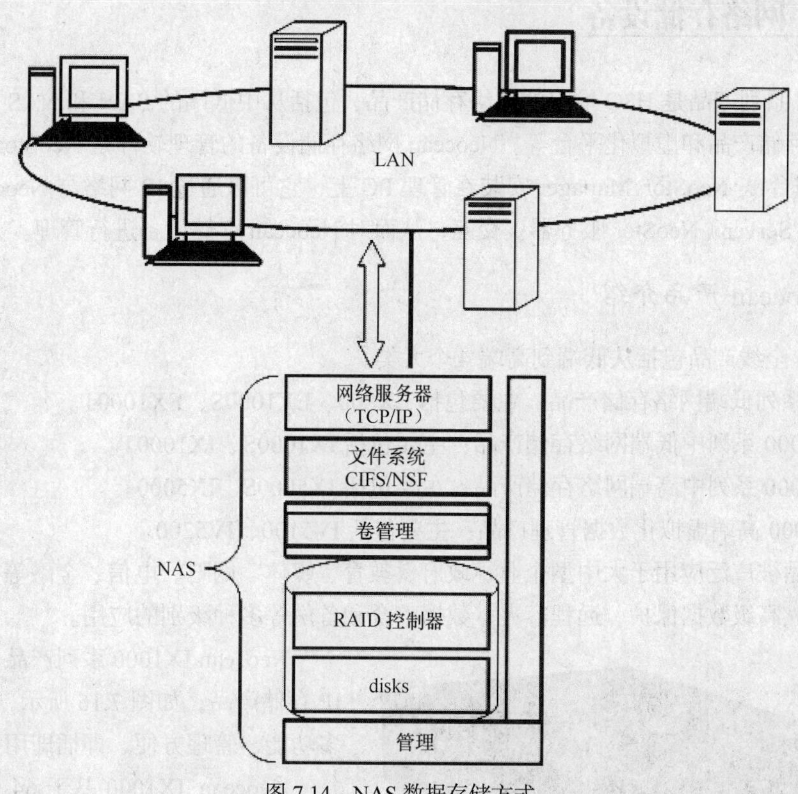

图 7.14　NAS 数据存储方式

SAN 由 3 个基本的组件构成：接口（如 SCSI、光纤通道、ESCON 等）、连接设备（交换设备、网关、路由器、集线器等）和通信控制协议（如 IP 和 SCSI 等）。这 3 个组件再加上附加的存储设备和独立的 SAN 服务器，就构成一个 SAN 系统。SAN 提供一个专用的、高可靠性的基于光通道的存储网络，SAN 允许独立地增加它们的存储容量，也使得管理及集中控制（特别是对于全部存储设备都集群在一起的时候）更加简化。而且，光纤接口提供了 10 km 的连接长度，这使得物理上分离的远距离存储变得更容易。

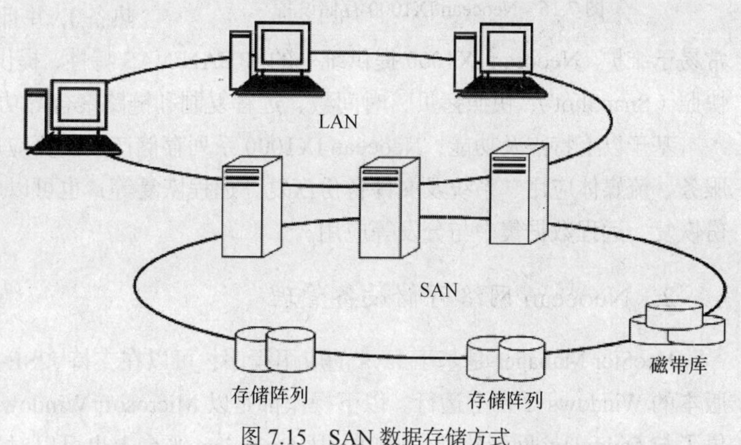

图 7.15　SAN 数据存储方式

SAN 数据存储方式（见图 7.15）的特点如下。

① 计算（主机）、传输（交换机）、存储（RAID/Tape）分离。

② 主机可以访问任何存储设备，存储设备之间可以互访。

③ 主机、存储设备可以独立扩展。

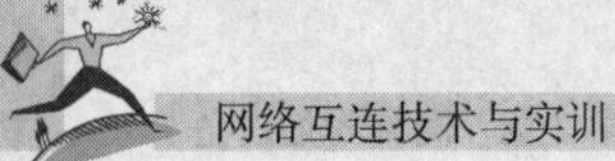

7.2.3 网络存储设备

Neocean 系列产品是 H3C 推出的网络存储产品，包括从中低端的 SAN 和 NAS 应用、高端的高性能海量存储产品和虚拟化平台等。Neocean 网络存储设备的管理软件是 NeoStor Manager（或 NeoStor 控制台）。NeoStor Manager 安装在管理 PC 上，它可以通过 IP 网络与 Neocean 存储设备上的 Neostor Server（NeoStor 服务器）交互，从而对 Neocean 存储设备进行管理。

1. Neocean 产品介绍

Neocean 全线产品包括从低端到高端 4 个大类。

① EX 系列低端网络存储产品：主要包括 EX800、EX1000S、EX1000T。

② 1X1000 系列中低端网络存储产品：主要包括 IX1000S、IX1000T。

③ 1X5000 系列中高端网络存储产品：主要包括 IX5000S、IX5000。

④ IV5000 高端虚拟化数据管理产品：主要包括 IV5100、IV5200。

这些产品被广泛应用于大中型企业、政府、教育、媒体、网吧、电信、金融等行业，支持基本数据存储、高级数据保护、远程容灾、数据整合和备份等多种级别的应用。

图 7.16　Neocean IX1000 存储设备

Neocean IX1000 系列产品是一款模块化 IP 存储产品，如图 7.16 所示，具有高性能、多功能、管理方便、即插即用等特点。

Neocean IX1000 基于 64 位专用存储操作系统，配备双存储处理器和 4G 缓存，内置 16 块企业级 SATA（II）磁盘，支持 3 种热备盘方式（全局热备、专用热备和分布式热备），并且磁盘、电源支持在线热插拔，非常易于维护。Neocean IX1000 提供统一的 IP SAN/NAS 特性，提供服务器本地磁盘保护 DiskSafe、快照（SnapShot）、快照拷贝、时间戳、远程复制和链路聚合等功能。

基于以上特点及功能，Neocean IX1000 系列存储产品主要应用于中小型用户的数据库、文件服务、流媒体应用、系统及文件备份恢复、远程恢复等，也可以应用于大型组织的系统及文件备份恢复、远程数据集中与分发等应用。

2. Neocean 网络存储设备管理

NeoStor Manager 是基于 Java 的应用程序，可以在支持 J2SE Runtime Environment（JRE）5.0 版本的 Windows 平台上运行。以下操作都是以 Microsoft Windows XP 系统为例。NeoStor 同时提供了与 Quidview 网管软件的接口，从 Quidview 平台上也可以对 Neocean 网络存储设备进行集中管理。

（1）安装 NeoStor Manager 管理软件

① 首先，保证客户端计算机与存储设备的管理口具备 IP 可达性。

② 若客户端计算机使用 Windows 2003 操作系统，第一次访问 NeoStor 服务器时，由于“http://NeoStor 服务器的 IP 地址”为非信任站点，系统将弹出提示对话框，单击“添加”按钮，

将“http://NeoStor 服务器的 IP 地址”设置为信任站点即可。

③ 系统将提示点击页面中的链接“here”，下载并安装 JRE，单击“安装”按钮，进行安装操作。如图 7.17 所示。如果已经安装，系统不会提示此步骤。

④ 安装完成后，在 Web 浏览器地址栏中再次输入管理网口的 IP 地址，系统自动将需要的 NeoStor Manager 程序下载到客户端计算机上并自动运行。

⑤ 在 NeoStor 服务器处单击鼠标右键，选择“添加”。在弹出对话框中输入存储设备的 IP 地址、用户名和密码（默认初始用户名是 root，密码是 password），就可以成功登录并管理存储设备，如图 7.18 所示。

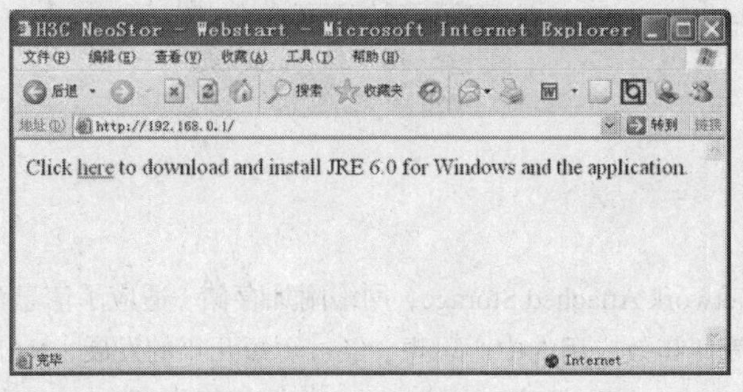

图 7.17　下载安装 JRE

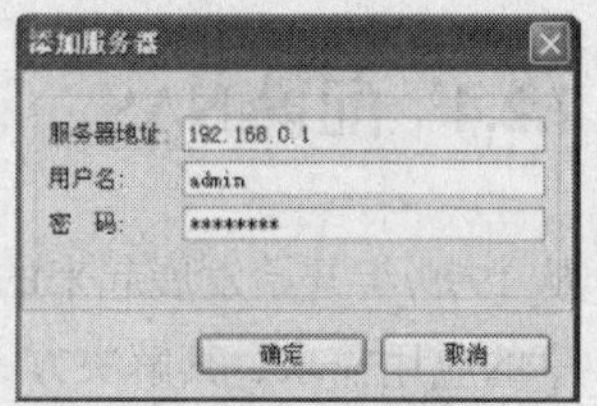

图 7.18　添加 NeoStor 服务器

⑥ 关闭 NeoStor 之后，如果需要再次打开 NeoStor 界面对系统进行管理，可以在客户端计算机上打开 Web 浏览器，然后在浏览器地址栏中输入：http://192.168.0.1，系统将再次启动 NeoStor Manager。

（2）NeoStor 初始配置

① 添加 License。如图 7.19 所示，单击“添加”按钮，在弹出的对话框中输入 License，单击“确定”按钮，设置生效，完成 License 的添加。选择“License 概要”页签，选择要查看的 License 所在的行，页签下部会显示出该 License 的支持信息。

② 设置网络。把存储设备的网络地址按用户的使用环境进行配置，确保用户的主机能 ping 通存储设备。选择需要进行配置的网口，单击“配置”后可以设置 IP 地址和 MTU 值。网络配置完成后，单击“确定”按钮，设置完成，系统将重新启动 NeoStor 进程和网络，如图 7.20 所示。重启完成后，重新登录系统即可。

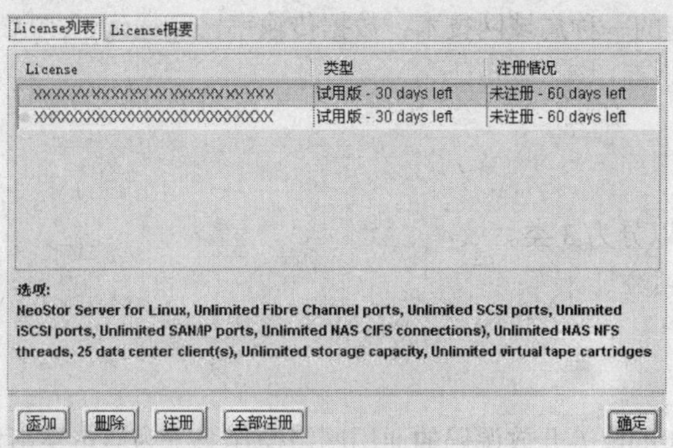

图 7.19　License 信息

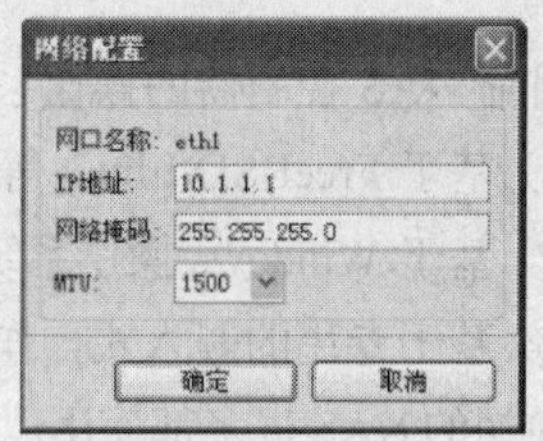

图 7.20　网络配置

③ 设置服务器名称。网络配置完成后，如图 7.21 所示，需要把 NeoStor 服务器的主机名修改为用户指定的名字，即 NeoStor 服务器的标识。设置完成后，NeoStor 进程和网络都将重新启动，目录树中原 NeoStor 服务器名称失效，可手工删除。

完成以上 3 步配置后，系统显示如图 7.22 所示的对话框，单击“完成”按钮，完成初始配置。

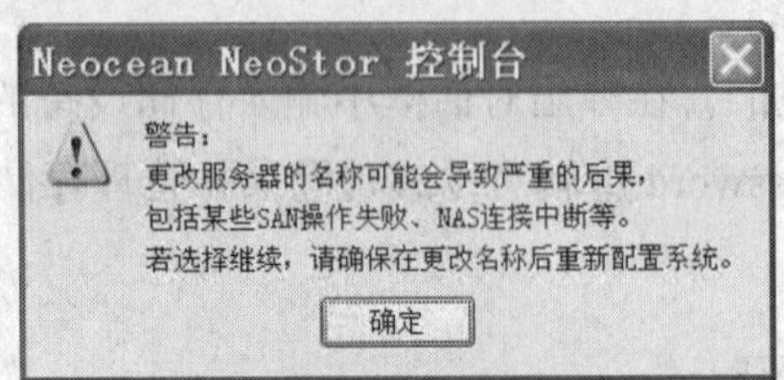

图 7.21　配置服务器名称

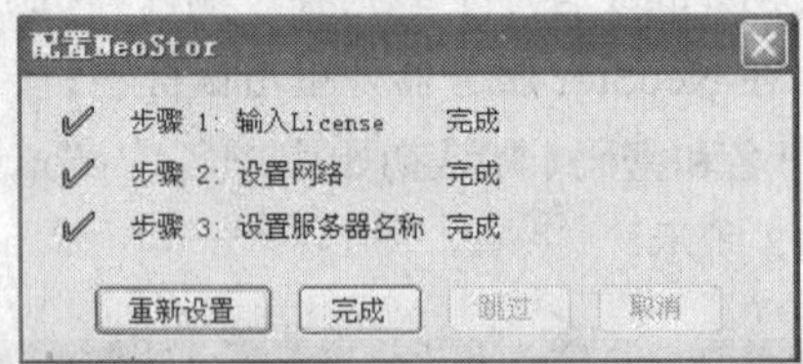

图 7.22　配置完成

7.2.4　配置 NAS

从 1999 年开始发展起来的 NAS（Network Attached Storage，网络附加存储）适应了信息存储和共享的应用需求，其解决方案体现了简便高效应用的中心思想。经过短短几年的发展，NAS 产品已经广泛应用到教育科研、ISP/ASP、IDC、金融/保险、电信、CAD、网络音视频 VOD 点播等诸多领域。下面将介绍 NeoStor 上 NAS 的配置方法。

1. NAS 服务器的结构

一般的 NAS 服务器的结构可以分为存储设备、控制器和网络接口等 3 个部分。

存储设备指的是 NAS 底层的数据存放设备，通常是磁盘或磁带，或是由多个磁盘组成的 RAID 组。因为在 FC SAN 中采用的 FC 技术和 Fabric 交换技术成本比较高，在中低端 NAS 中几乎不选用 FC SAN 设备作为其数据存放设备。

控制器实际上是一个瘦服务器，它去掉了通用服务器的大多数计算功能，仅仅提供文件系统功能，用于存储服务，降低了存储设备的成本。除此之外，为方便存储到网络之间以最有效的方式发送数据，瘦服务器在系统硬软件体系结构上得到了优化。瘦服务器的多线程、多任务的网络操作系统内核特别适合于处理来自网络的 I/O 请求，它不仅响应速度快，数据传输速率也很高。

NAS 服务器通过网络接口把数据共享给客户端。虽然 NAS 理论上可支持多种拓扑结构和网络协议，但由于以太网技术是目前最普遍的一种局域网技术，数据传输率已经达到了 10 Gbit/s，因此以太网是 NAS 设备通常采用的技术。

2. NAS 控制器的操作系统

目前 NAS 控制器的操作系统大致可以分为 3 类。

① 基于 FreeBSD/Linux 等开源操作系统。

② 基于 Windows 操作系统。

③ 基于专用的嵌入式操作系统。

最初的 NAS 很多都使用以 FreeBSD/Linux 等开放源码的通用网络操作系统为蓝本重新优化构建而成的操作系统。因为源码开放等原因，这类操作系统所需的成本较低，性能也不错，受到很

多用户的欢迎。

第 2 种是以 Microsoft 的 SAK 为基础而开发的，例如 Windows Storage Sever 2003（WSS2003）。SAK 是微软公司专门为存储系统进行优化的 NAS 操作系统，比普通的 Windows 操作系统简单。Windows 系列是人们使用最为广泛的操作系统，也是各种存储管理软件和备份软件首要支持的平台之一，因此它的最大优势在于可轻易地与第三方存储管理软件及备份软件集成。

第 3 种是基于 VxWork 等专有的高效嵌入式操作系统开发而成，这种技术只在少量高端产品中采用。

3. NeoStor NAS 配置

（1）启用 NAS 服务

要配置 NAS，首先要启动 NAS 服务功能。

鼠标右键单击目录树中的 NeoStor 服务器名，从弹出的快捷菜单中选择“选项”—“启用 NAS”菜单项。

系统弹出窗口向导。单击“下一步”按钮，选择验证访问共享的用户或组的安全模式，如图 7.23 所示。NAS 的安全验证模式有共享模式和域模式两种，用于验证要访问 NAS 资源的 Windows 客户端。

① 共享模式：通过 NeoStor Manager 设置的一组密码（完全访问密码和只读密码）来执行验证。这种模式不需要使用验证服务器。

② 域模式：通过主域控制器（Primary Domain Controller，PDC）来执行用户访问权限管理和验证。

注意：一旦开始使用 NAS 系统，建议不要更改安全验证模式，否则可能会导致 NAS 数据的丢失。

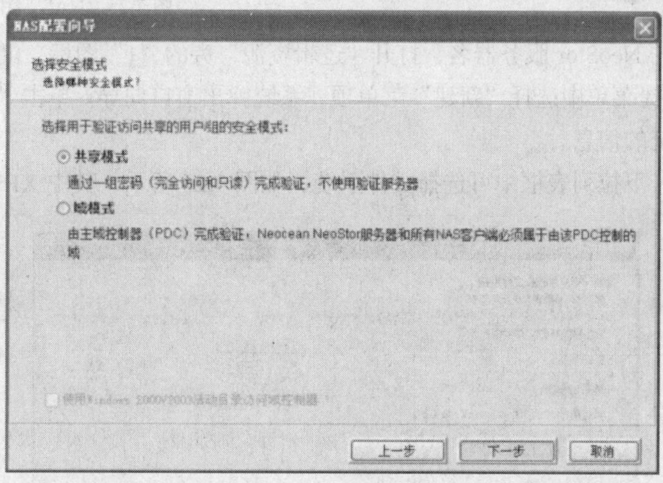

图 7.23 选择安全模式

选择“共享模式”，单击“下一步”按钮，如图 7.23 所示，输入 NeoStor 服务器要加入的工作组。工作组支持简单的计算机分组，用来帮助用户在该组中完成诸如查找打印机和查找共享文件夹这样的任务。Windows 中的工作组不提供域所提供的集中用户账号和身份验证。

单击“下一步”输入注释信息后，系统会提示选择的 UID 的范围，如图 7.24 所示。UID 是

NeoStor 为每个访问 NAS 共享的用户分配的一个编号。建议为 UID 选择足够大的范围，以便能处理足够多的用户数目。

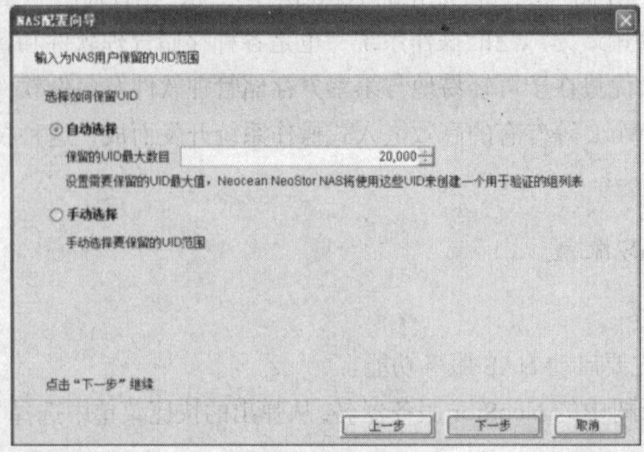

图 7.24　选择 UID 范围

单击“下一步”按钮，系统显示所做的设置信息，确认无误后，单击“完成”按钮，NeoStor 会启动 NAS 守护进程。

NAS 守护进程启动完成之后，NeoStor Manager 界面里会出现 NAS 客户端的相关信息，并且允许配置 NAS 资源和客户端，如图 7.25 所示。

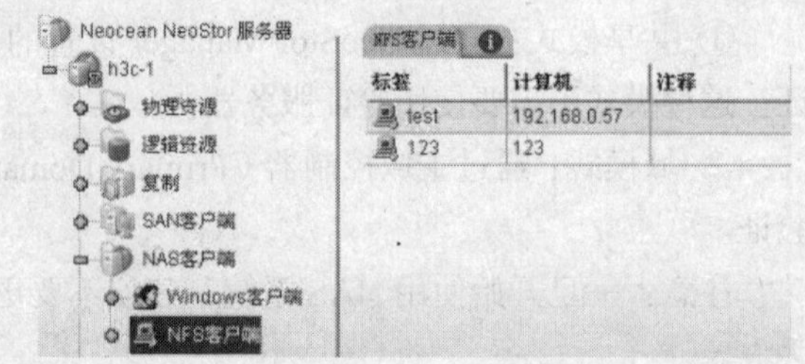

图 7.25　NAS 启用成功

（2）创建 NAS 资源

创建 NAS 资源之前，必须先完成物理设备的设置。

选择目录树中的 NeoStor 服务器名，打开“逻辑资源”旁的“+”图标，鼠标右键单击“NAS 资源”，从弹出的快捷菜单中选择“新建”菜单项，系统弹出窗口向导。单击“下一步”按钮，然后输入有关文件系统的信息。

在“文件系统”下拉列表框中可选择文件系统，如图 7.26 所示，其中 XFS 是默认值。

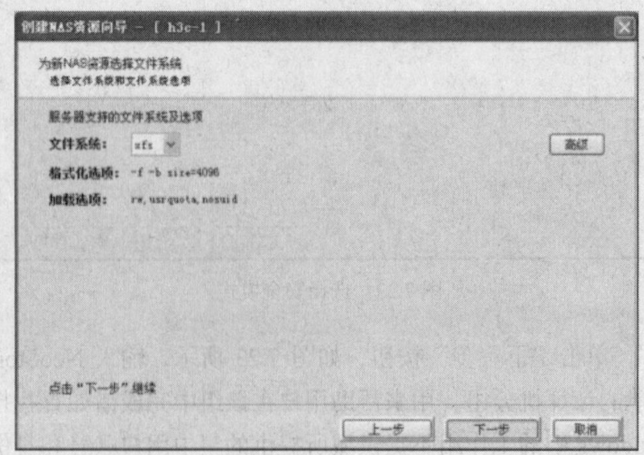

图 7.26　指定文件系统格式

“格式化选项”在格式化驱动器时使用。默认设置时，“-f”表示强行格式化；“-b size = 4096”表示块大小，确定每个文件所用的最小空间，默认值是 4 096，也可以设置为 512、1 024 或 2 048。例如，如果保留 4 096 的默认值，则每个文件最小为 4 kB。

“加载选项”在加载驱动器时使用。默认设置时，“rw”表示允许读/写访问，“usrquota”表示启用设置配额功能，“nosuid”表示禁止设置用户标识。

单击“高级”按钮，可以修改“格式化选项”和“加载选项”。

单击“下一步”按钮，选择 NAS 资源的创建方法，如图 7.27 所示。

如果上一步中选择了“自定义”选项，单击“下一步”按钮，选择在哪一个物理设备上建立 NAS 资源。

完成所需物理设备的设置后，单击“下一步”按钮，输入需要建立的 NAS 资源大小。

单击“下一步”按钮后，可以选择是否添加更多的物理设备来创建 NAS 资源。

配置完 NAS 资源后，单击“下一步”按钮，指定 NAS 资源名称。如果采用自定义或快速方法，那么在“NAS 资源名称”文本框中可以修改 NAS 资源名，如图 7.28 所示。

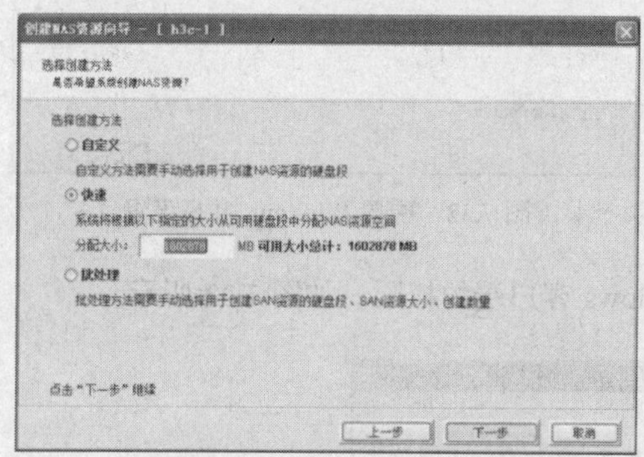

图 7.27　选择创建方法

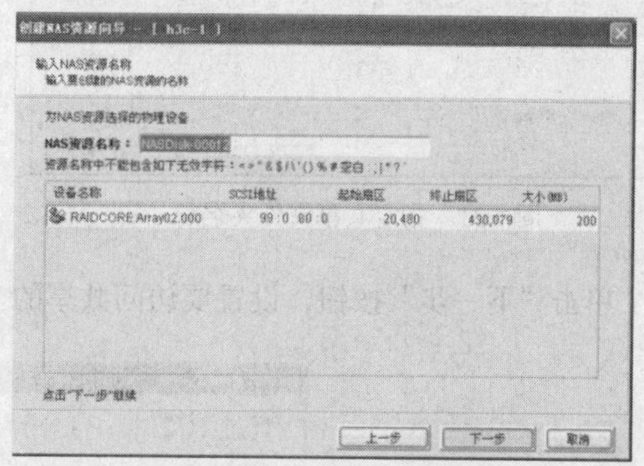

图 7.28　指定 NAS 资源名称

单击“下一步”按钮，系统显示所做的设置信息，如图 7.29 所示。确认设置无误后，单击“完成”按钮，完成资源的创建。

单击“完成”之后，NeoStor 会执行创建 NAS 资源的操作，完成后会显示出 NAS 资源的信息，如图 7.30 所示。通过查看 NAS 资源信息，可以了解到 NAS 的大小、格式、在存储上的加载路径、NAS 资源的状态等。

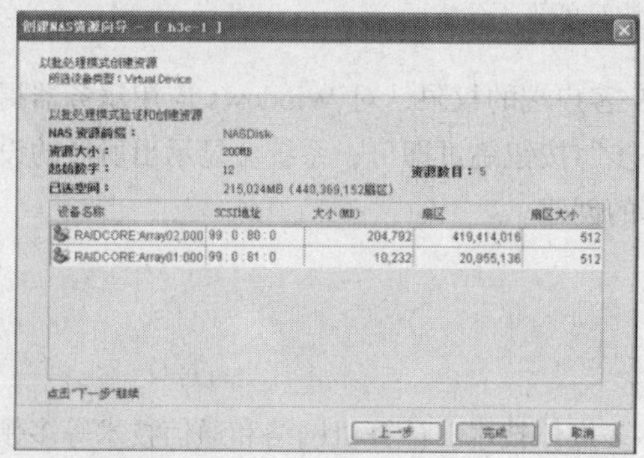

图 7.29　NAS 资源创建完成

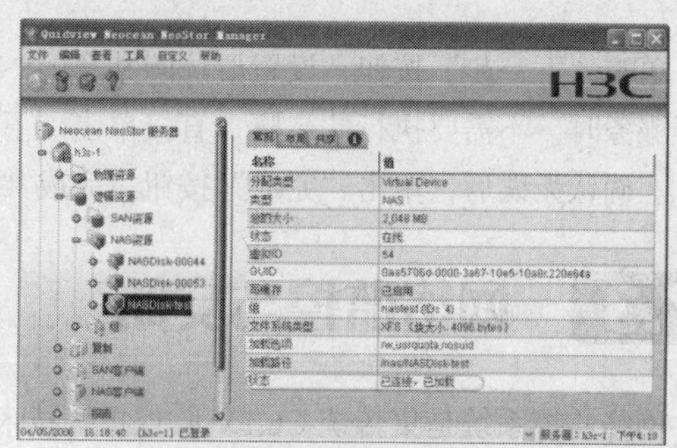

图 7.30　查看 NAS 资源

（3）创建共享

选择目录树中的NeoStor服务器名，打开“逻辑资源”旁的“+”图标，再打开“NAS资源”旁的“+”图标，鼠标右键单击已经创建好的NAS资源，从弹出的快捷菜单中选择“新建共享”菜单项，系统弹出窗口向导。

单击“下一步”按钮，指定共享的文件夹名称，如图7.31所示。注意：文件夹的名称不支持中文字符，长度不得超过238个字符。

单击“下一步”按钮，选择是否希望Windows客户端访问此共享，如图7.32所示，设置共享文件夹属性，如共享名称、备注、用户数限制等。

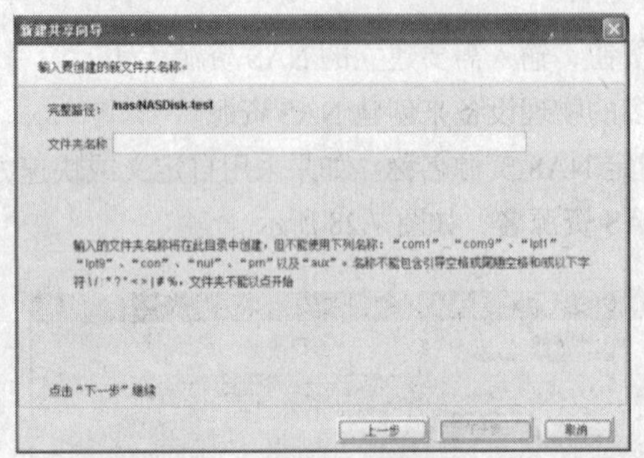

图7.31　指定共享文件夹名称

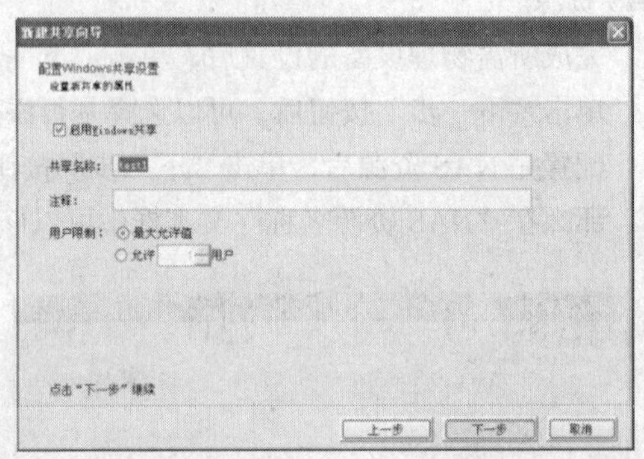

图7.32　配置Windows共享设置

单击“下一步”按钮，设置要访问共享的Windows客户端的权限。如图7.33所示。

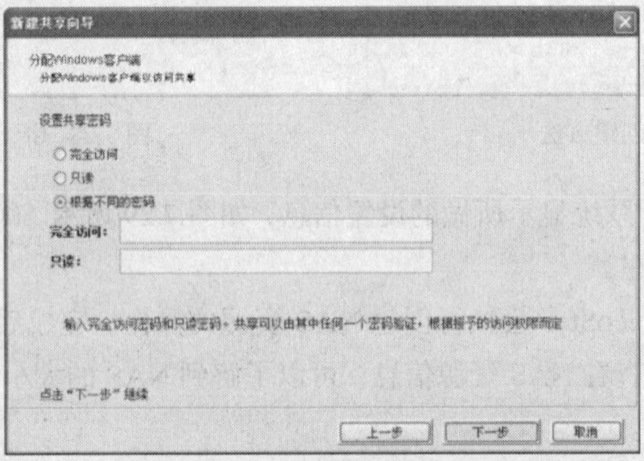

图7.33　设置访问密码

单击“下一步”按钮，设置要访问共享的NFS客户端的权限，对Windows应用服务器提供共享服务时，不需要执行此步骤，直接单击“下一步”按钮跳过即可，系统会显示出所做的设置信息。确认无误后，单击“完成”按钮，完成共享的创建。

7.3 网络监控与安防

网络监控系统是集传统CCTV监控报警技术，多媒体技术，计算机网络和通信技术等多领域技术于一体的监控系统换代产品，它实现了在计算机局域网（LAN），广域网（WAN）上的监控图像、报警及控制等信息的传输。网络上的任何一台授权工作站（PC）均可以实现所有监控功能。

数字化网络监控系统在信息科技高速发展的今天，将为广大用户实现提高现代化水平，发挥从生产、管理到防火防盗等全方位的作用。

网络监控系统在很大程度上改变了安全防范系统的形态，使之从传输介质专用到介质共用（利用各种公共信息网络），从系统的固定设置到系统自主生成，由封闭的系统结构到开放的系统模式。网络视频监控系统将成为一种可以无所不到的、开放的、可以根据各种具体要求自动生成的系统，安防系统的边界将变得模糊，也变得更为广阔。

7.3.1　网络监控技术概述

以前，因网络带宽不够而限制了网络上的多媒体应用。随着光纤网的迅速普及，网上多媒体应用（如视频会议，数字监控等）正为传统的计算机应用注入新的技术和内容。网络多媒体技术的发展也导致了基于 IP 技术的网络远程现场视频监控应运而生。从模拟监控到数字监控，实现了监控技术的一次飞跃。

利用 IP 网络摄像机、视频摄像机加视频网关或利用 DVR 的网络功能均可以实现远程网络监控的功能，后两种是典型的模拟/数字混合的方式，非常适于在现有模拟系统的基础上，扩展而成。前者则具有数字视频网络的形态。IP 网络摄像机就是具有网络接入功能的摄像机，它内置图像压缩单元和 Web 服务器，将视频信号压缩并转换成符合网络传输协议（如 TCP/IP）的数据流。更重要的是，它赋予摄像机一个从网络任何地方都可以唯一识别的 IP 地址。远端的用户不需要任何专用软件，只要找到它的 IP 地址，通过网络浏览器就可进行实时的监控。对于多台视频摄像机，则不用每台都内置 Web 服务器，采用具有多路功能的视频网关更为适宜。

7.3.2　网络监控系统组成

网络监控系统一般由前端信号摄取部分、信号传输部分、中心控制部分、信号处理显示部分等 4 部分组成。

① 前端信号摄取部分：这部分设备包括摄像机（见图 7.34）、镜头、云台、解码器、灯光、报警探头、防抢开关、监听器、支架、防护罩等。可以根据不同的需要选择不同的设备，如银行柜员制系统只需选择摄像机、镜头及防护装置即可。

图 7.34　摄像机

② 信号传输部分：传输系统将监控系统的前端设备与终端设备联系起来。前端设备所产生的图像信号、声音信号、各种报警信号通过传输系统传送到控制中心，并将控制中心的控制指令传

送到前端设备。信号的传输需要不同的电缆。一般需有视频同轴电缆（见图 7.35）、带屏蔽层的多芯控制电缆、电源线等。

图 7.35　同轴电缆及光纤

③ 中心控制部分：中心控制设备接收传输设备传送的视频、音频、数据、报警等各种信号，对接收的信号进行各种方式的控制、操作、处理、整合以实现系统所需要的功能并使的信号的格式符合重现设备的要求。一般情况下，该部分包括视频切换器、音频切换器（见图 7.36）、报警处理器、时间日期发生器、画面分割器、云台镜头动作控制器、视频分配器、其他自动控制设备等。

④ 图像处理及显示部分：该部分包括器材有录像机、电视机或专业监视器等。有时也将该部分与中心控制部分合并。

图 7.36　音视频切换器

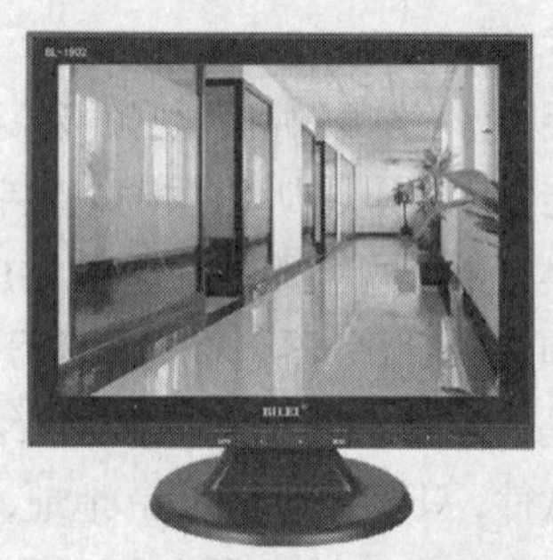

图 7.37　监视器

智能网络监控系统（见图 7.38）一般包括视频信号获取、视频图像数字化、图像传输系统、系统管理等，在数字监控系统中，视频信号一般是通过模拟摄像机来获取的。视频图像的数字化是数字监控系统的核心。视频图像的数字化包括模/数转化、图像保存、处理等内容。

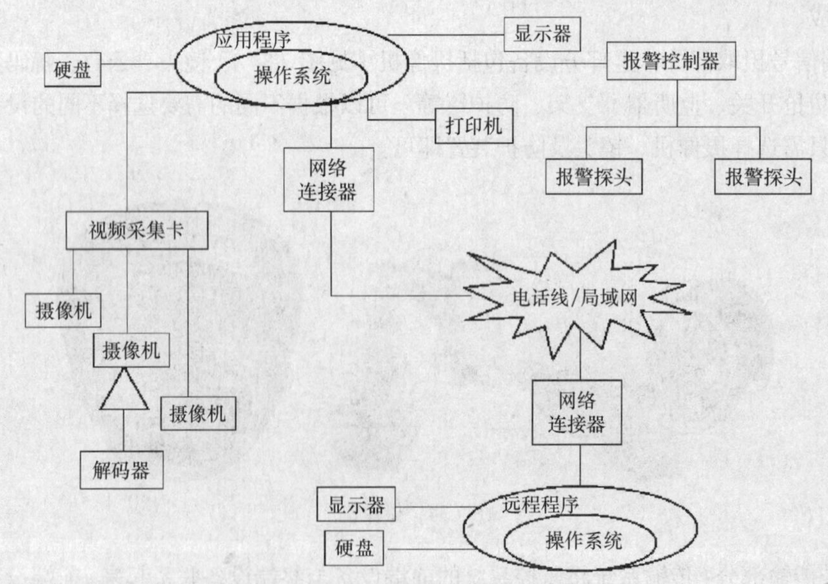

图 7.38　网络监控系统组成

7.3.3 安防设备

安防系统是利用视频监控、周界报警、红外探头等高科技手段，对企业重点部位、复杂场所、交通出入口等进行监控的治安防范措施，它对企业的安全防范起着基础性支撑作用，帮助企业加强对安全防范目标的有效控制，最大限度地减少各种安全隐患，不断提高社会自防自卫能力和相关部门处置各种突发事件的快速反应能力。

企业安防系统是基于三层结构的包括七大子系统的大系统。主要包括前端信息捕获层、中间信息转换传输层、后台信息处理层 3 个层次，以及红外报警系统、电子围栏报警系统、视频监控系统、消防报警系统、门禁系统、人工电话报警系统和安防信息综合管理系统七大子系统，如图 7.39 所示。

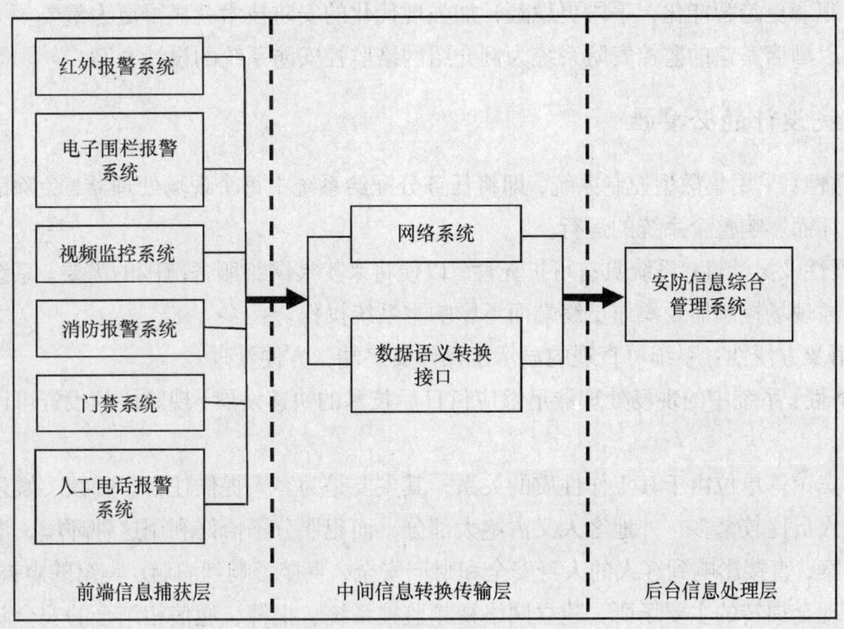

图 7.39 企业安防系统三层结构

其中前端信息捕获层主要是安防信息采集系统，包括红外报警系统、电子围栏报警系统、视频监控系统、消防报警系统、门禁系统、人工电话报警系统等 6 个子系统，这 6 个子系统通过其独特的功能，捕获防范区域内各个部位发生的各种警情，并通过中间信息转换传输层将信息进行转换并送达后台信息处理层，进行存储和相应的处理。

中间信息转换传输层由网络系统以及为数据集成和统一语义而开发的接口组成。主要负责数据语义的转换，并将前端采集的信息传输到后台。

后台信息处理层主要是安防信息综合管理系统，通过它实现信息的统一管理和闭环处理。安防信息综合管理系统是企业安防系统的核心，它通过网络和数据接口将其他 6 个部分的信息集成在一起，起到信息聚合作用，担任着控制和指挥的角色。其余 6 个部分分别负责一个具体安全防范任务，发挥着先锋部队的作用，在前线发现警情。安防信息综合管理系统是整个企业安防系统的核心部分，主要功能是实现对报警信息的闭环处理和统一管理，并增强对出警部门的统一调度。

7.3.4 网络监控与安防设计案例

网络视频监控系统是安全防范技术体系中的一个重要组成部分，是一种先进的、防范能力极强的综合系统，它可以通过遥控摄像机及其辅助设备（云台、镜头等）直接观看被监视场所的情况，一目了然；同时它可以把被监视场所的图像和声音全部或部分的记录下来，这样就为日后对某些事件的处理提供了方便条件及重要依据，同时网络视频监控系统还可以与防盗报警等其他安全技术防范体系联动运行，使防范能力更加强大。

安全防范技术的器材、设备以及由其组成的系统能对入侵者做到快速反应，并及时发现和抓获罪犯，对犯罪分子有强大的威慑作用。而安全防范技术又能及时发现事故的隐患，预防破坏，减少事故和预防火灾，所以它是公安保卫工作中很重要的预防手段。尤其是在现代化技术高度发展的今天，犯罪更趋智能化，手段更隐蔽，加强现代化的安防技术就显得更为重要。

下面就以酒店宾馆的监控安防系统为例介绍网络监控安防系统的设计方案。

1. 系统设计的必要性

① 可靠性：采用集散型控制系统，即将任务分配给系统中每个现场处理器，免除因系统内某个设备的损坏而影响整个系统的运行。

② 扩展性及灵活性：系统具有可扩充性，以便将来扩展网络服务范围的需要。系统可在日后任何地方加插现场控制器及操作员终端而不影响本系统操作。

③ 实用及方便性：系统可直观的显示于操作员终端，方便管理。

④ 经济性：系统中的现场处理器足够应付日后技术的快速发展，现阶段的投资可以得到充分利用及保护。

酒店、宾馆等单位由于其工作性质的关系，其主要是为客人提供住宿、餐饮、娱乐、休闲等业务，出入人员比较繁多，外地客人又占绝大部分，而犯罪分子恰好利用这种环境，潜入酒店、宾馆伺机作案，直接影响到客人的人身安全和财产安全，直接影响到酒店、宾馆的声誉；财务室、前台等处是现金周转的主要场所，建立网络视频监控系统、报警、通信相结合的安全防范系统是行之有效的保卫手段；同时安装防火的防范报警系统，能在火灾发生的萌芽状态及时得到扑灭，以避免重大火灾事故的发生。

2. 系统设计依据

网络监控与安防系统的设计应根据初步预计的情况和对具体案例的常规要求来实现，同时符合以下设计规范要求：

①《智能建筑设计标准》（DBJ08-47-95）；

②《民用建筑电气设计规范》（JGJ/T16-92）；

③《民用闭路监视电视系统工程监视规范》（GBJ50198-94）；

④《电气装置工程施工及验收规范》（GBJ232-82）；

⑤《建筑智能化系统工程设计管理暂行规定》（建设部 1997-290）；

⑥《安全防范工程程序与要求》（GA/T75-94）；

⑦《建筑工程安装电器图集》。

3. 系统拓扑图

网络监控系统拓扑图如图 7.40 所示。

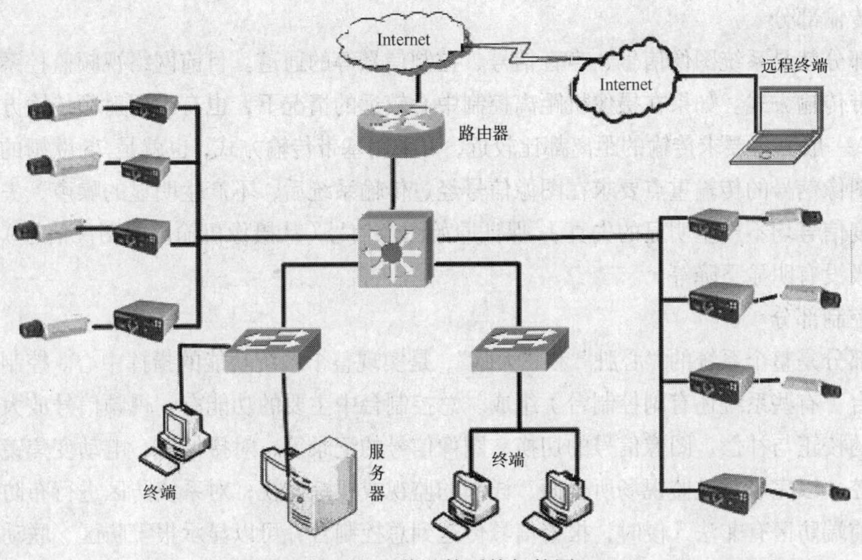

图 7.40　网络监控系统拓扑图

4. 系统详细设计

网络视频监控系统报警系统由摄像部分（有时还有拾音器、报警探测器）、传输部分、控制部分以及显示和记录部分等组成。在每一部分中又含有更加具体的设备或部件。

（1）摄像部分

摄像部分是网络视频监控系统的前沿部分，是整个系统的“眼睛”。它布置在被监视场所的某一位置上，使其视场角能覆盖整个被监视的各个部位。有时，被监视场所面积较大，为了节省摄像机所用的数量、简化传输系统及控制与显示系统，在摄像机上加装电动的（可遥控的）可变焦距（变倍）镜头，使摄像机所能观察的距离更远、更清楚，同时还把摄像机安装在电动云台上，通过控制器的控制，可以使云台带动摄像机进行水平和垂直方向的旋转，从而使摄像机能覆盖到的角度、面积更大。总之，摄像机就像整个系统的眼睛一样，把它监视的内容变为图像信号，传送给控制中心的监视器上。

布防点设计要点如下。

① 在每一层的楼道内，可安装吸顶式黑白半球，该摄像机要求的照度比较低，在一般灯光下都可看清人员的面容以及活动情况，同时它还具有隐蔽性，不破坏整体布局美观。

② 在大厅的中央装一吸顶式一体化摄像机，它是将摄像机、镜头、云台、解码器都放在半球型的防护罩内，外表美观大方，可有一定的装饰作用。该摄像机可做水平 360°、垂直 90° 旋转，六倍三可变镜头可将图像放大、缩小，大厅内的人员活动情况都可一目了然。

③ 在电梯内安装一针孔型摄像机，极具隐蔽性。并连接电梯楼层显示器以便方便、准确的观察和记录电梯运行及人员进出情况。

④ 在宾馆酒店的周围，可根据场地情况，安装几个室外动点（室外全方位云台、室外解码器、室外全天候防护罩、摄像机、三可变镜头），进出酒店的人员都可观察记录下来，尤其对停车场更

应小心防范。

通过上述布点以后，人员从外面到酒店内部的各个角落（客房除外）活动情况都可观察到，如有必要也可录像保存。

（2）传输部分

传输部分就是系统图像信号、声音信号、控制信号等的通道。目前网络视频监控系统多半采用视频基带传输方式。如果在摄像机距离控制中心较远的情况下，也有采用射频传输方式或光纤传输方式。一般酒店要求传输的距离都比较近，可采用基带传输方式，也就是 75 欧姆的视频同轴电缆。对图像信号的传输重点要求在图像信号经过传输系统后，不产生明显的噪声、失真（色度信号与亮度信号均不产生明显的失真），保证原始图像信号（从摄像机输出的图像信号）的清晰度和灰度等级没有明显下降等。

（3）控制部分

控制部分是整个系统的“心脏”和“大脑”，是实现整个系统功能的指挥中心。控制部分主要由总控制台（有些系统还有副控制台）组成。总控制台中主要的功能有：视频信号放大与分配、图像信号的校正与补偿、图像信号的切换、图像信号的记录等；对摄像机、电动变焦镜头、云台等进行遥控，以完成对被监视场所全面、详细的监视或跟踪监视；对系统防区进行布防、撤防等功能。当前端防区有非法入侵时，报警信号传送到总控制台，可以显示报警防区、联动警号、闪灯、前端灯光、录像机等设备。根据系统所防范的风险等级及区域中要害地点的数目选择录像机的台数。需要连续录像的情况下，应选择“长延时录像”。当整个系统中摄像机的台数很多时，可考虑选用“多画面分割器”，如图 7.41 所示。“多画面分割器”有四分割、九分割、十六分割等。

根据系统控制的要求，考虑在总控制台之外是否要设分控制台。根据整个系统供电的要求，考虑电源的设定。

当系统有多路远距离信号传输时，还应根据远距离信号传送的方式（视频传输、光纤传输、射频平衡式传输等），考虑在控制台中是否应增设解调装置（对应光纤传输或射频传输）、补偿装置（对应视频传输）、还原装置（对应平衡式视频传输）以及远端切换控制器装置（对应视频传输的远端切换方式）等。

（4）显示及记录部分

在网络视频监控系统中，特别是在有多台摄像机组成的网络视频监控系统中，一般都不是一台监视器对应一台摄像机进行显示，而是通过画面分割器把几台摄像机送来的图像信号进行合成同时显示在一台监视器上，也就是在一台较大屏幕的监视器上，把屏幕分成几个面积相等的小画面（四画面、九画面、十六画面），如图 7.42 所示，每个小画面显示一个摄像机送来的图像，再通过长延时录像把几个图像记录下来，以备事后查寻。

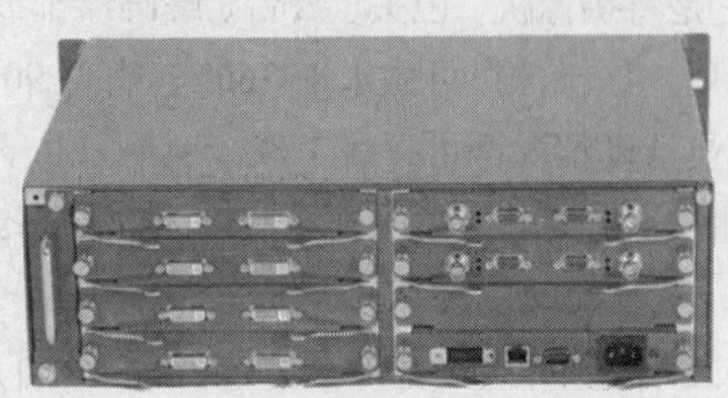

图 7.41　四画面分割器

图 7.42　四画面监视器

利用安全防范技术进行安全防范首先对犯罪分子有一种威慑作用，使其不敢轻易作案；其次，一旦出现了入侵、盗窃等犯罪活动，安全防范系统能及时发现、及时报警，网络视频监控系统能自动记录下犯罪现场以及犯罪分子的犯罪过程，以便及时破案，节省了大量人力、物力。

7.4 VoIP 技术与应用

VoIP（Voice over Internet Protocol）是一种以 IP 电话为主，并推出相应的增值业务的技术。它是建立在 IP 技术上的分组化、数字化传输技术。

7.4.1 VoIP 原理

VoIP 技术的基本原理如图 7.43 所示，通过语音压缩算法对语音进行压缩编码处理，然后把这些语音数据按 IP 等相关协议进行打包，经过 IP 网络把数据包传输到目的地，再把这些语音数据包串起来，经过解码解压处理后，恢复成原来的语音信号，从而达到由 IP 网络传送话音的目的。

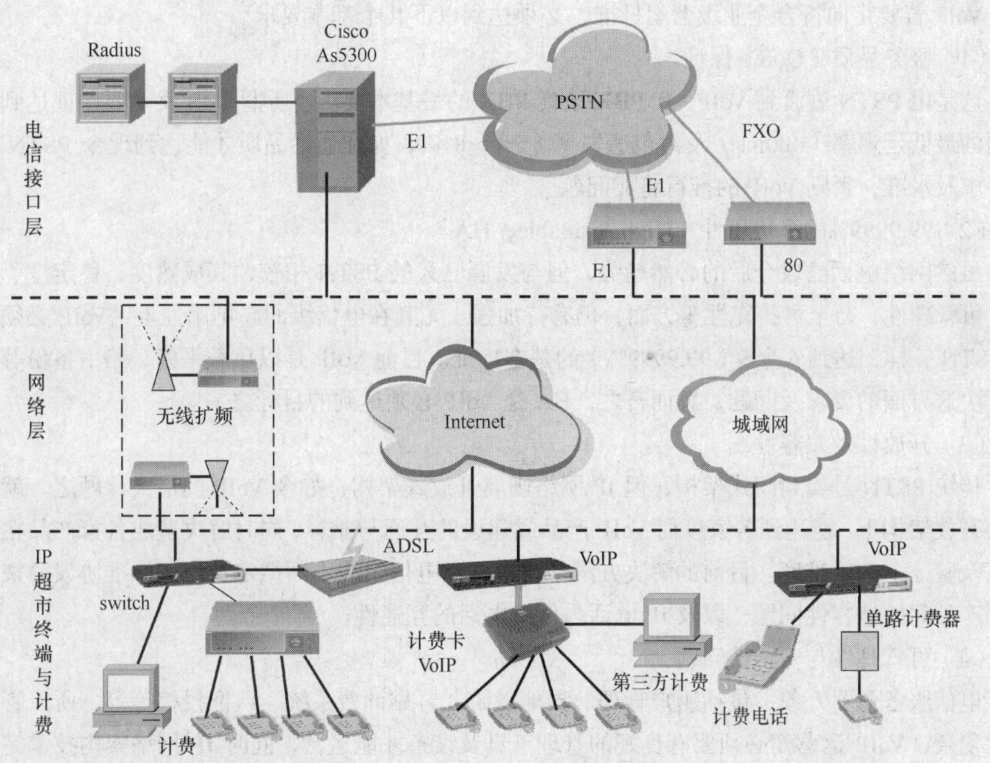

图 7.43　VoIP 工作原理

VoIP 的基本组成如下。

① 媒体网关器（Media Gateway）：主要扮演将语音信号转换成为 IP 封包的角色。

② 媒体网关控制器（Media Gateway Controller）：又称为 Gate Keeper 或 Call Server，主要负责管理信号传输与转换的工作。

③ 语音服务器：主要提供电话不通、占线或忙线时的语音响应服务。

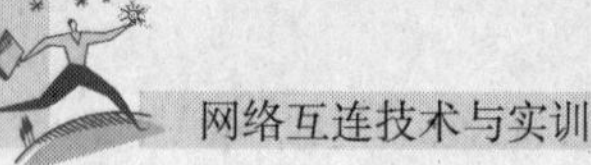

④ 信号网关器（Signaling Gateway）：主要工作是在交换过程中进行相关控制，以决定通话建立与否，以及提供相关应用的增值服务。

7.4.2 VoIP 技术应用

VoIP 最大的优势是能广泛地采用 Internet 和全球 IP 互连的环境，提供比传统业务更多、更好的服务。VoIP 可以在 IP 网络上便宜的传送语音、传真、视频和数据等业务，如统一消息、虚拟电话、虚拟语音/传真邮箱、查号业务、Internet 呼叫中心、Internet 呼叫管理、电视会议、电子商务、传真存储转发和各种信息的存储转发等。

虽然 VoIP 拥有许多优点，但绝不可能在短期内完全取代已有悠久历史并发展成熟的 PSTN 电路交换网，所以现阶段两者势必会共存一段时间。为了要让两者间能相互沟通，势必要建立一个互通的接口及管道，而媒体网关器与网关管理器即扮演了中介的色角，因为他们具备将媒体数据流及 IP 封包转译成不同网络所支持的各类协议。

其运作原理是，媒体网关器先将语音转换为 IP 封包，然后交由媒体网关控制器加以控制管理，并决定 IP 封包在网络中的传送路径。至于信号网关器则负责将 SS7 信号格式转换为 IP 封包。

VoIP 若要走向符合企业级营运标准，必须达到以下几个基本要求。

（1）服务品质（QoS）保证

这是由 PSTN 过渡到 VoIP、IP PBX 取代 PBX 的最基本要求。所谓 QoS 就是要保证达到语音传输的最低延迟率（400ms）及封包遗失率（5%～8%），如此通话品质才能达到现今 PSTN 的基本要求及水准，否则 VoIP 的推行将成问题。

（2）99.9999%的高可用性（High Available，HA）

虽然网络电话已成今后的必然趋势，但与发展已久的 PSTN 相较，其成熟度、稳定度、可用性、可管理性，乃至可扩充性等方面，仍有待加强。尤其在电信级的高可用性上，VoIP 必须像现今 PSTN 一样，达到 6 个 9（99.9999%）的基本标准。目前 VoIP 是以负载平衡、路由备份等技术来解决这方面的要求及问题，总而言之，HA 是 VoIP 必须达到的目标之一。

（3）开放性及兼容性

传统 PSTN 是属封闭式架构，但 IP 网络则属开放式架构，如今 VoIP 的最大课题之一就是如何在开放架构下，能达到各家厂商 VoIP 产品或建设的互通与兼容，同时解决造成各家产品在整合测试及验证上的困难度。目前的解决方法是通过国际电信组织不断拟定及修改标准协议，来达到不同产品间的兼容性问题，以及 IP 电话与传统电话的互通性。

（4）可管理性与安全性问题

电信服务包罗万象，包括用户管理、异地漫游、可靠计费系统、认证授权等等，所以管理上非常复杂，VoIP 运营商必须要有良好的管理工具及设备才能运营。同时 IP 网络架构技术完全不同于过去的 PSTN 电路网，而且长久以来开放性的 IP 网络一直有着极其严重的安全性问题，所以这也是网络电话今后发展上的重大障碍与首要解决的目标。

（5）多媒体应用

与传统 PSTN 相比，网络电话今后发展上的最大特色及区别，恐怕就在多媒体的应用上。在可预见的未来，VoIP 将可提供交互式电子商务、呼叫中心、企业传真、多媒体视讯会议、智能代理等应用及服务。过去，VoIP 因为价格低廉而受到欢迎及注目，但多媒体应用才是 VoIP 今后蓬

勃发展的最大促因和最大动力。

7.4.3 VoIP 设备

和许多早期网络设备一样，VoIP 最早是以软件的形态问世的，也就是纯粹 PC to PC 功能的产品。为了能贴近过去传统模拟电话的使用习惯及经验，之后才渐渐有电话形态的产品出现。对于企业而言，为了追求成本、语音及网络的整合、多媒体增值功能、更方便的集中式管理，而陆续出现了 VoIP 网关、IP PBX 或其他整合型的 VoIP 设备等解决方案。以下就这几种类型的 VoIP 产品做一简单介绍。

1. VoIP 软件

VoIP 软件不但是网络电话的原始形态，更是开启免费通话新世纪到来的开路先锋。对于熟悉计算机及网络操作的人而言，只要发收双方计算机上安装 VoIP 软件，即可穿越因特网相互通话，这实在是件既神奇又方便的事。更重要的是，透过 VoIP 软件，不论是当地 PC to PC 的对话，抑或跨国交谈都几乎免费，同时网上拥有许多免费的 VoIP 软件提供下载，也因为如此，VoIP 才能紧紧锁住一般消费者乃至企业用户的目光。

但对于绝大多数的使用者而言，必须克服计算机软件安装及操作的门槛，还要安插耳机及麦克风，更要面对系统不稳定或宕机的可能性，所以通过 PC 来打电话不但是件麻烦事，而且是一种与既有通话习惯不符的奇怪行径。

不论如何，VoIP 软件背后所潜藏的无限商机，不但吸收了许多人的目光，同时也成为 VoIP 兵家必争的焦点。从早期的视讯会议软件，到实时通信软件，再到今日造成风潮的 Skype（见图 7.44）都是明显的例子。不论是微软、Intel，抑或 Yahoo、AOL、Google、PC Home Online 等入口网站、甚至 ISP 厂商，全都卯足劲进行各种抢摊作业。

其中，许多 ISP 推出整合 VoIP 软件及 USB 话机的销售方案，例如 SEEDNet 的 Wagaly Walk 及 PC Home Online 的「PChome Touch-1」USB 话机。至于外型上与一般电话无异的 USB 话机，就是为营造出一种与传统电话外观及使用习惯相同的一种解决方案。

目前市面上最热门的 VoIP 软件莫过于 Skype，该软件表示由于采用 P2P 技术，所以可以绕过服务器与防火墙的拦截，所以能在传输效能、话音及服务品质等方面皆有不错的表现。

Skype 大致分成可供免费下载的 Skype，以及需要购买点数、可用于 PC 拨打至市话、手机、国际电话的 Skype-out，以及从市话、手机拨打电话至 Skype 计算机的 Skype-in。

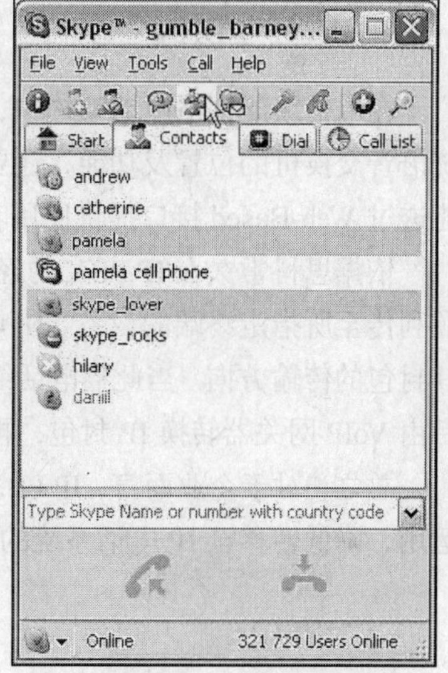

图 7.44　Skype 网络电话软件

2. VoIP 网络电话

一般而言 VoIP 网络电话的又分成有线、无线 VoIP 网络电话，以及提供影像输出的 VoIP 视讯会议设备等不同类型的产品。由于 VoIP 网络电话机上具备 RJ-45 网络接口端口，所以不需依赖计

算机主机，即可透过宽频、连接 IP 网络进行通话，同时使用习惯上与传统电话一样，一般人很难分辨出其中的差异。

VoIP 网络电话较少用于个人家庭或 SOHO 市场，但却经常作为企业 VoIP 网络建设中的终端设备。但由于目前 VoIP 网络电话的价格仍高，所以仍不普遍，虽然之前，拜 SARS 之赐，促进了 VoIP 视讯会议设备的销售业绩，但整体而言成长幅度并不太大。

例如由合勤科技推出的 Prestige 2000W，即为一款 VoIP 无线网络电话机，通过 802.11b/g 的 AP 即可连上 IP 网络并与对端的使用者通话。

此外，微软特别在 Win CE 5.0 中新增 VoIP 功能，除了强化与 Exchange Server 的整合性外，并提供讯息整合及身份管理等功能，届时借由 Win CE 开发出来的 VoIP 电话，将提供多人共享，但每人皆有私人专属账号的功能。

3. VoIP 网关器

除了 VoIP 软件之外，VoIP 网关器可说是最普遍常见的网络电话设备。不论是家用或商用领域中，VoIP 网关器可说扮演了由传统 PSTN 网络转输到 IP 网络的接口，换句话说，通过它即可用传统的电话设备（乃至 PBX 交换系统）来打网络电话。

由于宽频普及，如今几乎家家户户的计算机旁都安装有所谓的 ADSL 调制解调器，而市面并有许多针对宽频的 AP 装置即为一种网关配备，目前内含频宽分享、无线网络、防火墙、入侵侦测等功能的整合性的网关配备可说红透半边天，为了同时搭上整合及 VoIP 风潮的列车，ISP 业者遂推出 VoIP 网关器的相关服务方案。例如，SEEDNet 的 Wagaly Talk、亚太在线的 iCall gateway。此外，原本的网络设备商当然也不会放过跨入 VoIP 领域的机会，不论是网络巨擘思科，抑或岱升、全景、康全、宏远电信、零壹或合勤科技等公司都有相应的产品推出。

4. VoIP PBX

在电信级的网络电话架构中，IP PBX 语音交换机扮演了相当重要的角色，其不但需要接手传统语音交换机的位置及功能，还要居中成为语音与信息整合的媒介。IP PBX 功能强大且多样化，能透过 Web-Based 接口提供使用者一个简单容易的操作环境。

依据思科常久在 IP PBX 的经验指出，在 IP 电话网络架构中，IP PBX 是一个可促使语音流量顺利传至所指定终端的设备。IP 电话将语音信号转换为 IP 封包后，由 IP PBX 透过信号控制决定其封包的传输方向。当此通电话终点为一般电话时，其 IP PBX 便将 IP 封包送至 VoIP 网关器，然后由 VoIP 网关器转换 IP 封包，再回传到一般 TDM 的 PSTN 电路交换网。

总之，对于企业而言，IP PBX 具备降低基础建设成本、降低管理成本及增加工作效率之综合运用、降低转移至 IP 电话系统的风险等优点。

练习题

1. 请详细描述 SOHO 网关的工作原理。

2. 有哪几种网络数据存储模式？有何区别？

3. VoIP 如何实现？

实训 16　VoIP 的实现

1. 实训内容

局域网内部的 VoIP 实现。

2. 实训目的

理解将 IP 电话连接到 LAN；理解 IP 电话的启动过程；掌握 CME IP 电话的基本配置；了解 CME IP 电话的高级配置。

3. 实训环境

思科 CME（Cisco Unified Communications Manager Express）路由器 1 台、Switch_POE 1 台、IP 电话 2 台、模拟电话 1 台、直连网线 3 根、电话线 1 根。

4. 实训拓扑图

实训拓扑图如图 7.45 所示。

5. 实训要求

① 使用电话线连接模拟电话和 CME 路由器的 FXS 模块。

② 使用直通线连接 CME 路由器和 Switch_POE，使用直通线连接 IP 电话和 Switch_POE，确认交换机具有在线供电（POE）功能。

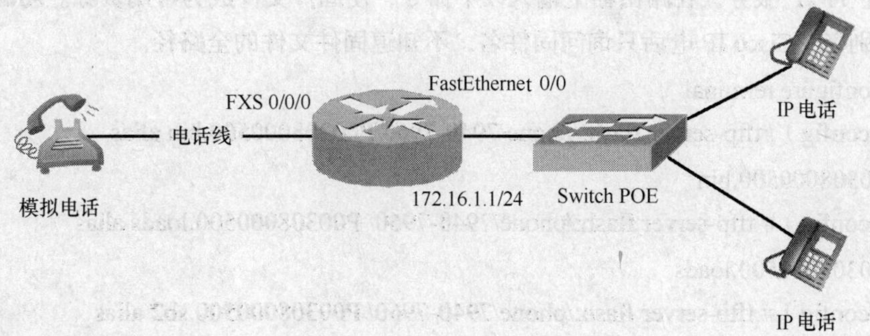

图 7.45　VoIP 实现拓扑图

6. 实训配置步骤

（1）按实训要求连接实验设备

（2）配置交换机，使 IP 电话和路由器处于同一个 VLAN 中

（3）配置基于路由器的 DHCP 服务器、时钟、支持的电话数、源地址

① 在路由器上输入以下命令，使之具有 DHCP 功能；

Router>enable

Router#configure terminal

Router（config）#hostname CME

CME（config）#ip dhcp excluded-address 172.16.1.1

CME（config）#ip dhcp pool VOICE

CME（dhcp-config）#network 172.16.1.0 255.255.255.0

CME（dhcp-config）#default router 172.16.1.1

CME（dhcp-config）#dns-server 222.200.160.1

CME（dhcp-config）#option 150 172.16.1.1

② 在路由器上输入以下命令，使之具有正确的时间；

CME（config）#ntp server 64.209.210.20

CME（config）#clock timezone china 8

③ 在路由器上输入以下命令，使之支持 5 个 IP 电话、10 条线路；

CME（config）#telephony-sevice

CME（config-telephony）#max-ephones 5

CME（config-telephony）#max-dn 10

④ 在路由器上输入以下命令，制定语音通信时的源地址；

CME（config-telephony）#ip source-address 172.16.1.1

（4）配置基于路由器的 TFTP 服务

① 核对路由器上的 flash 中的 IP 电话固件文件，在路由器上输入以下命令，可以看到路由器的 flash 中的文件。

CME#dir flash:

CME#dir flash:/phone

CME#dir flash:/phone/7940-7960

② 配置 TFTP 服务，在路由器上输入以下命令，使固件文件成为可用资源。Alias 语句用来设置文件的别名，Cisco IP 电话只询问固件名，不知道固件文件的全路径。

CME#configure terminal

CME（config）#tftp-server flash:/phone/7940-7960/P00308000500.bin alias P00308000500.bin

CME（config）# tftp-server flash:/phone/7940-7960/ P00308000500.loads alias P00308000500.loads

CME（config）# tftp-server flash:/phone/7940-7960/ P00308000500.sb2 alias P00308000500.loads

CME（config）# tftp-server flash:/phone/7940-7960/ P00308000500.sbn alias P00308000500.loads

③ 为 IP 电话指定固件加载。每种 IP 电话模型需要的固件文件可以在思科网站上的 Cisco Unified Supported Firmware,Platforms,Memory and Voice Products 文件中查阅。

CME（config）#telephony-service

CME（conifg-telephony）#load 7940 P00308000500.loads

CME（conifg-telephony）#load 7960 P00308000500.loads

④ 生成配置文件。一旦路由器上关于 IP 电话的设置有所改变，路由器便输出以下提示，更新配置文件。

Updating CNF files

CNF files update complete

（5）配置电话和电话线路

① 产生电话线路，ephone-dn 最简单的形式就是一个目录号码，它可以被分配给一个或多个 IP 电话上的一个或多个按钮。ephone-dn 可以使单线或双线模式。双线能同时处理两个通话过程。

CME（config）#ephone-dn 1

CME（config-ephone-dn）#number 2001

CME（config-ephone-dn）#exit

CME（config）#ephone-dn 2 dual-line

CME（config-ephone-dn）#number 2002

② 配置电话，向 ephone 指定对应的 MAC 地址。

CME（config）#ephone 1

CME（config-ephone）#mac-address 0014.1c48.e71a

CME（config-ephone）#exit

CME（config）#ephone 2

CME（config-ephone）#mac-address 000c.2957.acf5

CME（config-ephone）#exit

③ 关联 ephone 和 ephone-dn，button 命令在 ephone 配置模式下，将 ephone-dn 分配给 ephone 的一个按钮，button<physical button><separator><ephone-dn>。

CME（config）#ephone 1

CME（config-ephone）#button 1:1

CME（config-ephone）#restart

CME（config）#ephone 1

CME（config-ephone）#button 1:2

CME（config-ephone）#restart

④ 验证配置情况。

CME#show ephone

（6）配置模拟电话

① 查看电话连接到路由器的哪个语音端口。

CME #show voice port summary

② 配置模拟电话。

CME#configure terminal

CME（config）#voice-port 0/0/0

CME（config-voiceport）#signal loopstart

CME（config-voiceport）#cptone CN

CME（config-voiceport）#station-id name Phone_M

CME（config-voiceport）#station-id number 1001

（7）配置拨号对等体

CME（config）#dial-peer voice 1001 pots

CME（config-dial-peer）#destination-pattern 1001

CME（config-dial-peer）#port 0/0/0

CME（config-dial-peer）#exit

（8）验证网络连通性

使用其中一个电话拨打另外两个电话，如果都能打通，说明网络正确连接。

实训 17　VoIP 的配置与应用

1. 实训内容

VoIP 的配置。

2. 实训目的

了解 VoIP 的概念；学会利用路由器配置 VoIP。

3. 实训环境

2 台 Quidway1760 系列路由器、2 台电话。

4. 实训拓扑图

实训拓扑图如图 7.46 所示。

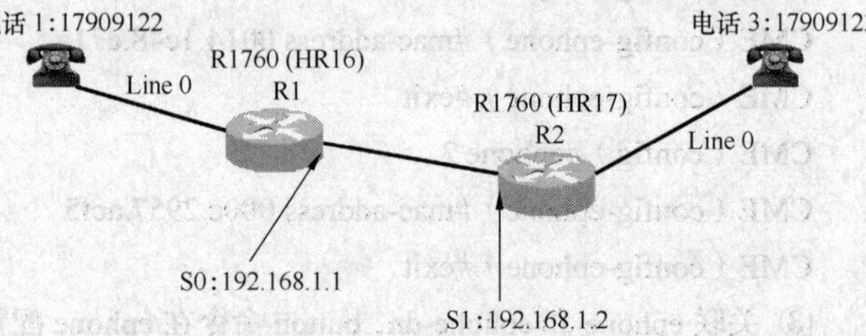

图 7.46　VoIP 的配置与应用拓扑

5. 实训配置步骤

（1）ROUTE1 配置

[R1]int s0

[R1-Serial0]ip add 192.168.1.1 255.255.255.0

[R1]ip route 0.0.0.0 0.0.0.0 192.168.1.2

[R1]voice-setup

[R1-voice]dial-program

[R1-voice-dial]entity 17909 voip　　（注释：The voice entity's type is VoIP）

[R1-voice-dial-entity17909]match-template 17909...

[R1-voice-dial-entity17909]address ip 192.168.1.2

[R1-voice-dial-entity17909]entity 122 pots　　（注释：The voice entity's type is POTS）

[R1-voice-dial-entity122]match-template 17909122

[R1-voice-dial-entity122]line 0　　（注释：entity122 is up aready !）

[R1-voice-dial-entity122]undo sh

（2）ROUTE2 配置

[R2]int s1

[R2-Serial1]ip add 192.168.1.2 255.255.255.0　　（注释：%17:30:04: Line protocol ip on the interface Serial1 is UP）

[R2-Serial1]

[R2-Serial1]un sh

```
[R2]ip route 0.0.0.0 0.0.0.0 192.168.1.1
[R2]voice-setup                    （注释：The voice entity's type is VoI）
[R2-voice]dial-program
[R2-voice-dial]entity 17909 voip
[R2-voice-dial-entity17909]match-template 17909...（注释：The voice entity's type is POTS）
[R2-voice-dial-entity17909]address ip 192.168.1.1
[R2-voice-dial-entity17909]entity 123 pots
[R2-voice-dial-entity123]match-template 17909123（注释：entity123 is up aready！）
[R2-voice-dial-entity123]line 0
[R2-voice-dial-entity123]un s
```

实训 18　监控安防的实现

1. 实训内容

监控安防系统的设计与实现。

2. 实训目的

掌握监控器的安装、设置与使用；掌握烟雾报警器、红外报警器、门磁报警器的安装和使用。

3. 实训环境

AN-NV850PASG04 高速球型摄像机 1 套，安尔达 AD-208 防盗报警控制器 1 台、视频线、电源线和控制性各 1 根，DH01 球型云台内置解码板 1 个，SS-168P 烟雾报警器 1 个，计算机 1 台。

4. 实训拓扑图

实训拓扑图如图 7.47 所示。

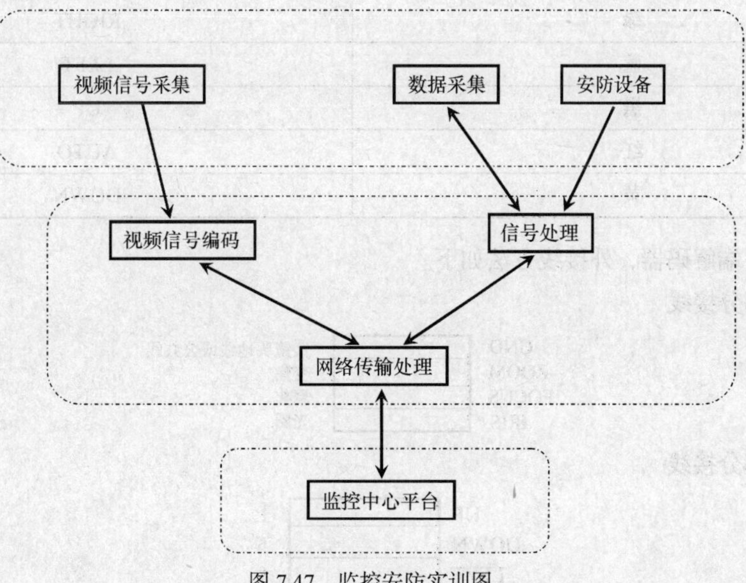

图 7.47　监控安防实训图

5. 实训要求

① 将视频监控器与监控中心平台相连；

② 将烟雾报警器等安防设备与解码器相连；

③ 连通后测试报警效果。

6. 实训配置步骤

（1）视频监控器的安装与调试

① 进行布线设计，安装线槽。

② 根据房间具体情况，设计视频监控器的位置。在该位置打孔，安装球型监控器。如图 7.48 所示。

③ 将摄像机与解码板进行连接，如表 7.1 所示。

图 7.48 球型监控器

表 7.1 摄像机与解码器连接对应表

摄像机部分	解码器部分
白、黄、棕	GND
红	IRIS
绿	ZOOM
黑	FOCUS

设置解码板协议（ON=1，OFF=0）：4 位拨码开关设为 0000。

④ 安装云台，并将云台与解码器如表 7.2 进行连接。

表 7.2 云台与解码器连接对应表

云台部分	解码器部分
白	COM
绿	RIGHT
蓝	LEFT
黑	UP
红	AUTO
黄	DOWN

⑤ 安装终端解码器，外接线方法如下。

- 镜头部分接线

GND 接镜头地线或公共线
ZOOM 变焦
FOCUS 聚焦
IRIS 光圈

- 云台部分接线

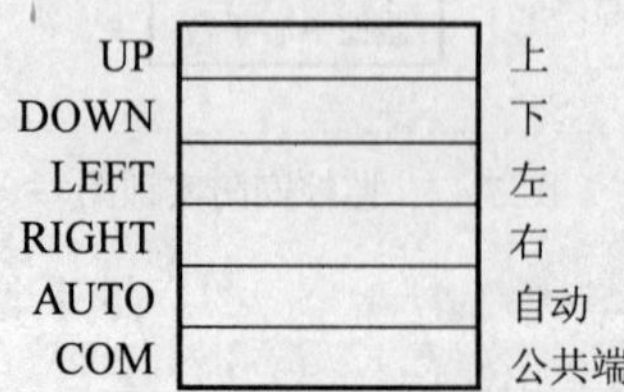

⑥ 将摄像头与视频线、控制线、电源线分别相连，并将电缆线顺线槽引到控制室的控制主机

附近。

⑦ 制作电源插头和视频线插头。

⑧ 控制线接入 RS-232 转 RS-485 无源转换器中。将 RS-232/485 的信号 T+、T-（或 A、B，D+、D-）对应接到解码器 485 接线端子的 485+、485-上。

⑨ 视频转换卡插入电脑机箱 PCI 插槽中。

⑩ 将无源转换器插入计算机的串口，视频线插入视频转换卡的适配口。

⑪ 设置云台自动自检，已测试云台运行是否正常。

⑫ 将“地址和协议”拨码开关全拨到 ON 状态，3～5 s 后，直接进入自动测试，每切换一个动作指示灯闪烁一次，测试完毕后，请立即恢复正常工作模式。

⑬ 启动主机，安装转换卡驱动以及监控器控制程序。

⑭ 运行控制程序，弹出“登录”对话框，在对话框中输入用户名和密码。管理员用户的用户名和密码均为 Super，该用户可对监控器进行各项控制，并进行各种设置。如果不输入用户名和密码，则为普通用户，只可观看监控画面。

（2）烟雾报警器的安装与调试

① 安装。

- 选择一个合适的安装区域。房间内每 25～40 m^2 安装一个烟感，重要设备上方 0.5～2.5 m 安装烟雾报警器，如图 7.49 所示。
- 按照安装支架的孔在墙上画两个孔位。
- 这两个孔位中间钻两个孔。
- 在两个孔中塞入两颗塑料腰钉，然后将安装支架的背面紧贴墙面。

图 7.49　烟雾报警器实物

- 塞入并紧固安装螺钉，直至安装支架彻底牢固为止。
- 将烟感分线色连接后旋在固定座上。
- 将电池塞入报警器背面的隔间内。
- 将报警器的背面靠到安装位置口，顺时针转动，确定两颗螺钉头已经滑入腰形孔中。
- 轻轻按下测试按钮，测试报警器是否正常工作。

② 注意。

报警器安装好之后就已处于工作状态中，在此状态，其上面发光二极管大约每分钟闪烁一次。当燃烧颗粒被探测到时，报警器会发出清脆响亮的警讯，直至燃烧颗粒消散为止。

③ 测试。

按下并保持住测试按钮至少 3 s，LED 灯开始闪烁，延迟几秒后，清脆响亮的脉动报警信号就会发出，意味着报警器正常工作，在报警的同时，LED 灯会快速闪烁。也可以用烟雾吹进探测腔中的方法来测试报警器。

第8章 网络结构化布线

随着计算机和通信技术的飞速发展，网络应用成为人们日益增长的一种需求，结构化布线是网络实现的基础，它能够支持数据、话音及图形图像等的传输要求，成为现今和未来的计算机网络和通信系统的有力支撑环境。

本章学习要点

- 了解结构化布线系统的概念。
- 掌握结构化布线系统的拓扑结构。
- 掌握结构化布线系统的设计与安装。
- 理解网络测试的实现方法。

8.1 结构化布线系统相关的标准

结构化布线行业是一个规范的行业，从产品的设计到工程测试验收都有相应的国际、国家标准。标准在这个行业中有着完整的体系、独一无二的地位，这在国内其他行业中是十分罕见的，正是这些标准，在结构化布线行业的发展中起到了决定性的作用，因此，结构化布线系统的设计只能围绕着标准展开。

在设计系统之前，首先要对结构化布线的相关标准进行仔细地学习，研究。通过标准，结构化布线行业的从业人员可以拥有共同的语言，可以通过专业术语高效、准确地沟通。

8.1.1 结构化布线系统中常用的相关国际标准

表 8.1 所示为结构化布线系统的相关标准。

表 8.1　结构化布线系统的相关标准

ISO/IEC 11801	国际标准化组织/国际电工技术委员会 信息技术－用户房屋的布线国际标准
TIA/EIA 568	美国国家标准协会电信工业协会/电子工业协会 商业建筑物电信布线标准
EN50173	电工技术标准化欧洲委员会 信息技术结构化布线系统标准

1. ISO/IEC 11801　国际标准化组织/国际电工技术委员会

① ISO/IEC 11801:1995；

② ISO/IEC 11801:2000；

③ ISO/IEC 11801:2000+。

2. EN50173　电工技术标准化欧洲委员会 CELENECEN

① EN50173: 1995；

② EN50173: 2000；

③ EN50173: 2001。

3. TIA/EIA 568　美国国家标准协会 电信工业协会/电子工业协会

① TIA/EIA 568A 于 1995 年制定，包含 5 个增编。

- 增编 1（A1）：100 欧姆四对电缆的传输延迟和延迟偏移规范（1997/9/25）；
- 增编 2（A2）：对于 568A 标准进行了修正（1998/8/14）；
- 增编 3（A3）：对于 568A 标准进行了修正（1998/12/28）；
- 增编 4（A4）：非屏蔽双绞线布线模块化线缆的 NEXT 损耗测试方法；
- 增编 5（A5）：100 欧姆 4 对增强型 5 累布线传输性能规范 3 dB 原则（2000/2/1）。

② TIA/EIA 568B 包含 3 个部分。

- 第一部分（B1）：一般要求着重于安装以及现场测试等内容，并以“永链路”定义取代了“基本链路”定义；
- 第二部分（B2）：平衡双绞线布线系统于 2002 年 6 月 20 日被 TIA TR-42.7 附属委员会通过，成为正式的六类布线标准；
- 第三部分（B3）：光纤布线部件标准。

8.1.2　我国相关部门颁布的结构化布线国家标准

建设部 2007 年发布 619 号公告，批准《综合布线系统工程设计规范》为国家标准，编号为 GB50311—2007，自 2007 年 10 月 1 日起实施。其中，第 7.0.9 条为强制性条文，必须严格执行。原《建筑与建筑群综合布线系统工程设计规范》GB/T50311—2000 同时废止。

8.2 结构化布线系统的概念

结构化布线系统为用户提供了最合理的布线方式，并依靠其高品质的材料，一改传统布线的面貌，为现代化的大厦能够真正的成为智慧型的楼宇奠定了 15 年内不需改变通信线路的传输媒介基础。

8.2.1 结构化布线系统概述

1. 结构化布线系统的定义

结构化布线系统是一套用于语音、数据、影像和其他信息术的标准结构化系统。它包括建筑物到外部网络或电话局线上的连线点与工作区的话音或数据终端之间的所有电缆及相连的无源部件。系统应能支持话音、图形、图像、数据多媒体、安全监控、传感等各种信息的传输，支持 UTP、光纤、STP、同轴电缆等各种传输载体，支持多用户多类型产品的应用，支持高速网络的应用。

2. 结构化布线系统的特点

① 实用性：能支持多种数据通信、多媒体技术及信息管理系统等，能够适应现代和未来技术的发展。

② 灵活性：任意信息点能够连接不同类型的设备，如微机、打印机、终端、服务器、监视器等。

③ 开放性：能够支持任何厂家的任意网络产品，支持任意网络结构，如总线型、星型、环型等。

④ 模块化：所有的接插件都是积木式的标准件，方便使用、管理和扩充。

⑤ 扩展性：实施后的结构化布线系统是可扩充的，以便将来有更大需求时，很容易将设备安装接入。

⑥ 经济性：一次性投资，长期受益，维护费用低，使整体投资达到最少。

3. 结构化布线系统的拓扑结构

结构化布线系统的拓扑结构如图 8.1 所示。

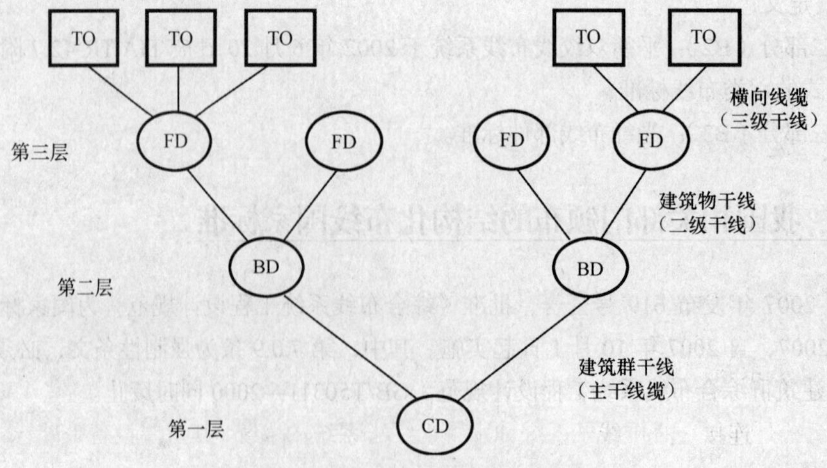

图 8.1 结构化布线系统的拓扑结构

TO（信息插座）、FD（楼层配线架）、BD（大楼配线架）、CD（园区配线架）。

8.2.2 结构化布线系统中的子系统

结构化布线子系统包括工作区子系统、水平布线子系统、配线子系统、管理子系统、干线子系统、设备间子系统、建筑群子系统、进线间、管理，如图 8.2 所示。

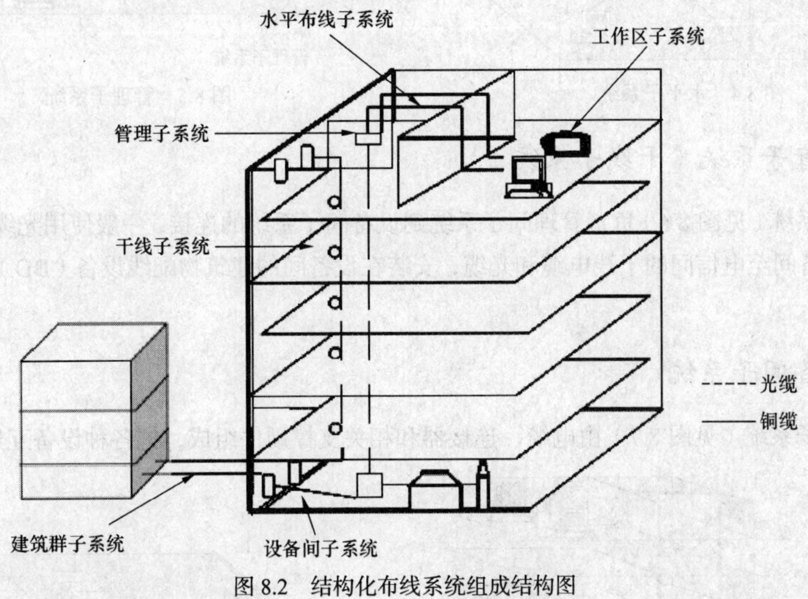

图 8.2　结构化布线系统组成结构图

1. 工作区子系统

工作区子系统（见图 8.3）由跳线与信息插座以及所连接的终端设备等组成。

信息插座有墙上型、地面型、桌上型等。一个独立的需要设置终端设备（TE）的区域宜划分为一个工作区。工作区应由配线子系统的信息插座模块（TO）延伸到终端设备处的连接缆线及适配器组成。

注意以下要点。

① 从 RJ-45 插座到设备的连线不要超过 5 m。

② RJ-45 插座一般距离地面 30 cm。

③ 插座与连线线序要匹配。

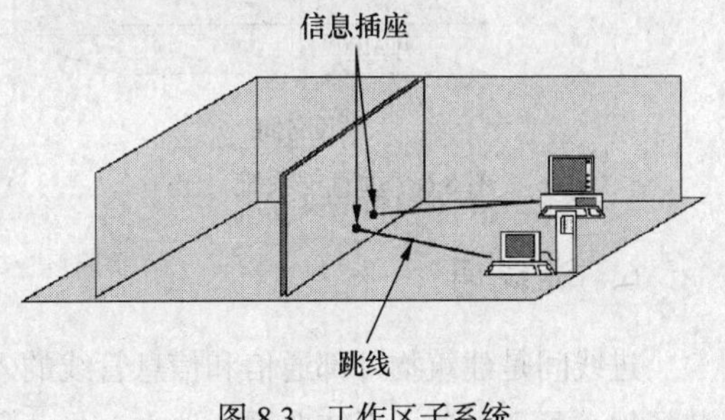

图 8.3　工作区子系统

2. 水平子系统

从工作区的信息插座开始到管理间子系统的配线架部分为水平子系统，如图 8.4 所示。

3. 管理子系统

管理子系统是连接垂直干线子系统和水平干线子系统的系统，其主要设备是配线架、交换器、机柜和电源等，如图 8.5 所示。

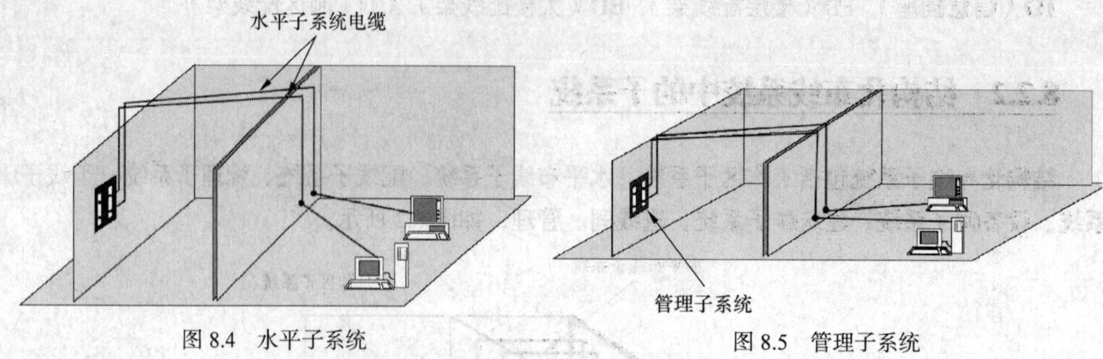

图 8.4　水平子系统　　　　图 8.5　管理子系统

4. 垂直子系统（干线子系统）

垂直子系统（见图 8.6）负责管理间子系统到设备间子系统的连接，一般使用光缆或大对数电缆。应由设备间至电信间的干线电缆和光缆，安装在设备间的建筑物配线设备（BD）及设备缆线和跳线组成。

5. 设备间子系统

设备间子系统（见图 8.7）由电缆、连接器和相关支撑硬件组成，把各种设备互连起来。

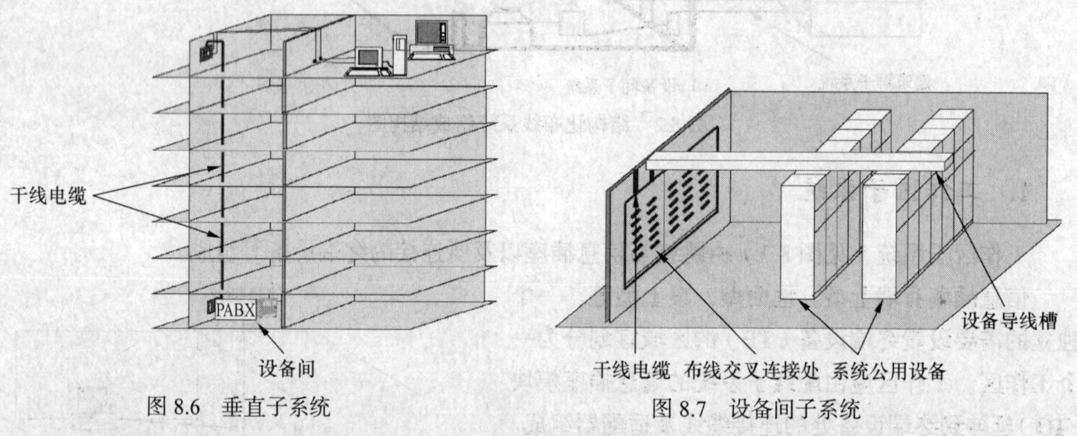

图 8.6　垂直子系统　　　　图 8.7　设备间子系统

6. 进线间

进线间是建筑物外部通信和信息管线的入口部位，并可作为入口设施和建筑群配线设备的安装场地（可和设备子系统在同一地方）。

7. 建筑群子系统

建筑群子系统是支持楼宇之间通信所需的硬件，将一个建筑物中的电缆延伸到另一个建筑物的通信设备和装置，如图 8.8 所示。

8. 管理

管理应对工作区、电信间、设备间、进线间的配线设备、缆线、信息插座模块等设施按规定的模式进行标识和记录。

图 8.8　建筑群子系统

8.3 结构化布线系统的主要产品

在结构化布线系统中，布线硬件主要包括配线架、传输介质、通信插座、插座板、线槽和管道等，其中传输介质是布线系统中的主要产品。

8.3.1 铜缆系统

铜缆系统主要包括非屏蔽系统、屏蔽系统。

1. 铜缆中的非屏蔽系统

① 三类系统：传输带宽为 16 MHz，主要应用于语音系统。

② 五类系统：裸铜线的线径为 0.5 mm，线规为 24AWG，五类线的标识为 CAT5，传输带宽为 100 MHz，主要应用于智能小区。

③ 超五类系统：超五类铜缆是在对现有五类铜缆的部分性能加以改善后出现的电缆，线对的颜色与五类双绞线完全相同。裸铜线的线径为 0.51 mm，线规为 24AWG，绝缘线径为 0.92 mm，非屏蔽网络线的直径为 5 mm。超五类线的标识为 CAT5e。传输带宽为 100 MHz，是目前的主流产品，主要应用于数据系统。

④ 六类系统：六类系统在外形和结构上与五类或超五类都有一定的差别，不仅增加了绝缘的十字骨架，将双绞线的 4 对线分别置于十字骨架的 4 个凹槽内，而且电缆的直径也更粗。裸铜线的线经为 0.57 mm，线规为 23AWG，绝缘线径为 1.02 mm，非屏蔽电缆直径为 6.53 mm，六类线的标识为 CAT6，传输带宽为 200 MHz，主要应用于吉比特数据系统。

2. 铜缆中的屏蔽系统

① 超五类系统：传输带宽为 100 MHz，主要应用于数据系统。

② 六类系统：传输带宽为 200 MHz，主要应用于吉比特数据系统。

3. 非屏蔽系统与屏蔽系统的比较

① 非屏蔽系统是目前国内市场上的主流产品，应用广泛。突出的优点是价格比屏蔽系统低至少 20%，施工难度小。

② 屏蔽系统主要是特殊行业使用，如国家保密系统、军队。突出的优点是信号对外泄露少，抗外界干扰能力强。国内教育系统目前使用的全部是非屏蔽系统。

4. 各类系统的应用

（1）三类系统

三类系统主要是语音应用，目前已无人用做数据，如图 8.9 所示。

（2）五类系统

五类系统主要是小区应用，无法用于吉比特传输。包括 4 对阻燃线缆，25 对阻燃大对数电缆，如图 8.10 所示。

图 8.9　三类系统

图 8.10　五类系统

（3）超五类系统

超五类系统（见图 8.11）主要是数据应用，好的产品能实现吉比特传输。目前市场上的主流产品，都经过数据通信产品质量检验中心的检验，永久链路/信道两种模式，各 13 项指标都合格，而且我们的数据超出标准指标很多，最关键的 PSACR 值，在 10 个检测频点上，超出标准至少 12 dB。

国内教育系统目前使用的主要是超五类系统。4 对阻燃线缆，标准的 24AWG，CMR 阻燃等除灰色外皮，还可根据客户要求，订购蓝、乳白等颜色。

（4）六类系统

六类系统（见图 8.12）主要是银行、证券等行业使用。

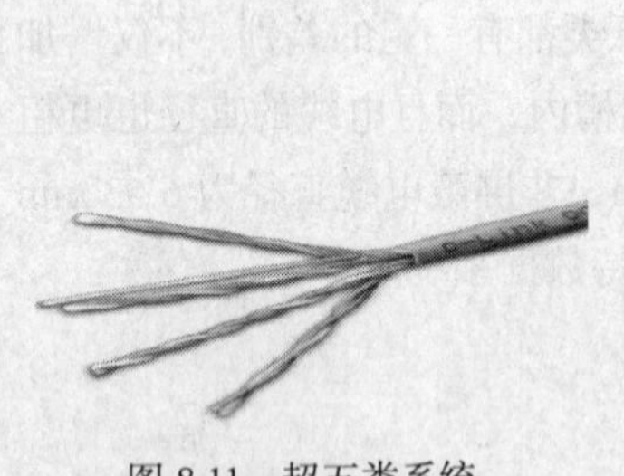

图 8.11　超五类系统

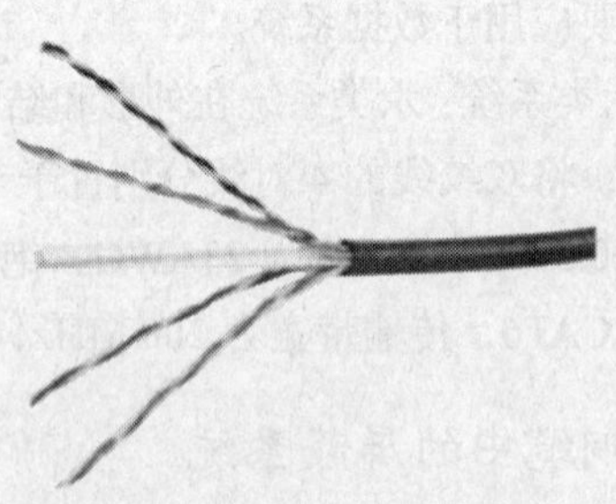

图 8.12　六类系统

5. 非屏蔽铜缆系统的主要产品

非屏蔽铜缆系统中的主要产品包括信息模块、面板、各种铜缆、各种数据配线架、各种数据跳线、语音配线架。

（1）面板类

在综合布线系统中，面板位于工作区子系统。各种模块安装在面板中，向最终用户提供信息接入功能，是整个综合布线系统面对用户的直接界面，一般的用户通常会通过面板来认识到布线的存在。

图 8.13　单口面板和双口面板

面板一般分为如下两类，如图 8.13 所示。

① 单口面板有 1 个模块，有公制、英制两种螺丝，配有电脑、电话标签各一个，独立封装。

② 双口面板有 2 个模块，也是独立封装。

（2）线缆的防火等级

① NEC：美国国家电气规程。

由美国消防协会支持，覆盖所有的建筑物用电力线；是国际上最为广泛接受的电气安全要求；规程中最严重的两项灾害是电回路的起火和火在电缆上的蔓延。

② NEC800 条款（1993 年制定，针对铜缆）。

- CMX—家居级，适合家居和小型办公室使用。
- CM—商用级，适合普通使用（除阻燃和垂直主干外）。
- CMR—干线级，适用于垂直主干/多用途垂直主干。
- CMP—增压级，适用于阻燃/多用途阻燃。

（3）信息插座的两种国际标准接线方式

信息插座的两种国际标准接线方式如图 8.14 所示。

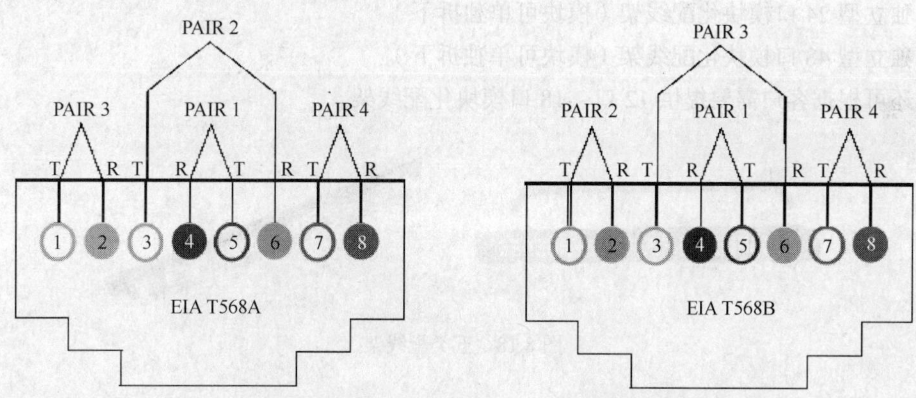

图 8.14　EIA T568A 和 EIA T568B 接线方式

（4）超五类跳线（见图 8.15、图 8.16）

① RJ-45 各种规程、颜色的跳线。

② 长度包括 1 m、2 m、3 m、5 m。

③ 颜色包括灰、红、绿、黄、蓝，所有路线都是独立封装。

特殊性能的超五类线缆有以下几种。

① 4 对阻燃阻水线缆（黑色外皮），适于高潮湿环境。

② 4 对低烟无卤线缆，适于高级别环保要求。

③ 4 对阻水低烟无卤线缆（黑色外皮），全面高标准。

图 8.15 超五类线缆

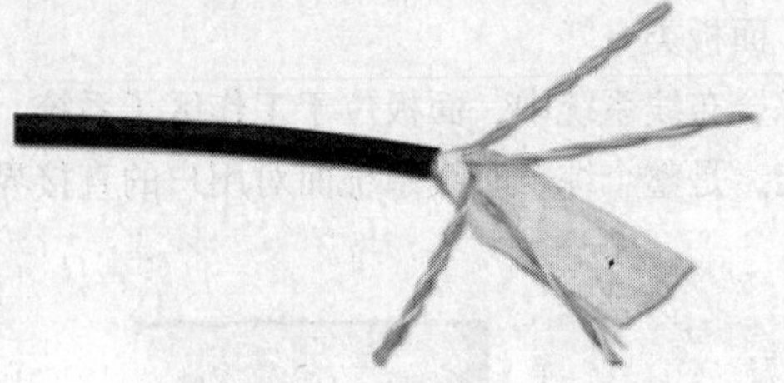

图 8.16 特殊性能的超五类线缆

（5）RJ-45 水晶头

RJ-45 水晶头如图 8.17 所示。

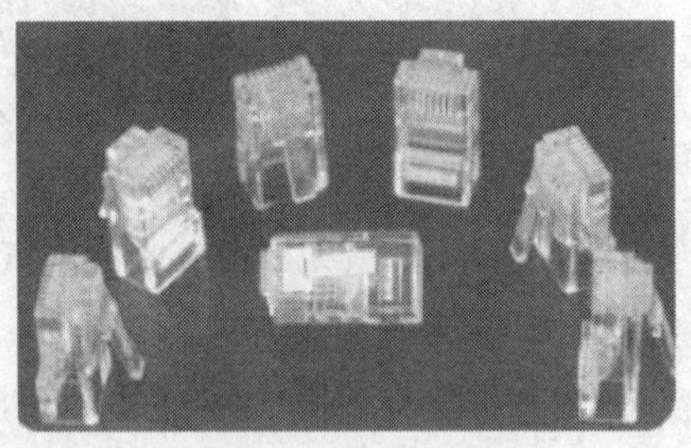

图 8.17 RJ-45 水晶头

（6）配线架

配线架作为综合布线系统的核心产品，起着传输信号的灵活转接、灵活分配，结构清晰、便于集中管理和维护；为水平布线的连接提供了更灵活、方便的服务，适应各种不同的需求，实现语音/数据点互换，可适应各种不同拓扑结构的局域网。

① 配线架的作用。

- 双绞线配线架的作用是在管理子系统中将双绞线进行交叉连接，用在主配线间和各分配线间。
- 光纤配线架的作用是在管理子系统中将光缆进行连接，通常在主配线间和各分配线间。

② 五类配线架（见图 8.18）

- 独立型 24 口模块化配线架（模块可单独拆下）。
- 独立型 48 口模块化配线架（模块可单独拆下）。
- 还可根据客户需要提供 12 口、18 口模块化配线架。

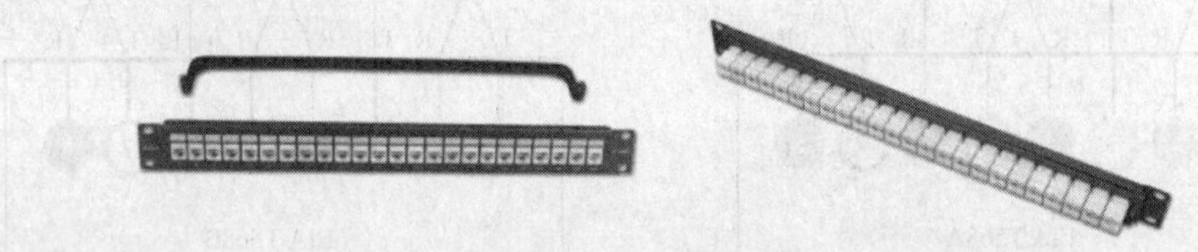

图 8.18 五类配线架

③ 超五类配线架（见图 8.19）。

- 增强型 24 口模块化配线架（模块 6 个一组）。
- 施工、安装更方便、稳定性更好。

图 8.19 超 5 类配线架

（7）理线架

理线架（见图 8.20）又名过线槽，理线架可安装于机架的前端，提供配线或设备用跳线的水平方向线缆管理。理线架简化了交叉连接系统的规划与安装，简单说，就是用于理清网线，方便跳线走线用的，保证机柜的整洁美观。

1U 高的理线架可与各类配线架配合使用。

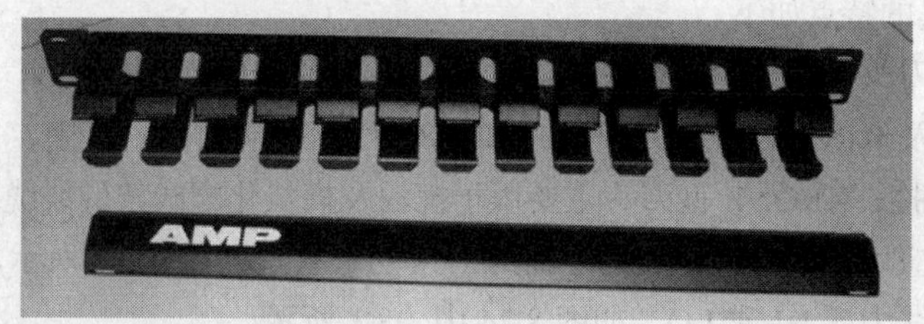

图 8.20　理线架

（8）110 跳插线及插头

110 跳插线（见图 8.21）提供 110 交叉连接系统的高密度连接，为低成本的安装和管理提供了灵活性。110 跳插线有 110 型及 119 型两类不同配置。

110 跳插线的应用领域如下。

① 集中点的连接。

② 连接工作区的多用户通信插座连接。

③ 通信插座连接。

④ 配线架连接。

⑤ 设备连接。

（9）110 型跳线架

110 型跳线架（见图 8.22）专为语音系统而设，从机房铺设的大对数垂直语音电缆均端接在 110 型跳线架上。能够满足超五类性能。

① 110 型 100 对跳线架（配 4、5 对连接块）。

② 110 型 100 对跳线架（全 5 对连接块）。

图 8.21　110 跳插线

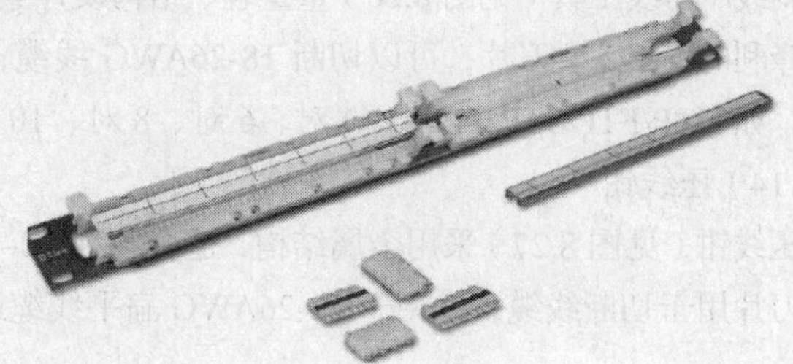

图 8.22　110 型跳线架

（10）110 配线架

110 配线架（见图 8.23）是电缆进行端接和连接的装置，在配线架上可以进行互连或交接操作。110 型配线架是阻燃、注模塑料做的基本器件，布线系统中的电缆线对就端接在其上。

110 配线架现有 50 对、100 对、200 对和 300 对墙装型，可与 22 至 26AWG 之间线缆兼容，并可与 4 对及 5 对连接块配套使用。

（11）单线对安装工具

单线对安装工具主要用于信息插座、模块化配线架以及 110 产品上端接线缆、跳线等。该工具对线缆端接是由内部弹簧触发的，每次向前推动都可以将线缆压入接线夹内，弹簧的力度可以选择不同的档位。同时配有 110 型及 KRONE 型两种刀头，以满足不同的应用。

单线对安装工具的特点如下。

① 选择不同的刀头端，可以实现弹簧触发是否切断多余的线缆。

② 配有 110 型及 KRONE 型两种刀头，如图 8.24 中（1）所示。其中，110 型刀头主要用于 110 跳线架的线缆端接；KRONE 型刀头主要用于模块及模块化配线架的线缆端接。

③ 满足不同的应用，并配有挑线钩等辅助工具，如图 8.24 中（2）所示。

④ 可以调节打线力度 HI 或 LO，如图 8.24 中（3）所示。

图 8.23　110 配线架

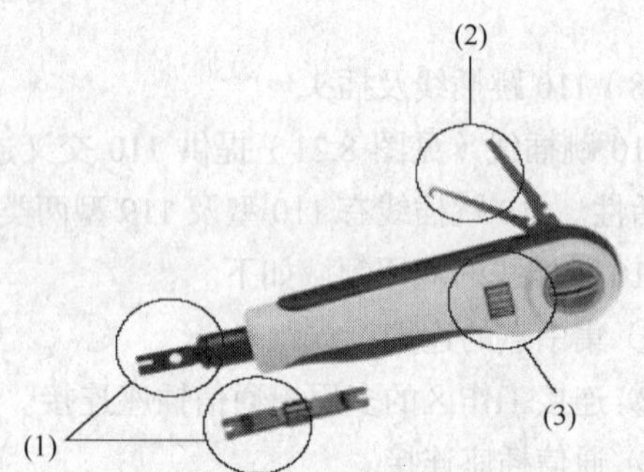

图 8.24　单线对安装工具

（12）110 连接块安装工具

110 连接块安装工具（见图 8.25）主要用于在 110 产品上端接线缆、跳线，安装连接块等。该工具对线缆端接是由内部弹簧触发的，每次向前推动都可以将导线压入 110 的接线夹内，最多可以同时端接 5 对线缆。

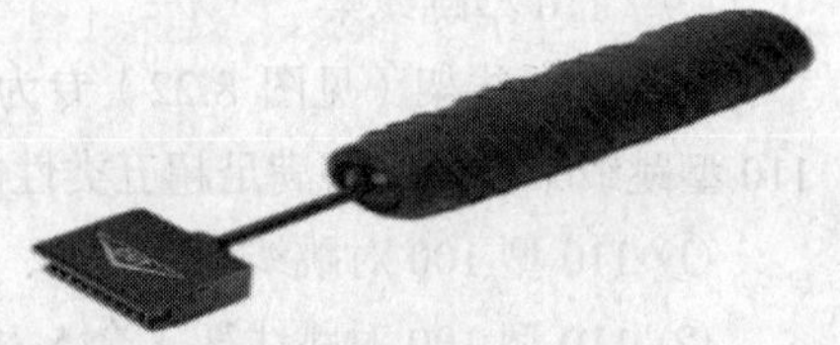

图 8.25　110 连接块安装工具

（13）剥线、切线工具

剥线、切线工具（见图 8.26）重量轻、结构设计紧凑，选用锋利的 SK-2 型刀片，可以切断 18-26AWG 线缆；可调整前部螺钉，改变所剥线缆的规格、类型，如 UTP/FTP/STP，2 对、4 对、6 对、8 对、10 对。

（14）压线钳

压线钳（见图 8.27）采用金属结构，适合各种 RJ-45、RJ-11 连接头的压接，防倒放齿孔设计，配有刀片用于切断线缆，适用于 22-26AWG 扁平线缆或圆型线缆。

图 8.26　剥线、切线工具

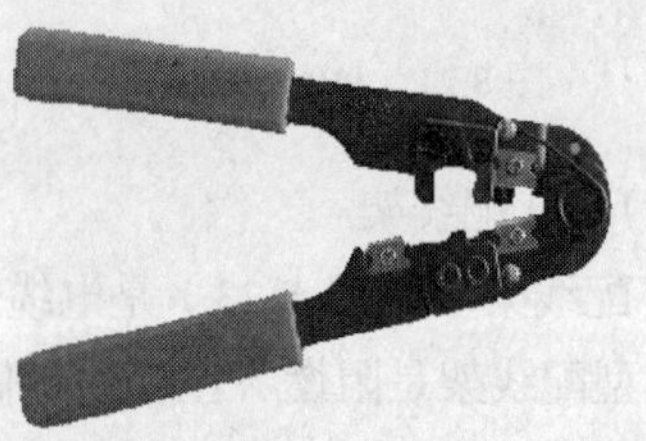

图 8.27　压线钳

8.3.2　光纤系统

1. 光缆系统（Fiber）包括室内光缆系统、室外光缆系统

光缆系统具有传输效率高、衰减低、频带宽、通信距离长、抗电磁干扰能力强、安全性好等特点，适合大规模的综合布线系统使用。

一般多模光缆适用于短距离的计算机局域网络；用于公用电话网或数据网时，由于需要长距离传输，一般采用单模光缆。

2. 光纤的分类

（1）按照传输模式

① 多模光纤：多模光纤能够承载多种传输模式。

② 单模光纤：单模多纤只能传输一个模式。

（2）按照成缆方式

① 中心束管式：主要用于小芯数的光缆，一般在 12 芯或 24 芯以内，室内光纤多为中心束管式，如图 8.28 所示。

② 层绞式：主要用于大芯数的光缆，一般在 12 芯或 24 芯以上，室外大芯数光经行多为层绞式，最多可达 144 芯，如图 8.29 所示。

图 8.28　中心束管式轻铠光缆 GYXTW 的截面结构图　图 8.29　松套层绞式钢带轻铠装光缆 GYGTS 的截面结构图

（3）按照使用环境

① 室内多模光纤。62.5/125 μm 渐变型多模光纤如图 8.30 所示。

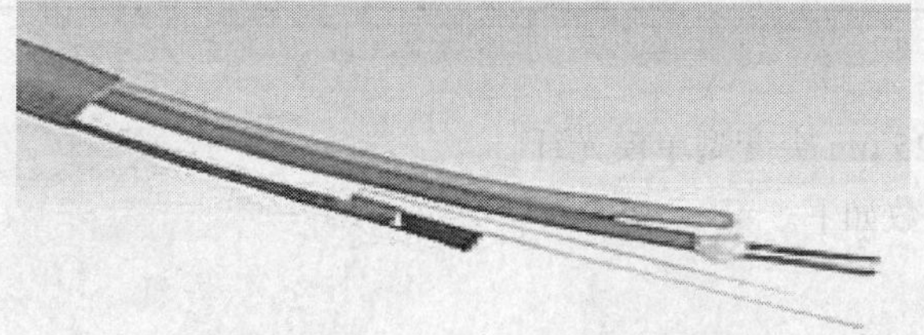

图 8.30　62.5/125 μm 渐变型多模光纤

室内多模光纤的组成结构：纤芯 62.5 μm、包层 125 μm、外套 250 μm、缓冲 900 μm，如图 8.31 所示。

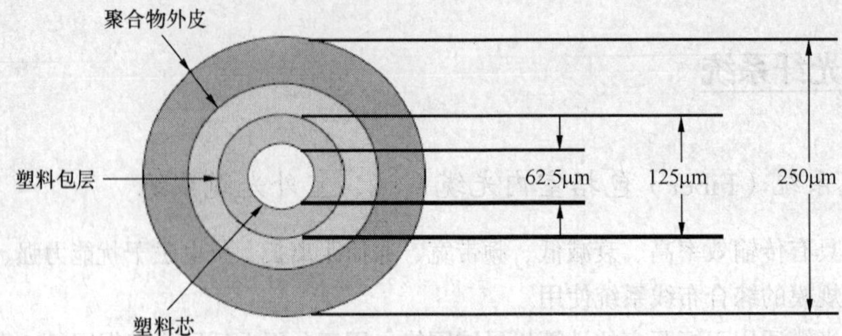

图 8.31　多模光纤组成结构

多模光纤的主要参数。

- 最大衰减。

3.4 dB/km　典型值：2.8-3.2 dB/km（850 nm）

1.0 dB/km　典型值：0.5-0.8 dB/km（1 300 nm）

- 最小带宽。

200 MHz　典型值：200-400 MHz km（850 nm）

500 MHz　典型值：700-1 000 MHz km（1 300 nm）

12 芯光纤的颜色

白红黑黄紫，蓝橙绿棕灰，玫瑰红，海蓝。色标的意义仅在于两端的对应。

纤芯直径有 62.5/125 μm 和 50/125 μm 两种。

- ♦ 以前，EIA/TIA568A 仅支持 62.5/125 μm，ISO11801 两者都支持；
- ♦ 现在，EIA/TIA568B 对两种纤芯直径都支持。

两种内径光纤的区别如表 8.2 所示。

表 8.2　两种内径光纤的区别

纤 芯 直 径	62.5/125 μm	50/125 μm
带宽	160 MHz/500 MHz	500 MHz/500 MHz
1000Base-SX	275 m（550 m）	550 m
10 Base-FL	支持，2 km	支持，2 km
10/100Base-SX	支持，300 m	支持，300 m
100Base-FX	支持，2 km	支持，2 km
155Mbit/s ATM	支持，2 km	支持，2 km

② 室外单模光缆。

图 8.32 所示为 9/125 μm 突变型单模光纤。

图 8.32　9/125 μm 突变型单模光纤

单模光纤的主要参数如下。

- ♦ 典型衰减

≤0.34 dB/km　　波长：1 310 nm

≤0.20 dB/km　　波长：1 550 nm

- ♦ 纤芯直径：　9/125 μm。

③ 室外光纤系统。

主要由室外多模/单模光纤组成，按照使用方式，有架空/管道型、直埋型等。

目前室外多多模架空/管道型，光纤芯数从 4 芯、6 芯到 12 芯的，属于中央束管型；12 芯以上到 144 芯的，属于层绞型。

3. 光纤跳线

① 各种接头（ST、SC、FC）。图 8.33 所示为各种接头。

② 可选单、多模产品。

- 橘黄色代表单模光纤；
- 橘红色代表多模光纤。

③ 可选择长度（3m 或 5m），全部经过出厂测试。

4. 尾纤

只有一端有连接头，而另一端是一根光缆纤芯的断头，通过熔接与其他光缆纤芯相连，常出现在光纤终端盒内，用于连接光缆与光纤收发器，之间还会用到耦合器、跳线等。

5. 跳线

两端有连接头（如 ST、SC、FC、MTRJ 等）的一段线缆（有光纤跳线、双绞线跳线及其他铜缆跳线等），用于直接连接两个标准接口设备。

6. 光纤耦合器

光纤耦合器（见图 8.34）是将光信号从一条光纤中分至一条或多条光纤中的元件。

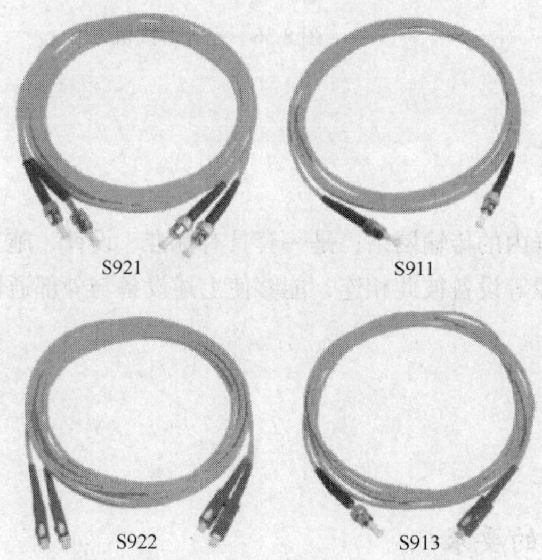

图 8.33　光纤跳线接头

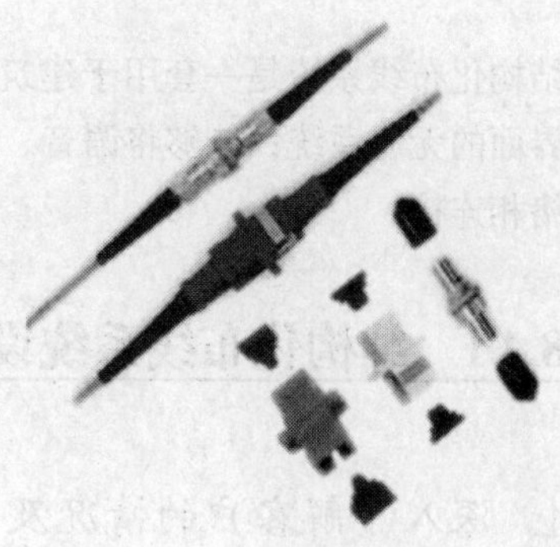

图 8.34　光纤耦合器

光纤耦合器的特点如下。

① SC、FC、ST 兼容不同连接器。

② 低插入损耗设计。

③ 安装简便。

④ 可用于光纤接续箱及桌面的应用。

7. 光纤接续箱

光纤接续箱如图 8.35 所示。

光纤接续箱的特点如下。

① 12、24 口可选。

② 标准 16"横柜安装尺寸及挂墙式。

③ 内置光纤熔接连接托盘，便于安装。

8. 光纤熔接机

光纤熔接机（见图 8.36）的功能在于准确地对准两根光纤的纤芯，然后把它们熔接在一起，形成一根无缝的长光纤。

光纤熔接的方法可参见实训 20。

图 8.35　光纤接续箱

图 8.36　光纤熔接机

8.4 结构化布线系统设计

结构化布线系统是一套用于建筑物或建筑群内的传输网络；是一套具有标准、设计、施工及信息界面的无源系统；能够将语音、数据、图像等设备彼此相连，能够使上述设备与外部通信数据网络相连接。

8.4.1 结构化布线系统设计要求

1. 深入了解客户的情况及其对系统的要求

主要包括以下内容：

① 用户的资金状况；

② 用户对结构化布线系统的了解；

③ 用户对系统目前应用的考虑；

④ 用户对系统未来应用的考虑。

最重要的是系统设计师应理解客户的需求，不要把布线系统的设计超出客户的需求。

2. 结构化布线系统设计等级

结构化布线系统设计等级如表 8.3 所示。

表 8.3　　结构化布线系统设计等级　　（每 $10m^2$ 左右）

设计等级	对数/垂直干线	对数/工作区水平线	主配线架 MDF	分配线架 IDF	信息出口/工作区
基本型	≥2	4	110 型 墙装/机架	110 型 墙装/机架	1
增强型	≥3	≥2×4	110 型 Patch Panels	110 型 Patch Panels	≥2
综合性	≥3 光纤	≥2×4 光纤系统	110 型 Patch Panels 光纤配线架	110 型 Patch Panels 光纤配线架	≥2 光纤端口

3. 结构化布线系统的设计要求

① 模块化设计，基于标准的星型拓扑结构。
② 具有开放性。
③ 具有灵活性。
④ 具有扩展性。
⑤ 具有相对于设备的独立性。
⑥ 整个通道的质量和安全。
⑦ 施工与维护的方便。
⑧ 技术的先进性。
⑨ 经济上的可接受性。

8.4.2　结构化布线系统设计步骤

结构化布线系统设计步骤如图 8.37 所示。
各子系统的设计如图 8.38 所示。

1. 工作区子系统

工作区子系统设计示意图如图 8.39 所示。工作区是建筑物内用户与通信设备互连的地方，其设计必须考虑承租方和设备的具体情况，包括以下内容。

① 依据经验估计，工作区的面积是 $10\ m^2$。
② 通信插座是水平电缆与连接工作区设备的电缆之间连接点。
③ 建议每一个工区至少有一个插座盒。
④ 对于在以后难于增加插座盒的工作区，建议安装两个独立的插座盒。

（1）工作区子系统的设计内容

① 应用级别、类型。

② 应用场合。

③ 模块的数量和类型。

④ 安装面板的数量和类型。

⑤ 跳线的数量和类型。

⑥ 光纤连接点的数量确定。

(2) 工作区子系统的规划

① 用户需求分析。

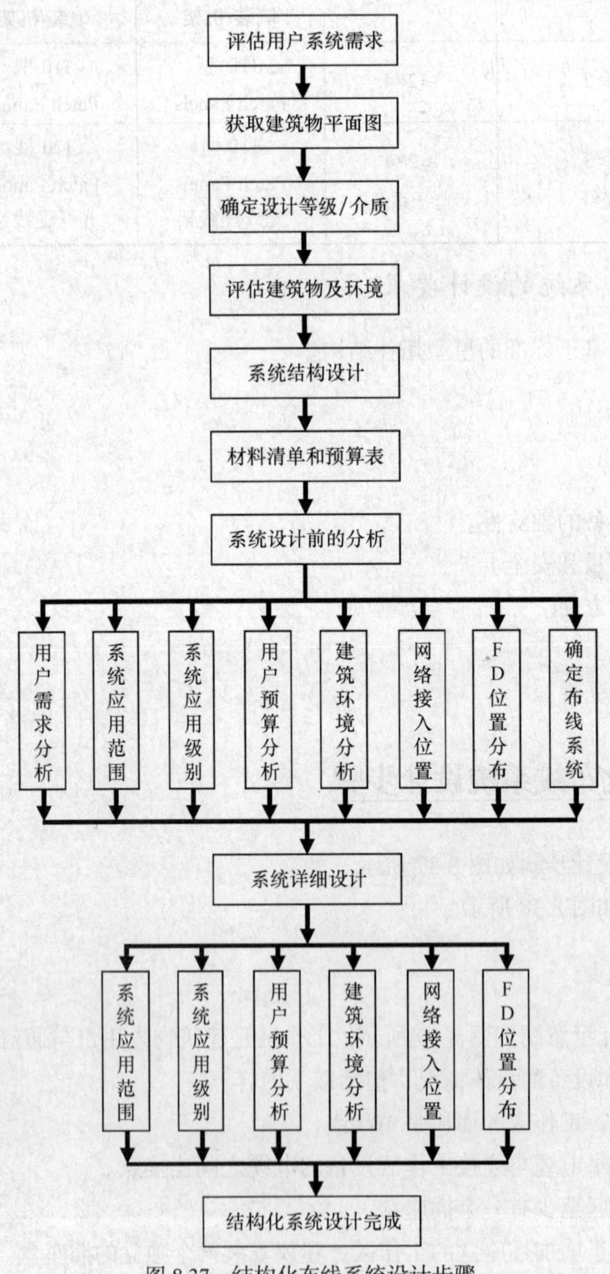

图 8.37 结构化布线系统设计步骤

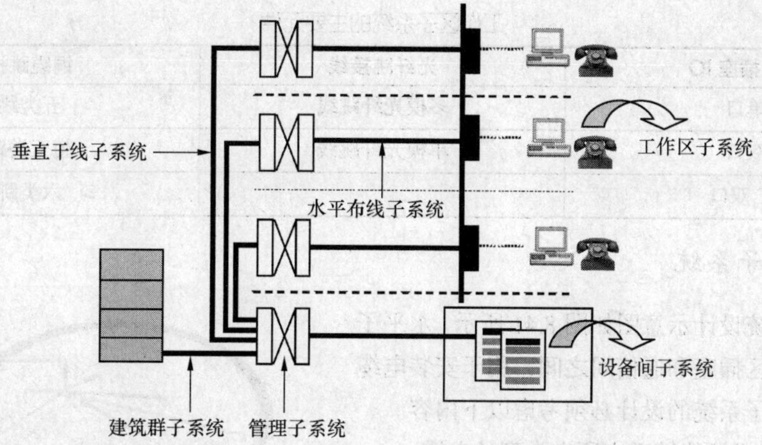

图 8.38 结构化布线系统示意图

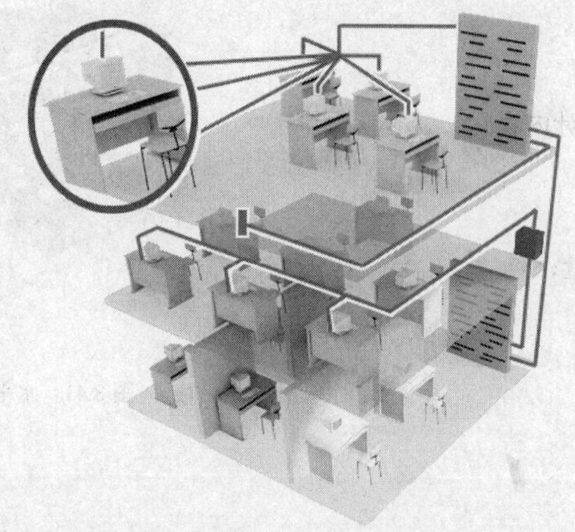
图 8.39 工作区子系统设计示意图

② 确定每个工作区所需话音和数据服务的“最终”数量。

③ 按照标准，每个工作区最少需要两项服务。

④ 要考虑用于传真、调制解调器和未来数据服务的附加电缆。

⑤ 所有工作区中的布线应提供同样数量的服务。

（3）确定信息插座的数量/类型（见图 8.40）

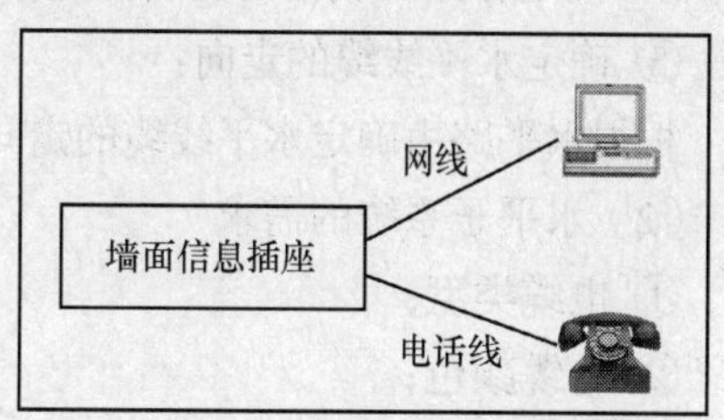

图 8.40 信息插座示意图

① 信息插座 IO 总数（根据设计等级）。

② 信息插座 IO 类型。

③ 面板的数量和类型。

- 墙面/桌面。
- 单孔/双孔/光纤墙面/光纤独立出线盒。

（4）工作区子系统的主要元件

工作区子系统的主要元件如表 8.4 所示。

表 8.4　　　工作区子系统的主要元件

信息插座 IO	光纤跳接线	铜缆跳接线
单口	多模光纤跳线	五类跳线
双口	单模光纤跳线	超五类跳线
ST 双口		六类跳线

2. 水平子系统

水平子系统设计示意图如图 8.41 所示。水平子系统位于工作区插座和通信间之间，用于安装电缆的设施。水平子系统的设计必须考虑以下内容。

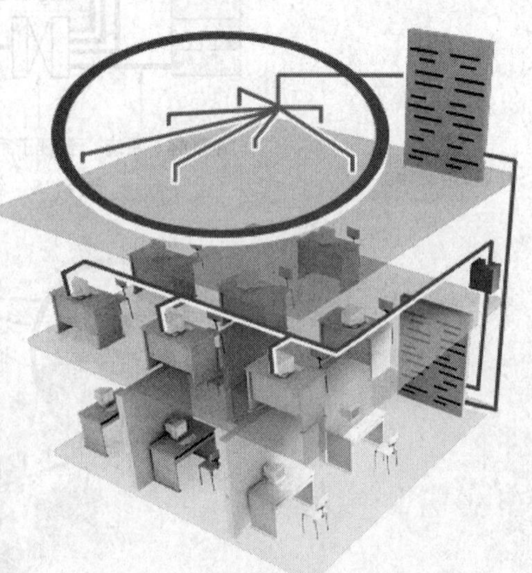

图 8.41　水平子系统设计示意图

① 其设计必须能够适应所有类型的电缆。

② 为确定水平通路的尺寸，应考虑以下问题。

- 电缆的数量和大小。
- 增长容许量。

（1）水平子系统的设计内容

① 分析需求：

- 五类或更高；
- 系统传输的数据量；

② 建筑结构：

- 土建结构；
- 信息点安装位置；
- 配线架安装位置；

③ 仔细读图：

- 确定相关的障碍物的位置；
- 找出弱点竖井的位置；

④ 水平路由：

- 管路或线槽的走向；
- 管路或线槽的规格；
- 确定管路及线槽的安装方式；

⑤ 确定水平线缆的走向：

根据水平路由确定水平线缆的走向。

（2）水平子系统的需求

① 电缆类型；

② 电缆颜色；

③ 电缆防火等级；

④ 电缆长度（最大 90 m）；

⑤ 电缆数量；

⑥ 集中点位置（如果需要）及产品。

（3）确定导线类型长度

① 选择电缆类型；

② 确认每个干线间所服务的区域；

③ 确认最远的 IO 位置；

④ 确认最近的 IO 位置；

⑤ 确定平均电缆长度；

⑥ 确定电缆长度。

（4）水平线缆长度的计算

① A——最近信息点距离；

② B——最远信息点距离；

③ C——每层工作区信息点数量；

④ D——信息点平均距离，

$$D=(A+B)/2\times 1.1+6$$

总共所需电缆箱数的（定购数量）=∑C × D/300 米/箱*

或=∑{C/[（300 米/箱/D）#]}*

* ——计算出数量后进行下取整；

——计算出数量后进行上取整。

（5）水平线缆布线方式的设计

① 地板下布线管道。

有矩形的分布管道和分配管道构成的系统，嵌于混凝土中的电缆通路网络。

- 导线和电缆通过分布管道延伸至特定的工作区。
- 分配管道将分布管道连接至通信间。
- 对于一般的办公室应用，10 m^2 的可用楼层面积对应的地板下布线管道截面积为 650 mm^2——这对于分布管道和分配管道均适用。
- 这基于如下假设：每个工作区有 3 个设备；每个工作区面积为 10 m^2。

② 导管。

- 导管的类型包括导电金属管、硬金属和硬 PVC 管。
- 所用导管类型必须符合相应的电气法规。
- 考虑到可能会出现电缆磨损问题，建议不使用弯曲的金属管。
- 仅在下列情况下，才应考虑将导管用于通信电缆的水平通路系统；通信插座的位置固定；设备密度小；无灵活性要求。
- 按照相应电气法规的规定，安装的导管需要支撑、末端保护和连续性。
- 在两个拉线点或拉线盒之间，每部分导管不能有超过两个以上的 90° 弯曲。

③ 活动地板。

- 由带或不带横向支架的底座支持的组合式地板组成。
- 用于计算机室、设备室和普通办公区。
- 必需在考虑工作区类型以及数量的情况下来设计地板穿越物。
- 服务的通信插座不能设于通行地带或其他可对工作职员构成危险的地方。

④ 电缆托盘和电缆槽。

- 它们是用于放置通信电缆的构件。

- 预制机构由侧面的导轨和密封或非常封的底座组成。
- 电缆托盘和电缆槽在阻燃或非阻燃应用中可位天花板上面或下面。对于一般的办公室应用，一般规则是每个 10 m^2 的可用楼层面积需要提供 650 mm^2 的托盘或电缆槽截面积。
- 这一点基于以下假设：每个工作区有 3 个设备；每个工作区面积为 10 m^2。

⑤ 天花板通路。

天花板布线系统的规则包括：

- 不便于进入的天花板区域（封闭的吊顶瓦、干砌墙、灰泥）不能用布线通路。
- 吊顶瓦必须是可移动的，且高于地板的最大高度为 3.4 m。
- 对于建议的布线方案，天花板区域的空间必须充足合适，至少有 75 mm 高的可用空间。
- 必须有相配的电缆及电缆支撑方法和设施，勿将电缆和电线直接安装在吊顶瓦或横杆上。
- 在法规和方案要求的地方设置通路。

⑥ 周边通路。

- 用于向这样的工作区提供服务，可以方便的高度从墙上访问通信设备。
- 使用周边通路的决定因素是房间的面积。
- 房间内所有的设备依靠来自固定墙壁区域的服务。
- 周边通路实际上被占用的容量是 30%到 60%，这是电缆的曲率半径决定的。

（6）禁止使用的布线方式

下列布线方式未包括在标准之内，禁止使用：

- 地板上的通路；
- 裸露导线；
- 随意穿线；
- 隔板墙。

（7）开放办公室水平布线方式

① 集中点式布线

为了适应开放办公室的需求，在建筑物通道水平电缆和接入家具通道的电缆间允许附加一个端接点（集中点）。110 连接块的一端与出自通信间水平的电缆相接。不允许有交叉连接，只能采取“直通式”的端接。

为了降低邻近处多重连接引起的近端串音效应，集中点必须位于距离通信间至少 15m 处。

② 在采取移动办公时可以断开的优点，建立局部端接点的方法也有下述不利因素：

- 增加了不易操作部位出现损坏的可能性，造成不易维修保养。
- 当进行变更但未很好记录时，会对设备管理造成危害。
- 检验工作变得更加繁重。

③ 多用户组合通信插座是水平电缆的端接点，由在同一个位置若干个通信插座组成。模块软线从多用户组合通信插座直接延伸至终端设备，而不允许有其他附加的中间连接。这种方式允许在改变开放办公室方案时，不会影响水平布线。

④ 安装多用户组合通信插座时，应遵守以下规则：

- 多用户组合通信插座不应安装在天花板上；
- 模块化连接软线的最大长度不超过 20 m；
- 连接多用户组合通信插座和终端设备的模块化连接软线的两端均应标有可供区别的唯一

标识。

（8）水平子系统设计的主要元件

表 8.5　水平子系统设计的主要元件

铜　缆	光　纤
三类	
4 对阻燃线缆	2 芯、4 芯、6 芯
五类	阻燃外皮
4 对阻燃线缆	低烟无卤外皮
超五类	
4 对阻燃线缆	
4 对阻水线缆	
4 对低烟无卤线缆	
六类	
4 对阻燃线缆	
4 对阻水线缆	
4 对低烟无卤线缆	

3. 管理间子系统（通信间子系统）

管理间子系统的设计必须考虑以下内容：

① 通信间专门用于放置通信设备及相关的支持设施；

② 通信间充当主干通路和水平布线通路的连接点；

③ 包括通信设备，电缆端接设备，交叉连接接插软线；

④ 每一楼层至少有一个通信间；

⑤ 每一通信间能够向多达 1 000 m^2 的可用楼层面积提供服务。

（1）管理间子系统的设计

① 确定楼层的使用面积（一般为建筑面积的 75%）；

② 确定水平信息点配线架的类型和数量；

③ 确定主干铜缆配线架的类型和数量；

④ 确定光缆配线架的类型和数量；

⑤ 确定跳线的类型和数量；

⑥ 确定色标的应用；

⑦ 确定设备连接的方式；

⑧ 选择合适的配线架管理方案。

（2）管理间子系统的需求

① 对于铜缆双绞线布线。

- 用于语音和数据布线的组合式和分离式的配线板。
- 墙砖和架装。
- 设备区配线板，并利用接插软线直接连至设备。
- 跳线系统，接插软线系统和混合系统。

② 对于光纤布线。

- 墙装和架装。
- 设备区配线板，并利用接插软线直接连到设备。
- 可现场安装 ST 和 SC 适配器。

（3）建议

① 每楼层至少一间通信间。

② 当最远的工作站的水平距离超过 90 m 时要从追加管理间。

③ 需要符合的要求：

- 最长的水平距离为 90 m。
- 每楼层至少 1 间通信间。
- 每间通信间最多为 1 000 m^2 服务。

④ 如果从通信间至最远工作站的水平电缆长度小于 90 m，则一间通信可为不止一个楼层服务。

这些偏差造成的影响：

- 在某楼层多次移动、增加和变更时，需检视其他楼层，会使管理更困难且费用增加。
- 如果某楼层变更所有权，则该楼层需重新布线以及另加通信间。
- 从某一位置为多个通信插座服务需加大交叉连接场地，使得移动和变更更加困难。
- 对各种服务面积建议的通信间规格如表 8.6 所示。

表 8.6　　通信间规格

服务面积		设备间规格	
平方米	平方英尺	米	英尺
1 000	10 000	3×3.4	10×11
800	8 000	3×2.8	10×9
500	5 000	3×2.2	10×7

假定每 10 m^2 最多有 1 个工作站。

⑤ 通信间规格以可容纳计划中设置终端设备的需求为据。

这些偏差的影响：

- 如果通信间不够大，不足以放置将来的设备，这些设备将被迫放在暴露的办公室区域其他房间与通信间链接。当需要检视或有时需要变更时必须检视两个地点，管理这种昂贵且脆弱的设备会更加困难。

- 如果通信间规格为只能容纳现有的终端需求，则若将来某时需要增加电缆时便没有足够的空间。

（4）管理间设计的其他问题

① 地板至少能够承受 2.4 kPa 的压力。

② 有两面墙需铺设高 2.6 m，厚 20 mm 的耐火胶合板，用于安装设备。

③ 提供充足的光照：墙、地板和天花板应使用不同颜色的灯光，以增强设备的照明度。

④ 优质天花板。

⑤ 对于供电设备，至少要提供两个在不同回路上的专用并联电源插座；为了方便起见，在四周的墙壁上应以 1.8 m 的间隔来安装并联电源插座。

⑥ 在一些情况下，可安装专用于通信间的配电盘。

⑦ 穿越通信间的设施——电缆孔、电缆井、水平通路——必须按照适用的法规采取适当的阻燃措施。

⑧ 提供安全和防火措施。

⑨ 建议安装全年每天 24 h 均不间断地采暖、通风及空调系统。

（5）铜缆的选择

① 选择：单点管理/双点管理。

② 设计步骤：

- 分配线架（IDF）设计；
- 主配线架（MDF）设计；
- 标识方案（TIA/EIA－606）。

注意根据应用特点，选择配线架及跳线。

③ 110 型墙装/机架或机柜。

④ 独立型/增强型 Patch Panels。

（6）多模光缆链路的损耗预算（根据 TIA 568B 和 ISO 1180 第二版本标准）

① 水平部分：

- 长度≤90 m；
- 损耗≤2.0 dB @ 850 nm 或 1 300 nm；
- 损耗≤2.75 dB @ 850 nm 或 1 300 nm；
- 带接合点的开放办公室。

② 主干部分：

- 损耗 ＝@ 850 nm≤3.5 dB / km×L + 0.75 × C +0.3 × Spl；
- 损耗 ＝@ 1 300 nm≤1.5 dB / km×L + 0.75 × C +0.3 × Spl；

其中，L＝ 长度（km）；C＝# 连接点；Spl＝# 熔接点。

（7）单模光缆链路的损耗预算（根据 TIA 568B 和 ISO 1180 第二版本标准）

① 主干部分：

- 损耗 ＝@ 1 310 nm≤1.0 dB / km×L + 0.75 × C +0.3 × Spl；
- 损耗 ＝@ 1 550 nm≤1.0 dB / km×L + 0.75 × C +0.3 × Spl；

其中，L＝ 长度（km）；C＝# 连接点；Spl＝# 熔接点。

② 最大通道衰减：1 310 nm，1000Base –LX，4.57 dB

③ 最大支持长度：1 310 nm，1 000 Base–LX，5 000 m

（8）管理间子系统设计的主要元件

管理间子系统设计的主要元件见表 8.7、表 8.8。

表 8.7　　管理间子系统设计的主要元件（一）

线缆交叉连接系统	铜缆跳线
110 型墙装 50-300 对跳线架	超五类 RJ-45 跳线
110 型机柜/机架 100、200 对跳线架	长度：1 m、2 m、3 m、5 m
24 口独立型配线架	颜色：灰、红、蓝、黄、绿色
48 口独立型配线架	110 型快接 1-4 对快接式跳线
24 口增强型配线架	110 型 4 对快接式跳线

表 8.8　　管理间子系统设计的主要元件（二）

光缆接续设备	光纤跳线（单模 / 多模）
12、24 口机柜/机架配线架	ST / ST
12、24 口墙装管线配线架	SC / SC
光纤适配器：ST、SC、FC	ST / SC
	SC / FC

4. 干线子系统

干线子系统设计示意图如图 8.42 所示。干线子系统是建筑物内通路用于铺设处于如下位置的主干电缆：

① 设备室至入口设备；

② 入口设备至通信间；

③ 设备室至通信间；

④ 通路可能由导管、电缆管道或电缆窄槽及宽槽组成；

⑤ 所有的主干通路均要采取适当的防火措施。

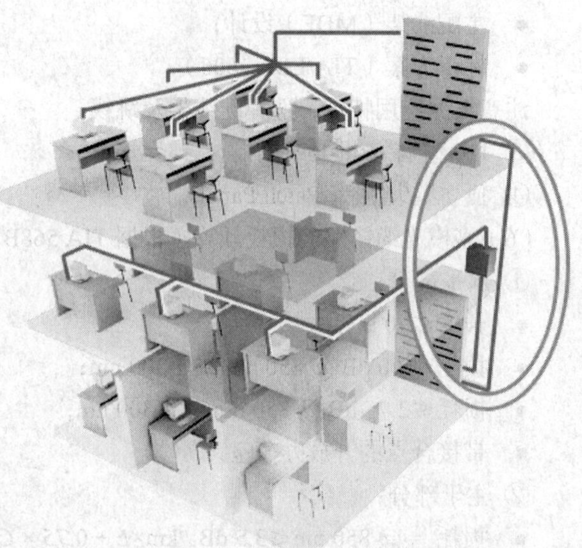

图 8.42　干线子系统设计示意图

（1）干线子系统的设计

① 分析需求：

- 语音传输需求；
- 数据传输需求；
- 更高的传输需求。

② 建筑结构：

- 土建机构；
- 主配线架；
- 主配线间位置；
- 分配线间位置。

③ 仔细读图：

- 确定相关的障碍物的位置；
- 找出弱电竖井的位置和走向。

④ 确定系统：

- 确定系统的网络结构；
- 确定系统应用的设备选型；
- 根据所有信息点的分布确定干线；
- 系统的分区，做到合理分区。

⑤ 确定容量：

- 根据分区情况以及系统信息的传输量，确定干线子系统各个分区的基本信息容量；
- 在基本信息容量的基础上，铜介质的干线应增相应的余量；

- 光介质的干线按 1：1：1 的比例考虑余量。

⑥ 干线线缆的计算长度：

- 各分区的干线沿路由方向（竖直）直线距离的计算长度；
- 从竖直的方向分别接入到主、分配线间中配线设备的柜内接线计算长度；
- 各分区的干线在配线设备间处预留的端接和维护的计算长度。

（2）干线线缆总长度的计算

① 综合考虑设计图纸上的所有干线电缆。

② 计算出各个分区所有干线电缆（铜介质和光介质）的总长度。

③ 按线缆敷设时施工冗余比例计算出铜介质和光介质干线实际长度。

④ 对于铜介质干线先以实际长度折算长线缆的轴数，再将计算出的线缆轴数取整，得出最终的干线线缆用量。

⑤ 对于光介质的干线只需对实际长度做取整处理。

（3）干线子系统的需求

① 对于非屏蔽双绞线和光纤线缆的需求；

② 线缆类型；

③ 线对/光纤数量；

④ 电缆防火等级；

⑤ 电缆长度；

⑥ 电缆数量。

（4）干线子系统的线缆路由

① 干线路由：

- 管路或线槽、桥架的走向。
- 管路或线槽、桥架的口径。
- 确定管路或线槽、桥架的安装接口及汇合处。

② 垂直主干通路：

- 位于不同楼层的通信间通过电缆线槽或管道连通起来。
- 电梯的升降机井不能用作主干通路。

③ 水平主干通路：

如果一个通信间不能与它上面或下面的通信间垂直对齐，或者一个通信间不能与入口设备垂直对齐，则使用水平主干通路连接它们。

（5）主干线缆长度的要求

① 铜缆：

- 用于数据服务的 3/5/6 类电缆，在所有情况下均为 90 m。
- 用于话音服务的多对双绞线电缆。
  - ♦ 通信间到中间交叉连接：500 m。
  - ♦ 中间交叉连接到主交叉连接：300 m。
  - ♦ 通信间到主交叉连接：800 m。

② 光缆。

- 62.5/125μm 多模光缆。

- ♦ 通信间到中间交叉连接：500 m。
- ♦ 通信间到主交叉连接：2 000 m。
- 单模光缆。
  - ♦ 通信间到中间交叉连接：500 m。
  - ♦ 中间交叉连接到主交叉连接：2 500 m。
  - ♦ 通信间到主交叉连接：3 000 m。

（6）主干非屏蔽双绞线电缆——“多少对？”

① 话音主干电缆：

- 水平布线中的半数线对用于话音服务，再加上 25%的扩展余量。
- 也可用于调制解调器、传真及其他相当设备的链接。

② 数据主干电缆：

- 没有最高级规定。
- 所需线对数根据电子设备的类型和位置而变化。
- 一般铜缆采用 25 对。

（7）主干光缆——“多少纤？”

① 市面上出售的光缆中光纤的条数通常按 6 递增。

- 两条应用光纤；
- 两条备份光纤；
- 两条备用光纤。

② 在建筑物内部，建议采用 12 纤 62.5/125 μm 多模光缆连接各通信间。

③ 在建筑物之间，建议在主交叉连接与中间交叉连接之间采用 24 纤 62.5/125 μm 的多模光缆。

图 8.43 主干线缆示意图

（8）主干线缆长度的计算

主干线缆示意图如图 8.43 所示。

单根主干线缆的长度=中心设备间到竖井距离+层高×楼层数+设备间到竖井距离+6 m（端接和路由损耗）。

（9）干线子系统设计的主要元件

干线子系统设计的主要元件见表 8.9。

表 8.9 干线子系统设计的主要元件

铜 缆	光 纤
三类	
25 对阻燃大对数	4 芯、6 芯、12 芯、24 芯
50 对阻燃大对数	阻燃外皮
100 对阻燃大对数	低烟无卤外皮

续表

铜　缆	光　纤
五类	
25 对阻燃大对数	
超五类	
4 对阻燃线缆	
4 对阻水线缆	
4 对低烟无卤线缆	
六类	
4 对阻燃线缆	
4 对阻水线缆	
4 对低烟无卤线缆	

5. 设备间子系统

设备间是用于安装建筑物内公共通信设备的空间，设备间子系统示意图如图 8.44 所示。设备间子系统的设计必须考虑以下内容。

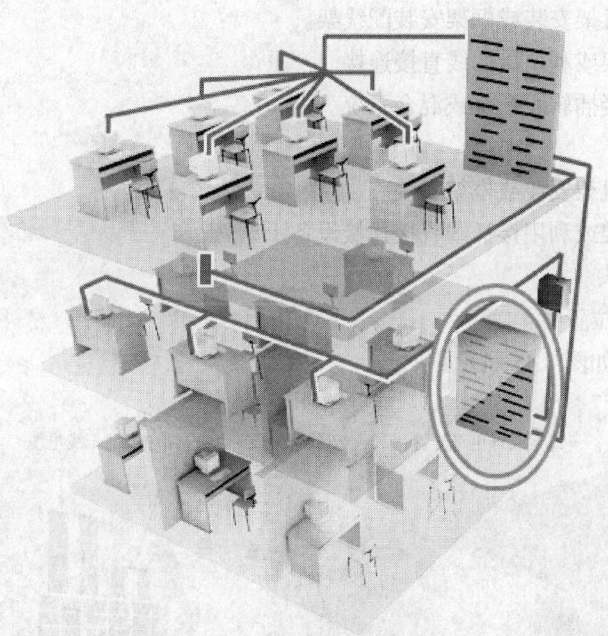

图 8.44　设备间子系统示意图

① 设计设备间必须考虑以下因素。

- 将来可能要经常扩展。
- 考虑诸如电梯、外墙及其他固定墙壁等设施。
- 渗水的可能性。

② 设备间通常需要安装大型设备，因此需考虑以下方面：

- 必须保证便于搬运。
- 必须具有适当的空间。

③ 建议设备间的最小面积为 14 m^2。

（1）设备间子系统的设计

① 设备间是放置电子设备和配线设备的场所，所有语音、数据的连接都从水平区向它汇聚，并完成跳线与配线设备的连接。

② 楼层配线间应尽量位于竖井附近以便进行垂直分配。

③ 设备间的空间应该足以容纳所有配线设备和相关的电子连接设备。

④ 设备间的设计应考虑以下因素：

- 温湿度；
- 照明；
- 消防防火；
- 电源供给；
- 高架地板；
- 弱电接地。

（2）设备间子系统的需求

① 对于非屏蔽双绞线电缆：

- 墙上安装、机架安装或框架安装配线架。
- 设备区配线架或利用接插线直接连接。
- 跳线系统、接插软线系统或混合系统。

② 对于光缆：

- 墙上安装、机架安装或框架安装。
- 设备区配线架或利用接插线直接连接设备。
- ST 或 SC 插头。

（3）确定设备间位置

设备间的位置图如图 8.45 所示。

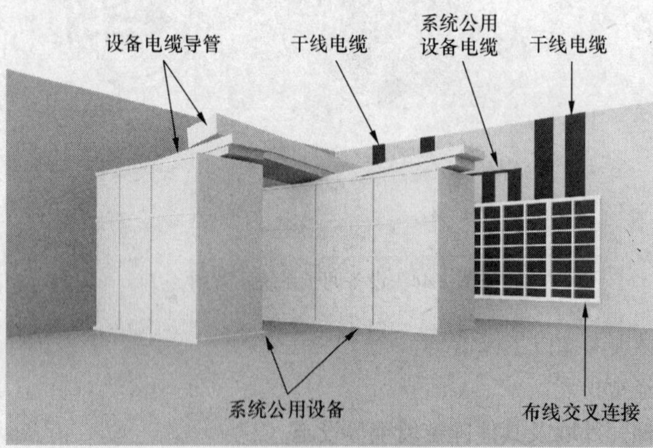

图 8.45　设备间的位置

① 根据用途考虑，主要有主布线区、PBX、网络 LAN、设备日常管理空间。

② 根据位置考虑，主要有居中，与外线/网络接口相近两种位置。

③ 根据需求考虑，一个建筑可以有单个或多个主设备间。

④ 主设备间与主连接间尽可能合二为一（可能会受到面积大小的影响）。

（4）设备间设计的其他问题

设备间与管理间在设计上的要求基本是一致的，但有以下几点不同。

① 确保地板的承受能力能够承受所安装设备的分布和集中载荷。

② 设备间不应低于水位，应采取防渗水措施。

③ 要考虑整栋大楼内接入到设备间的所有线缆及相应的端接设备的施工安装及维护空间。

④ 要考虑市话进缆及端接设备的施工及安装及维护空间。

⑤ 要考虑网络数据交换设备靠近市话端接设备及网络交换设备。

⑥ 整栋大楼结构化布线系统应从设备间的接地端子接入大楼的弱电接地系统，整体接地电阻不应超过 2Ω。

表 8.10　设备间面积的确定

工作区数量	设备间面积	
	单位（平方米）	单位（平方英尺）
小于 100	14	150
101 至 400	37	400
401 至 800	74	800
801 至 1 200	111	1 200

（5）对设备间的要求

① 层高：离地板至少 2.55 m；

② 面积：按表 8.10 要求或与客户协商；

③ 照明：高度至少达到 50 英尺/烛光；

④ 地面：承重至少能达到 500 kg/m^2；

⑤ 电力：至少 2 个 15 A、220 V 插座；

⑥ 进出线槽：有足够的空间；

⑦ 位置：干线子系统的中间位置；

⑧ 室温：10～30℃，相对于湿度 20%～80%；

⑨ 面积：至少 10 m^2；

⑩ 尘埃：最大直径 5 μm；最大浓度 1.3×105 个/m^3；

⑪ 空间：机柜前净空＞800 mm；机柜后净空＞600 mm；

⑫ 空调：采用非冷凝型空调；

⑬ 消防：如果采用湿型消防系统，不要把喷洒头直接对准电子设备；

⑭ 房门：防火门，向外开启，2.1 m×0.9 m；

⑮ 窗户：至少有一扇作为安全出口；

⑯ EMI：尽可能的远离电动机/发电机组。

（6）设备间子系统设计的主要元件

设备间子系统设计的主要元件见表 8.11、表 8.12。

表 8.11　设备间子系统设计的主要元件（一）

线缆交叉连接系统	铜缆跳线
110 型墙装 50-300 对跳线架	超五类 RJ-45 跳线
110 型机柜/机架 100、200 对跳线架	长度：1 m、2 m、3 m、5 m
24 口独立型配线架	颜色：灰、红、蓝、黄、绿色
48 口独立型配线架	110 型快接 1-4 对快接式跳线
24 口增强型配线架	110 型 4 对快接式跳线

表 8.12　设备间子系统设计的主要元件（二）

光缆接续设备	光纤跳线（单模 / 多模）
12、24 口机柜/机架配线架	ST / ST
12、24 口墙装管线配线架	SC / SC
光纤适配器：ST、SC、FC	ST / SC
	SC / FC

6. 建筑群子系统

（1）建筑群子系统的设计步骤

① 确定电缆入口。

② 根据所有可行路由成本分析，确定电缆路由。

③ 选择线缆类型/规格（铜缆、光纤）。

④ 过压/过流保护选择。

⑤ 接地方法选择。

（2）入口设施规则

① 建筑物外部的光缆与建筑物内布线之间的转接点。

② 入口设施与主交叉连接/中间交叉连接之间的距离必须计入总长度。

③ 应考虑的事项：

- 电气保护；
- 向建筑物内防火规格电缆的过渡。

（3）建筑物子系统的线路路由设计

① 地下通路建筑间的主干通路。

规划地下通路时必须考虑如下问题：

- 拓扑结构等施工的限制，包括土地的开发。
- 地下通路的坡度能进行排水。
- 需要用于排放水气的通风孔。
- 根据交通流量确定通路覆盖层的厚度，并判断是否需要采用混凝土覆盖层。
- 地下通路由管道、导管和电缆槽组成，可能还包括检修孔。
- 所有管道和导管的直径均为 100 mm（4 英寸）。
- 最好不要有弯曲，如果必须，不能多于两个 90° 弯曲。

② 直埋式建筑物间主干通路。

在这种情况下，通信电缆要安全埋于地下，需注意以下几个问题：

- 电缆的直接埋入是通过挖电缆沟、钻孔、穿孔而完成的。
- 当选择通路路由时，应考虑美观，围墙，树木，通路和其他可能服务设施，这一点是很重要的。

③ 架空式建筑物间主干通路

在这种情况下，所有设备包括电线杆、绑扎电缆的钢丝绳和支撑系统使用架空式主干时应考虑如下问题：

- 建筑物和周围地区的外观；
- 适用的法规；
- 要与供电线路和管路隔离开；
- 跨距，建筑物附属设施，浪涌电压及物理保护；
- 现在和将来可能增加的电缆数量。

④ 隧道式建筑物间主干通路。

隧道式通路由导管，托架，电缆槽或配套的钢丝绳组成。在规划时，通路在隧道中的位置必须允许人员进行操作，并于隧道内的其他服务相分离。

（4）建筑群子系统设计的主要元件

建筑群子系统设计的主要元件见表 8.13。

表 8.13 建筑群子系统设计的主要元件

室外铜缆	室外光缆	保安器
多模/单模	多模/单模	保安配线架
架空或穿管	架空或穿管	
金属铠装	金属铠装	

8.5 布线系统的安装

8.5.1 结构化布线系统安装概述

1. 布线系统安装常用的相关标准

① EIA/TIA—568A　商业大楼通信布线标准

② EIA/TIA—569　商业大楼通信通路与空间标准

③ EIA/TIA—570　住宅与小型商业通信布线标准

④ TIA/EIA—606　商业大楼通信基础结构管理标准

⑤ TIA/EIA—607　商业大楼通信布线接地和保护连接标准

⑥ TIA/TSB—67　非屏蔽双绞线布线系统现场测试的发射性能标准

⑦ TIA/TSB—72　集中式光纤布线标准

⑧ TIA/TSB—75　　开放办公室水平布线标准

2. 布线系统安装前的准备工作

① 施工现场的环境检查。

- 交接间、设备间、工作区土建工程应已全部竣工，门锁、钥匙应齐全。
- 预留地槽、暗管、孔洞的位置、数量、尺寸均符合设计要求。

对设备间铺设的活动地板应专门检查，要求严密、坚实，每 m^2 水平偏差应不大于 2 mm，支柱牢固，防静电措施应符合设计要求。

② 施工所用线缆的检验要求：

- 电缆应有出厂质量检验合格证；如用户要求，应附带本批电缆的电气性能检验报告。
- 电气性能应从本批电缆的任意 3 盘中截出 100 m，进行抽样测试。
- 所有线缆的各种类别的标志、序号应完整、清楚。
- 采用 62.5/125 μm 渐变型多模光纤或 50/125 μm 渐变型多模光纤、8.3/125 μm 突变型单模光纤时，现场检查端头封装是否良好，并测试光纤衰减常数和光纤长度。

3. 布线系统安装的安全措施

① 选择合适的衣服（安全帽、安全眼镜、鞋类、手套）。
② 使用安全的工具。
③ 确定电力线的位置。
④ 保持工作区域的安全。
⑤ 制定施工安全措施。

4. 布线系统的安装步骤

布线系统的安装步骤如图 8.46 所示。

8.5.2 铜缆系统的安装

铜缆系统的安装包括以下 3 个部分。
① 铜缆系统线缆的布放；
② 铜缆系统信息插座的端接；
③ 铜缆系统配线架的端接。

1. 铜缆系统线缆的布放

线缆的布放需要重点考虑下列几点。
① 了解建筑物的结构。
② 检查牵引线。
③ 提供线缆支持。
④ 拉线速度的考虑。

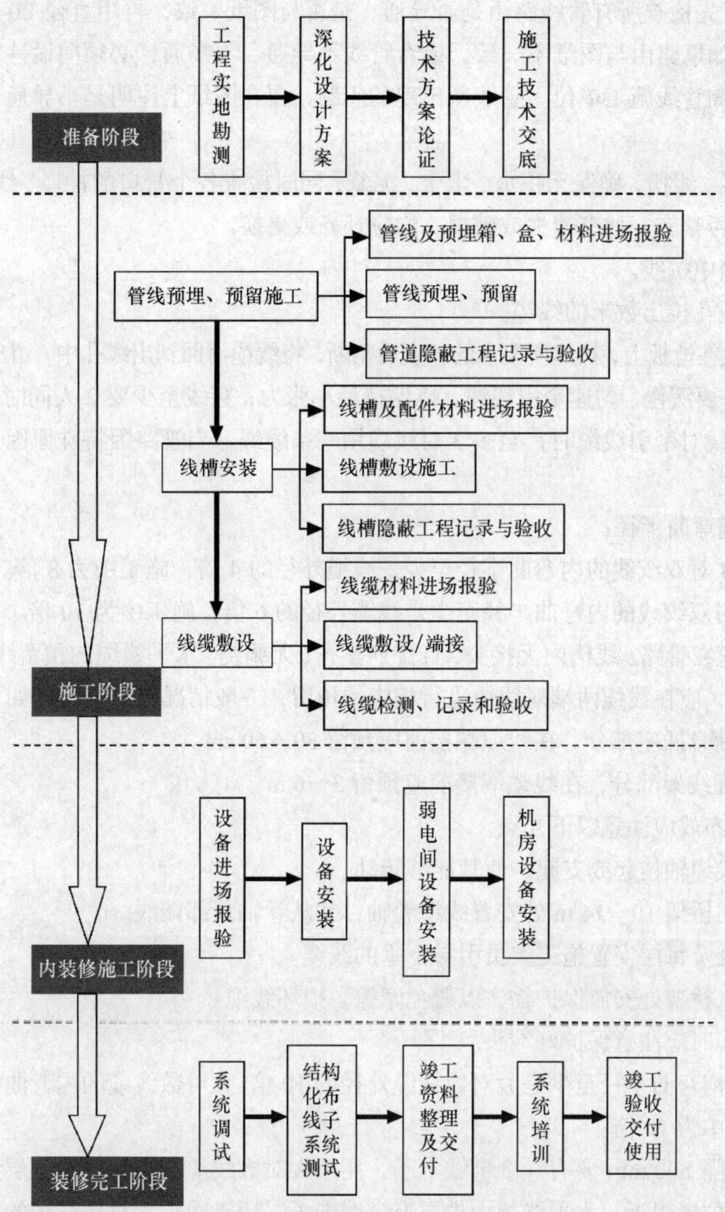

图 8.46　布线系统安装步骤

线缆的弯曲角度应注意以下几点。

① 在线缆路由中允许转弯，但应尽量避免不必要的转弯，通常要求少于 3 个 90° 的转弯。

② 在一个信息插座底盒中，允许有少数线缆的转弯及短的（小于 30 cm）线圈。

③ 通常根据线缆的传输性能，应避免下列的情况：

- 避免弯曲超过 90° 。
- 避免过紧的缠绕线缆。
- 避免损坏线缆的外皮。
- 不要损坏线缆内的导线。

水平线缆的布放应注意以下几点。

① 穿线前，先检查所有管线路由是否导通、是否与图纸一致，再用直径 20 mm 的粗绳检查路由是否导通。如果路由与图纸不一致，或者管线不导通、不畅通，必须向设计单位、现场监理人员报告，并通知管线施工单位。管线所出现的问题，要在图纸上注明是不导通还是出现了新的路由。

② 清扫管线、线槽，确保无积水、尘土、泥浆；同时检查各个管口的护口、线槽内的分隔板、压角框及盖板是否整齐，如有遗失或破损，均应补齐或更换。

③ 从纸板箱中拉线。

④ 通过出线孔拉出数米的线缆。

⑤ 将板箱放在地板上，拉出所要求的长度后割断，将线缆滑回到出线孔中，留出几厘米在外面。

⑥ 穿线时，要缓慢、匀速牵引线缆，以保持最小张力；穿线至少要 2 人同时进行，以便相互配合、提醒；多线对牵引线缆时，至多 3 对线缆用一条缆绳。当管路因特殊原因走线较多时，应一根一根地穿线。

⑦ 水平线缆弯曲半径：

- 非屏蔽 4 对双绞线的内弯曲半径至少是线缆外径的 4 倍，施工中为 8 倍。
- 屏蔽 4 对双绞线的内弯曲半径至少是线缆外径的 6 倍，施工中为 10 倍。

⑧ 所有线缆在管路、线槽内无接头，且排列整齐、无缠绕。水平线缆的预留线缆布放到位后，在端接线缆之前，应在线缆两端对线缆进行相应的预留，一般情况下预留长度如下。

- 工作区信息插座部分，在线缆端接前应预留 30～60 cm。
- 管理区配线架部分，在线缆端接前应预留 3～6 m。

干线线缆的布放应注意以下几点。

① 应先将线缆轴挂起或支起，使其能够转动。

② 在离竖向桥架 10～14 m 处安置线缆卷轴，并从卷轴顶部馈线。

③ 在线轴处及每层安置施工人员引导下垂的线缆。

④ 在线缆入桥架处安放保护物，以避免摩擦、损坏线缆。

⑤ 牵引线缆时应注意保护好端头。

主干线槽的内弯曲半径至少是大对数线缆外径的 10 倍；大对数线缆的内弯曲半径至少是其外径的 6 倍，施工中为 10 倍。

主干线槽每隔 800 mm 要有一个绑线卡子，用于大对数线缆的绑扎；在各层大对数线缆进入垂直主干线槽的位置附近，水平线槽内也要有绑线卡子，用于减小大对数线缆的垂直拉力。干线铜缆的两端，端接前应预留 3～6 m。

2. 铜缆系统信息插座的安装

（1）端接时水平线缆的处理

① 用斜口钳或剪刀将铜缆外护套剪个小口。

② 找到外护套下的尼龙撕拉线。

③ 一只手握住电缆，同时用钳子夹住撕拉线下拉，剥开电缆护套至所需的开口宽度。

④ 剪去剥开的外套。

（2）铜缆系统信息插座的端接

① 绞线解开的长度不能超过 13 mm。

② 双绞线在尽可能靠近开口处解开。

③ 按数字顺序排列导线。

④ 弯曲导线并切掉多余部分。

⑤ 通常导线解开 3 mm 长。

⑥ 将模块插进面板。

（3）对于线对距离的要求

线对距离示意图如图 8.47 所示，具体要求如下。

① 双绞线的绞距打开长度不得超过 13 mm，尽可能靠近开口处，最好小于 6 mm。

② 最大暴露长度为 4～5 cm。

③ 最大线对间距 4 cm。

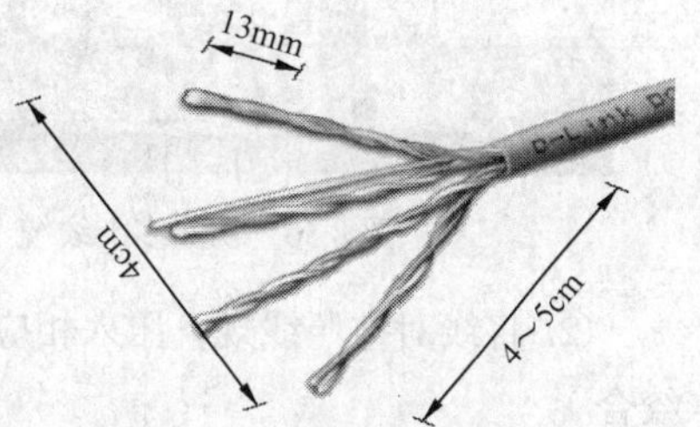

图 8.47 线对距离示意图

（4）信息插座安装时应注意的其他问题

① 信息插座应在内部做好固定连接，不得空脚、空线；要求屏蔽的场合插座必须有屏蔽措施。

② 线对压入信息插座触点时，应尽可能小地散开线对，以保持较好的绞距。

③ 面板安装要横平竖直；面板上要有点位编号、语音标识及数据标识。

3. 铜缆系统配线架的安装

（1）快接式配线架的端接

① 端接时，注意所使用色标的一致（即 568A 或 568B），禁止在一个布线系统中，同时使用两种色标。

② 捆绑线缆时，同样要注意线缆的弯曲半径：

- 非屏蔽 4 对双绞线的内弯曲半径至少是线缆外径的 4 倍，施工中为 8 倍；
- 屏蔽 4 对双绞线的内弯曲半径至少是线缆外径的 6 倍，施工中为 10 倍；
- 大对数线缆的内弯曲半径至少是其外径的 6 倍，施工中为 10 倍。

（2）增强型配线架的端接

① 将线缆固定在配线架上，并剥开外皮 4～5 cm，如图 8.48 所示。

② 将线对按照线规，压入相应的端接位置，如图 8.49 所示（注意：应尽可能小的打开线对绞合）。

图 8.48 在配线架上固定线缆

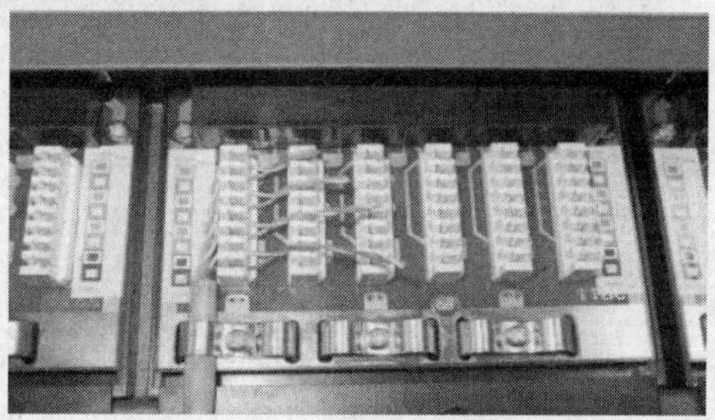
图 8.49 将线缆压入端接位置

③ 用工具将线对多余的部分切断，如图 8.50 所示。

（3）独立型配线架的端接

① 将线缆剥开外皮 4～5 cm，如图 8.51 所示。

图 8.50 切除多余线缆

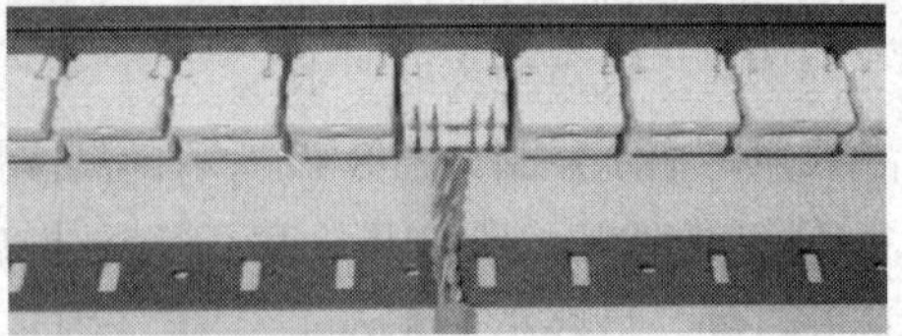

图 8.51 剥开线缆外皮

② 将线对按照线规，压入相应的端接位置，如图 8.52 所示（注意：应尽可能小的打开线对绞合）。

③ 用工具将线对多余的部分切断，如图 8.53 所示。

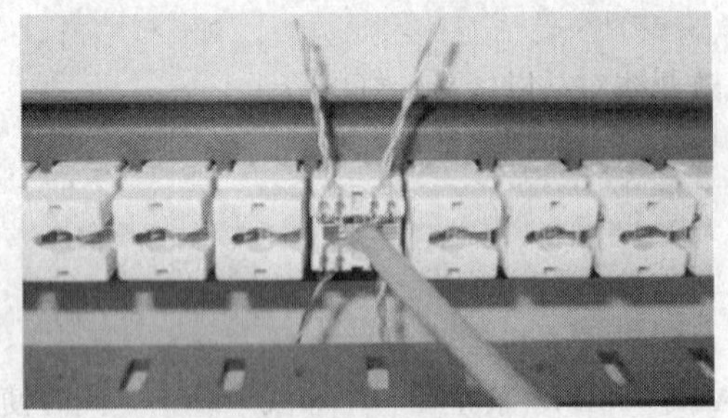

图 8.52 将线缆压入端接位置

图 8.53 切除多余线缆

④ 将线缆固定在配线架上并安装防尘盖，如图 8.54 所示。

（4）大对数线缆对的颜色

通常把线缆对数为 25 对及以上铜缆，称为大对数铜缆，如图 8.55 所示。大对数铜缆是以 25 对线对为基数递增的。

图 8.54 固定线缆

图 8.55 大对数线缆

大对数线缆对的颜色见表 8.14。

① 主色：白、红、黑、黄、紫。

② 辅色：蓝、橙、绿、棕、灰。

表 8.14　大对数线缆对的颜色

序　号	主　色	辅　色	线　对
1	白	蓝	白 蓝
2	白	橙	白 橙
3	白	绿	白 绿
4	白	棕	白 棕
5	白	灰	白 灰
6	红	蓝	红 蓝
7	红	橙	红 橙
8	红	绿	红 绿
9	红	棕	红 棕
10	红	灰	红 灰
11	黑	蓝	黑 蓝
12	黑	橙	黑 橙
13	黑	绿	黑 绿
14	黑	棕	黑 棕
15	黑	灰	黑 灰
16	黄	蓝	黄 蓝
17	黄	橙	黄 橙
18	黄	绿	黄 绿
19	黄	棕	黄 棕
20	黄	灰	黄 灰
21	紫	蓝	紫 蓝
22	紫	橙	紫 橙
23	紫	绿	紫 绿
24	紫	棕	紫 棕
25	紫	灰	紫 灰

（5）干线线缆端接时的处理

① 用电工刀在想要除去外护套的地方对电缆进行环切。

② 向电缆头方向，在距离最初切点 152 mm 处进行另一个环切。

③ 将两个环切之间的外护套切开，并去掉。

④ 进行另一个环切并重复上面的第 1 步到第 3 步。

⑤ 距外护套切口 25 mm 处环切内护套。

⑥ 拔掉护套，但要保持电缆的形状。

⑦ 用带子将电缆束系好以免电缆对和电缆束松散。

（6）110 型配线架端接步骤

110 型配线架端接示意图如图8.56所示，具体操作步骤如下。

① 将线缆从配线架的两端穿出，并剥去外皮。

② 将线对压入配线架：

- 第一排顺序为从左至右，从“白蓝”线对开始，最后一对为“紫灰”线对。
- 第二排顺序为从右至左，从“紫灰”线对开始，最后一对为“白蓝”线对。
- 主色在辅色的左边。
- 将线对尽量拉紧。

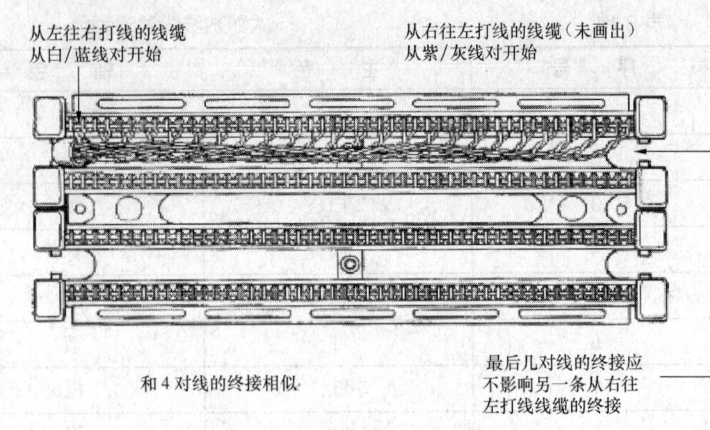

图 8.56　110 型配线架端接示意图

③ 用专用端接工具将多余线缆切断。

④ 再用端接工具将 4 对或 5 对连接块端接到配线架上。

⑤ 禁止“一线两用”。

这样做看似能提高网络线的利用率，其实这种一线多用的做法对网络通信的效率的影响是很大的。要将网络线一线多用的话，就必须将相互绞绕在一起的电缆线解开，这样双绞线的纽绞角度就会发生破坏，双绞线的近端串绕参数就会变大起来，近端串绕的数值增大对网络线的传输交换速度影响是很大的。

8.5.3　光缆系统线缆的布放

1. 光缆布放前的检查

① 工程所用的光缆规格、型号、数量应符合设计的规定和合同的要求。

② 衰减测试：先采用光时域反射仪进行测试，如果结果超出标准或与出厂数值相差过大，再改用光功率计测试，以判断是否光缆本身衰减过大。

③ 长度测试：要求对每根光纤进行测试，测试结果应与盘标长度一致，如果差异较大，应从另一端进行测试，以判断是否有断纤现象。

2. 光缆布放的要求

① 光缆的布放应平直，不得产生扭绞、打圈等现象，不应受到外力挤压和损伤。

② 光缆与建筑物内其他管线应保持一定的间距，与其他弱电线缆也应分管布放。

③ 光缆布放时应有预留，在设备端预留长度一般为 5～10 m，有特殊要求应按设计要求预留长度。

④ 布放光缆最好以直线方式，如有弯曲，光缆的弯曲半径要求如下。

- 在静止状态至少为光缆外径的 10 倍。
- 在施工过程中应至少为外径的 20 倍。

⑤ 光缆布放的牵引力：

- 应小于光缆所允许的张力的 80%，对光缆瞬间最大牵引力不应超过光缆允许的张力。光缆的主牵引力应加在其填充物或支撑物上。
- 光纤表面微小的伤痕，将使耐张力显著的恶化。另外，当光纤受到不均匀的侧面压力时，光纤损耗将明显增大。
- 因此，布放光缆时应控制光缆的布放张力，避免使光纤受到过度的外力（弯曲、侧压、牵拉、冲击等）。这是提高工程质量，保证光缆传输通道性能所必须注意的问题。

3. 光缆系统的连接

一个光纤连接器通过光纤耦合器与另一个光纤连接器连接，以实现光纤系统的连接。

光纤连接器的制作方法，目前常用的有如下两种。

（1）尾纤的熔接

（2）光纤连接器的现场制作

① 光纤连接器现场制作的优点：

- 连接成本较低；
- 适用于小数量的光纤连接。

② 光纤连接器现场制作的其他问题：

- 连接器多选择 ST 接头；
- 要求损耗小于 0.2 dB；
- 允许的材料损耗小于 3～5%。

4. 光缆维护时应注意的问题

① 在进行光纤接续或制作光纤连接器时，施工人员必须戴上护目镜和手套，穿上工作服，并远离人群，环境应保持洁净。

② 决不允许观看正在使用中的光纤传输系统及其连接器，更不允许使用光学仪器去观看这些光纤连接器。

③ 维护光纤传输系统，只有在断开所有光源的情况下，才能进行操作。

④ 所有光纤接续的部分，必须标有发射（TX）和接收（RX）的明显标记。

8.5.4 线缆管线的安装

1. 工作区、水平子系统管线的安装要求

① 平整度要求：线槽、分线盒、出线盒的盖板顶面高度要与地面平齐，整体的平整度要求参照相应地面面层质量验收标准。

② 方向要求：出线盒的安装要结合家具的摆放位置，考虑好开启方向。

2. 管路、线槽、分线盒、出线盒各部分之间的连接要求

① 所有穿线圆管与线槽、分线盒、出线盒的连接，应同连接面保持垂直，且位于接触面的中间高度；圆管插入线槽、分线盒、出线盒的长度为一个锁母的长度（不大于 5 mm，过长会影响盒内电

缆的穿过、强弱电分隔板的安装和强弱电插座的安装）；圆管接头必须套丝并在盒内用一个锁母锁好。

② 分线盒与出线盒之间采用金属波纹管连接。

③ 为保证穿线圆管与线槽、分线盒、出线盒的可靠连接，需要用小铁条将其焊接在一起。焊接必须在圆管的侧面进行，否则会影响其上面水泥层的厚度。

④ 对吊顶线槽的支撑要求：

- 吊顶线槽的各支撑物间隔距离，不应大于 1.5 m；
- 线槽两侧的可移动距离不应大于 5 cm。

⑤ 地线跨接的技术要求：

- 地面线槽内连接处采用 BV-R4 导线在线槽内焊接，使整个线槽成为一个连通导体，并在建筑物的最低层做好整体接地。
- 线槽与分线盒之间跨接地线采用 BV-R4 导线焊接。

⑥ 对线槽、管线的要求：

- 必须按照图纸上注明的规格选用相应的线槽、管线；
- 如果将要布设的是非屏蔽电缆，管线的内弯曲半径是线缆外径的 8 倍（R>50 mm）；如果将要布设的是屏蔽电缆，管线的内弯曲半径是线缆外径的 10 倍（R>80 mm）。

⑦ 墙面信息点安装位置：

没有特殊要求时，光纤出线盒、墙面信息插座、墙面电源插座统一安装在距离地面 300 mm 的高度上（以下沿为基准线），后两者间的距离应保持在 250～300 mm 左右；墙面接线盒的预埋深度，控制在距离墙面 20 mm 以内，不能预埋过深。

⑧ 清洁要求：

- 管线的各种路由必须通畅，内部无积水、尘土、泥浆。
- 主接线间、主设备间如采用架空地板或高架地板方式，必须保证地板下地面的清洁。

3. 干线子系统管线的安装

主干线槽每隔 800 mm 要有一个绑线卡子，用于大对数线缆的绑扎；在各层大对数线缆进入垂直主干线槽的位置附近，水平线槽内也要有绑线卡子，用于减小大对数线缆的垂直拉力。

主干线槽的内弯曲半径至少是线缆外径的 10 倍，其与水平子系统的转接处应有圆滑的过渡曲面。

表 8.15 给出了各种电磁干扰源与铜介质电缆之间建议的最小间距。

表 8.15　　电磁干扰源与铜介质电缆间的最小间距

条　件	最低间隔距离		
	2kVA	2～5kVA	＞5kVA
非屏蔽电力线或电器设备靠近开放或非金属的通道 非屏蔽电力线或电器设备靠近接地或非金属的通道 包在接地的金属走线导管（或与之相当的屏蔽）内的电力线靠近接地的金属走线管通道	127 mm 64 mm	305 mm 125 mm 76 mm	610 mm 305 mm 152 mm
变压器和电动机 荧光灯	1016 mm 305 mm		

4. 建议

① 布线系统的安装，应该由专业的安装工程师操作。

② 安装时所使用的工具必须为相应的专业安装工具。

③ 要严格按照相应的标准安装。

8.6 结构化布线系统测试

在布线工程完成后，必须对整个布线系统进行全面的测试，通过对系统的测试，检验该系统的设计与施工是否能满足设计时所要求的应用。布线测试是保障网络正常工作不可或缺的一道“门槛”，只有通过严格的测试，网络系统才能投入运行。

8.6.1 布线系统测试概述

1. 验证测试与认证测试

从工程的角度可以将结构化布线工程的测试分为两类：验证测试与认证测试。

① 验证测试一般是在施工的过程中由施工人员边施工边测试，以保证所完成的每一个连接的正确性。

② 认证测试是指对布线系统依照标准进行逐项检测，以确定布线是否能达到设计要求，包括连接性能测试和电气性能测试。

2. 第三方测试

布线工程的认证测试实际上是对整个施工过程的最后检验，对于用户来说，要想保证布线工程质量，必须经过通道连接测试。由于布线施工承包商与用户所处的角度不同，理想的情况是选择第三方布线认证测试公司进行认证测试。

实际上认证测试过程中，由于多方面的原因，多数情况都是由用户与施工方双方进行认证测试，这就要求用户对测试仪的选择、测试模式及测试结果的解释有一定的了解，否则很难保证结构化布线工程的质量。

3. 电缆认证测试目前所采用的标准或规范

电缆认证测试目前所采用的标准和规范主要是 TIA/EIA 568 和 ISO/IEC 11801。

测试标准（规范）的主要内容包括电缆链路的模型、测试方法、要求测试的参数（内容）以及测试限值（参数的具体数值或方法）、对认证测试仪器的要求。

（1）电缆链路的模型

① 信道（Channel）：是指两个有源设备之间，所有传输介质所构成的传输通道。铜缆系统水平子系统中，信道的长度不能超过 100 m。

② 链路（Link）：所谓电缆链路是指一个电缆的连接，包括电缆、插头、插座或者还包括跳线架、耦合器等。铜缆系统水平子系统中，链路的长度不能超过 90 m，如图 8.57 所示。

注意：特别强调的是电缆不等于链路，电缆只是链路中的一部分。

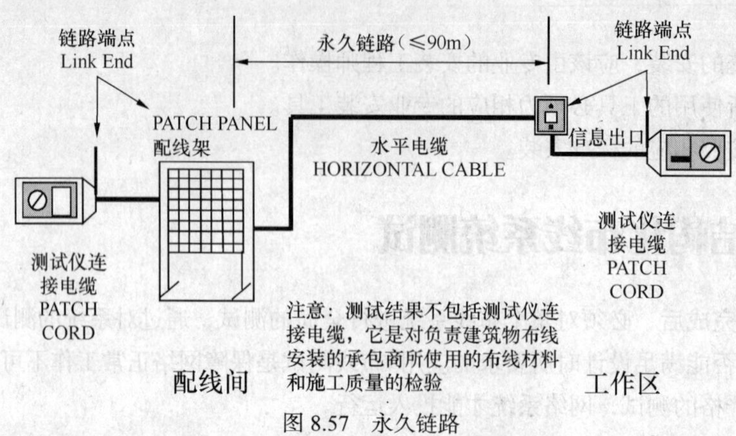

图 8.57　永久链路

（2）铜缆系统测试的主要参数

铜缆系统测试的主要参数包括阻抗、接线图、长度、近端串扰（NEXT）、衰减（ATTENUATION）、回波损耗（RL）、衰减与串扰比（ACR）、结构回波损耗（SRL）、等效远端串扰（ELFEXT）、等效远端串扰功率和（PS ELFEXT）、近端串扰功率和（PS NEXT）、衰减与串扰比功率和（PS ACR）。

① 衰减（ATTENUATION）：电信号强度会随着电缆长度等因素的影响而逐渐减弱，这种信号减弱就称为衰减，如图 8.58 所示。

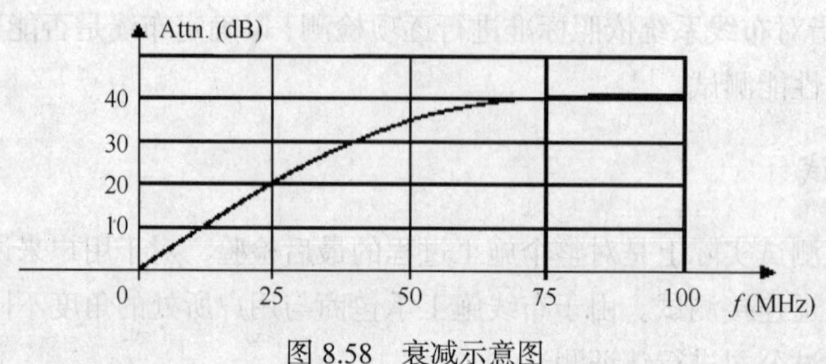

图 8.58　衰减示意图

② 近端串扰（NEXT）：在与发送端处于同一边的接收端，所感应到的从发送线对感应过来的串扰信号，如图 8.59 所示。

③ 衰减与串扰比（ACR）：ACR 就是指串扰与衰减量的差异量，如图 8.60 所示。

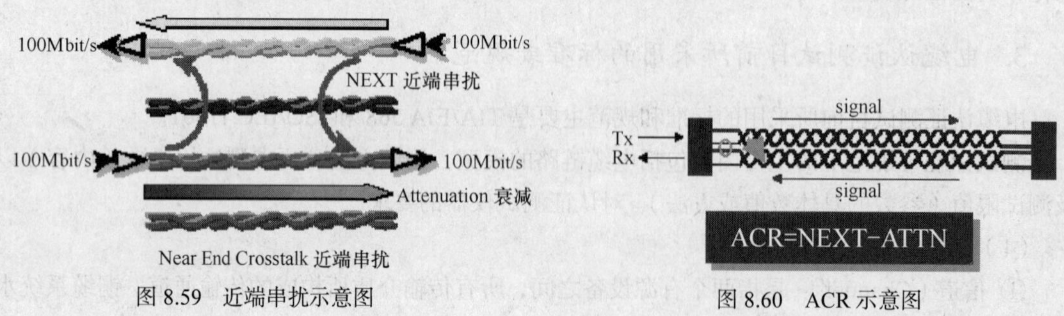

图 8.59　近端串扰示意图

图 8.60　ACR 示意图

④ 回波损耗（RL）：由于线缆、连接器以及跳线等元器件的阻抗不匹配，在一个方向上传送信号因阻抗不同而产生的反射，对另一方向传送的信号构成一种噪音。这个噪声的强度用回波损

耗表示，如图 8.61 所示。

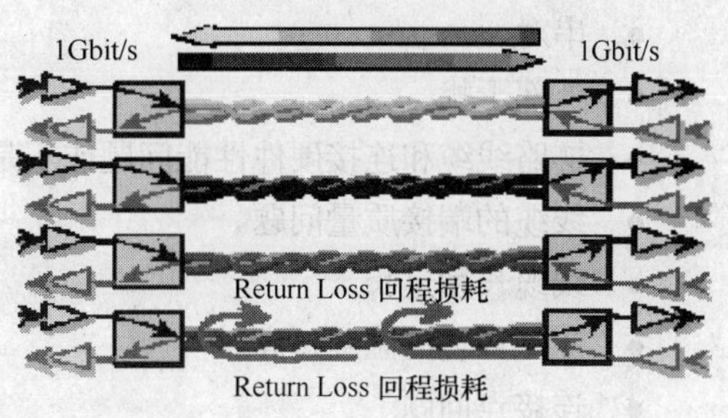

图 8.61　RL 示意图

（3）Cat 6 布线测试的参数

2002 年 6 月，六类布线标准公布（正式名称：ANSI/TIA/EIA-568B.2-1）与 Cat 5/5e 布线拓扑结构相同，带宽能达到 200 MHz，是五类带宽的两倍（PSACR>0 @200MHz）。参数的频率范围要求到 250 MHz。采用与 Cat 5/5e 一样的 8 针模块界面 RJ-45 插座。

（4）TSB-67 要求测试的参数

① 接线图：验证正确的线对连接；

② 长度：指连接的物理长度，（允许有误差）；

- Channel：100 m；
- Permanent Link：90 m；

③ 衰减：在规定的范围内的特定频率下测量；

④ 近端串扰（NEXT）：测试必须是双向的；

⑤ 衰减/近端串扰之比（ACR）：计算值。

（5）各类布线的测量参数

各类布线的测量参数见表 8.16。

表 8.16　各类布线的测量参数对比

Parameter	Cat 5 100 MHz	Cat 5e 100 MHz	Cat 6 250 MHz	Cat D 100 MHz	Cat E 250 MHz
接线图	×	×	×	×	×
长度	×	×	×	×	×
衰减	×	×	×	×	×
近端串扰	×	×	×	×	×
衰减与串扰比				×	×
近端串扰功率和		×	×	×	×
衰减与串扰比功率和				×	×
回波损耗		×	×	×	×
等效远端串扰		×	×	×	×
等效远端串扰功率和		×	×	×	×
传播延迟	×	×	×	×	×
延迟差异	×	×	×	×	×
直流环路电阻				×	×

（6）解决测试错误的方法

① 近端串扰未通过，可能由下列原因导致。

- 近端连接点的问题。
- 远端连接点短路。

- 串对。
- 外部干扰。
- 链路线缆和连接硬件性能问题或不是同一类产品。
- 线缆的端接质量问题。
- 线缆长度过长。
- 测试环境的温度过高。
- 连接点问题。

② RL 未通过，可能由下列原因导致：

- 产品本身的质量问题。
- 线缆通道采用非同一品牌产品。

③ 接线图未通过，可能由下列原因导致：

- 两端的接头有断路、短路、交叉、破裂。
- 跨接错误。

（7）光缆系统测试的主要参数

① 衰减/损耗。

- 衰减是指光在沿光纤传输过程中光功率的减少。
- 光纤损耗（LOSS）是指光纤输出端的功率 Power out 与发射到光纤时的功率 Power in 的比值。

损耗是同光纤的长度成正比的，所以总衰减不仅表明了光纤损耗本身，还反映了光纤的长度。

② 回波损耗。反射损耗又称为回波损耗。它是指在光纤连接处，后向反射光相对输入光的比率的分贝数。回波损耗愈大愈好，以减少反射光对光源和系统的影响。

尽量选用将光纤端面加工成球面或斜球面是改进回波损耗的有效方法。

③ 插入损耗。插入损耗是指光纤中的光信号通过活动连接器之后，其输出光功率相对输入光功率的比率的分贝数；插入损耗越小越好。

8.6.2 布线系统测试设备选择

1. 测试设备的选择

在选择测试设备时，应注意以下几方面的问题。

① 对于布线工程测试结果的权威性而言，必须选择适合的测试设备。

② 对布线系统来说，一般要求测试仪应能同时具有认证和故障查找能力，在保证测定布线通过各项标准测试的基础上，能够快速准确的故障定位。

③ 在选择测试仪时应注意以下几方面的问题。

- 精度是布线认证测试仪的基础，所选择的测试仪既要满足基本链路认证精度，又要满足通道链路的认证精度。
- 测试仪的精度是有时间限制的，精密的测试仪器必须在使用一定时间后进行校准。

2. 布线系统测试设备

（1）IntelliTone 智能数字查线仪

IntelliTone 智能数字查线仪如图 8.62 所示，其特点如下。

① 能够从远处快速定位电缆，即使线缆已经接入了运行中的网络。

② 可以排除电缆间的干扰，从一捆线缆中精确地隔离电缆和电线。

③ 能够使用虚拟线对图（开路、短路或反接的线对）验证双绞线的安装。

④ 可以减少电缆定位的误判，明确地丢弃噪声和错误的信号。

⑤ 在运行的网络中快速安全的发出音频信号。

IntelliTone™ Toner
and Probe Series

图 8.62　IntelliTone 智能数字查线仪

IntelliTone 智能数字查线仪的功能如图 8.63 所示。

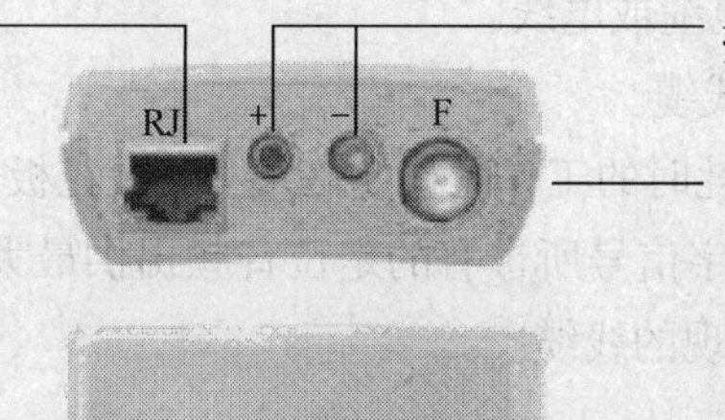

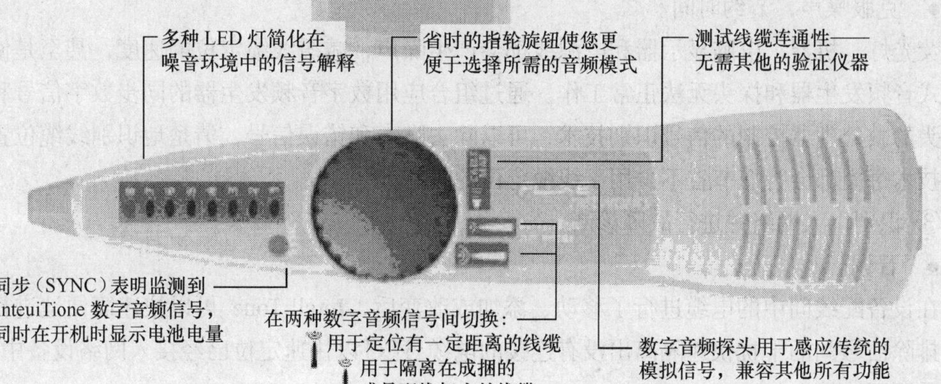

图 8.63　IntelliTone 智能数字查线仪功能示意图

① 快速简便地定位线缆。

IntelliTone 采用智能音频技术（一种智能的数字信号发生与接收过程）可以快速准确地定位以前难于发现的线缆。IntelliTone 智能数字查线仪可以排除捆扎线缆间相互的信号干扰因素，而准确识别线缆或线对，寻找已经接入运行中的网络设备的线缆，并区别噪声与故障信号等。

简单地将 IntelliTone 数字音频发生器与线缆相连，将 IntelliTone 数字音频探头设置成感应模式。数字音频技术就是在线缆导体内施加一个智能的同步数字信号。存在于信号中的多种类型的音频可以实现以下操作。

- 定位：通过最大的射出测量法定位距离稍远一些的线缆。
- 隔离：通过最小的射出测量法隔离在一捆线缆中的一根线。
- 验证：通过在线缆导体间自动操作的信号切换来验证线缆导体的连通性。

IntelliTone 数字音频探头可以将多种测试仪的功能集于一身，将必要的诊断和故障排除功能集成在一起，可以验证电缆导体连通性、识别提供的服务，并按需要进行故障诊断和排除。不同的电缆类型可能需要使用二到四种测试仪才能实现定位和测试，但只需要一套 IntelliTone 就可完成这些工作。它是唯一一种可以快速定位并准确地诊断数据、电信、铜缆和安防电缆的测试仪。

② 定位及隔离最难查找的电缆或电线。

- 定位有一定距离的隐蔽线缆。

定位线缆时最困难、也是最耗时的工作是确定在墙里、天花板上或是在配线间里的线缆走向。IntelliTone 智能数字查线仪的数字信号所带有的定位音频提供最大的发射信号，使您可以快速定位有一定距离的隐蔽并且难于发现的线缆。

- 快速找出正确的线缆。

安装的线缆越来越复杂，使得应用模拟技术定位线缆变成了一件十分困难的事。来自各个不同墙上插座或是设备的线缆通常是捆扎起来汇集到某个中心区域或是配线架。即使线缆间只有很短的一部分靠在一起，一根线缆间的信号也会干扰到其他的线缆。一根线缆上带有的是原始的信号，而另一根线缆上的信号有可能就是干扰的结果。使用模拟技术隔离线缆，不仅需要培训，还要进行猜测，以及用于不断重复测试的时间——无论怎样都难免出现错误的判断。

IntelliTone智能音频发生器利用双绞线独有的特点发出一种信号可以减少线缆间的相互干扰。IntelliTone 数字音频探头的智能数字信号处理技术通过音调和可视 LED 指示灯可以清楚地识别这一信号，能够快速地在一捆线缆或是配线架上隔离出所要查找的线缆，找到正确的线缆。

- 克服噪声，节约时间。

荧光灯、机器、电脑显示器和电源线都会产生噪声，减缓线缆定位的速度，甚至是使普通的模拟式音频发生器和探头无法正常工作。通过组合应用数字音频发生器的同步数字信号和数字音频探头的微处理器控制的信号识别技术，可以除去噪声和错误信号，清楚地识别线缆位置。这种先进技术每周都会为您节省不少用于线缆定位的时间。

③ 识别以太网络并进行故障诊断。

- 音调。

在设备配线间中的电缆进行了移动、添加或改变后，IntelliTone 可以快速简便地进行隔离。可以排除信号间的干扰快速隔离出没有连接的电缆。还可以快速定位已经接入网络设备中的电缆，而无需断开连接。

- 线对表。

IntelliTone 200 数字音频探头的线对表（CableMap）功能可以识别双绞线电缆中常见的接线错误。根据 TIA568 标准对每针进行全面验证，识别每根线是否开路、短路或错接。LED 灯以及独特的音调可以明确地指出错误的接线。内置的线对表功能避免了携带不同工具或返回很远的地方取用连通性测试仪来替代音频发生器的情况。IntelliTone 200 是多种功能集于一身的测试工具，可以对 Cat 5 电缆进行定位并测试线对表，即使线缆已经接入交换机，并在移动、增加或改变后验证链路所提供的服务。

- 验证以太网服务。

验证链路脉冲是否正确，是否由于交换了上行端口的电缆而造成反接；识别办公室墙壁上运行的以太网服务；LED 指示灯可以清晰地指示正常、反接或 MDIX 以太网链路连通性。

④ 验证线缆的连通性。

使用 IntelliTone 智能数字查线仪的强大故障诊断功能，可以减少在线缆的移动与变更时的复查工作，如图 8.64 所示。IntelliTone 200 智能音频探头具有线对图功能，用于识别双绞线中常见的故障。数字音频技术自动测试每根导线端到端的连通性，LED 灯和音频会清楚地指出接线故障（例如开路、短路或反接）。

图 8.64 验证线缆连通性

⑤ 在运行的网络中快速安全地发出音频信号。当今的网络设备对于接入其端口的线缆使用的都是共模端接方式。这种端接方式在降低线缆中的噪声和串绕的同时，会使得检测这些接入网络设备的线缆变得非常困难。使用模拟技术定位一个没有做任何标识的网络就会花费许多时间。与模拟技术不同的是，智能音频的数字信号在共模端接方式下依然有很强的幅度。智能音频发生器自动在不同线缆导体上发生音频，可以快速有效并安全地定位一个运行中的网络，如图 8.65 所示。

⑥ 识别电信服务并进行故障诊断。

可以检测多条电信线路以及极性和振铃指示。

- 连通性：当找到了一条线缆后，下一步要做的就是验证线缆中导体的连通性。IntelliTone 100 和 IntelliTone 200 智能数字查线仪可以轻松胜任，无需其他的验证仪器。

- 应用：使用 IntelliTone 200 智能数字查线仪可以不用猜测就找到一个可利用的插座或者是所需应用的插座。LED 灯可以明确地识别当今网络常见的应用类型，包括电信与数据通信应用以及 10/100/1000 以太网链路。

- 电话线路诊断：IntelliTone 100 和 IntelliTone 200 智能数字查线仪检测线路 1 的电压、极性和振铃。IntelliTone 200 智能数字查线仪还支持对线路 2 的诊断。使用内置的 Talk Battery（通话电池）可以确认电话线路。

（2）Micro Scanner Pro 电缆验测仪

Micro Scanner Pro 电缆验测仪如图 8.66 所示其特点如下。

① 具备长度测量功能。

② 可以提供办公室/房间识别功能。

③ 可通过音频功能追踪定位电缆。

④ 具备网络识别功能。

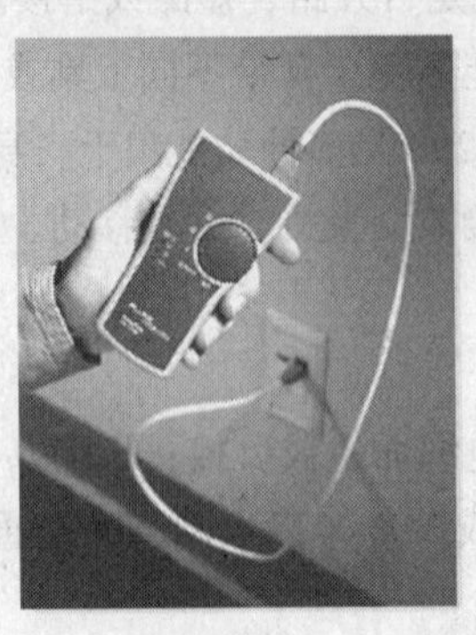

图 8.65　快速定位运行中的网络

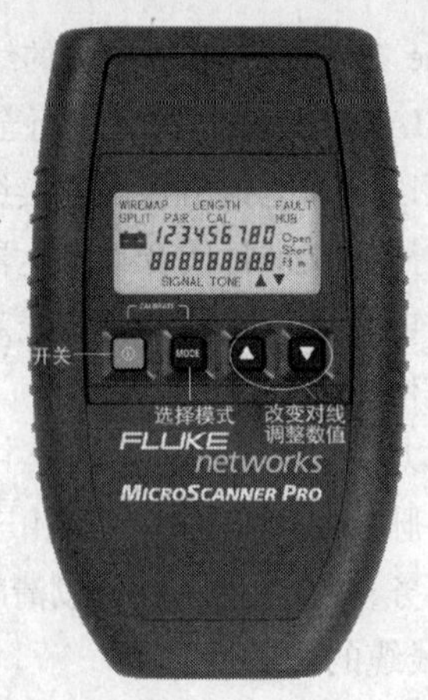

图 8.66　Micro Scanner Pro 电缆验测仪

下面介绍 Micro Scanner Pro 电缆验测仪的功能。

① 可以快速识别问题。

使用 MicroScanner Pro 来进行验证测试可以确保基本的连通性和端接的正确性。验证测试可以确认电缆是否满足已经建立的国家或国际配线标准以及是否通过基本的连通性测试。验证测试可以在两根导线或多根导线的双绞线电缆执行。

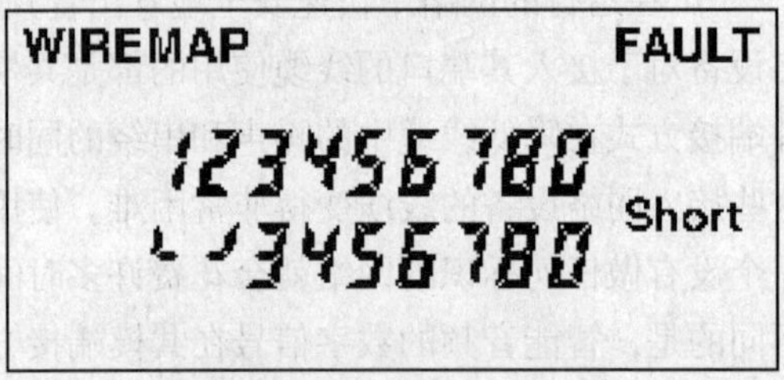

使用线序适配器（wiremap）可以迅速检验四对线的连通性，以确认被测电缆的线序正确与否（568A 或 568B），并识别任何线序错误。MicroScanner Pro 可以迅速定位故障，从而检测开路、短路、跨接、串绕或任何错误连线，如图 8.67 所示。

WIREMAP　FAULT
12345678D
3456780　Short

图 8.67　检测故障

当检测到问题以后用眼睛去检查故障的具体位置将会非常耗时。只需按一个键，MicroScanner Pro 的基于时域反射技术（TDR）长度测量功能就可测量电缆的全长，并确定电缆的开路、短路及其位置，如图 8.68 所示。

长度测量对费用的计算和库存也非常重要。它可以显示每对线的长度并告知电缆是否连接在工作的 Hub 上。

② 可以从配线架上识别电缆链路。

MicroScanner Pro 还可以提供办公室/房间识别功能，如图 8.69 所示。它可以在增加、移动和更改办公室的站点时提供电缆的走向识别，帮助识别电缆在配线架上的位置，并且使得双绞线和同轴电缆的测试和文档备案简单方便。

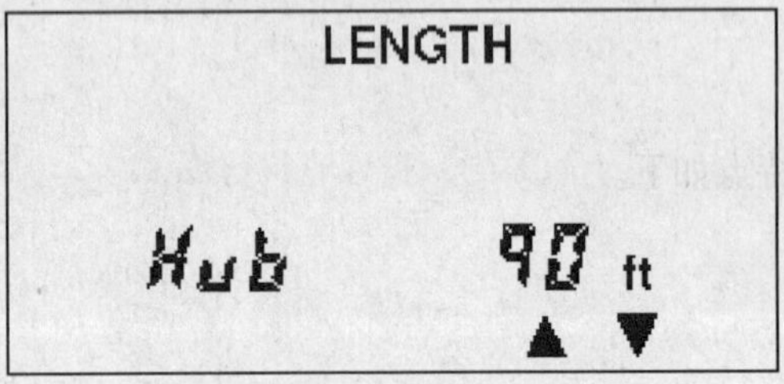

LENGTH
Hub　90 ft

图 8.68　测量电缆全长及故障位置

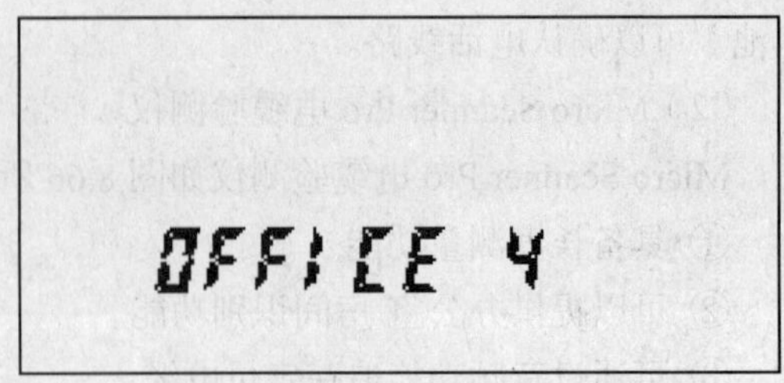

图 8.69　识别办公室

MicroScanner Pro 的音频功能可以产生音频信号，配合使用音频探测器选件 IntelliTone Probe 音频探头或其他类似的探头来追踪和定位在墙壁、天花板或配线室中的电缆。MicroScanner Pro 可以产生 4 种音调来帮助用户识别。

③ 可以识别工作的网络连接。

MicroScanner Pro 电缆验测仪新的网络识别功能可以驱动 Hub 端口灯闪烁，并显示被检测网络连接是否在 10Mbit/s 或 10/100Mbit/s 网络，还可识别全双工或半双工状态。该检测仪还可以通过显示 PC 来识别工作站，如图 8.70 所示。

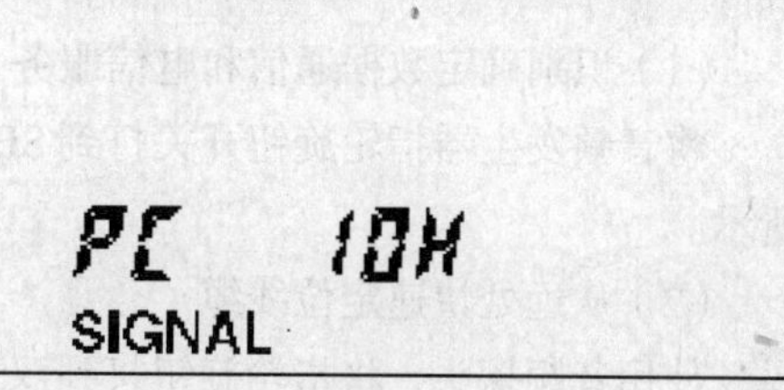

图 8.70　识别工作的网络连接

（3）SimpliFiber 多功能光缆测试工具

SimpliFiber 多功能光缆测试仪的特点如下。

① 验证多模和单模光缆。

② 测量光功率以及损耗确保光缆网络的性能。

③ 自动感测波长功能防止测量的失误。

④ 存储 100 个测试结果。

⑤ 使用 LinkWare 电缆管理软件管理测试结果并且打印专业的测试报告。

SimpliFiber 多功能光缆测试仪的功能如下。

① 紧凑的 SimpliFiber 光源和光表坚固耐用，其紧凑防滑设计，符合人性的手感使得持握更加舒适安全。集成的护盖有效地保护光缆接口。较长的电池使用时间免去了经常更换电池的烦恼。

② SimpliFiber 光源和光表是一体的工程设计，一同工作。自动波长感应功能让光表识别光源的波长并自动调整自己的波长。简便自动的多波长测试防止了耗时的测量错误。

下面介绍 SimpliFiber 的使用方法如下。

① 基本的 SimpliFiber 测试包括两个单元：SimpliFiber 850/1 300 光源和 SimpliFiber 光表。双波长光源集成了 850 nm 和 1 300 nm 的 LED 光源。光表是在 850 nm、1 300 nm、1 310 nm 以及 1 550 nm 波长上进行的校准。光表具有存储参考功率电平的功能，使得可以直接显示光缆的损耗。它有 4 个直观的按键面板，大 LCD 屏幕显示以及串行接口。

② 另外还可以选择 1 310 nm 和 1 550 nm 激光光源选件和测试仪一块使用。所有光源的设计都可以配合 SimpliFiber 光表使用。

③ SimpliFiber 可以很容易地连接至光缆网络。光表可互换的连接适配器（ICA）简化了与网络的连接并且直接进行了参考功率的测量。可互换的连接适配器提供了最流行的连接器，包括 ST、SC、FC 以及通用的 1.25 mm 接头。

仪表具备测试结果管理功能，存储并报告光缆测试的数据。

① 简捷完整的测试报告是用户的最终要求。SimpliFiber 的测试结果可以通过免费的 LinkWare 电缆管理软件快速地上载至 PC，还可以管理测试结果，打印专业的测试报告或将数据输出至流行的电子表格格式。

② 存储 100 个测试结果至测试仪的非易失存储器中，从而不必手工记录测试结果，防止了手工记录可能产生的错误。

8.6.3 布线系统测试的实现

1. 使用 IntelliTone 智能数字查线仪检测线缆

（1）识别确定数据通信和电信服务

将音频发生器指轮旋钮开关打到 SERVICE,另将发生器的 RJ-45 口与信息插座相连,如图 8.71 所示。

（2）从远处快速定位线缆

使用音频探头，将指轮旋钮打到双音频。用于定位有一定距离的线缆，如图 8.72 所示。

图 8.71 识别

图 8.72 定位

（3）在成捆线缆中快速准确的隔离电缆

将音频探头指轮旋钮指到单音频，接近成捆线缆，相应指示灯会亮，如图 8.73 所示。

（4）验证电缆的连通性和基本的连线错误

将音频探头旋钮指到 CABLE MAP，插头接上要测试的线缆进行测试即可，如图 8.74 所示。这时探头 8 指示灯会有信号提示，以此来测试线缆的连通性。

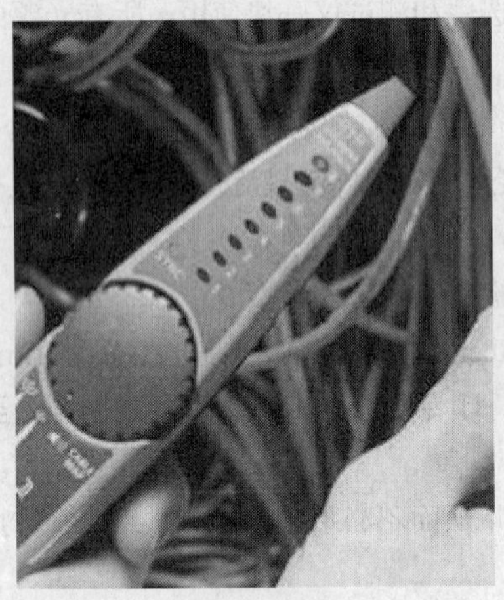

图 8.73 隔离

图 8.74 验证

2. 使用 Micro Scanner Pro 电缆验测仪识别电缆和网络

（1）设定 NVP（标称传播速度）

百分率一旦处于“标准模式”，显示屏便显示 NVP（标称传播速度）的系统设定值以及电缆的全长，电缆是由已存储的 NVP（标称传播速度）校准，如图 8.75 所示。

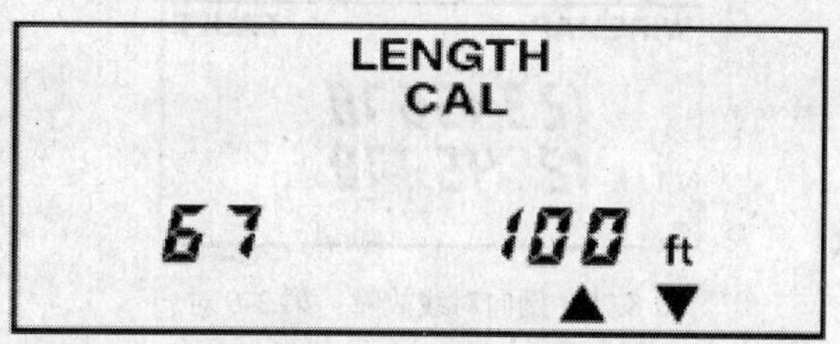

图 8.75　设定 NVP

NVP（标称传播速度）是信号在电缆中传播的速度与光速之比值，通常用光速的百分率来表示，NVP（标称传播速度）必须正确设定才能进行精确的电缆长度标准。

假如知道电缆的 NVP（标称传播速度），可以使用▲▼键在显示屏上选定该数值，电缆长度便会自动调节新设定的 NVP（标称传播速度）。

假如知道电缆长度，可以使用▲▼键在显示屏上改变 NVP（标称传播速的）数据以选定该长度，NVP（标称传播速的）可以 1%的递增值调节，电缆长度会以相应的递增值变化。

用于校准的电缆必须至少达到 50 ft（15 m）的长度，电缆长度不足 50 ft 时显示屏上会显示“故障”。

（2）接线映射表

接线映射表的功能是测试双扭线电缆接线是否适当，该功能可以检查屏蔽的连续性、短路、短路、交叉对线、分离对线、倾向对线等情况。测试结果均用数字表示，上面一行的数字显示 MICROSCANNER（微扫描器）插头处检测到的线路，下面一行则显示实际接线情况，该功能需要在另一端使用接线映射转接器。

测试方法如下。

① 将需要测试的电缆接入 MAIN（主线）插孔（位置就在 8 号组合式接插件插口的正上方）。

② 显示接线映射表的方法是按住“模式”键直至显示屏上出现“接线映射表”这个字。

测试结果如下。

① 没有问题的完整接线在映射表最右侧会显示“0”，图 8.76～图 8.78 所示是 MICROSCANNER（微扫描器）没有检测出任何故障的实例。

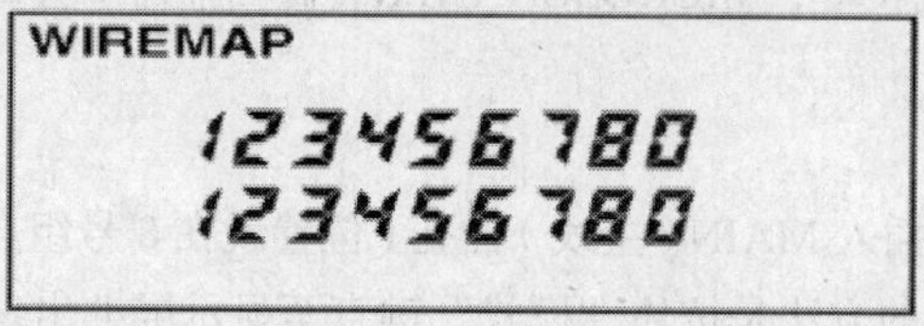

WIREMAP
123456780
123456780

图 8.76　4 对 8 根屏蔽完整接线测试结果

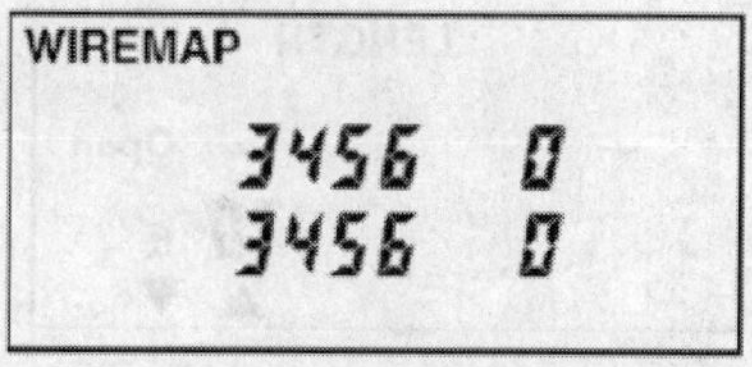

WIREMAP
3456　0
3456　0

图 8.77　2 对 4 根屏蔽 10Base-T 电缆测试结果

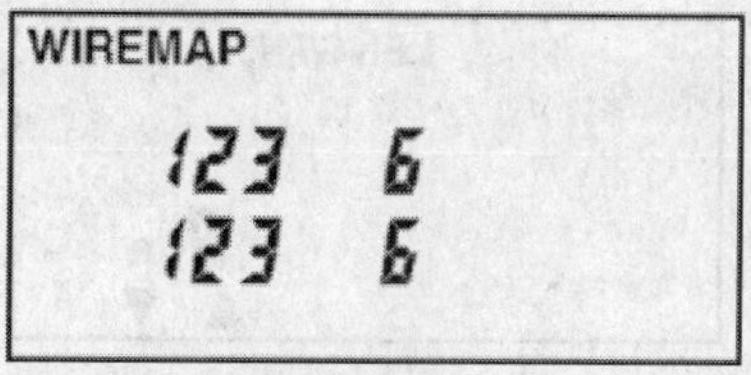

WIREMAP
123　6
123　6

图 8.78　2 对 4 根屏蔽令牌环测试结果

② 如果接线有故障，显示屏上会显示故障，数字线路指示灯会闪亮。图 8.79、图 8.80 所示是接线故障的实例。

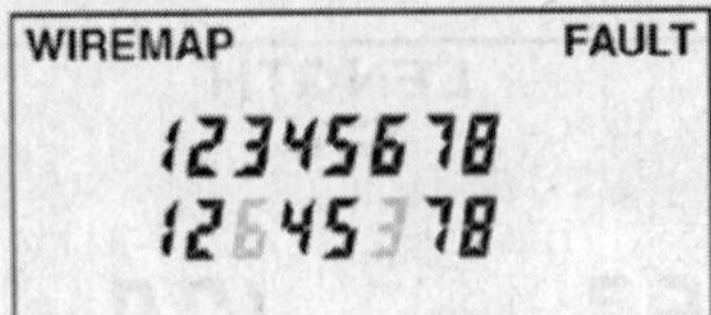

WIREMAP
FAULT
12345678
12645378
图 8.79　倒向对线故障：第 3-6 对

WIREMAP
FAULT
12345678
12436578
图 8.80　交叉对线故障：第 4-5 对，3-6 对

- 如果电缆接线正确（针对针），但有分离对线，则映射表将显示分离对线，如图 8.81 所示，从第 1-2 对中引出的电缆可能与从 3-6 对中引出的电缆缠绕在一起。

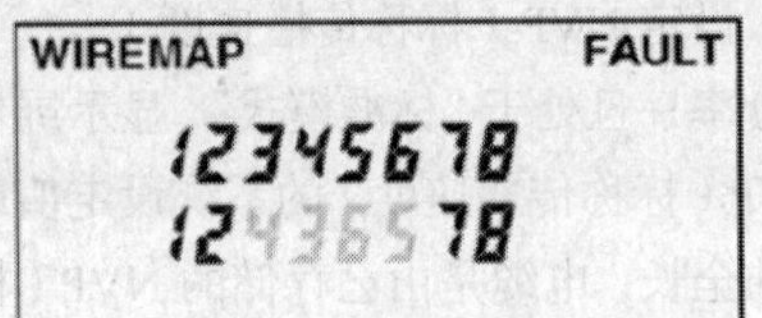

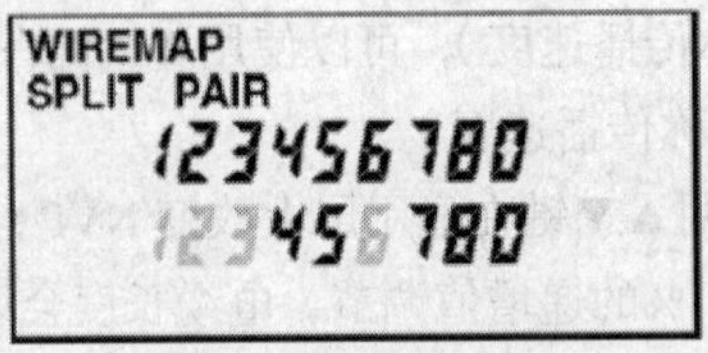

WIREMAP
SPLIT PAIR
123456780
123456780
图 8.81　分离对线故障

- 如果线路不通向另一端，开启数字指示灯会空白，显示屏上便显示断路，如图 8.82 所示。短路对线用相连的括弧表示，显示屏上显示短路，如图 8.83 所示。

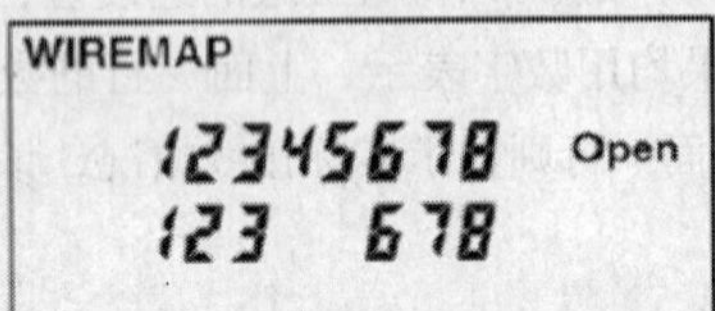

WIREMAP
12345678
Open
123 678
图 8.82　断路对线故障：第 4-5 对

WIREMAP
FAULT
123456780
3456780
Short
图 8.83　短路对线故障：第 1-2 对

- 若接线故障为短路或非对称插头（如非对称插头 1-3），接线映射表会用长划来显示这些数字线路指示。

（3）测量线缆长度

① 电缆验测仪的长度功能可以测量电缆的全长。

假如测量的是标准对线长度，MICROSCANNER（微扫描器）会确定该电缆是否断路、短路或与其他集线器连接。

测量方法如下。

- 将需要测试的电缆插入 MAIN（主线）插孔（位置就在 8 号组合式接插件插口的正上方）。
- 在显示屏显示长度的方法是按住“模式”键直至显示屏上出现长度为止，电缆的全长即会显示出来。如图 8.84、图 8.85 所示。

LENGTH
0 ft
图 8.84　无电缆连接

LENGTH
Open
70 ft
图 8.85　连接 70 英尺电缆

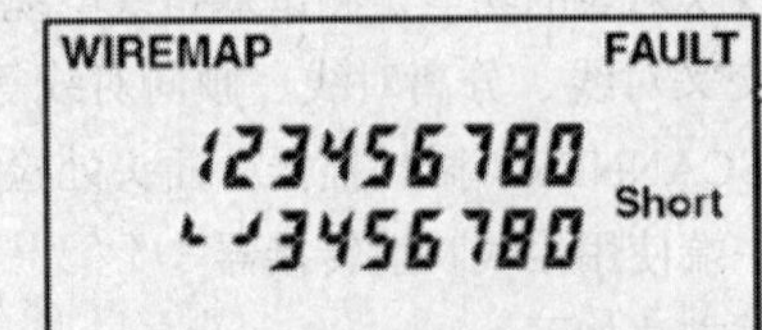

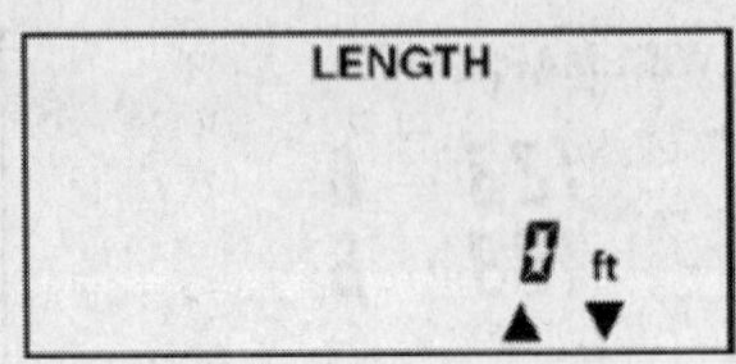

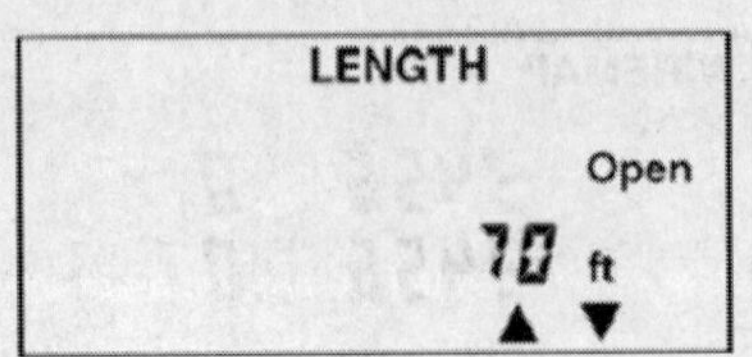

● 假如电缆的另一端与一个集线器相连接，MICROSCANNER（微扫描器）则会显示集线器以及电缆的长度，当 3-6 对线接在端点上，1-2 对线或 4-5 对线也接在端点上，则电缆被认为是与一个集线器相接。

② 网络链路指示灯（MICROSCANNER PRO）识别集线器。

网络链路指示灯允许查找并标识活动的 10/100 网络集线器，并确认 MICROSCANNER（微扫描器）与哪个集线器连接。该集线器的状态指示灯将闪烁，以便从正在工作的接线柜中找到那条通道。

测试方法如下。

● 将需要测试的电缆接入 MAIN（主线）插孔（位置就在 8 号组合式接插件插口的正上方）。

● 要显示长度屏幕，按住“模式”键直至显示屏上出现“长度”这个字。MICROSCANNER（微扫描器）显示“Hub”和到集线器的长度。如图 8.86、图 8.87 所示。

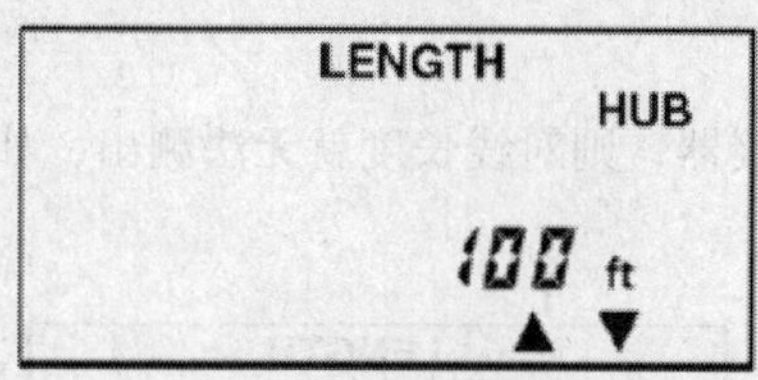

图 8.86　到集线器的长度

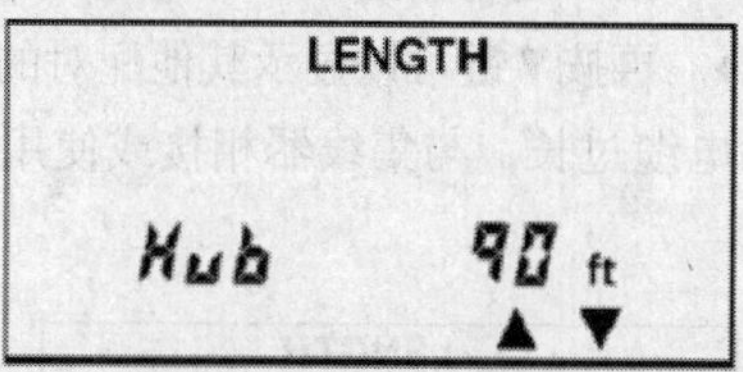

图 8.87　显示到集线器的长度

● 当 MICROSCANNER（微扫描器）显示 Hub（集线器）和电缆长度时，按“模式”键使 Hub 指示灯闪烁。Hub（集线器）正下方的信号每 2 秒闪烁 1 次，去接线柜查看是否在该线缆连接的端口上有一个指示灯每 2 秒闪烁 1 次，即可确认微扫描器与哪个集线器连接的。

● MICROSCANNER（微扫描器）检测与其连接的集线器的类型。在 Hub（集线器）后将显示 10、100 或交替显示 10/100，此数字后跟字母 F 和（或）H 表示集线器的全双工或半双工能力。具体说明如表 8.17 所示。

表 8.17　微扫描器检测结果说明

检 测 结 果	集线器类型
10H	10Base-T
10HF	10Base-T 全双工
100H	100Base-TX
100HF	100Base-T 全双工
100HF4	100Base-T 全双工/100Base-T4

③ MICROSCANNER（微扫描器）还可以识别工作站。

识别方法如下。

● 将需要测试的电缆接入 MAIN（主线）插孔（位置就在 8 号组合式接插件插口的正上方）。

● 要显示长度屏幕，按住“模式”键直至显示屏上出现“长度”这两个字，MICROSCAANER（微扫描器）显示“PC”，后跟到该 PC 的长度。如图 8.88、图 8.89 所示。

图 8.88　检测集线器类型

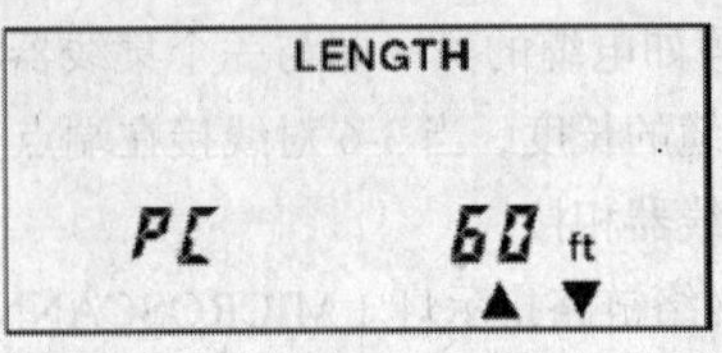

图 8.89　微扫描器显示到 PC 的长度

● 当 MICROSCANNER（微扫描器）显示 PC 和电缆长度时，按“模式”键使集线器指示灯闪烁，即可识别该工作站，如图 8.90 所示。

图 8.90　识别工作站

④ 对线长度。

假如显示屏上显示▲▼键，就能看到各种标准对线的详细配对资料。

♦ 按▲键可以显示 1-2 对线的长度，如图 8.91 所示。

♦ 再按▼键可以显示其他配对的线路。

如果电缆过长，与集线器相接或使用接线映射转接器，则对线长度就无法测出，如图 8.92 所示。

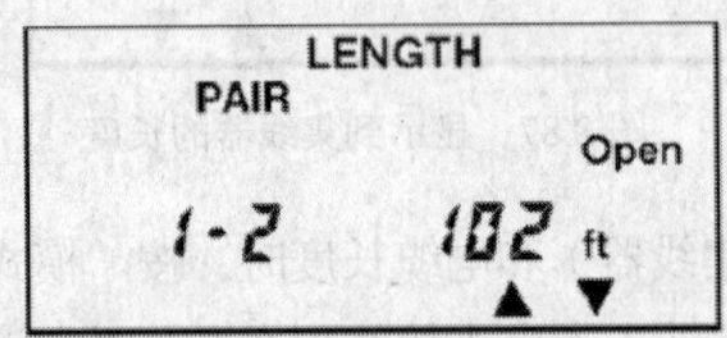

图 8.91　对线 1-2 的长度

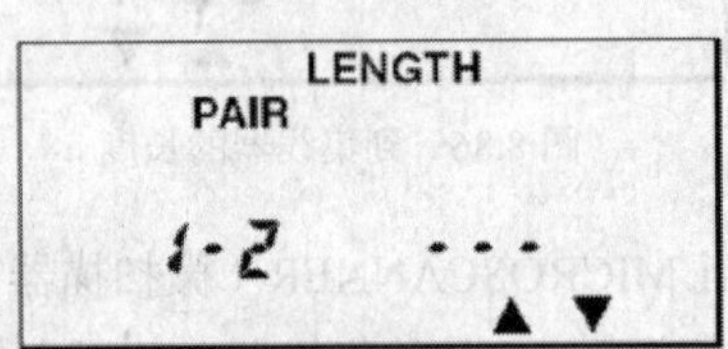

图 8.92　对线 1-2 的长度无法测出

⑤ 同轴电缆（MICROSCANNER PRO）。

注意：此功能仅在住宅版中或使用同轴升级工具包时才可用。

MICROSCANNER（微扫描器）可测量 50Ω或 75Ω同轴电缆的全长，并识别其终端状态。

测量方法如下。

● 将提供的同轴转接器接入 MAIN（主线）插孔（位置就在 8 号组合式接插件插口的正上方）。

● 将需要测试的电缆接入同轴转接器插孔。

● 要显示长度屏幕，按住“模式”键直至显示屏上出现“长度”两个字，下方将显示电缆的全长，如图 8.93 所示。

● 如果同轴电缆的另一端未端接，显示屏上将显示断路。假如检测到短路电缆，将显示故障和短路，以及检测到短路电缆长度，如图 8.94 所示。

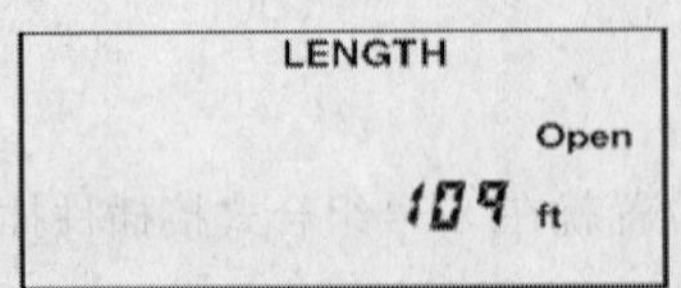

图 8.93　显示电缆全长

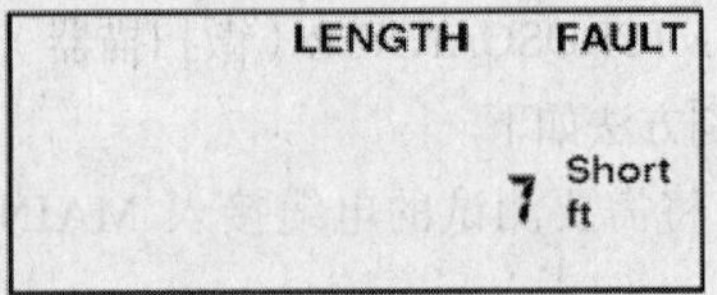

图 8.94　显示短路电缆长度

（4）办公室识别仪

办公室识别仪（Office Ldentifier）功能可以发现从接线柜引出的办公室电缆的端点。只要将

办公室识别仪转接器插入办公室墙上的 RJ-45 插座，MICROSCANNER（微扫描器）就能在转接板上识别办公室的地点。

另外双扭线办公室识别仪附有办公室识别仪插头，它们采用特别的标号。接线映射表转接器也可以用作办公室识别仪的插头。

识别方法如下。

① 将需要测试的电缆插入 MAIN（主线）插孔（位置就在 8 号组合式接插件插口的正上方）。

② 按“模式”键直至显示屏上出现“OFFICE”为止，如图 8.95 所示。

③ 将办公室识别仪插头插入你所要识别的办公室墙上的插座内。

④ 在转接板上，启动办公室识别仪功能，以便确定哪个办公室与哪个特定端口相接。此时，MICROSCANNER（微扫描器）会显示被确定的办公室识别仪号码。图 8.96 所示为没有找到办公室。

OFFICE 4

图 8.95　找到第 4 办公室

OFFICE---

图 8.96　没有找到办公室

3. 使用 SimpliFiber 检测光缆

（1）准备工作

在使用 SimlpliFiber 850/1300Source（光源）和 DTX-FOM 之前，先阅读“安全预防措施”和“养护与使用说明”；然后清洁连接器与适配器，并测试跳线。

① 清洁连接器和适配器。

清洁和检查光缆连接器。使用99%的纯乙丙醇和光学级抹布或棉签依照下列步骤清洁连接器。

- 连接器端部：使用经过酒精稍微湿润的棉签或抹布擦拭套圈的端部，用干的棉签或抹布干燥套圈。
- 隔板闷头连接器：将泡沫棉签的头部侵入酒精，然后将棉签与干燥的抹布接触；将一根新的干燥的棉签接触抹布上蘸上湿酒精的部位；再将棉签插入连接器，抵着端面旋转 3 至 5 圈，取出后丢弃棉签；用一根干燥的棉签在连接器内部旋转 3 至 5 圈来干燥连接器。
- 在连接和用光缆之前，用光缆显微镜如 Fluke Networks FiberInspector 视频显微镜，检查连接器。
- 定期用棉签和酒精清洁光缆适配器。在使用之前用干燥的棉签干燥适配器。
- 始终用防尘盖或插塞盖住未使用的连接器。定期用棉签或抹布和酒精清洁防尘插塞。

② 测试跳线。

应养成每次工作之前先测试跳线的习惯。测试方法是用另一组已知状态良好的跳线作为每根跳线的设置基准，并运行自动测试。

如果需要更换跳线，请选择符合下列要求的替换件。

- 线芯与包覆层尺寸：与待测光缆匹配。
- 连接器光洁度：PC 或 UPC。
- 跳线长度：最长 5 m。

为了确保测试仪能够提供最优化的性能，请从 Fluke Networks 获取替换跳线。

（2）设置与连接

要设置 DTX-FTK 进行测试，需要执行以下操作：

① 将 DTX-FTK 插入 DTX CableAnalyzer。

② 配置 DTX CableAnalyzer 的 Fiber（光缆）设置。

③ 给测试设置基准水平。

④ 将测试仪与被测光缆链路连接。

具体操作如下。

① 插入和拔出 DTX-FOM。

DTX-FOM 可直接插入 DTX CableAnalyzer 的主机中。图 8.97 显示了如何插入和拔出仪表。注意，在插入或拔出 DTX-FOM 之前先关闭 CableAnalyzer。

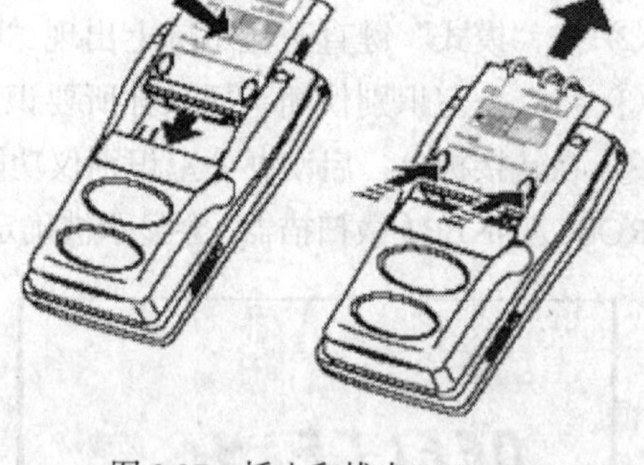

图 8.97　插入和拔出 DTX-FOM

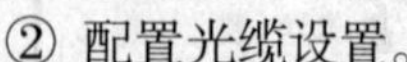

② 配置光缆设置。

要配置 Fiber（光缆）设置，需完成下列步骤：

- 启动 DTX CableAnalyzer。
- 将旋转拨号盘至 SETUP（设置）。
- 选择 Fiber（光缆），然后按 Enter 键显示 Fiber（光缆）菜单。请参阅表 8.18 了解该菜单中设置的列表和描述。
- 在 Fiber（光缆）菜单中为参数选择设置值。菜单包含 3 个选项卡，用左右键显示不同的选项卡。

表 8.18　光缆测试设置

设　置	描　述
光缆类型	选择要测试的光缆类型。选择 Custom（自定义）可允许创建一种光缆类型。有关详细信息请参阅 DTX 技术参考手册
测试极限值	给测试工作选择恰当的测试极限值。测试仪将光缆测试结果与所选测试极限值进行比较，以便生成 PASS（通过）或 FALL（失败）结果。选择 Custom（自定义）让您创建测试极限值。有关详细信息请参阅 DTX 技术参考手册
远端设置	设置为 Far End Source（远端光源）。其他设置不适用 DTX-FTK

③ 设置基准。

光功率和信号损耗测量的准确程度对光缆布线的安装和维护至关重要。要使测量准确，首先需要设置基准。所设置的基准将用作接入损耗测量的基准功率水平。

定期设置基准可帮助消除光源功率和连接完整性上的微小变化。基准值的变化量每天不应超过 1dB 的十分之几。如果注意到变化较大，则表示跳线或连接存在问题（见“测试跳线”）。

应当设置基准的情况包括如下几个。

- 每天开始工作时。
- 将跳线与模块的输入端或另一个光源重新连接时。
- 测试仪警告基准值过期时。
- 损耗测量值为负值时。

以下情况必须设置基准。

- 在开始使用不同的 SimpliFiber Source（光源）时。
- 在光缆设置中更改 Test Method（测试方法）设置时（见“配置光缆设置”）。

④ 使用心轴的重要性（仅与 LED 光源使用）。

当进行光缆基准连接和实际连接时，应使用标准化的心轴。在使用 LED 光源测量光学介入损耗或光功率时，强烈建议使用心轴。

心轴有模态过滤器的作用。当使用溢出光缆的 LED 光源进行测试时，心轴可去除光信号中不需要的高阶模态，使光信号发射条件更加稳定，从而提高采用不同仪表测量时测量结果的一致性以及损耗测量的重复性。

符合 TIA/EIA-568B 要求（见表 8.19），用于 3 mm 测试跳线的多模心轴可向 Fluke Networks 购买。

表 8.19　　TIA/EIA-568B.1 和 ISO/IEC TR 14763-3 心轴要求

光缆线芯尺寸	标　　准	心轴盘绕圈数	250 μm 带缓冲层光缆俄心轴直径	3 mm（0.12）包覆电缆的心轴直径
50 μm	TIA/EIA-568B.1.7.1	5	25 mm	22 mm
	ISO/IEC TR 14763-3 6.22	5	15 mm	15 mm
60 μm	TIA/EIA-568B.1.7.1	5	20 mm	17 mm
	ISO/IEC TR 14763-3 6.22	5	20 mm	20 mm

图 8.98 中显示了如何将光缆盘绕在心轴上，图 8.99 和图 8.100 分别显示了将心轴放置在测试仪的输出光缆上的情况，在这两个示意图中，心轴都用光缆上的环圈表示。

要设置基准，需执行以下操作。

- 使用 SimpliFiber 850/1300 Source（光源）和 DTX-FOM 之前，先阅读所有“安全须知”和“养护与使用说明”。
- 如图 8.99 所示，将跳线的一端连接到 SimpliFiber 850/1300 Source（光源）的输出端口，并确保所连接的端口符合所需要的波长需求。将跳线盘绕在心轴上（如图 8.98 所示）。
- 将另一根跳线连接到 DTX CableAnalyzer 的 INPUT（输入）端口（如图 8.99 所示）。
- 将两根跳线一起与适配器相连（如图 8.99 所示）。
- 启动 DTX CableAnalyzer 和 SimpliFiber 850/1300 Source（光源）。注意，在设置基准前先让两台仪表待机一分钟。仅在两台测试仪均达到环境温度 10℃和 40℃时才开始设置基准。
- 在 SimpliFiber 850/1300 Source（光源）上，执行以下操作。
    - ♦ 按λ键选择所需要的波长（850 或 1300）。
    - ♦ 确认测试仪处于 Auto（自动）模式。如果 Auto（自动）LED 指示灯未点亮按AUTO键。
- 在 DTX CableAnalyzer 上，将旋转拨号盘转至 SPECLAL FUNCTIONS（特殊功能），选择 SET Reference（设置基准），然后按Enter键。
- 确认示意图与设置相符。
- 按Test键。测试仪设置基准，并将基准值显示在 SET Reference（设置基准）屏幕中。
- 按 F2（OK）（确认）键。
- 断开仪表与适配器的连接，重新与待测光缆连接。

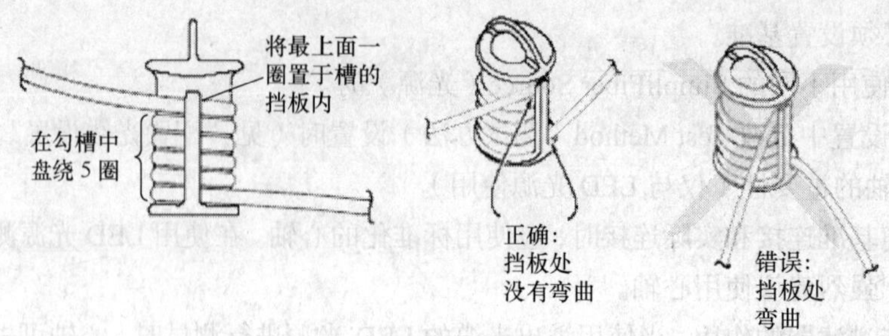

图 8.98　将跳线盘绕在心轴上

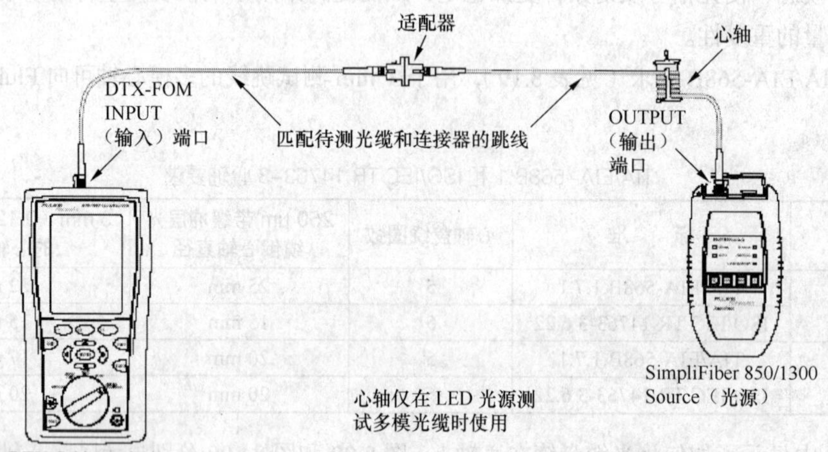

图 8.99　基准连接

⑤ 测量损耗。

损耗衡量光缆布线中信号的衰减。在该测试中，SimpliFiber 850/1 300 Source（光源）将光信号发射入光缆中，而 DTX-FOM 测量接收到的波长为 850 nm 或 1 300 nm 的信号。

可以在自动测试或单项测试模式下测量损耗，当使用 DTX-FOM 时，推荐使用自动测试模式。

在远端光源模式下运行自动测试，需执行以下步骤。

- 如果设置基准后将跳线与 SimpliFiber 850/1 300 Source（光源）输出端的连接断开，则必须重新设置基准，以确保或得的测量有效。
- 将测试仪与被测光缆链路连接（如图 8.100、图 8.101、图 8.102 所示）。
- 启动 DTX CableAnalyzer 和 SimpliFiber 850/1 300 Source(光源)。让两台仪表待机 55 min，如果 DTX-FOM 使用之前保存在室温以上或以下环境中，则延长待机时间。
- 在 SimpliFiber 850/1 300 Source（光源）上，执行以下操作。
  - ♦ 将 λ 键选择所需的波长（850 或 1 300）。选择的波长必须与在步骤 1 中连接跳线的输出端口（850 或 1 300）相匹配。
  - ♦ 确认测试仪处于 Auto（自动）模式。如果 Auto（自动）LED 指示灯未点亮，按 AUTO 键。
- 在 DTX CableAnalyzer 上，将旋转拨号盘转至 AUTOTEST（自动测试）。
- 按 Test 键运行自动测试。
- 当前测试结束时，自动测试结果显示。

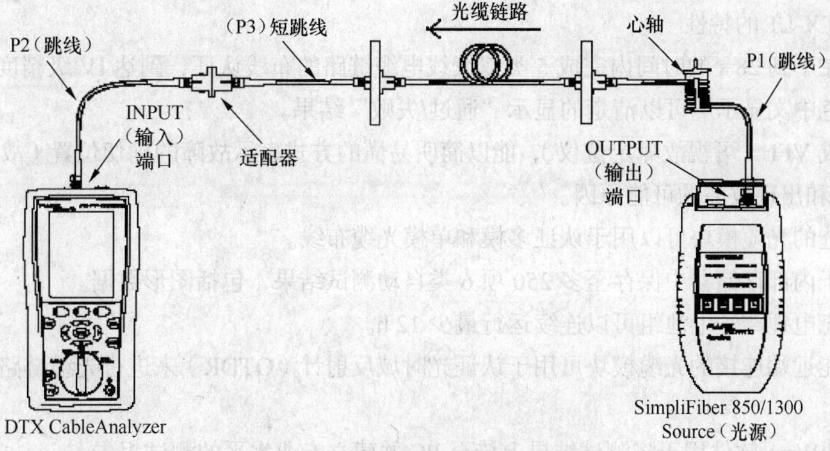

图 8.100　连接示意图：远端光源模式

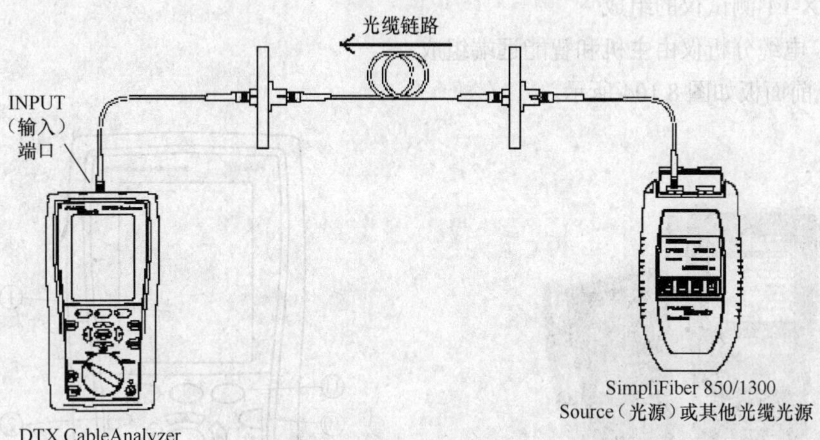

图 8.101　连接示意图：在链路端部监测光功率

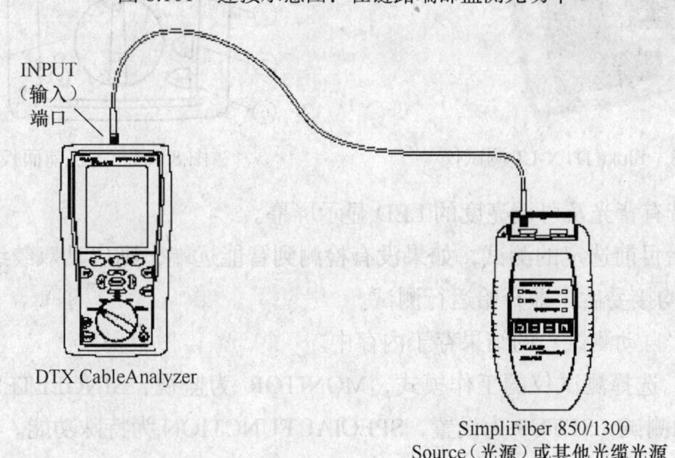

图 8.102　连接示意图：在光源处监测光功率

4. Fluke DTX-LT 测试仪

Fluke DTX-LT Cable Analyzers 如图 8.103 所示，可以用于认证、故障排除及记录双绞线电缆和光缆布线安装。

（1）DTX-LT 的特性

① 可在不到 28 s 的时间内完成 5 类双绞线电缆链路的布线认证，到达 IV 级精度。

② 彩色中文显示屏可以清楚的显示“通过/失败”结果。

③ 集成 VFL（可视故障定位仪），能以简明易懂的方式表示故障的确切位置（故障点到测试仪的距离）和出现故障的可能原因。

④ 可选的光缆模块可以用于认证多模和单模光缆布线。

⑤ 可于内部存储器中保存至多 250 项 6 类自动测试结果，包括图形数据。

⑥ 可充电锂离子电池组可以连续运行最少 12 h。

⑦ 智能远端连接的光缆模块可用于认证光时域反射计（OTDR）来进行光缆链路的损耗、长度认证。

⑧ LinkWare 软件用于将测试结果上传至 PC 并建立专业水平的测试报告。

（2）DTX-LT 测试仪的组成

DTX-LT 电缆分析仪由主机和智能远端组成。

① 主机前面板如图 8.104 所示。

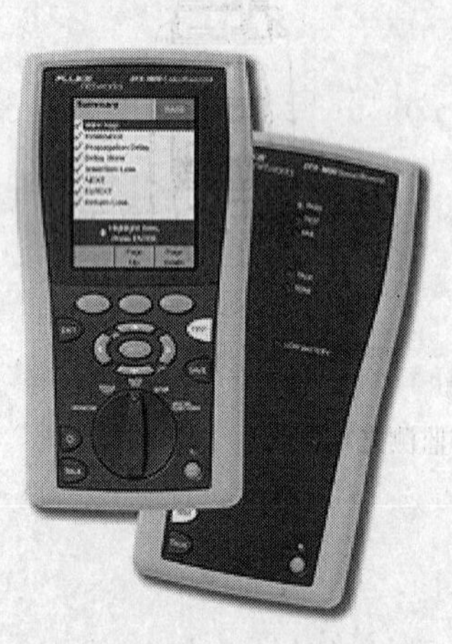

图 8.103　Fluke DTX-LT 测试仪

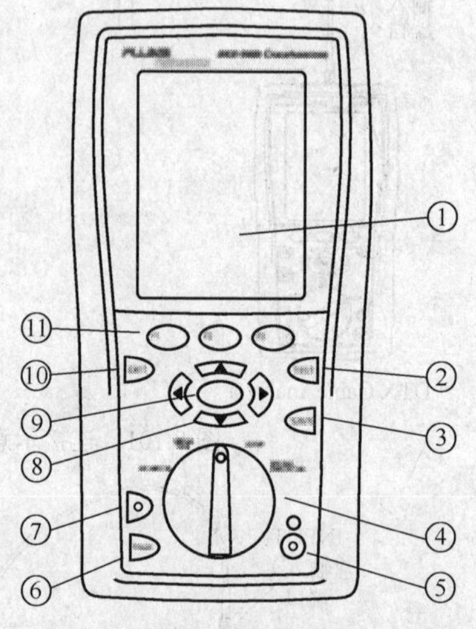

图 8.104　主机前面板

- 显示屏：带有背光及可调亮度的 LED 显示屏幕。
- 测试：开始目前选定的测试，如果没有检测到智能远端，则启动双绞线布线的音频发生器，当两个测试仪均接妥后，即开始运行测试。
- 保存：将“自动测试”的结果存于内存中。
- 旋转开关：选择测试仪的工作模式，MONITOR 为监视，SINGLETEST 为单一测试，AUTOTEST 为自动测试，SETUP 为设置，SPECIAL FUNCTION 为特殊功能。
- 开关按键：用于开关测试仪。
- 对话：按下此键可使用耳机来与链路另一端的用户对话。
- 明亮度：按此键可在背景灯的明亮和暗淡设置之间切换，按住 1 s 可调整显示屏的对比度。
- 箭头键：可用于导览屏幕画面并递增或递减字母数字的值。
- 输入：可从菜单中选择突出显示的项目。
- 退出：退出当前的屏幕画面而不存储更改。

- 软键：提供与当前的屏幕画面相应的功能，具体功能显示于屏幕画面软键之上。

② 主机侧面及顶端面板如图 8.105 所示。

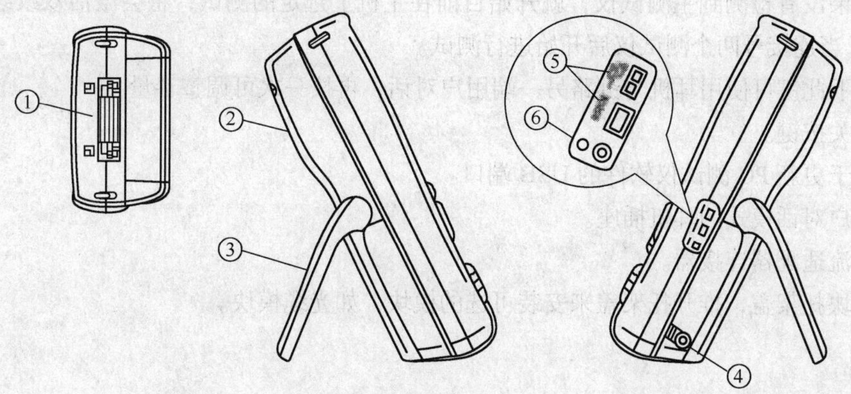

图 8.105　主机侧面及顶端面板

- 双绞线电缆接口适配器连接器。
- 模块托架盖，推开模块托架盖可安装可选的模块，如光缆模块。
- 底座。
- 交流适配器连接器。将测试仪连接至交流电时，LED 指示灯会点亮。红灯—电池正在充电；绿灯—电池已充电；闪烁的红灯—充电超时，电池没有在 6 h 内充足电。
- 该端口可用于将测试报告上载至 PC 和更新测试仪软件。
- 用于对话模式的耳机插座。

③ 智能远端外观如图 8.106 所示。

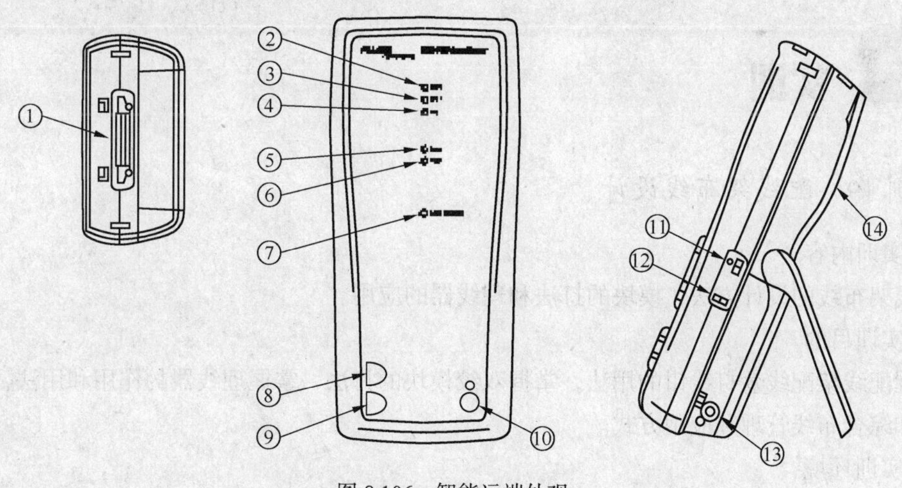

图 8.106　智能远端外观

- 双绞线电缆接口适配器的连接器。
- 当测试通过时，“通过”LED 指示灯会点亮。
- 在进行线缆测试时，“测试”LED 指示灯会点亮。
- 当测试失败时，“失败”LED 指示灯会点亮。
- 当智能远端位于对话模式时，“对话”LED 指示灯会点亮。

- 当按 Test 键但没有连接主测试仪时，“讯号声”LED 指示灯会点亮，音频发生器也会开启。
- 当电池电能不足时，“低电量”LED 指示灯会点亮。
- 如果没有检测到主测试仪，就开始目前在主机上选定的测试，将会激活双绞线布线的音频发生器。当连接号两个测试仪后开始进行测试。
- 按下此键可使用耳机与链路另一端用户对话，再按一次可调整音量。
- 开关按键。
- 用于更新 PC 测试仪软件的 USB 端口。
- 用户对话模式的耳机插座。
- 交流适配器连接器。
- 模块托架盖，推开托架盖来安装可选的模块，如光缆模块。

练习题

1. 详细描述结构化布线系统的组成结构。
2. 结构化布线系统的设计如何实现?
3. 在网络测试过程中，测试设备如何选择？如何实现网络测试?

实训

实训 19　配线架布线设计

1. 实训内容

配线架布线的设计方法，模块的打法和理线器的应用。

2. 实训目的

掌握配线架配线盒打线钳的用法，掌握双绞模块的打法，掌握理线器的作用和用法，了解安装机柜和综合布线管理和应用方式。

3. 实训环境

综合布线的打线和测验工具 1 套，机柜、配线架、理线器各 1 套，模块、面板和面板底座各 3 套，双绞线、跳线、扎线带若干。

4. 实训拓扑图

实训拓扑图如图 8.107 所示。

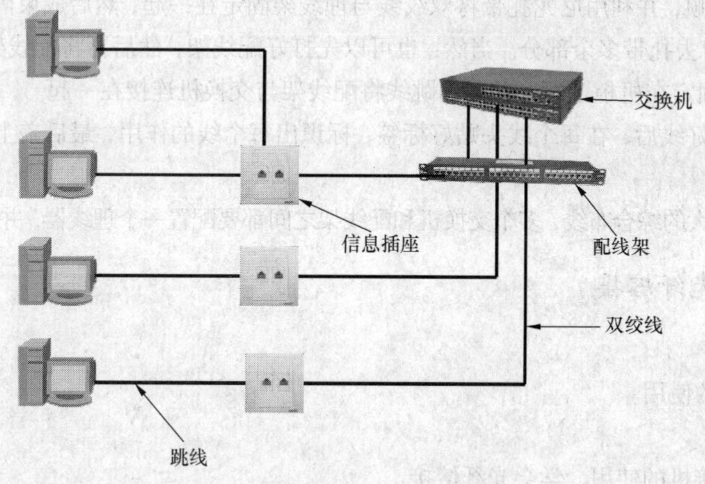

图 8.107　配线架布线设计拓扑图

5. 实训要求

① 为每个座位或员工预留 1 个信息点，在合适的位置为网络打印机或无线 AP 预留 2 个或 3 个信息点，电话线的数量不需要太多。

② 信息插座的位置应当在办公桌附近，便于计算机接入网络，信息插座与地面的垂直距离不应小于 20 cm，与电源插座的相对位置也要保持在 20 cm 左右。

6. 实训配置步骤

（1）端接信息插座

① 把双绞线从布线底盒中拉出，使用网线钳剪好足够的长度，使用剥线钳剥除外层绝缘皮，然后剪除抗拉线。

② 信息模块至于专用工具或桌面等较硬的平面上。

③ 开 4 个线对，但线对之间不要拆开，安装信息模块上所指示的色线标序（一定要与配线架执行相同的标准），稍稍用力将导线一一置入相应的线槽内（通常情况下，模块上同时标记有 T568A 和 T568B 两种线序）。

④ 将打线工具的刀口对准信息模块上的线槽和导线，垂直向下用力，听到“咯”的一声，模块外多余的线被剪断。重复该操作，将 8 条导线一一打入相应颜色的线槽中。

⑤ 将塑料防尘片沿缺口穿入双绞线，并固定于信息模块上。

⑥ 用双手压紧防尘片，信息模块端接完成。将信息模块插入信息面板中相应的插槽内，听到“咔”的一声后，说明两者固定在一起。最后用螺丝将面板固定在信息插座的底盒上。

（2）端接双绞线配线架

① 将附送的金属支架安装在配线架上，用于支撑和理顺双绞线。

② 利用网线钳将双绞线剪至合适长度，并用剥线刀剥除双绞线的绝缘层包皮，并剪除抗拉线。

③ 依据所执行的线序标准（一定要与信息模块执行完全相同的标准），依照配线架上的色标，将双绞线的 4 对线按照正确的顺序一一分开。

④ 根据配线架上所指示的颜色，将导线一一置于线槽。

⑤ 利用打线工具端接配线架与双绞线，注意，一定要使刀口向外侧，从而将多余的导线切断。重复操作，端接其他双绞线。

⑥ 将线缆理顺，并利用尼龙扎带将双绞线与理线架固定在一起，然后成束固定在机柜上。最后，使用网线钳剪去扎带多余部分。当然，也可以先打好配线架，然后再将配线架安装到机柜中。最后，将理线器固定在机柜正面，并利用跳线将配线架与交换机连接在一起。

⑦ 插好、理好线后，在每个线头贴好标签，标识出每个线的作用，最后盖上理线器盖，做到美观清晰。

⑧ 如果做较大的综合布线，多个交换机和配线架之间都要配置一个理线器，并做好清晰的标识。

实训 20　光纤熔接

1. 实训内容

光纤熔接机的使用。

2. 实训目的

学会光纤熔接机的使用，学会光纤熔接。

3. 实训环境

光缆 1 根，光纤连接器 1 台，光纤熔接器 1 台，光纤剥除器 1 台，光纤切割器 1 台。

4. 实训要求。

① 切割光纤、熔接光纤的时候，确保光纤上没有过多的油膜；

② 把光纤放到光纤熔接器中，保证能够观测到光纤，并且光纤之间有一定的空隙。

5. 实训配置步骤

（1）剥好光纤

使用光纤剥除器剥除光纤的外套，并使用无屑纸巾擦除光纤表面的油膜。

（2）切割光纤

使用光纤切割刀切割光纤，确保光纤切割面平整。

（3）开启熔接机

安装加热器，打开电源开关，按当前供电方式和是否进行张力测试进行相应选择。

（4）熔接前的检查

检查电极并清洁电极，具体步骤如下：

① 掀起熔接机的防风罩，可以发现水平及垂直两镜头。

② 检查两镜头上有无异物，若有则用适当工具处理，不可用硬物触及镜头，以免损伤镜头。

③ 用“皮老虎”气囊吹去镜头上的脏物。

④ 用棉签棒沾少量无水酒精轻擦镜头。

⑤ 用干的棉签轻轻擦拭，确认镜头干净即可。

（5）选择熔接程序

根据实际情况选择光纤种类和自动手动工作方式，选择放电程序号（1-5）；如不能确定放电程序号，可任选 1-5 之一，如选 3 号程序，用“测试”键，利用自动测试功能来自动调整。

（6）安放光纤并接续

将热缩管套上待熔接光纤，制作光纤端面，装夹好光纤即可进行熔接，如有非正常情况，请按屏幕提示处理。

（7）熔接完毕

小心取出熔接好的光纤，复位熔接机，加热热缩管，完成熔接过程。

实训 21　网络测试与分析

1. 实训内容

用 FLUKE DTX 电缆分析仪，选择 TIA/EIA 标准、测试 UTP CAT 6 永久链路。

2. 实训目的

学会光纤熔接机的使用，学会光纤熔接。

3. 实训环境

光缆 1 根，光纤连接器 1 台，光纤熔接器 1 台，光纤剥除器 1 台，光纤切割器 1 台。

4. 实训拓扑图

实训拓扑图如图 8.108 所示。

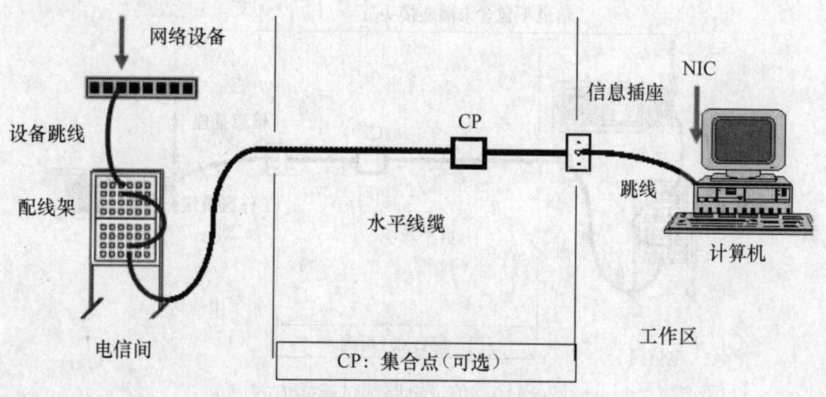

图 8.108　网络测试与分析拓扑

5. 实训要求

① 认真阅读测试仪使用操作说明书，正确使用仪表。

② 测试前要完成对测试仪主机、辅机的充电工作并观察充电是否达到 80%以上。不要在电压过低的情况下测试，中途充电可能造成已测试的数据丢失。

③ 熟悉布线现场和布线图，测试过程也同时可对管理系统现场文档、标识进行检验。

④ 发现链路结果为“Test Fail”时，可能有多种原因造成，应进行复测再次确认。

6. 实训配置步骤

（1）连接被测链路

将测试仪主机和远端机连上被测链路，因为永久链路测试，就必须用永久链路适配器连接，如图 8.109 为永久链路测试连接方式，如果是信道测试，就使用原跳线连接仪表，如图 8.110 信道测试连接方式。

（2）按绿键启动 DTX

如图 8.111（左）所示，并选择中文或中英文界面。

（3）选择双绞线、测试类型和标准

① 将旋钮转至 SETUP，如图 8.111（中）所示；

② 选择“Twisted Pair”；

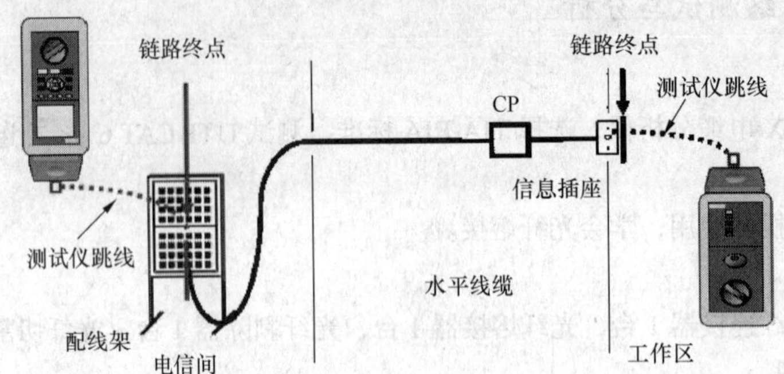

图 8.109　永久链路测试连接方式

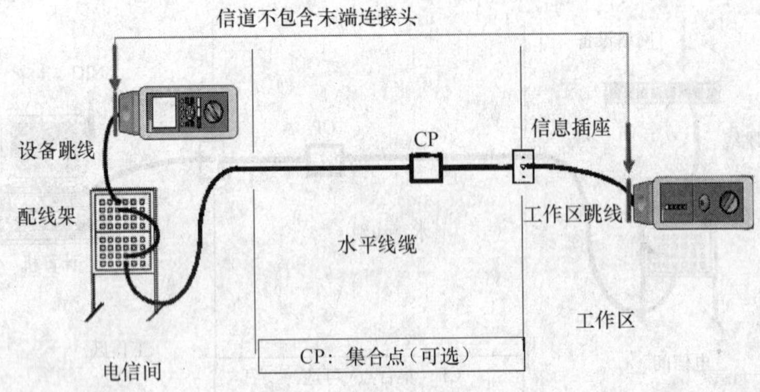

图 8.110　信道链路测试连接方式

③ 选择“Cable Type”；

④ 选择“UTP”；

⑤ 选择“Cat 6 UTP”；

⑥ 选择“Test Limit”；

⑦ 选择“TIA Cat 6 Perm. Link”，如图 8.111（右）所示。

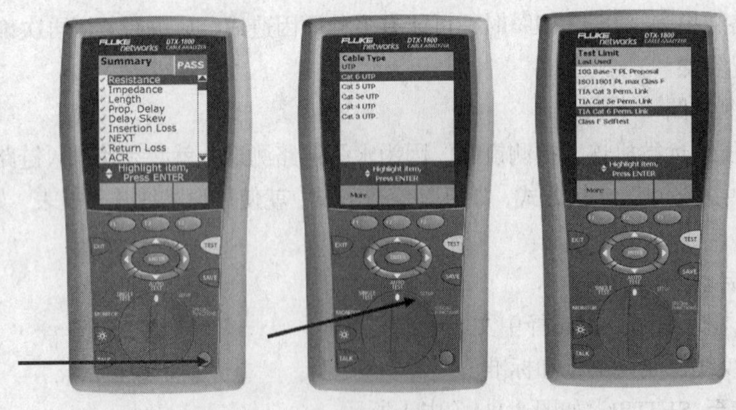

图 8.111　测试步骤

（4）按 TEST 键，启动自动测试

最快 9 s 完成一条正确链路的测试。

（5）在 DTX 系列测试仪中为测试结果命名

测试结果名称可以是：1）通过 LinkWare 预先下载；2）手动输入；3）自动递增；4）自动序列，如图 8.112 所示。

（6）保存测试结果

测试通过后，按“SAVE”键保存测试结果，结果可保存于内部存储器和 MMC 多媒体卡。

（7）故障诊断

测试中出现“失败”时，要进行相应的故障诊断测试。按故障信息键（F1 键）直观显示故障信息并提示解决方法，再启动 HDTDR 和 HDTDX 功能，扫描定位故障。查找故障后，排除故障，重新进行自动测试，直至指标全部通过为止。

（8）结果送管理软件 LinkWare

当所有要测的信息点测试完成后，将移动存储卡上的结果送到安装在计算机上的管理软件 LinkWare 进行管理分析。LinkWare 软件有几种形式提供用户测试报告，如图 8.113 所示为其中的一种。

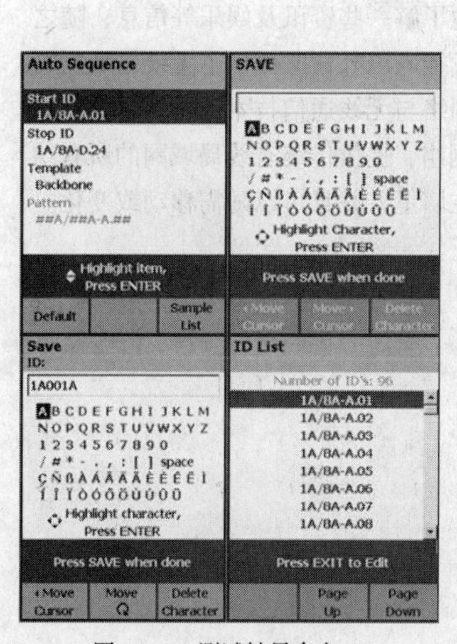

图 8.112　测试结果命名

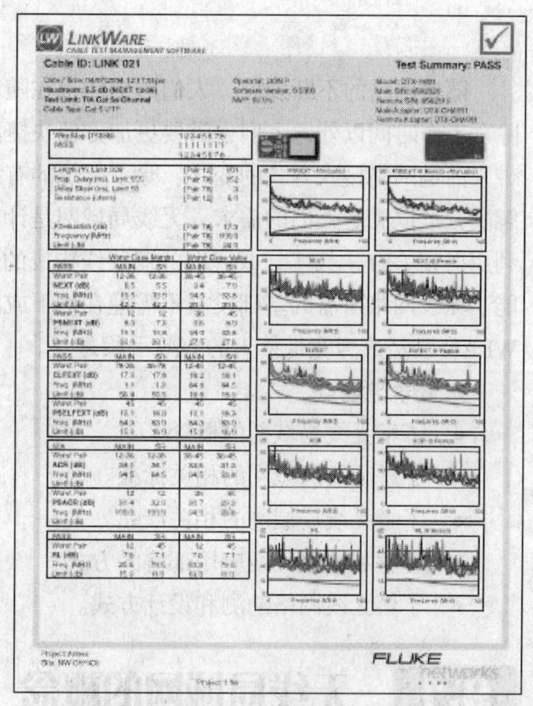

图 8.113　测试结果报告

（9）打印输出

可从 LinkWare 打印输出，也可通过串口将测试主机直接连打印机打印输出。

第9章 无线局域网

随着网络的不断发展，人们的生活也在随着网络的发展而发生着日新月异的变化。除了工作时间以外，人们也需要更加方便快捷随时地了解一些资讯及娱乐等信息，随之带来的是网络接入方式的变化，除了传统的有线方式接入以外，又提出了无线局域网的解决方案以满足人们的需求。无线局域网是计算机网络与无线通信技术结合的产物，它利用射频（RF）技术，取代旧的双绞线构成的局域网络，提供传统有线局域网的所有功能。无线网络所需的基础设施不需埋在地下或隐藏在墙里，并且可以随需移动或变化。WLAN已经成为宽带接入的有效手段之一。

本章学习要点

- 了解无线局域网的概念。
- 了解无线局域网的相关标准。
- 了解无线局域网的相关产品。
- 理解和掌握无线应用部署的方式。
- 了解无线网络勘测和设计方式。

9.1 无线局域网的概念

9.1.1 无线局域网

无线局域网是计算机网络与无线通信技术相结合的产物。它利用射频（RF）技术，取代旧式的双绞线构成局域网络，提供传统有线局域网的所有功能。无线网络所需的基础设施不需再埋在地下或隐藏在墙里，并且可以随需移动或变化。

无线网络真的不需要线路吗？其实无线系统并不是完全无线的。各厂商使用标准的

微处理器和数字电路设计和构造无线系统，并且将其连接到传统的有线 LAN 系统。此外，无线设备必须加电才能提供编码、解码、压缩、解压缩、发送和接收无线信号所需要的能量。无线设备只是传统有线 LAN 的一部分。

第一代 WLAN 设备具有速度低、成本高、缺少标准等缺点，因此对于很多应用都不实用。时至今日，现代的标准化系统能够以可接受的速度传送数据。

经过 IEEE 802.11 委员会和 Wi-Fi 联盟的辛勤工作，他们已经使得无线设备标准化，并且具备互操作的特性。

① IEEE 802.11：

设计高性能 WLAN 的规范；

无线安全、互操作性、QoS。

② Wi-Fi 联盟的 Wi-Fi 认证：

确保用户级别的互操作性，所有供货商的产品都应当能够同时工作；

成功的测试能够获得“批准的印章”。

目前主要的无线技术有 IrDA、BlueTooth、3G、802.11a/b/g/n 等。

IrDA（Infrared Data Association）是一种红外线进行点到点通信的技术，其优点是体积小，成本低，传输速率可达 4 Mbit/s。早先超过 95%的手提电脑安装了 IrDA 接口。市场上还推出了可以通过 USB 接口与 PC 相连的 USB-IrDA 设备。IrDA 是一种视距传输技术，通信设备之间不能有阻挡物，不适合多点通信。另外 IrDA 设备的核心部件——红外线 LED 是一种非耐用器件。目前，市场上的手提电脑已基本淘汰此种技术。

BlueTooth（蓝牙技术）是一种用于数字化设备之间的低成本、近距离传输的无线通信连接技术，其程序写在微型芯片上，可以方便地嵌入到设备之中。BlueTooth 技术工作在 2.4 GHz 频段上，采用跳频技术，理想连接范围为 10 cm～10 m，带宽为 1 Mbit/s，采用时分双工传输方案实现全双工传输。目前，蓝牙技术已经大规模应用于移动电话、PDA、无线耳机、笔记本电脑、相关外设等众多设备之间进行无线信息交换。

3G（The 3rd Generation）第三代移动通信技术，是指支持高速数据传输的蜂窝移动通信技术。3G 服务能够同时传送声音及数据信息（电子邮件、即时通信等），速率可达 10 Mbit/s 以上。目前 3G 存在 4 种标准：CDMA2000、WCDMA、TD-SCDMA、WiMAX。

802.11a/b/g/n 是现在主流的 802.11 协议标准，以其覆盖面积广、传输速率高的特点成为了市面上主要的 WLAN 技术。802.11a/b/g/n 的工作频率为 2.4 GHz 或 5 GHz，支持最大速率分别为 54 Mbit/s、11 Mbit/s、300 Mbit/s。

9.1.2　无线局域网的特点

对于当前的有线以太网 LAN，它在接入层的工作速度大约是 100 Mbit/s，在汇聚层的工作速度大约是 1 Gbit/s，在核心层的工作速度大约是 10 Gbit/s。大多数 WLAN 在接入层的工作速度范围是 11～54 Mbit/s，并且通常不在汇聚层和核心层使用 WLAN。与实施有线 LAN 的成本相比较，实施 WLAN 的成本具有一定的竞争力。下面列出了 WLAN 的部分特点：

① 移动性；

② 可扩展性；

③ 灵活性；

④ 短期或长期节省成本；

⑤ 安装优势；

⑥ 苛刻环境中的可靠性；

⑦ 缩短安装时间。

WLAN 对于家庭办公室、中小型企业、大型企业等都有诸多优点。灵活的应用 WLAN，并在 WLAN 的实现中获得益处的环境应具备如下的特征：

① 要求标准的 10 Mbit/s 以太网 LAN 速度；

② 需要漫游；

③ 经常需要布置办公室的物理格局；

④ 使用宽带 Internet 连接；

⑤ 安装有线 LAN 有非常大的困难；

⑥ 要求临时办公室和 LAN；

⑦ 需要连接城域范围内的两个或多个 LAN。

当然，对于现代人们的需求，WLAN 又赋予了新的增值特性：

① 希望在企业内部获得传统有线网络之外的移动功能的 IT 专业人士或高级商业管理人员；

② 需要能够在整个站点内或选定的区域内灵活且频繁地改变 LAN 布线的公司所有者和 IT 董事；

③ 任何其他的因建筑物或预算的限制（例如建筑物老旧的、空间是租赁的或地点是临时性的）而不适于使用 LAN 布线的公司；

④ 任何需要市局内建筑物到建筑物桥接设备所能提供的灵活性和节省成本的公司，这些公司可以通过这些设备避免昂贵的布线、租用线路或走线的问题。

图 9.1 所示为几个无线网络的应用场景。

体育场馆新闻中心

展馆大厅

制造车间

物流运输

图 9.1　无线网络的应用场景

WLAN 正在成为某些行业不可或缺的帮手。例如在物流行业，员工可以通过手持的无线数据终端进行货物核对；在餐饮行业，服务人员可以通过手持的无线数据终端为客户点菜；在医疗行业，护士可以在查房时利用无线业务终端来查询病人的病例，记录病人的健康状态以及服药情况；在地铁行业可以通过无线局域网来承载列车控制系统的指令等。

除了以上特点外，WLAN 同样面临着一些挑战和问题。

① 干扰：工作在相同频段的其他设备会对 WLAN 设备的正常工作产生影响。比如微波炉、蓝牙、无绳电话、双向寻呼系统等。

② 电磁辐射：无线设备的发射功率应满足安全标准，以减少对人体的伤害。

③ 数据的安全性：无线网络中，数据在空中传输，需充分考虑业务数据的安全性，并采取必要的弱加密或强加密算法。

9.1.3　无线局域网的基本元素

SSID（Service Set Identifier）是服务集标识技术可以将一个无线局域网分为几个需要不同身份验证的子网络，每一个子网络都需要独立的身份验证，只有通过身份验证的用户才可以进入相应的子网络，防止未被授权的用户进入本网络。简单地说，SSID 是一个局域网的名称，只有设置为名称相同 SSID 的值的电脑才能互相通信。

SSID 标示了一个无线服务，这个服务的内容包括了接入速率、工作信道、认证加密方法、网络访问权限等。

BSS（Basic Service Set，基本服务集），能够相互进行无线通信的 802.11 无线设备可以组成一个在这种模式中需要一个 AP，如图 9.2 所示，所有的无线终端都通过 AP 通信，无线终端之间不能直接通信，此外，一个 BSS 具有一个服务集标识（SSID）。

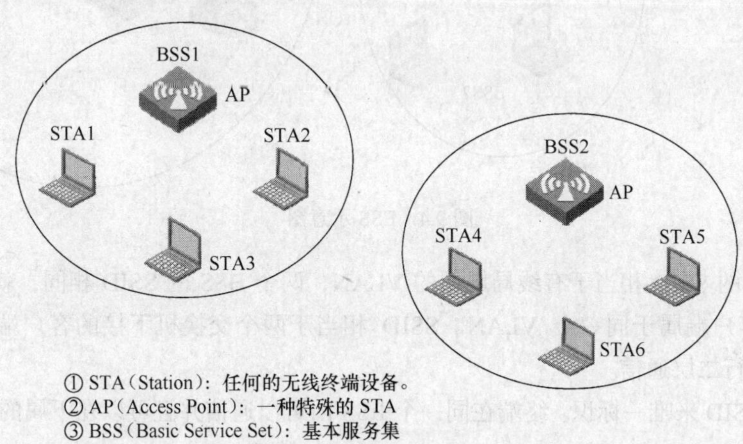

图 9.2　BSS 示意图

如果一个 BSS 中完全由无线终端组成的话，那该 BSS 称做 IBSS（Independent Basic Service Set，独立基本服务集），通常也被称为 Ad hoc 网络。

DS（Distribution System，分布式系统）指连接多个 BSS 的网络以及有线网络，如图 9.3 所示。可以采用无线或有线技术，通常采用以太网技术。

ESS（Extended Service Set），是采用相同的 SSID 的多个 BSS 形成的更大规模的虚拟 BSS，

如图 9.4 所示。

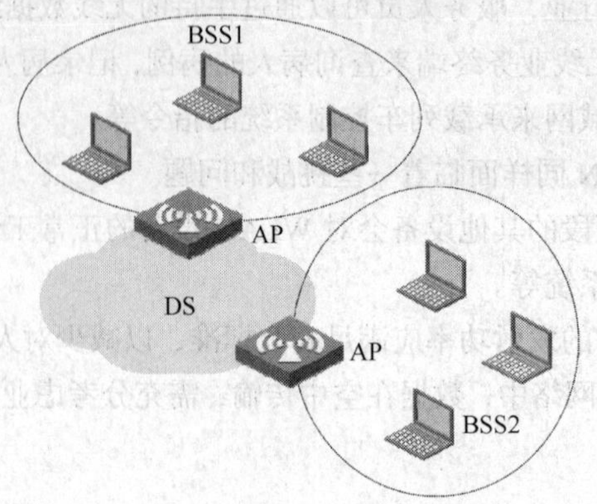

图 9.3　DS 示意图

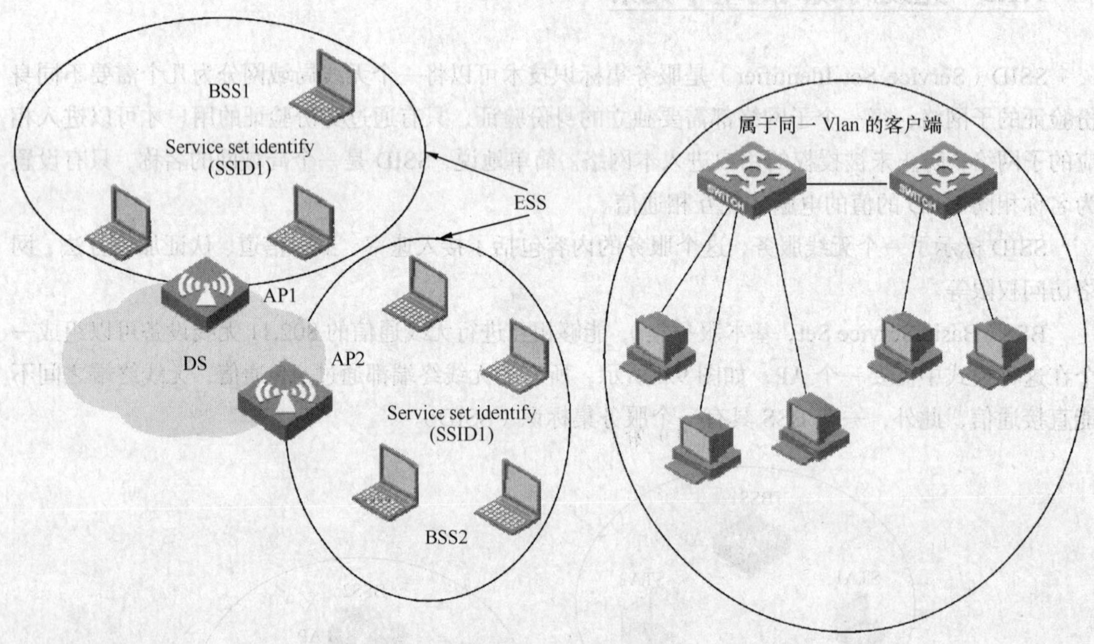

图 9.4　ESS 示意图

无线局域网的 SSID 相当于有线局域网的 VLAN，两个 BSS 的 SSID 相同，就相当于两个交换机及下接的客户端属于同一个 VLAN。SSID 相当于两个交换机下接的客户端不属于同一个 VLAN，无法进行二层通信。

ESS 通过 SSID 来唯一标识。终端在同一个 ESS 内可以通信并且可以在下属的多个 BSS 间移动（漫游）。

BSSID（Basic Service Set ID）实际上就是 AP 的 MAC 地址，用来标识 AP 管理的 BSS，在同一个 AP 内 BSSID 和 SSID 一一映射。在一个 ESS 内 SSID 是相同的，但对于 ESS 内的每个 AP 与之对应的 BSSID 是不同的。如果一个 AP 可以同时支持多个 SSID 的话，则 AP 会分配不同的 BSSID 来对应这些 SSID。

9.1.4　无线局域网的组网模式

1. Ad hoc

如图 9.5 所示，Ad hoc 构成了一种特殊的无线网络应用模式，一群计算机接上无线网卡即可相互连接，资源共享，无需透过 AP。Ad hoc 模式有如下特点：

① 只包含终端设备；

② 设备间相互点对点对等通信；

③ 网络中没有 AP 设备，也没有公共连接连到 DS 有线网络。

在 Ad hoc 模式中网络只由终端组成，不存在 AP，终端负责接收和发送和本机有关的数据报文，不负责转发到其他终端的数据报文。

2. 单一 BSS

如图 9.6 所示，单一 BSS 模式包括以下单元。

① 终端；

② AP（Access Point），其功能是负责终端间的数据转发，通过 AP 设备连接到有线网络。

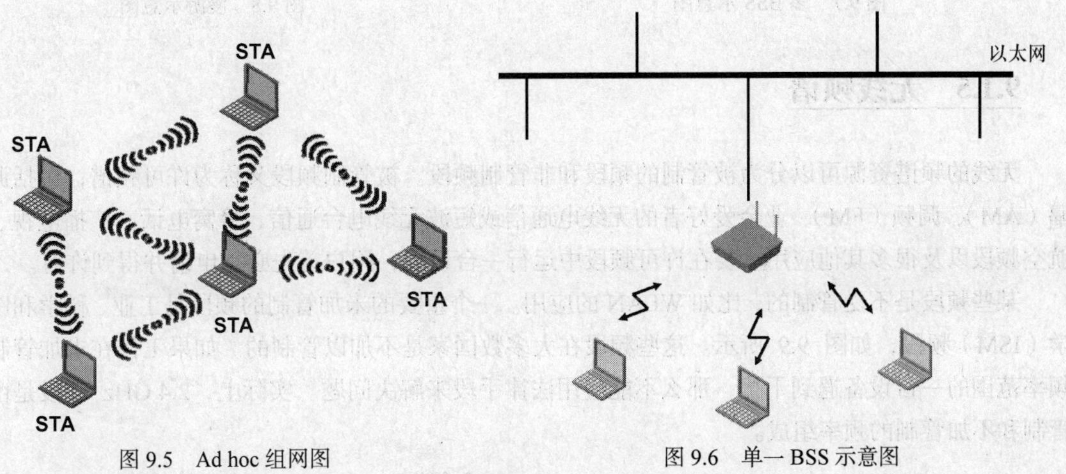

图 9.5　Ad hoc 组网图　　图 9.6　单一 BSS 示意图

3. 多 BSS

如图 9.7 所示，多个 BSS 包括以下几个单元。

① 终端；

② AP（Access Point），其功能是负责终端间的数据转发；通过 AP 设备连接到有线网络；配置相同 SSID 的用户可以在支持该 SSID 的 AP 间漫游。

4. 漫游

漫游（见图 9.8），是无线客户端从一个单元或 BSS 移动到另一个单元或 BSS，同时还不丢失与网络的连接的过程或性能。AP 将客户端从一个 AP 传递到另一个 AP，并且这个过程对于客户

端是不可见的。所以，漫游是针对 AP 来说的。

参与客户端漫游的 AP 上所配置的 SSID 必须相同，这是漫游的前提条件。

漫游又分为二层漫游和三层漫游。

二层漫游由于不涉及子网的变化，因此只需保证用户在 AP 间切换时访问网络的权限不变即可。为了保证快速的切换，通常都会利用终端在原有 AP 上使用的资源（如 KEY 等）。

三层漫游由于用户漫游的两个 AP 处于不同的子网，因此除了要实现二次漫游中提到的内容以外，通常会采用一些特殊手段来保证用户业务的不中断。目前较流行的做法有二层隧道透传、Mobile IP 等。

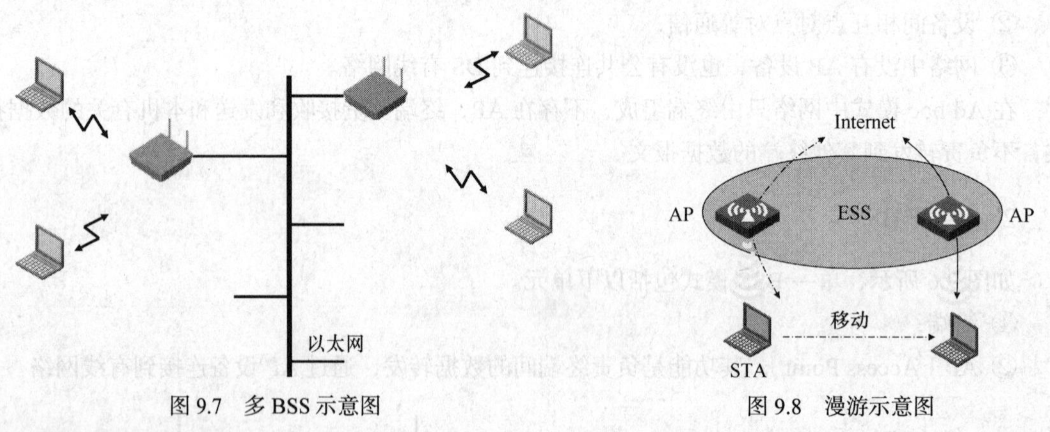

图 9.7　多 BSS 示意图　　　　图 9.8　漫游示意图

9.1.5　无线频谱

无线的频谱资源可以分为被管制的频段和非管制频段。被管制频段又称为许可频谱，包括调幅（AM）、调频（FM）、业余爱好者的无线电通信或短波无线电台通信、蜂窝电话、广播电视、航空频段以及很多其他应用。要在许可频段中运行一台设备，用户首先必须申请并得到许可。

某些频段是不受管制的，比如 WLAN 的应用。一个重要的未加管制的频段是工业、科学和医学（ISM）频段，如图 9.9 所示。这些频段在大多数国家是不加以管制的。如果工作在未加管制频率范围的一台设备遇到干扰，那么不能应用法律手段来解决问题。实际上，2.4 GHz 频段是由管制和不加管制的频率组成。

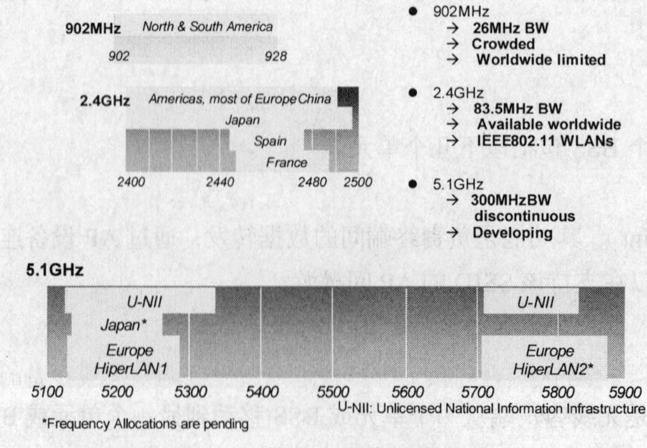

图 9.9　无线频谱

如表 9.1 所示是各国授权使用的频段。

表 9.1　　各国授权使用频段

Channel	Freq(GHz)	US/Can	Europe	Japan
1	2.412	√	√	
2	2.417	√	√	
3	2.422	√	√	
4	2.427	√	√	
5	2.432	√	√	
6	2.437	√	√	
7	2.442	√	√	
8	2.447	√	√	
9	2.452	√	√	
10	2.457	√	√	
11	2.462	√	√	
12	2.467		√	
13	2.472		√	
14	2.484			√

IEEE802.11a：5.15～5.35 GHz、5.50～5.70 GHz、5.725～5.85 GHz；

IEEE802.11b/g：2.4～2.4835 GHz；

802.11 协议在 2.4 GHz 频段定义了 14 个信道，每个频道的频宽为 22 MHz。两个信道中心频率之间为 5 MHz。信道 1 的中心频率为 2.412 GHz，信道 2 的中心频率为 2.417 GHz，依次类推至位于 2.472 GHz 的信道 13。信道 14 是特别针对日本所定义的，其中心频率与信道 13 的中心频率相差 12 MHz。

如图 9.10 所示，信道 1 在频谱上和信道 2、3、4、5 都有交叠的地方，这就是说，如果有两个无线设备同时工作，且它们工作的信道分别为 1 和 3，则它们发送出来的信号会互相干扰。

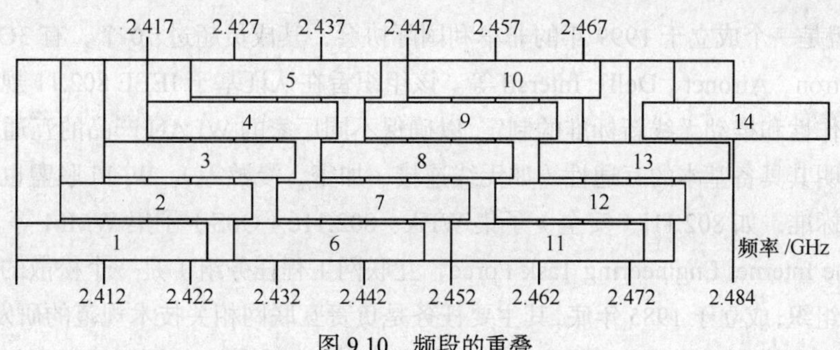

图 9.10　频段的重叠

为了最大程度的利用频段资源，我们可以使用 1、6、11，2、7、12，3、8、13，4、9、14 这 4 组相互不干扰的信道来进行无线覆盖。

由于只有部分国家开放了 12～14 信道频段，所以一般情况下，都是用 1、6、11，3 个信道。

如图 9.11 所示，任意相邻区域使用无频率交叉的频道，如 1、6、11 频道。但是当某个无线设备功率过大时，会出现部分区域有同频干扰，这是可以通过调整无线设备的发射功率来避免这种情况的发生。但是，在三维平面上，想要在实际应用场景中实现任意区域无同频干扰几乎是不可能的。

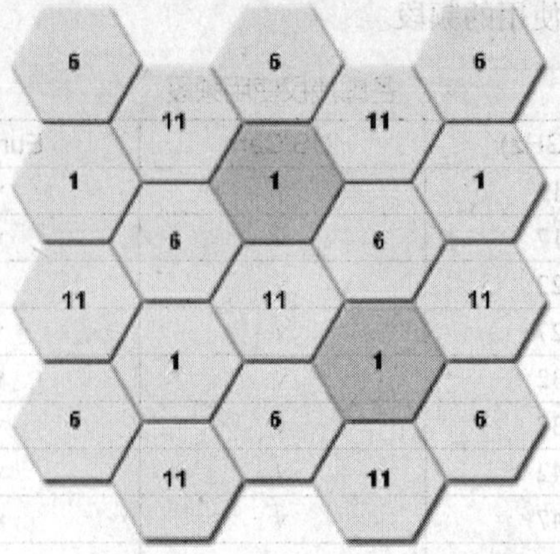

图 9.11 相邻区域同频干扰

9.2 无线局域网的标准

9.2.1 WLAN 相关组织和标准

IEEE（The Institute of Electrical and Electronics Engineers，美国电气与电子工程师学会）是美国一个较大的科学技术团体，由美国电气工程师学会（AIEE）和美国无线电工程师学会（IRE）合并而成。IEEE 现已逐渐发展成一个国际性的学术机构，其学术活动已伸展到世界各地。IEEE 每年都有大量的出版物，在国际上颇有影响，在电子学文献中占有相当重要的地位。IEEE 自 1997 年以来先后公告了 IEEE 802.11、IEEE 802.11b、IEEE 802.11a、IEEE 802.11g 等多个与 802.11 协议相关标准。

Wi-Fi 联盟是一个成立于 1999 年的非牟利国际协会，其成员超过 70 个，有 3Com、Symbol、Lucent、Cabletron、Aironet、Dell、Intersil 等。该组织旨在认证基于 IEEE 802.11 规格的无线局域网产品的互操作性和推动无线新标准的制定，以确保不同厂家的 WLAN 产品的互通性，经过 Wi-Fi 认证的产品表明其具备基本的互通性（如无线连接、加密、漫游等）。Wi-Fi 联盟也不断提出相关 802.11 的协议标准，如 802.11i（安全）子集 WPA、802.11e（QoS）子集 WMM 等。

IETF（The Internet Engineering Task Force，互联网工程任务组）是一个松散的、自律的、志愿的民间学术组织，成立于 1985 年底，其主要任务是负责互联网相关技术规范的研发和制定。IETF 是一个由为互联网技术工程及发展做出贡献的专家自发参与和管理的国际民间组织。它汇集了与互联网架构演化和互联网稳定运作等业务相关的网络设计者、运营者和研究人员，并向所有对该行业感兴趣的人士开放。IETF 体系结构分为 3 类，一个是互联网架构委员会（IAB），第二个是互联网工程指导委员会（IESG），第三个是在 8 个领域里面的工作组（Working Group）。标准制定工作具体由工作组承担，工作组分为 8 个领域，分别是 Internet 路由、传输、应用领域等。

CAPWAP（Control And Provisioning of Wireless Access Points）是 IETF 中目前有关无线控制器和 FIT AP 间的控制和管理标准化的工作组。其目的就是制定无线控制器和 FIT AP 之间管理和控制协议，用户购买的无线控制器和 FIT AP 只要遵从 CAPWAP 定义的标准，那么无线控制器和

FIT AP 可以由不同厂商制造。不过由于标准组没有定义无线控制器之间的控制管理协议，因此目前不同厂商的无线控制器之间还无法互通。

WAPI 联盟旨在制定并推广中国无线网络产品国标中的安全机制标准 WAPI，其包括无线局域网鉴别（WAI）和保密基础结构（WPI）两部分。其中核心技术由西安捷通公司掌握，由于其加密算法未公开，只能购买指定公司的加密芯片。

9.2.2　IEEE 802.11 标准

1. IEEE 802.11 协议族成员

20 世纪 90 年代初，IEEE 802 标准化委员会成立 IEEE 802.11 无线局域网标准工作组，致力于 WLAN 相关领域的技术研究和标准定义，IEEE 802.11 无线局域网标准由物理层和 MAC 层两部分的相关协议组成。目前已经发布和还处于草案阶段的 802.11 主要标准有以下几种。

① IEEE 802.11 标准：这是 WLAN 的早期标准，该标准定义物理层和 MAC 层的规范。这也是在无线局域网领域内的第一个国际上被认可的协议。在这个标准中，提供了 1 Mbit/s 和 2 Mbit/s 的数据传输速率以及一些基本的信令规范和服务规范。

② IEEE 802.11a 标准：该标准 1999 年制定，是 IEEE 802.11 的补充标准。该标准规定无线局域网工作频段在 5.15～5.825 GHz，数据传输速率达到 54 Mbit/s。802.11a 采用正交频分复用（OFDM）的独特扩展技术。

③ IEEE 802.11b 标准：该标准于 1999 年 9 月被正式批准。该标准规定无线局域网工作频段在 2.4～2.4835 GHz，数据传输速率达到 11 Mbit/s。该标准是对 IEEE 802.11 的一个补充，引入 CCK 调制方式。在数据传输速率方面可以根据实际情况在 11 Mbit/s、5.5 Mbit/s、2 Mbit/s、1 Mbit/s 的不同速率间自动切换。

④ IEEE 802.11g 标准：2003 年 6 月被正式批准。该标准可以视作对 802.11b 标准的提速（速率从 11 Mbit/s 提高到 54 Mbit/s），但仍工作在 2.4 GHz 频段上。802.11g 采用两种调制方式，分别是 802.11a 的 OFDM 与 802.11b 的 CCK。所以，采用 802.11g 的终端可访问现有的 802.11b 接入点和新的 802.11g 接入点。

⑤ IEEE 802.11n 标准：该标准通过对 802.11 物理层和 MAC 层的技术改进，使得无线通信在吞吐量和可靠性方面都获得显著提高，标准速率可达到 300 Mbit/s，最大速率可达到 600 Mbit/s，其核心技术是 MIMO+OFDM。同时，802.11n 可以工作在双频模式，包含 2.4 GHz 和 5 GHz 两个工作频段，可以与 802.11a/b/g 标准兼容。

⑥ IEEE 802.11e 标准：此标准对无线局域网 MAC 层协议提出改进，制定了无线局域网的 QoS 机制，以更好地支持多媒体数据的传输。

⑦ IEEE 802.11h 标准：此标准为无线局域网提供了动态频率调整功能（Dynamic Frequency Selection，DFS）和动态功率调整功能（Transmit Power Control，TPC）。此标准是为了部分欧洲地区，让无线局域网工作在 5 GHz 频段是不与雷达产生冲突而制定的。

⑧ IEEE 802.11i 标准：此标准结合了 IEEE 802.1x 中的用户端口身份验证和设备验证，对无线局域网 MAC 层进行修改与整合，定义了严格的加密格式和鉴权机制，以改善无线局域网的安全性。

⑨ IEEE 802.11s 草案：为 802.11 工作组目前正在定义的针对无线网状网（mesh）组网模式的协议。

2. 802.11MAC 层工作原理

基于 802.11 协议的 WLAN 设备的大部分无线功能都是建立在 MAC 层上的。802.11 MAC 层工作主要负责客户端与 AP 之间的通信，主要功能有扫描、认证、接入、加密、漫游等。

802.11 MAC 层报文分为 3 类：数据帧、控制帧、管理帧。

① 数据帧：用户的数据报文。

② 控制帧：协助数据帧收发的控制报文，如 RTS、CTS、ACK 等。RTS/CTS 帧是避免在无线覆盖范围内出现隐藏结点的控制帧，ACK 是比较常见的确认帧，WLAN 设备每发送一个数据报文，都要求通信的对方回复一个 ACK 报文，这样才认为是数据发送成功。

③ 管理帧：负责 STA 和 AP 之间的能力级的交互、认证、关联等管理工作，例如 Beacon、Probe、Authentication 及 Association 等。Beacon 和 Probe 是用于 WLAN 设备之间相互发现的，Authentication、Association 是用于 WLAN 设备之间相互认证和关联使用的。

如图 9.12 所示，无线客户端接入到 802.11 无线网络的过程分为 4 个步骤。

① STA 通过 Scanning 搜索附近存在的 AP。

② STA 选择 AP 后，向其发起 Authentication 过程。

③ 通过 Authentication 后，STA 发起 Association 过程。

④ 通过 Association 后，STA 和 AP 之间链路已建立，可以互相收发数据报文。

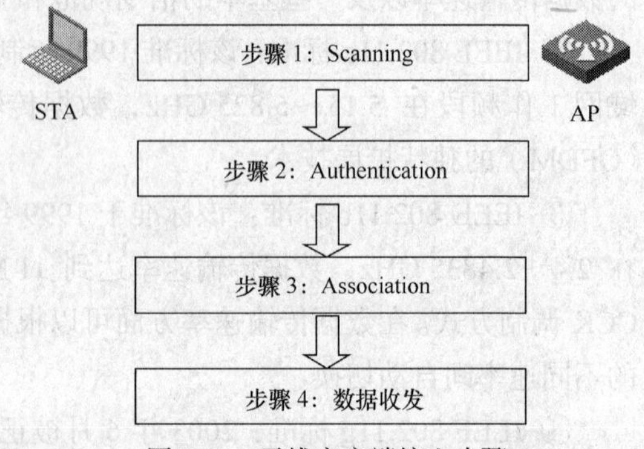

图 9.12 无线客户端接入步骤

（1）步骤 1：Scanning

Scanning 是 802.11MAC 层 STA 接入无线网络的第一个步骤，STA 通过 Scanning 功能来寻找周围的无线接入服务，或在漫游时寻找新的 AP。

Scanning 功能有两种方式：Passive Scanning 和 Active Scanning。

如图 9.13 所示，在 Passive Scanning（被动扫描）模式中，STA 会在各个信道间不停的切换，静候 Beacon 帧的到来，并记录来自所收到的任何 Beacon 帧的信息，以此来发现周围的无线网络服务。

在 AP 上设置 SSID 信息后，AP 会定期发送 Beacon 帧（一般为 100 ms）。Beacon 帧中包含该 AP 所属的 BSS 的基本信息以及 AP 的基本功能级，包括 BSSID（AP 的 MAC 地址）、SSID、速率集、认证方式、加密算法、Beacon 帧的发送间隔、工作的信道等。

如图 9.14 所示，在 Active Scanning（主动扫描）模式中，STA 扮演着比较积极的角色。在每个信道上，STA 都会发送 Probe Request 帧以请求需要连接的无线接入服务，AP 在收到 Probe Request 后回应 Probe Response，STA 就从 AP 回应的 Probe Response 中获取 SSID 的基本信息。Probe Response 包含的信息和 Beacon 帧类似。

Active Scanning 方式在 Beacon 中隐藏 SSID 信息时会经常使用。

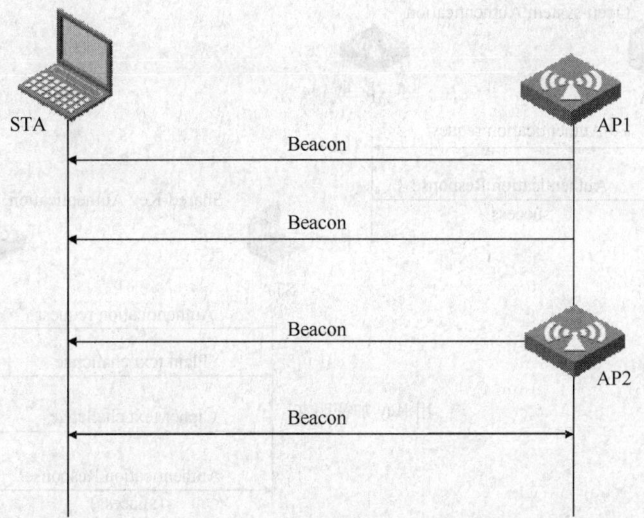

图 9.13　STA 通过侦听 AP 定期发送的 Beacon 帧来发现网络

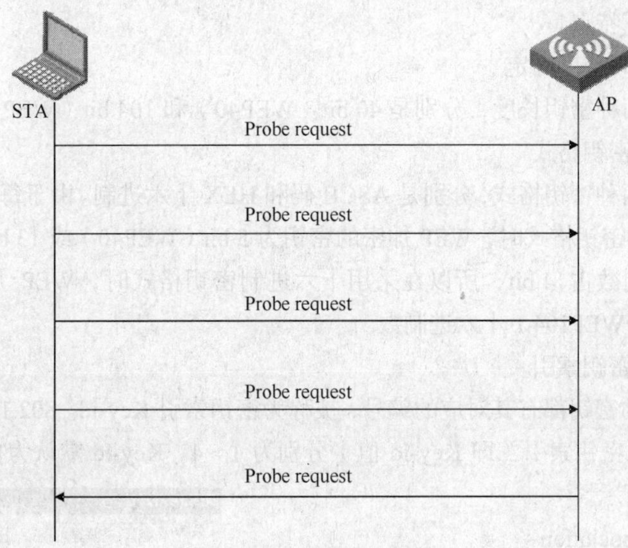

图 9.14　主动扫描模式

（2）步骤 2：Authentication

如图 9.15 所示，802.11MAC 层支持两种认证方式。

① Open-system Authentication（开放式认证）。

STA 以 MAC 地址为身份证明，要求网络 MAC 地址必须是唯一的，几乎等同于不需要认证，没有任何安全防护能力。可通过其他方式来保证用户接入网络的安全性，例如 MAC 地址过滤。

② Shared-Key Authentication（共享式认证）。

在采用 WEP 加密时使用。此方式在认证时需校验 STA 的 WEP 密钥。但此认证方式也不安全，Attacker 可以通过监听 AP 发送的明文 Challenge test 和 STA 回复的密文 Challenge test，计算出 WEP KEY。

STA 可以通过 Deauthentication 帧来终结认证关系。

注意，在采用 WEP 加密算法时同样可以采用 Open-system 的认证方式。

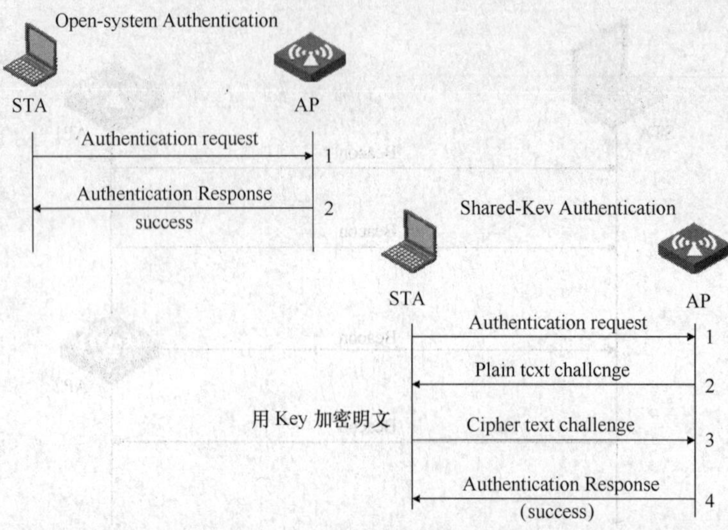

图 9.15　802.11MAC 层的认证方式

WEP 算法有以下特点。

① WEP 加密密码长度固定

WEP 加密支持两种密钥长度，分别是 40 bit（WEP40）和 104 bit（WEP104）。

② WEP 加密的密钥格式

WEP 加密支持两种密钥格式，分别是 ASCII 码和 HEX 十六进制。由于每个 ASCII 码占 8 bit，所以在采用 ASCII 码密钥格式时，WEP 加密的密钥为 5 bit（WEP40）或 13 bit（WEP104）ASCII 码；而每个十六进制数占 4 bit，所以在采用十六进制密钥格式时，WEP 加密的密钥为 10 bit（WEP40）或 26 bit（WEP104）十六进制数。

③ WEP 加密的密钥索引。

WEP 加密使用的密钥都有其对应的编号，被称为密钥索引 Key-id。802.11 工作站最多可以指定 4 个密钥，对应的密钥索引（即 Key-id 值）分别为 1～4。Key-id 默认为自动分配，也可以手工指定，如图 9.16 所示。

（3）步骤 3：Association

如图 9.17 所示，一旦完成身份验证，STA 就进入 Association（关联）阶段。和身份验证一样，关联操作由 STA 发起。

STA 发送 Association Request（关联请求）帧，AP 随后对关联请求进行梳理。一般，在这个过程中未使用任何安全防护。关联成功后，AP 在回应的 Association Response 帧中含有关联标识符（Association ID，简称 AID）。

STA 通过 Association 和一个 AP 建立关联后，后续的数据报文的手法就只能和建立 Association 关系的 AP 进行。

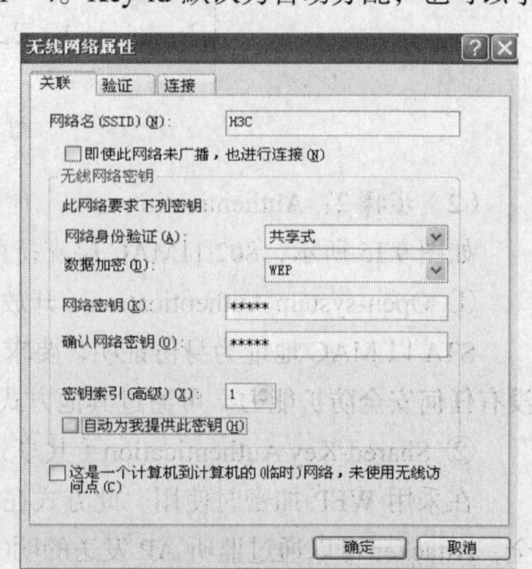

图 9.16　无线网络属性

STA 可以通过 Deassociation 和 AP 解除关联关系。

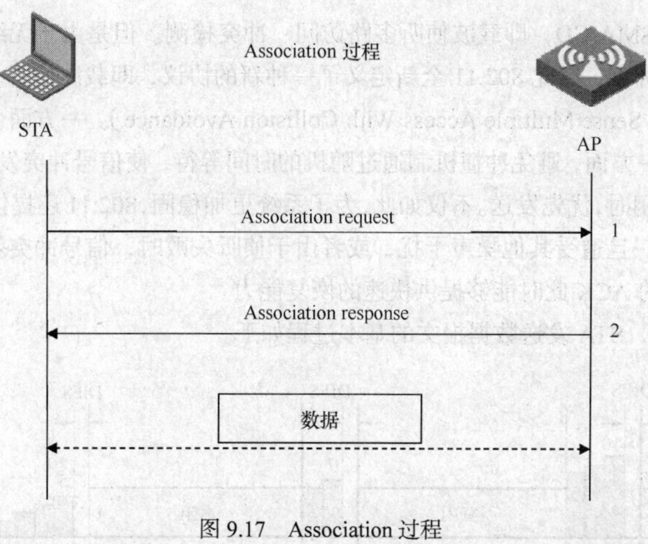

图 9.17　Association 过程

3. 802.11i 协议

由于 WEP 在安全性上具有很大的局限性，为了弥补 WEP 加密算法的安全问题，802.11i 协议在密钥管理机制和加密算法上进行了改进。

802.11i 提出了 WPA 的安全模式，其主要在以下几个方面增强了安全性。

① 增强了 STA 和 AP 间的认证机制。WPA 安全模式支持两种方式：WPA 企业级（成为 WPA）、WPA 个人级（成为 WPA-PSK）。其中 WPA 支持 802.1x 认证方式，WPA-PSK 支持 Pre-shared Key 认证方式。

② 增强了 Key 的生产、管理及传递机制。每个用户使用独立的动态 Key 加密数据，并通过安全的传递方法传递用户数据加密使用的 Key。

③ 增加了两类对称加密算法，加密强度大大增强。两个加密算法分别是：TKIP（Temporal Key Integrity Protocol，临时密钥完整性协议），核心算法依然为 RC4，但会为每个帧派生特有的 RC4 密钥；CCMP（Counter Mode With CBC-MAC Protocol，计数器模式及密码块链消息认证码协议），被设计用来提高更高等级的安全性，其核心为 AES 算法。

最初 WPA 支持 TKIP 加密算法，随后的 WPA2（也称 RSN，Robust Security Network，强健安全网络）增加了对 CCMP 加密算法的支持。

典型场合下的 WLAN 安全策略如表 9.2 所示。

表 9.2　WLAN 安全策略

安 全 级 别	典 型 场 合	安 全 策 略
初级安全	小型企业，家庭用户等	WPA-PSK＋接入点隐藏
中级安全	仓库物流、医院、学校、餐饮娱乐	IEEE 802.1x 认证＋TKIP 加密
专业级安全	各类公共场合及网络运营商、大中型企业、金融机构	用户隔离技术＋IEEE 802.11i＋Radius 认证和计费（对运营商）

4. 802.11 网络的介质访问机制 CSMA/CA

我们都知道，在总线型局域网中，为了能够让各用户更好的利用带宽，减少冲突，在 MAC

层的标准协议是 CSMA/CD，即载波侦听多路访问、冲突检测。但是由于无线产品的适配器不易检测信道是否存在冲突，因此 802.11 全新定义了一种新的协议，即载波侦听多点接入、避免冲撞 CSMA/CA（Carrier Sense Multiple Access With Collision Avoidance）。一方面，通过载波侦听查看介质是否空闲；另一方面，避免冲撞机制通过随机的时间等待，使信号冲突发生的概率减到最小，当介质被侦听到空闲时，优先发送。不仅如此，为了系统更加稳固，802.11 还提供了带确认帧（ACK）的 CSMA/CA。在一旦遭受其他噪声干扰，或者由于侦听失败时，信号冲突就有可能发生，而这种工作于 MAC 层的 ACK 此时能够提供快速的恢复能力。

如图 9.18 所示，STA 发送数据报文的基本过程如下。

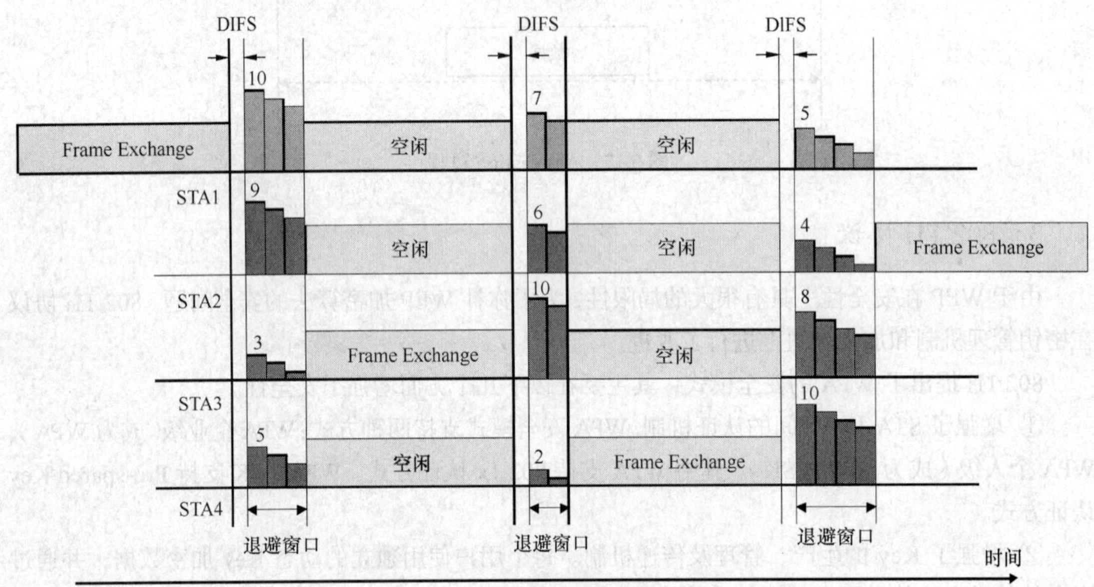

图 9.18　无线终端发送数据报文的过程

当检测到媒体忙碌时不发送报文。

① 当检测到媒体空闲了 IFS（Inter Frame Spacing，帧间隔）时间长度以后，启动一个定时器 Back-off Time，该定时器的尺寸为 Contention Window（尺寸有限制的随机数），当定时器倒计时到零时开始发送报文。

② 当本次发送失败需要重传时，随着重传次数的增加，Contention Window 的尺寸逐渐加大。

③ 当本次发送成功或者达到重传次数上限需要丢弃报文时，Reset Contention Window 的尺寸为初始值。

④ 当 STA 需要发送帧时，如果信道空闲，则等待 DIFS 再发送数据；如果信道正被其他 STA 占用，则应在信道空闲后等待 DIFS 再进行随机退避后进行发送。随机退避时间以 SlotTime 为单位，用一个减计数器保存，初始值为随机整数，称为竞争窗口（Contention Window，CW）。在退避窗口期间，计数器每过 SlotTime 时间减 1。计数器减到零之前，如果信道上有信号发送，则退避窗口结束，计数器暂停，到下次退避窗口时再继续计数。若计数器记到零，且信道上没有侦听到信号，则 STA 在下一个 SlotTime 时将发送数据，同时保持对信道的控制权直到帧序列传输完成或出现异常（未收到对方的响应）。发送完成后，应生成新的竞争窗口继续执行随机退避的操作。

分布式帧间隔（DCF Interframe Space，DIFS）是竞争式服务中最短的介质闲置时间。如果介

质闲置时间长于 DIFS，工作站可以立即对介质进行访问。

5. 802.11e 协议

最初基于 802.11 的无线网络只是为了满足用户的数据传输而设计的，并没有考虑在无线网络上承载多业务。但是当人们意识到无线网络的便捷时，对无线网络提出了更高的要求，其中 QoS 就是一个很大的挑战。

① 由于 802.11 采用的 DCF（distributed coordination function，分布式协调功能）调度模式是基于 CSMA/CA 原理，最终的效果是所有用户发送的报文平等的竞争无线资源。

② 由于没有区分业务优先级的机制，造成 AP 和终端在对外发送报文时所有报文按同等优先级对待。当发生流量拥塞时，需要优先处理的报文（例如语音报文）和普通报文（例如数据报文）会按照相同的概率被丢弃；和有线网络相对完善的 QoS 机制无法很好的衔接。

802.11e 协议，针对 DCF 模式进行了改进支持 EDCA（Enhanced Distribution Channel Access，增强型分布式协调访问机制）的媒体访问机制，它有如下特点：

① 支持 8 个业务优先级的报文标记（类似于有线网络中的 802.1p）。

② 业务优先级可被映射到 4 个输出队列。

③ 高优先级的报文优先获取无线空口的访问能力。

如图 9.19 是 AP 和无线客户端等待发送的数据的调度机制。

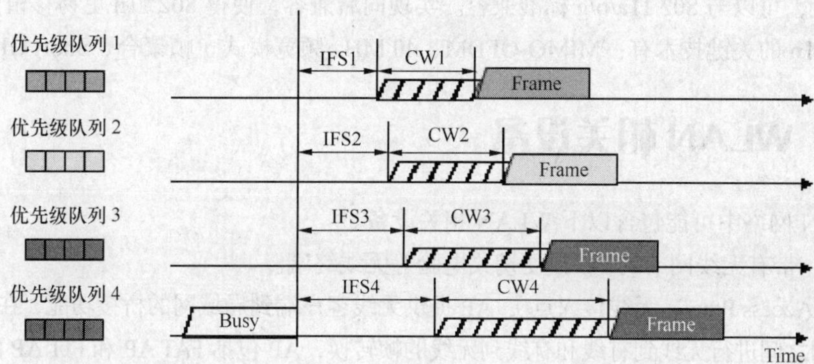

图 9.19　AP 和无线客户端等待发送的数据的调度机制

EDCA 机制是 IEEE 802.11e 的核心，EDCA 区分了不同优先级的报文接入信道的能力，从而保障了空口资源依据数据流优先级进行分配。

EDCA 将等待发送的数据报文按不同的优先级进行排队，不同队列的报文优先级依次为：优先级队列 1 > 优先级队列 2 > 优先级队列 3 > 优先级队列 4。

EDCA 的高优先级报文通过设置较短的 IFS 和 Contention Window（CW）来优先获取无线空口的访问权利：IFS1 时间 < IFS2 时间 < IFS3 时间 < IFS4 时间，CW1 窗口 < CW2 窗口 < CW3 窗口 < CW4 窗口。

由于高优先级队列 IFS 时间短，可以更早的进行退避过程。而由 CW 决定的退避时间同样小于低优先级的队列。因此，在信道竞争中，高优先级队列可以优先接入信道，从而获得更多的空口资源。

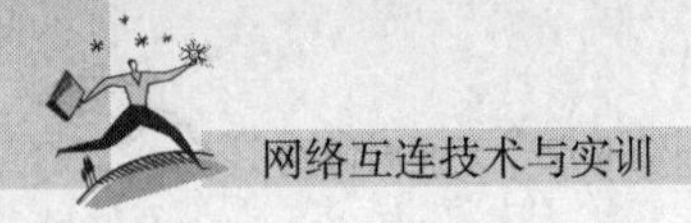

6. 802.11n 协议

802.11n 是 IEEE 802.11 协议中继 802.11a/b/g 后又一个无线传输标准协议，也是将来会大力发展和应用的协议，802.11n 将 802.11a/g 的 54 Mbit/s 最高发送速率提高到了 300 Mbit/s。

① 更高的性能：IEEE 802.11n 通过对 802.11 物理层和 MAC 层技术的改进，实现了无线传输速率的显著提高，可达到 300 Mbit/s，可以同时为多个标准的移动设备，提供与 100 M 以太网相媲美的性能。高性能使得无线通信的应用更加广泛，对于一些性能要求较高的应用，比如包括高分辨率视频传输和家庭剧院系统等，802.11n 技术能够给予更加有效的支持。

② 更可靠的网络：在电磁环境较为复杂的有限空间中，可靠、平稳的网络覆盖一直是无线网络的不足，比如在办公室中，可能用户在很小的范围内移动，信号和性能却大不相同。这主要是由于传统无线技术的多径效应和频率选择性衰落造成的。802.11n 采用的 MIMO 技术，可以有效的改善这种状况。MIMO 在发射端和接收端分别使用多个发射天线和接收天线，而理想上采用越多天线，传输效能的改善就越大。从一个天线变为两个天线，就可以获得 10 dB 的 SNR 改善，每再加一个天线可以获得 5 dB。采用多天线收发，有效地改善了无线通信系统的信号质量。

③ 更经济的组网：MIMO 技术通过多天线还使得 AP 的覆盖范围较前有所提高，加上覆盖可靠性的增强，这就意味着在相同的范围内，组建网络时所需要的 AP 更少，降低了硬件成本、安装成本等一系列费用，更加经济。同时，802.11n 可以工作在双频模式，包含 2.4 GHz 和 5 GHz 两个工作频段，可以与 802.11a/b/g 标准兼容。实现向后兼容，使得 802.11n 更易移植。

④ 802.11n 的关键技术有：MIMO-OFDM、40 MHz 频宽模式、帧聚合、Short GI。

9.3 WLAN 相关设备

在 WLAN 网络中可能包含以下 WLAN 相关设备。

① STA：带有无线网卡的 PC 或便携式电脑等无线终端。

② AP（Access Point，无线接入点）：AP 提供无线客户端到局域网的桥接功能，在无线客户端与无线局域网之间进行无线到有线和有线到无线的帧转换，AP 包括 FAT AP 和 FIT AP 两种形态。

③ AC（Access Controller，无线控制器）：无线控制器对无线局域网中的 FIT AP 及 STA 进行控制和管理，无线控制器还可以通过与认证服务器交互信息来为无线用户提供接入认证服务。

④ 无线网桥：通过无线接口将两个网络（有线或无线网络）桥接起来的网桥设备。

9.3.1 FAT AP

如图 9.20 所示，FAT AP 将 WLAN 的物理层、用户数据加密、用户认证、QoS、网络管理、漫游技术以及其他应用层的功能集于一身，俗称胖 AP。每个 FAT AP 都是独立的自治系统，相互之间独立工作。

在实际应用中，FAT AP 会有以下几方面的限制和缺陷。

① 每台 FAT AP 都只支持单独进行配置，组建大型网络对于 AP 的配置工作量巨大。

② FAT AP 的配置都保存在 AP 上，AP 设备的丢失可造成系统配置的泄露。

③ FAT AP 的软件都保存在 AP 上，软件升级时需要逐台升级，维护工作量巨大。

④ 随着网络规模的变大，网络自身需要支持更多的高级功能，这些功能需要网络内 AP 协同工作（非法用户和非法 AP 的检测等），FAT AP 很难完成这类工作。

⑤ FAT AP 一般不支持三层漫游。

⑥ AP 功能多，成本高，大规模部署时投资成本大。

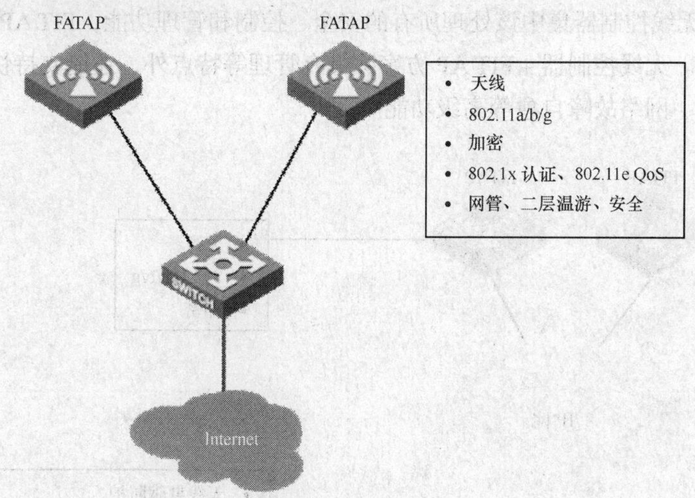

图 9.20　FAT AP 组网方式

如图 9.21 所示，这是 FAT AP 的典型组网模式。可见，FAT AP 组网适合规模较小并对管理和漫游要求比较低的无线网络部署。FAT AP 组网更适合在家庭和中小型企业网络中应用，无法满足大型的无线企业网络的需求，这是由 FAT AP 自身特点决定的。当要组建大型无线网络或需求更多的增值服务时，我们需要用无线控制器 + FIT AP 的方式。

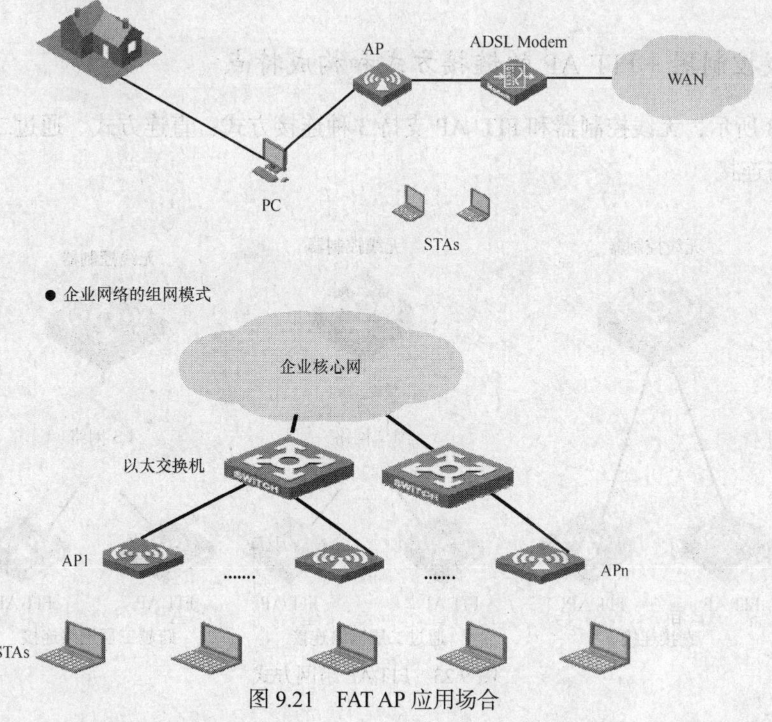

图 9.21　FAT AP 应用场合

9.3.2 FIT AP

如图 9.22 所示，在无线控制器 + FIT AP 的方案中，由无线控制器和 FIT AP 配合在一起提供传统 AP 的功能，无线控制器集中该处理所有的安全、控制和管理功能，FIT AP 只提供可靠的、高性能的射频功能。无线控制器 + FIT AP 方案除具有管理等特点外，还能支持快速漫游、QoS、无线网络安全防护、网络故障自愈等高级功能。

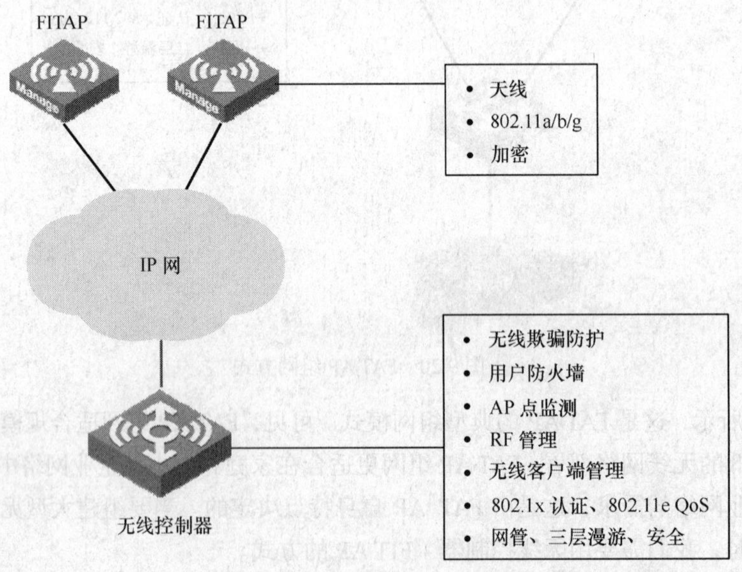

图 9.22　FIT AP 组网方式

1. 无线控制器 + FIT AP 的链接方式和构成特点

如图 9.23 所示，无线控制器和 FIT AP 支持 3 种连接方式：直连方式、通过二层网络连接和跨越三层网络连接。

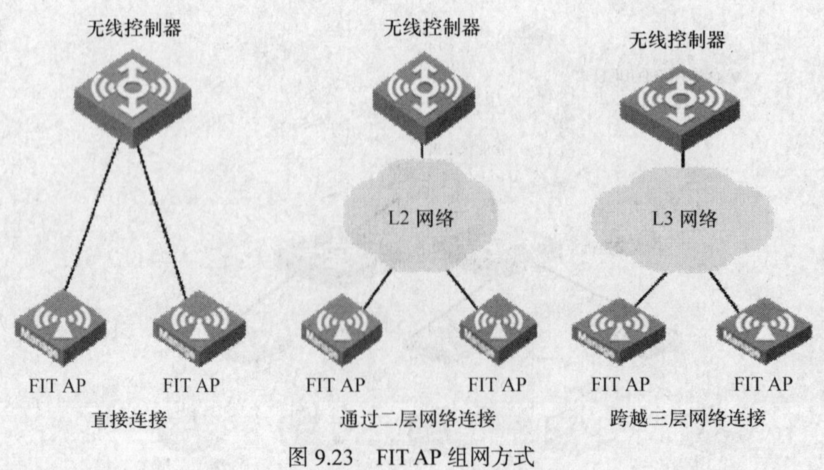

图 9.23　FIT AP 组网方式

直连模式：这种连接方式最为简单，只需将 FIT AP 与无线控制器连接即可，但通常受到无线控制器端口数量的限制，直连 AP 的数量有限，故一般不会采用此连接方式。

二层网络连接方式：可以通过 L2 交换机扩展端口数量，实现较多数量的 FIT AP 与无线控制器之间实现二层连接，但必须保证无线控制器与 FIT AP 间为二层网络结构。

三层网络连接方式：这种连接方式不仅可实现大量 AP 的链接，而且可实现无线控制器与 FIT AP 间跨三层网络的链接，只要 FIT AP 与无线控制器间三层路由可达即可，但需要 DHCP Server 和 DNS Server 等设备配合。

由于无线控制器与 FIT AP 之间支持以上 3 种连接方式，所以无线控制器和 FIT AP 间的连接基本上不受网络结构的限制，可以在任何现有的二层或三层网络中部署无线控制器 + FIT AP 的无线解决方案。

无线控制器 + FIT AP 系统的构成特点。

① 由无线控制器和 FIT AP 在有线网的基础上构成的。

② FIT AP 零配置。

③ FIT AP 和无线客户端由无线控制器集中管理。

④ FIT AP 和无线控制器之间的流量被私有协议加密。

⑤ 可以在任何现有的二层或三层网络中部署。

2. FIT AP 的注册流程

（1）方式一：AP 直连或通过二层网络连接时的注册流程

如图 9.24 所示，AP 与无线控制器直连或通过二层网络连接时，注册流程如下。

① AP 通过 DHCP server 获取 IP 地址。

② AP 发出二层广播的发现请求报文试图联系一个无线控制器。

③ 接收到发现请求报文的无线控制器会检查该 AP 是否有接入本机的权限，如果有则回应发现响应。

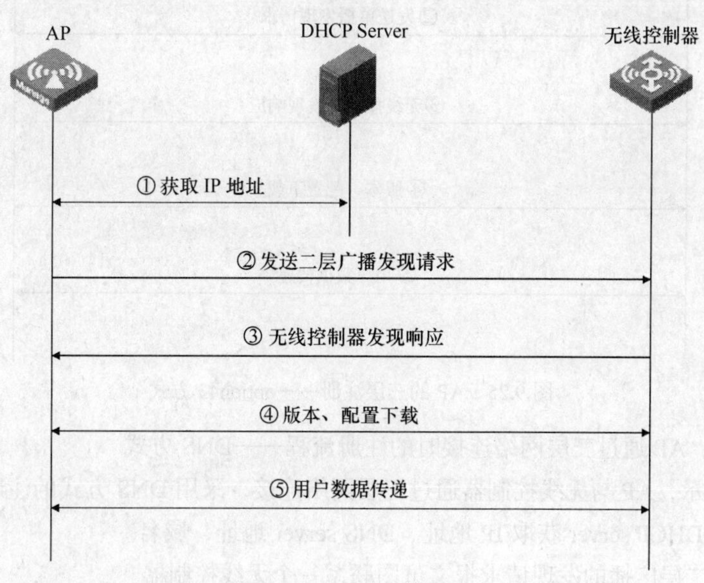

图 9.24　AP 的二层注册

④ AP 从无线控制器下载最新软件版本、配置。

⑤ AP 开始正常工作和无线控制器交换用户数据报文。

可见，FIT AP 与无线控制器直连或通过二层网络连接时，需要 DHCP server 才能完成 FIT AP 在无线控制器上的注册。FIT AP 上电启动后的第一步就是通过 DHCP 动态获取 IP 地址，只有在成功获取 IP 地址后 FIT AP 才会发送二层广播发现请求以寻找无线控制器。

无线控制器在收到 FIT AP 的发现请求后会检查 FIT AP 的接入权限，如果 AP 有接入权限则发送响应报文，FIT AP 与无线控制器之间就实现了数据的交互。

（2）方式二：AP 通过三层网络连接时的注册流程——option43 方式

如图 9.25 所示，AP 与无线控制器通过三层网络连接，采用 option43 方式的注册流程如下。

① AP 通过 DHCP server 获取 IP 地址、option43 属性（此属性携带无线控制器的 IP 地址信息）。

② AP 会从 option43 属性中获取无线控制器的 IP 地址，然后向无线控制器发送单播发现请求。

③ 接收到发现请求报文的无线控制器会检查该 AP 是否有接入本机的权限，如果有则回应发现响应。

④ AP 从无线控制器下载最新软件版本、配置。

⑤ AP 开始正常工作和无线控制器交换用户数据报文。

可见，FIT AP 通过 option43 方式与无线控制器之间通过三层网络注册时，关键需要 DHCP server 支持 option43 字段，在向 FIT AP 下发地址的 DHCP-Offer 报文中携带 option43 字段，利用此字段向 FIT AP 下发无线控制器的 IP 地址信息。

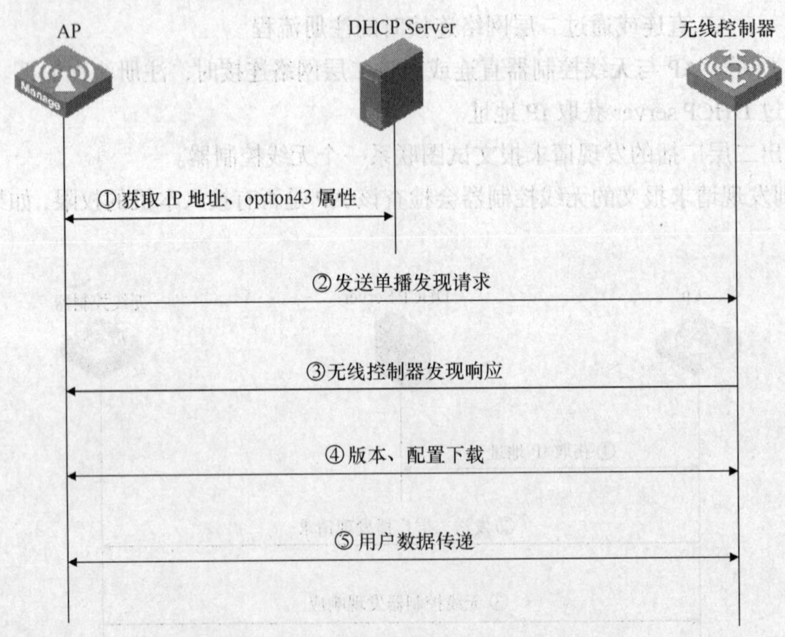

图 9.25　AP 的三层注册——option43 方式

（3）方式三：AP 通过三层网络连接时的注册流程——DNS 方式

如图 9.26 所示，AP 与无线控制器通过三层网络连接，采用 DNS 方式的注册流程如下。

① AP 通过 DHCP server 获取 IP 地址、DNS server 地址、域名。

② AP 发出二层广播的发现请求报文试图联系一个无线控制器。

③ AP 在多次尝试二层发现请求无回应的情况下，AP 向 DNS server 发送 DNS 解析请求（AP

要求解析 H3C.×××. ×××的 IP 地址，其中×××.×××是从 DHCP server 得到的域名，H3C 为 H3C 公司 AP 添加的固定信息）。

④ DNS server 在收到 AP 的解析请求后，回复 DNS 解析响应，将 H3C.×××. ×××解析为 IP 地址信息（该 IP 地址即为无线控制器的 IP 地址）。

⑤ AP 通过 DNS 解析获取无线控制器 IP 地址后，向无线控制器发送单播发现请求。

⑥ 接收到发现请求报文的无线控制器会检查该 AP 是否有接入本机的权限，如果有则回应发现响应。

⑦ AP 从无线控制器下载最新软件版本、配置。

⑧ AP 开始正常工作和无线控制器交换用户数据报文。

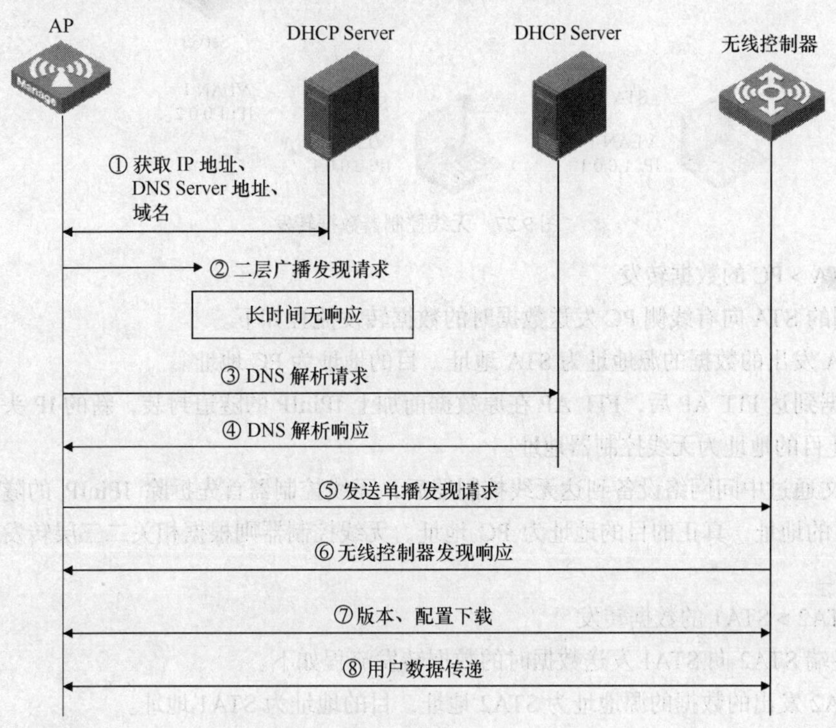

图 9.26 AP 的三层注册——DNS 方式

3. 无线控制器＋FIT AP 的数据转发原理

（1）无线控制器的数据转发原理

如图 9.27 所示，无线控制器和 FIT AP 间的数据转发的核心思想如下。

① 在无线控制器和 AP 之间建立 IPinIP 隧道，无线控制器将这些隧道看做虚拟物理端口。

② 无线客户端 STA 的任何数据报文都将由 AP 通过 IPinIP 隧道交给无线控制器，由无线控制器统一转发。

③ 无线控制器从 IPinIP 隧道接收到用户的数据后先解隧道封装，然后做数据交换，如果出接口为隧道则对数据报文再次加上隧道封装，直到交换到最远端。

在逻辑上，可认为 FIT AP 与无线控制器之间为直连，FIT AP 无条件地将任何用户数据报文直接通过隧道交给无线控制器。所以在集中转发的模式下，即使连接在同一 FIT AP 下的两个 STA 通信，它们之间的数据交换也将通过无线控制器。

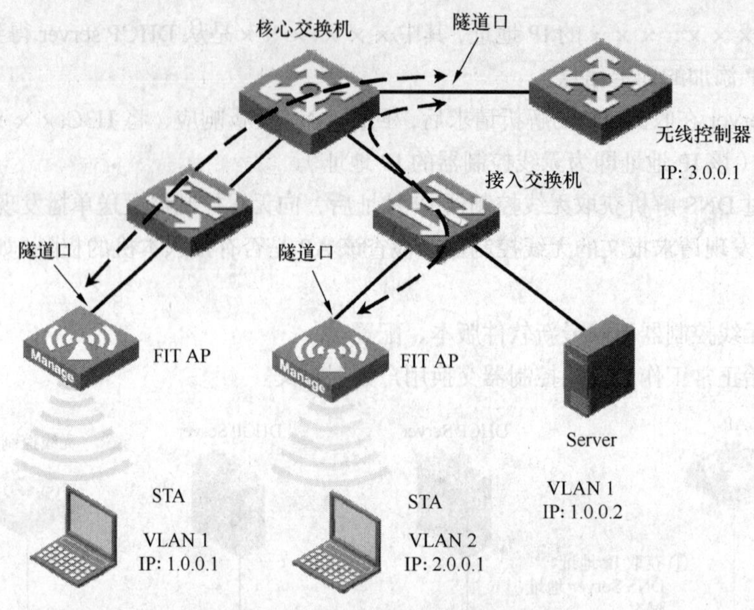

图 9.27　无线控制器数据转发

（2）STA > PC 的数据转发

无线侧的 STA 向有线侧 PC 发送数据时的数据转发流程如下。

① STA 发出的数据的源地址为 STA 地址，目的地址为 PC 地址。

② 数据到达 FIT AP 后，FIT AP 在原数据前加上 IPinIP 的隧道封装，新的 IP 头中源地址为 FIT AP 地址目的地址为无线控制器地址。

③ 报文通过中间网络设备到达无线控制器后，无线控制器首先拆除 IPinIP 的隧道封装以查看真正的目的地址，真正的目的地址为 PC 地址，无线控制器则根据相关二三层转发原理将报文交换出去。

（3）STA2 > STA1 的数据转发

无线终端 STA2 向 STA1 发送数据时的数据转发流程如下。

① STA2 发出的数据的源地址为 STA2 地址，目的地址为 STA1 地址。

② 数据到 FIT AP2 后，FIT AP2 在原数据强加上 IPinIP 的隧道封装，新的 IP 头中源地址为 FIT AP2 地址，目的地址为无线控制器地址。

③ 报文通过中间网络设备到达无线控制器后，无线控制器首先拆除 IPinIP 隧道封装以查看真正的目的地址，真正的目的地址为 STA1 地址。由于 STA1 仍然为无线控制器管理下的一个无线终端，所以无线控制器会再次给原始数据加上 IPinIP 的封装，此时新的 IP 头中源地址为无线控制器，目的地址为 FIT AP1。

④ 隧道报文到达 FIT AP1 后，由 FIT AP1 拆除隧道封装后交给 STA1。

9.3.3　无线网桥

1. 无线网桥

无线网桥通过 802.11 无线接口把两个网络（有线或无线网络）桥接起来，在这种组网模式中

无线网桥完成的功能类似于有线网络的桥接设备，只是两个无线网桥之间是通过无线互连的。

无线网桥根据传输距离的不同可分为工作组网桥和长距专业网桥。工作组网桥适合于连接两个短距离的网络，通常距离在几百米左右。工作组网桥一般都支持双 Radio，用 802.11g 做用户覆盖，用 802.11a 做上行的无线桥接互连。长距专业网桥适合于连接两个长距离的有线网络，通常距离在 10 km 以上。

为了防止信号大幅度衰减，网桥组网时两个网桥之间通常不能有障碍物的阻挡。

由于无线网桥一般都安装在室外，所以无线网桥一般在设计时都会考虑适应一些恶劣的应用环境，如高低温、防雨、防雷、防尘等。

2. 无线网桥的典型组网

如图 9.28 所示，常见的无线网桥互连的方式有以下几种。

① 点对点连接。通过无线网桥将两个有线或无线网络连接起来。

② 点到多点连接。通过无线网桥点对多点的方式将多个有线或无线网络（一般不超过 4 个）以全连接或部分连接的方式连接起来。

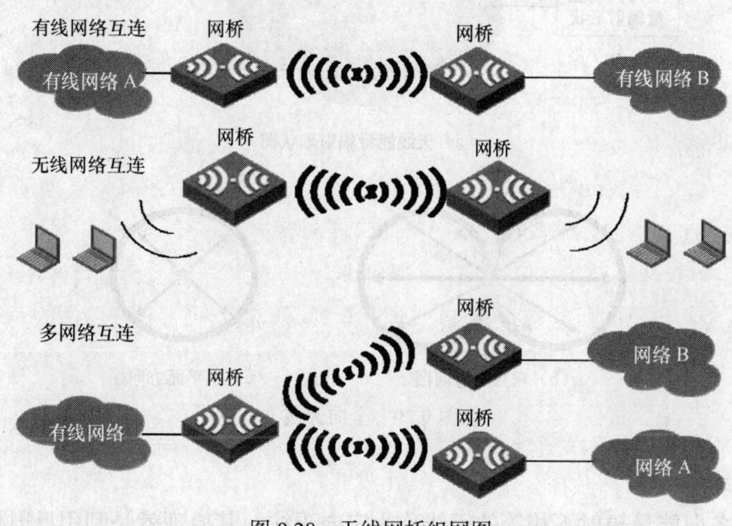

图 9.28　无线网桥组网图

9.3.4 天线、线缆及附件

天线的作用是把高频电磁能转换为电磁波向自由空间辐射出去，或反之将自由空间中的电磁波转换为传输线缆中的高频电磁能。天线的主要参数如下。

① 工作频率。

② 方向性。

③ 增益。

④ 极化。

⑤ 波瓣宽度。

天线品种繁多，对于众多品种的天线，进行适当的分类是必要的。

① 按用途分类：可分为通信天线、电视天线、雷达天线等；

② 按工作频段分类：可分为短波天线、超短波天线、微波天线等；

③ 按方向性分类：可分为全向天线、定向天线等；

④ 按外形分类：可分为线状天线、面状天线等。

1. 方向性

（1）全向天线

水平面上各方向能量辐射相等的天线称为全向天线。

如图 9.29 中图（a）所示，各向同性点状天线与全向天线的能量辐射比较。各向同性点状天线将所有能量以一个规则球体发送出去，而全向天线则以一个面包圈的形状将所有能量发送出去。

如图 9.29 中图（b）所示，在天线的垂直方向上能量强度为零最大能量强度在水平面上；而从图（c）中，在水平面上各个方向的辐射一样。

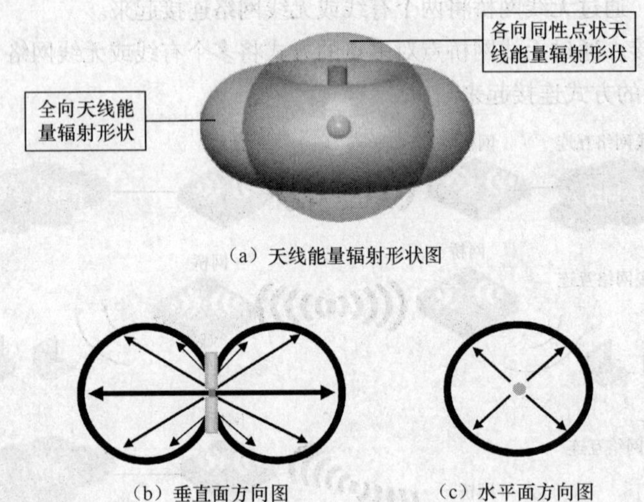

（a）天线能量辐射形状图

（b）垂直面方向图　（c）水平面方向图

图 9.29　全向天线

（2）定向天线

在水平面上各向能量辐射不相等的天线称为定向天线，其原理就是利用反射板把辐射能量控制到单侧方向从而构成扇形区覆盖天线，如图 9.30 所示。

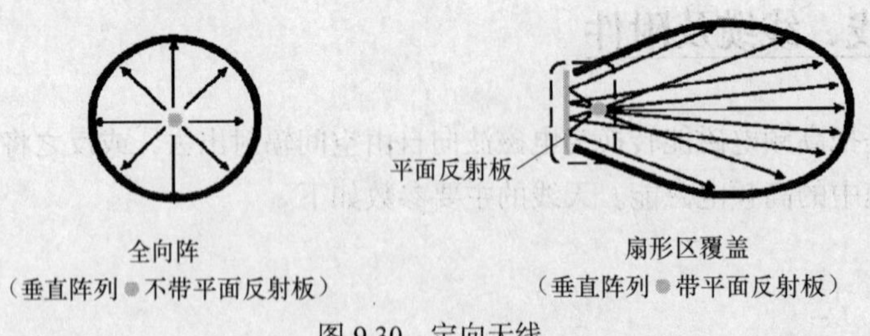

全向阵
（垂直阵列 ● 不带平面反射板）

扇形区覆盖
（垂直阵列 ● 带平面反射板）

图 9.30　定向天线

2. 天线的增益

天线的增益用来描述天线对发射功率的汇聚程度，以比值的形式来表示。增益是指在输入功率相等的条件下，实际天线最强辐射方向上的功率密度和理想的辐射单元在空间同一点处的功率

密度之比，即功率之比。通常用 dBi 描述天线的增益。

高增益天线更密集和精确地指向能量，低增益天线以更宽阔的形式指向能量。例如，碟型天线的工作原理相当于闪光灯上的反射镜。反射镜将闪光灯的灯泡发送的光聚集到一个方向，以便该方向的光亮达到最大，其他方向的光很弱。这个原理也可以应用到任何增益天线，因为在增益和束宽之间始终存在着一个平衡，这里，增益可以比作特定方向的光亮，而束宽可以比作光束的集中程度。因此，天线增益和它的辐射方向是息息相关的。高增益天线总是具有较窄的束宽或辐射方向，而低增益天线总是具有较宽的束宽。

3. 天线的极化

电磁波在空间传播时，其电场方向是按一定的规律而变化的，这种现象称为电磁波的极化。

电磁波中电场的方向称为电磁波的极化方向。如果电磁波的电场方向垂直于水平面，称之为垂直极化，如图 9.31（a）所示。如果电磁波的电场方向与水平面平行，称之为水平极化，如图 9.31（b）所示。

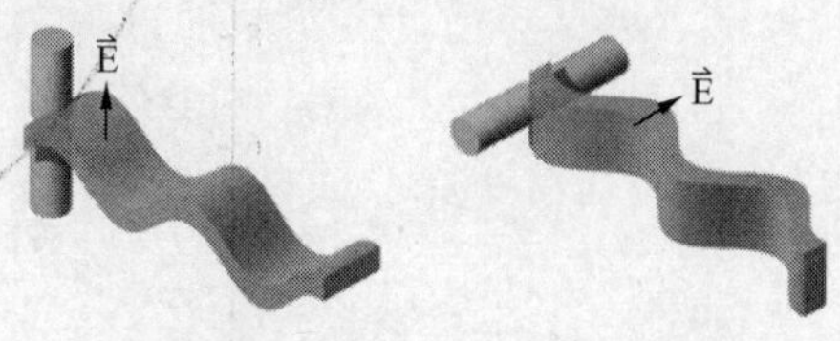

图 9.31　天线的极化

当发送和接收天线的极化方向不一样时，在理想情况下，接收天线是收不到任何可用信号的。只不过没有天线可以做到完全的垂直或水平极化，所以即使发送天线和接收天线的极化方向不一样，接收端也能收到一点很微弱的信号。在实际的使用中，应保证接收端与发射端使用相同极化方式的天线。

4. 波束宽度

如图 9.32，在天线方向图中通常都有两个瓣或多个瓣，其中最大的瓣称为主瓣，其余的瓣称为旁瓣。

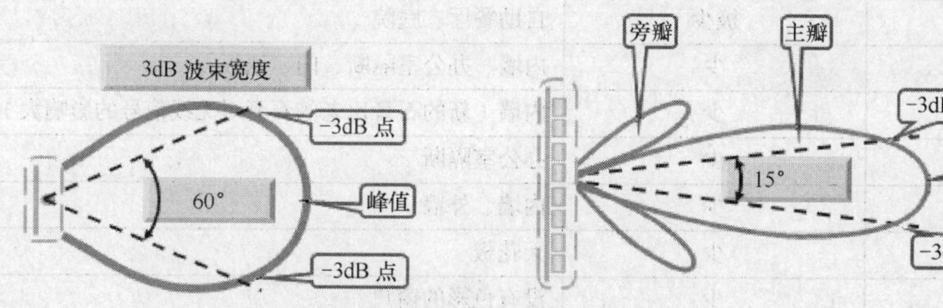

图 9.32　波束宽度

在功率方向图中，在包含主瓣最大辐射方向的某一平面内，把相对最大辐射方向功率通量密度下降到一半处（或小于最大值 3 dB）的两点之间的夹角称为半功率波束宽度。半功率波束宽度也称 3 dB 波束宽度、半功率角。

天线主瓣两半功率点间的夹角定义为天线方向图的波瓣宽度，称为半功率（角）瓣宽。主瓣瓣宽越窄，则方向性越好，抗干扰能力越强。

水平面半功率波束宽度是指水平方向图的半功率波束宽度。

垂直面半功率波束宽度是指垂直方向图的半功率波束宽度。

天线的增益一般与天线方向图有关，方向图主瓣越窄，后瓣、副瓣越小，则增益越高。如图

9.33 所示，在天线垂直波瓣一定的情况下，其增益越大，则水平波瓣越小；同理，在天线水平波瓣一定的情况下，其增益越大，则垂直波瓣将越小。

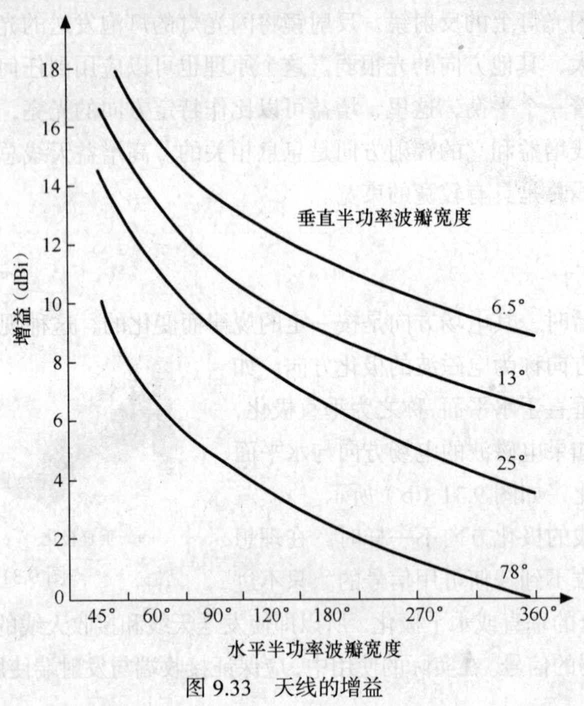

图 9.33 天线的增益

5. 信号穿透损耗估测

表 9.3 信号穿透损耗表

障碍物	衰减程度	举例
开阔地	极少	自助餐厅、庭院
木制品	少	内墙、办公室隔断、门、地板
石膏	少	内墙（新的石膏比老的石膏对无线信号的影响大）
合成材料	少	办公室隔断
煤渣砖块	少	内墙、外墙
石棉	少	天花板
玻璃	少	没有色彩的窗户
人体	中等	大群的人
水	中等	潮湿的木头、玻璃缸、有机体
砖块	中等	内墙、外墙、地面
大理石	中等	内墙、外墙、地面
陶瓷制品	高	陶瓷瓦片、天花板、地面
纸	高	一卷或者一堆纸
混凝土	高	地面、外墙、承重梁
防弹玻璃	高	安全棚
镀银	非常高	镜子
金属	非常高	办公桌、办公隔断、混凝土、电梯、文件柜、通风设备

WLAN 系列天线分别如表 9.4、表 9.5、表 9.6、表 9.7、表 9.8、表 9.9 所示。

表 9.4　　WLAN 系列天线

天 线 图 示	简　介
	2 dBi 全向天线：该类天线为 AP 的缺省天线，随 AP 发货。包括一种双频段的微带天线，用于室内型设备如 WA2110、WA2210-AG；一种 2.4 GHz 黑色半波天线和 5 GHz 天线，用于 WA1208E 和 WA2220E-AG 等复杂环境型 AP，这些天线的接头均为反极性 SMA 头
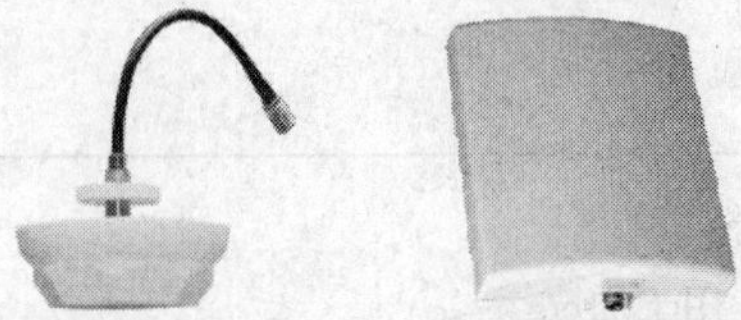	双频室内应用天线：该类天线为室内部署使用，包括一种吸顶天线，一种平板天线。非常适合于 WA2110-AG 和 WA2210-AG，这两种 AP 可通过软件配置成不同的频段，使用双频天线避免了更换天线的麻烦。这类天线也可用于单频 AP 设备
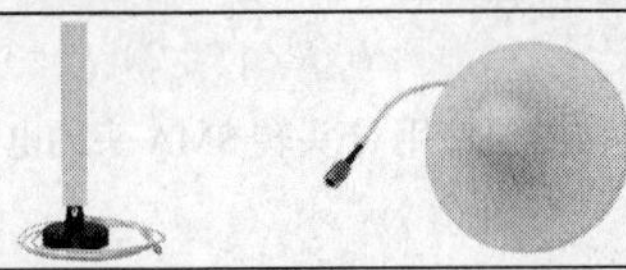	2.4 GHz 室内应用天线：该类天线为室内部署 11b/g AP 使用，包括一种桌面天线，一种吸顶天线。适合于 WA1208E 和 WA2220E
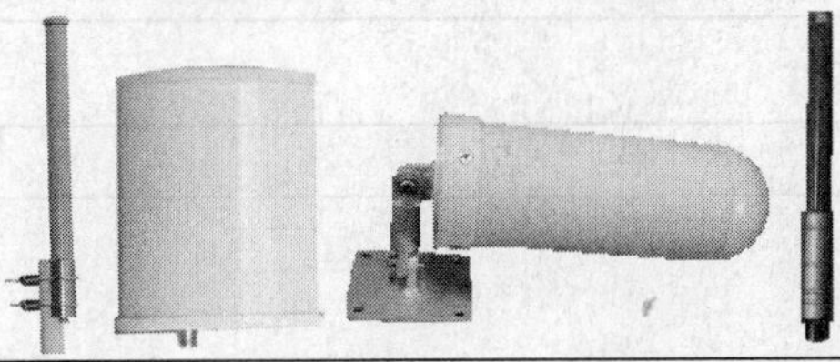	2.4 GHz 室外高增益天线：该类天线为室外部署 11b/g 使用，包括一类高增益全向天线，包括各种增益；一类板式定向天线，有不同的方向角和增益；一类八木天线，包括两种不同增益，用于地铁环境；一类碟型天线，用于 11g 网桥应用
	5.8 GHz 室外高增益天线：该类天线为室外部署 11a 网桥使用，可部署点到点和点到多点网络。包括一种高增益全向天线；一种背射定向天；一种高增益碟型天线

表 9.5　　双频室内天线

天线名称及图示	简　介	特　点
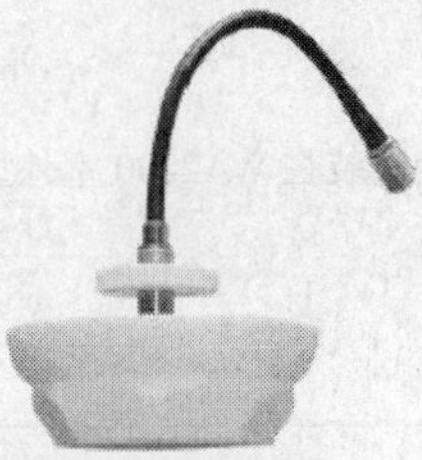 双频吸顶天线	● 增益：2.5 dBi（2.4 GHz）4.5 dBi（5.8 GHz） ● 工作在 2.4/5.8 GHz 频段 ● 室内有天花板的环境吸顶使用 ● 定向天线	● 2.4/5 GHz 宽频覆盖 ● 旋转对称天线体，辐射均匀 ● 体积小、重量轻、外形美观 ● 天花板吸顶安装
双频平板天线	● 增益：12 dBi（2.4 GHz）15 dBi（5.8 GHz） ● 水平波瓣宽度：45°；垂直波瓣宽度 20° ● 工作在 2.4/5.8 GHz 频段	● 安装与应用：墙壁安装，室内覆盖应用，可用于较大的室内空间，如制造车间、超市、体育馆等 ● 该天线为壁挂安装，不支持抱杆安装

表 9.6　　2.4 GHz 室内应用天线

天线名称及图示	特　点
 桌面天线	• 增益：5 dBi，用于增强室内覆盖 • 工作在 2.4 GHz 频段，用于 11b/g • 放置在桌面使用 • N 型母头，与室内型 AP 连接需要使用 N 头转 SMA 头的电缆 • 全向天线
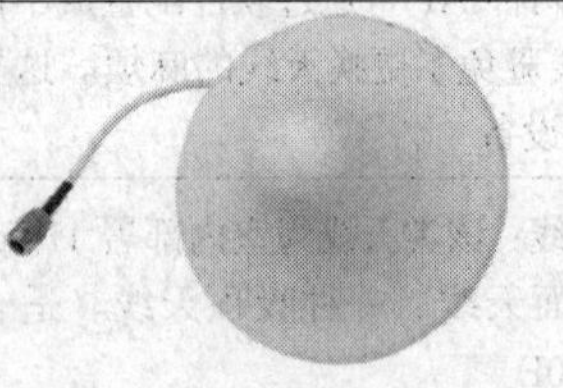 吸顶天线	• 增益：3 dBi，室内覆盖 • 工作在 2.4 GHz 频段，用于 11b/g • 有天花板的环境吸顶使用 • N 型母头，与室内型 AP 连接需要使用 N 头转 SMA 头的电缆 • 全向天线

表 9.7　　2.4GHz 室外天线

天线名称及图示	特　点
 全向天线	• 增益：11 dBi • 工作在 2.4 GHz 频段 • 抱杆安装使用
 全向天线	• 增益：5 dBi • 工作在 2.4 GHz 频段 • 用于室外 AP 的高密度覆盖，可直接安装在 WA2200 室外型 AP 上
面板型定向天线	• 增益：11 dBi • 工作在 2.4 GHz 频段 • 抱杆安装 • 适用于高密度接入覆盖 • 定向天线

续表

天线名称及图示	特　点
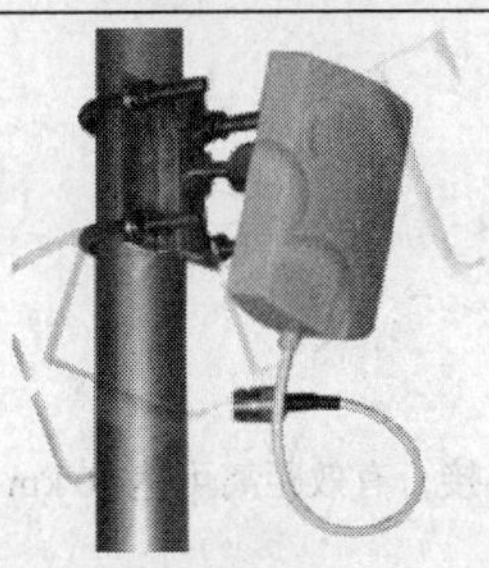 面板型定向天线	● 增益：8 dBi ● 工作在 2.4 GHz 频段 ● 抱杆安装 ● 适用于高密度接入覆盖 ● 该天线的特点是垂直波瓣宽度高达 60°
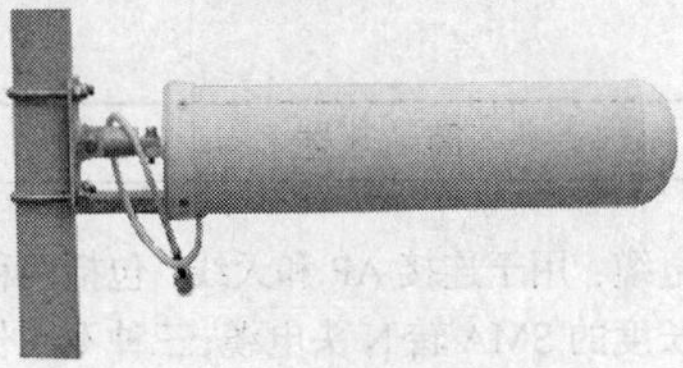 八木定向天线	● 增益：9 dBi ● 水平波瓣宽度：55° ● 垂直波瓣宽度：50° ● 工作在 2.4 GHz 频段 ● 用于地铁环境的车辆侧，或用于室外接收天线

表 9.8　5.8 GHz 室外天线

天线名称及图示	特　点
 全向天线	● 增益：12 dBi ● 工作在 5.8 GHz 频段 ● 抱杆安装使用 ● 用于覆盖或点到多点的非中心点
 全向天线	● 增益：5 dBi ● 工作在 5.8 GHz 频段 ● 用于室外 AP 的 5.8 GHz MESH 互连或高密度覆盖，可直接安装在 WA2200 室外型 AP 上
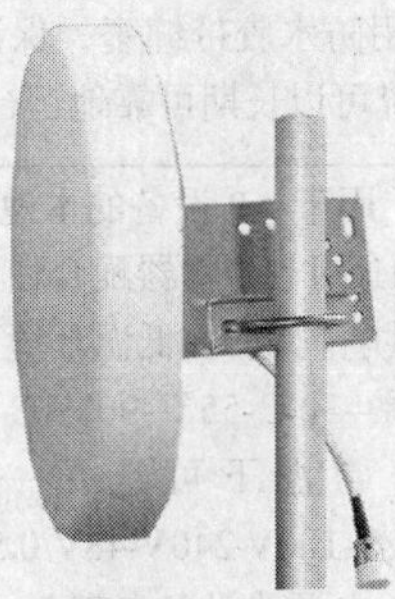 背射定向天线	● 增益：17 dBi ● 工作频段：5.8 GHz ● 水平、垂直波瓣宽度：25° ● 安装方式：抱杆安装 ● 典型应用：用于 11a 网桥点到点连接，有效距离 3 km

续表

天线名称及图示	特　点
定向天线	● 增益：29 dBi ● 工作频段：5.8 GHz ● 水平垂直波瓣宽度：6° ● 安装方式：抱杆安装 ● 典型应用：用于 11a 网桥点到点连接，有效距离可达 10 km 以上

表 9.9　　WLAN 安装组件

WLAN 组件图示	简　述
	射频电缆：用于连接 AP 和天线，包括两种不同长度的 SMA 转 N 头电缆；三种不同长度的 N 转 N 头电缆；一种超柔转接电缆
	N 型接头连接器：用于 AP、电缆、天馈防雷器等 N 型接口设备的硬性互连，包括一种双阴 N 头连接器，一种双阳 N 头连接器
	网口防雷器：室外应用时，用于保护 AP 和交换机免遭感应雷损伤，包括一种对交换机侧防护且支持 PoE 供电的 PoE-MH 模块，和一个对 AP 侧防护的网口防雷单元。建议在多雷雨地区必配。 接地线：用于给室外机箱、网口和天馈防雷器提供接地
	天馈防雷器：室外应用时，天线感应的雷击能量，可以被串连在天线和设备间的天馈防雷器通过接地线泄放到地上，从而对 AP 设备起到保护作用。户外应用时，建议必配该器件，并保证可靠接地
	绝缘胶带和防水胶带：户外应用时，电缆、天馈防雷器、天线的接头处，先用绝缘胶带缠裹，再用防水胶带缠裹，保证绝缘和防水，使系统可以长期可靠地运行下去
	电源适配器：用于 AP 设备的本地供电，或者与 PoE-MH 网口防雷器配合使用为远端的 AP 设备供电。如需在低温环境下使用请选用一次电源--30℃-55℃-90VAC-264VAC-48V/0.52A；常温下可选用一次电源-0degC-40degC-100V-240V-48V/0.5A-AC 电源线可拆卸（电源线设备自带）

续表

WLAN 组件图示	简　述
	射频匹配负载：当 AP 的分集天线接口有不使用的时候，或者在做分布式系统时，功分器的端口没有使用，这种情况下，需要用射频负载拧到接口上，防止射频干扰对系统产生影响。包括一种反极性 SMA 接头负载，和一种 N 型接头负载，特征阻抗均为 50Ω
	防水接头光纤套件：WA2200 室外型 AP 设备支持光口，该套件的防水接头一端连接到 AP 上，起连接和防水作用，另一端需要融纤与远端设备连接，该套件有硬质光纤护套，可有效保护光纤
	功分器：用于部署分布式系统，可将 AP 输出的功率等分到远端的天线。包括一分二、一分三、一分四共 3 种规格，可以组合使用

9.4 无线产品及应用部署

近年来，整个世界走向移动化，无线网络以其施工简单、接入方便逐渐被人们所喜爱。目前，越来越多的 WLAN 产品走入我们的生活，本节就主要讲解 H3C WLAN 系列产品和典型应用。

1. FAT AP 产品

FAT AP 室内产品见表 9.10，FAT AP 室外产品见表 9.11，表 9.12 所示为 802.11n 产品。

表 9.10　FAT AP 室内产品

产品型号与图示	模　式	射频特性	最大射频功率	备　注
 WA1208E-GP	FIT/FAT 双模 AP	单射频，只支持 11b/g	500 mW	

续表

产品型号与图示	模　　式	射频特性	最大射频功率	备　　注
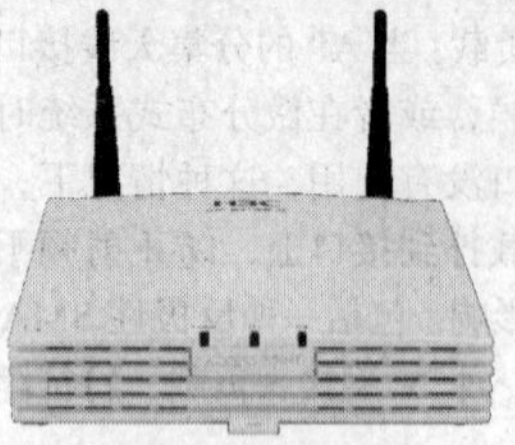 WA1208E-AGP	FIT/FAT 双模 AP	双射频，同时支持 11a 或 11b/g	11g 射频功率最大 500 mW 11a 射频功率最大 100 mW	
 WA2210-AG	FIT/FAT 双模 AP	单射频，可通过软件配置成 11a 或 11b/g	100 mW	室内型产品
 WA2220-AG	FIT/FAT 双模 AP	双射频，同时支持 11a 或 11b/g	100 mW	室内型产品
 WA2220E-AG	FIT/FAT 双模 AP	双射频，同时支持 11a 或 11b/g	100 mW	复杂环境型产品，支持宽温度范围，可应用在各种恶劣的室内环境

表 9.11　　　　FAT AP 室外产品

产品型号及图示	模　　式	射频特性	最大射频功率	备　　注
 WA2210X-G	FIT/FAT 双模 AP	单射频，只支持 11b/g	100 mW	室外型产品，支持光口，网口防雷，仅支持 PoE 供电
 WA2220X-AG	FIT/FAT 双模 AP	双射频，同时支持 11a 或 11b/g	11g 射频功率最大 100 mW 11a 射频功率最大 100 mW	室外型产品，支持光口，网口防雷，仅支持 PoE 供电

续表

产品型号及图示	模　式	射频特性	最大射频功率	备　注
 WA2210X-GE	FIT/FAT 双模 AP	单射频，只支持 11b/g	200 mW	室外型产品，支持光口，网口防雷，支持 PoE 供电或本地供电
 WA2220X-AGE	FIT/FAT 双模 AP	双射频，同时支持 11a 或 11b/g	11g 射频功率最大 200 mW 11a 射频功率最大 100 mW	室外型产品，支持光口，网口防雷，支持 PoE 供电或本地供电
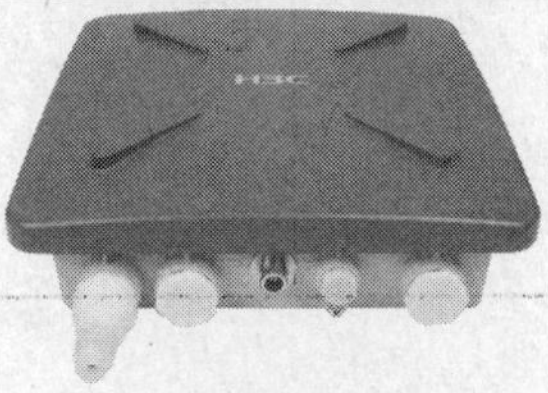 WA2220X-AGP	FIT/FAT 双模 AP	双射频，同时支持 11a 或 11b/g	11g 射频功率最大 500 mW 11a 射频功率最大 100 mW	室外型产品，支持光口，网口防雷，仅支持 PoE 供电

表 9.12　802.11n 产品

产品型号及图示	模　式	射频特性	最大射频功率	备　注
 WA2610-AGN	FIT/FAT 双模 AP	单射频，只支持 11gn 或者 11an	100 mW	支持 48 V DC 本地供电或 PoE 供电
 WA2612-AGN	FIT/FAT 双模 AP	单射频，只支持 11gn 或者 11an	100 mW	仅支持 PoE 供电
 WA2620-AGN	FIT/FAT 双模 AP	双射频，同时支持 11gn 和 11an	100 mW	支持 12 V DC 本地供电或 PoE 供电

续表

产品型号及图示	模　式	射频特性	最大射频功率	备　注
WA2610E-AGN	FIT/FAT 双模 AP	单射频，只支持 11gn 或者 11an	100 mW	支持 48 V DC 本地供电或 PoE 供电
WA2620E-AGN	FIT/FAT 双模 AP	双射频，同时支持 11gn 和 11an	100 mW	支持 48 V DC 本地供电或 PoE 供电

2. FAT AP 典型应用及配置

如图 9.34 所示，显示了 FAT AP 组网方式及组网要求。

① 创建业务 vlan（vlan256）和管理 vlan（vlan1000），并配置管理 IP 地址；

② 将上行以太网口配置为 Trunk；

③ 创建无线接口；

④ 创建无线服务模板（SSID 名称为 H3C-wireless）；

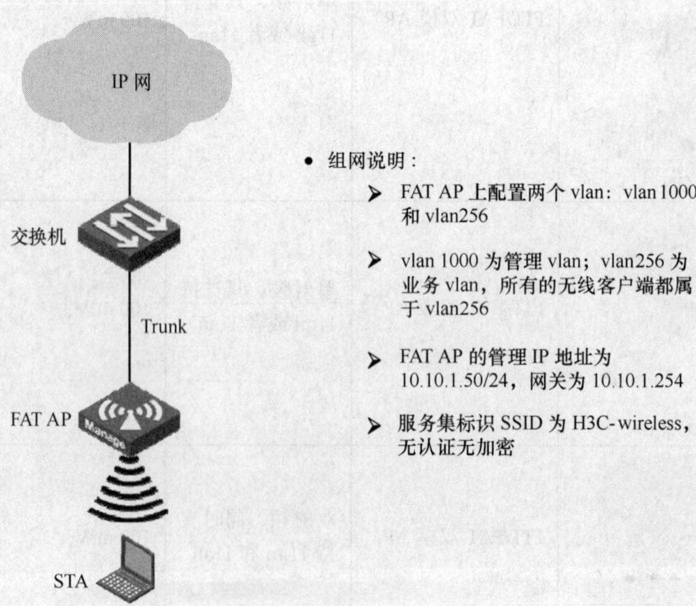

图 9.34　FAT AP 典型应用

⑤ 在射频卡上绑定无线服务模板和无线接口，配置 AP 工作在 802.11g 模式下，信道为 11、功率为 15 dBm；

⑥ 配置默认路由。

如图 9.35 所示，FAT AP 的上行链路完整性检测功能可以根据上行链路的状态来确定是否提供 WLAN 接入服务。

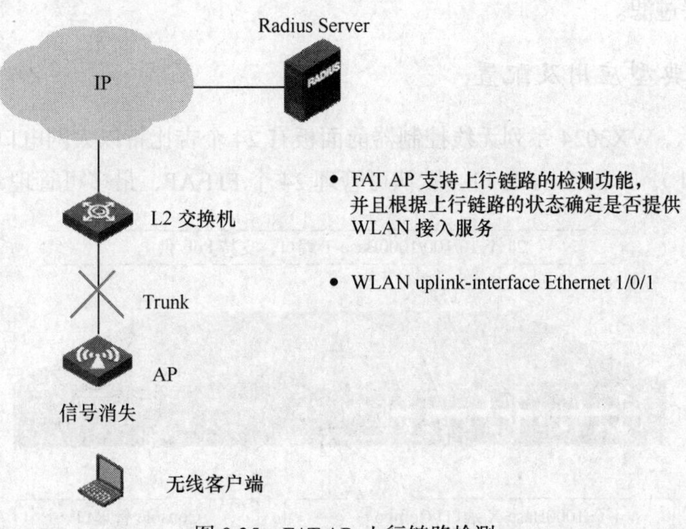

图 9.35　FAT AP 上行链路检测

如果用户指定的上行端口 Down 掉了，FAT AP 将自动 Down 掉下行端口（无线端口），不再提供无线接入服务，待上行链路恢复后，无线接入服务也会自动恢复。而根据 FAT AP 实际的应用场景，指定的上行接口可以是以太端口或无线桥接端口。

如图 9.36 所示，FAT AP 作为接入设备，它具有完整的接入控制功能。FAT AP 可利用黑白名

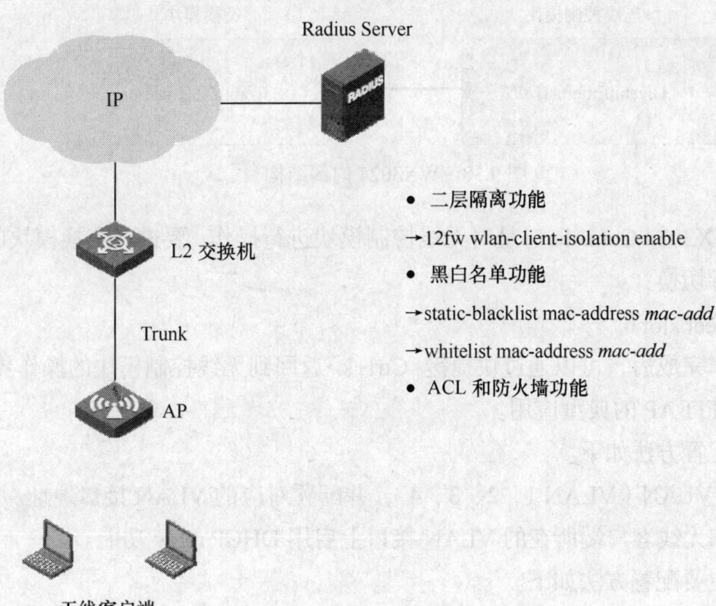

图 9.36　FAT AP 隔离功能

单功能实现用户访问控制，其中如果配置了白名单，那么只有在白名单上的用户 MAC 地址为合法 MAC，允许接入无线网络，其他 MAC 地址都不允许接入；而在黑名单上源 MAC 用户也会被拒绝接入。实际用户接入时，其 MAC 地址会先经过白名单过滤，再经过黑名单的过滤。

FAT AP 不仅可以通过 SSID 同 VLAN 绑定，实现不同 SSID 下二层用户间的隔离，还可以通过二层隔离功能实现同一 VLAN 用户的隔离，并且支持 ACL 和防火墙功能，可对无线客户端的报文进行 L2-L4 层过滤。

3. FIT AP 典型应用及配置

如图 9.37 所示，WX3024 系列无线控制器前面板有 24 个吉比特以太网电口、4 个吉比特以太网光口（Combo 口）、1 个 Console 口，默认可管理 24 个 FIT AP，最多可管理 48 个 FIT AP。

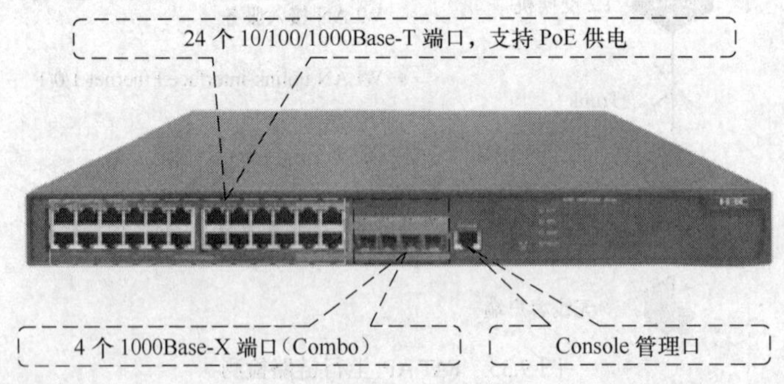

图 9.37　WX3024 产品

如图 9.38 所示，WX3024 内部分为两个控制模块，分别是无线控制模块和交换模块。无线控制模块和交换模块之间通过内部接口连接，其中无线控制模块的内部接口为 GigabitEthernet1/0/1，交换模块的内部接口为 GigabitEthernet1/0/29。

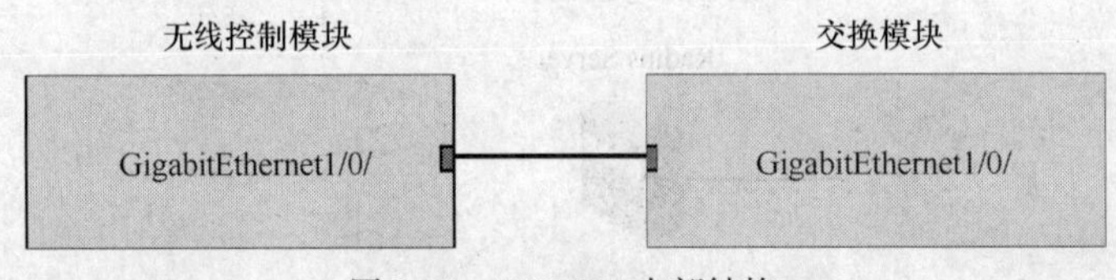

图 9.38　WX3024 内部结构

默认情况下，WX3024 Console 口是对无线控制模块进行操作，要进入交换模块的操作界面需要通过以下命令进行切换：

<H3C>oap connect slot 0

对交换模块操作完成后，可以通过快捷键<Ctrl+k>返回到无线控制模块的操作界面。

图 9.39 所示为 FIT AP 的典型应用。

三层交换机的配置方法如下。

① 创建需要的 VLAN（VLAN 1、2、3、4），并配置对应的 VLAN 接口地址。

② 在 FIT AP 和无线客户端所在的 VLAN 接口上启用 DHCP relay 功能。

无线控制器的主要配置方法如下。

① 创建无线接口，并指定该接口属于 VLAN4（默认情况下，新建的无线接口属于 VLAN1）。

② 创建需要无线服务模板，配置 SSID 名称为“H3C”，绑定无线接口。

③ 根据 FIT AP 的具体型号和序列号添加 AP，并在 AP 的射频卡 radio 上绑定服务模板。

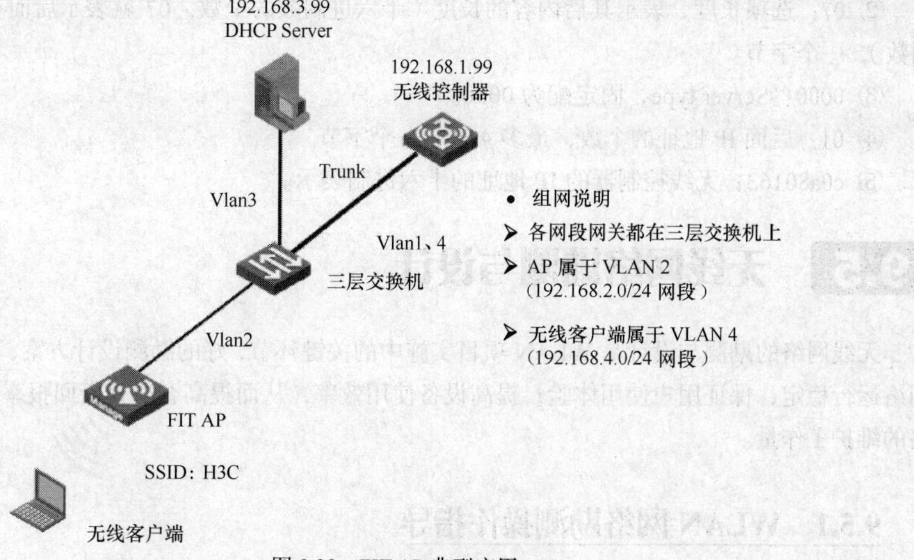

图 9.39　FIT AP 典型应用

如图 9.40 所示，在本例中，通过 Microsoft DHCP Server 向 FIT AP 和无线客户端分配地址。

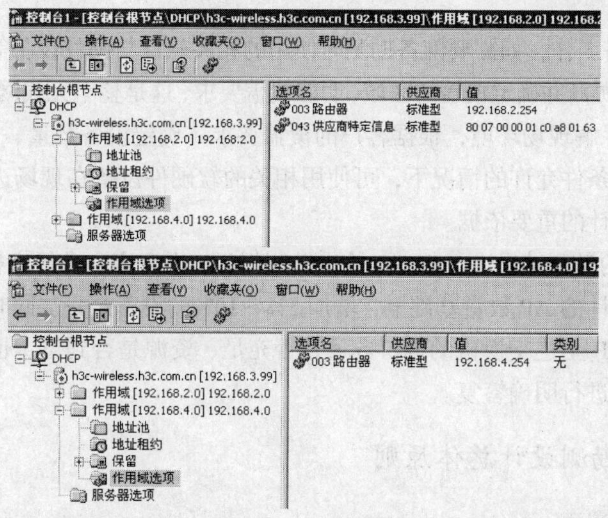

图 9.40　服务器配置

其中利用 DHCP Server 的 option43 字段向 FIT AP 下发无线控制器 IP 地址，实现 FIT AP 跨越三层网络在 AC 上的注册。

FIT AP 属于 192.168.2.0/24 网段，所以在 192.168.2.0/24 网段的地址池中需下发网关（192.168.2.254）和 option43 字段，其中无线控制器的 IP 地址为 192.168.1.99，故根据 option43 的填写规则，此字段下发的信息如下：

80 07 00 00 01 c0 a8 01 63

无线客户端属于 192.168.4.0/24 网段，所以在 192.168.4.0/24 网段的地址池中需下发网关（192.168.4.254）。

Option43 选项说明如下。

① 80：选项类型，固定为80，1个字节。

② 07：选项长度，表示其后内容的长度（十六进制数的个数，07 就表示后面有 7 个十六进制数），一个字节。

③ 0000：Server type，固定配为 0000。

④ 01：后面 IP 地址的个数，最多 4 个，一个字节。

⑤ c0a80163：无线控制器的 IP 地址的十六进制表示。

9.5 无线网络勘测与设计

无线网络的勘测与设计是 WLAN 项目实施中的关键环节，好的勘测设计方案，可以保证无线网络运行稳定，保证用户使用体验；提高设备使用效率，从而提高客户投资回报率；减少无线网络的维护工作量。

9.5.1 WLAN 网络勘测操作指导

1. 网络勘测的工作流程

① 勘测前的准备工作，如需要准备勘测时使用的相关软件与硬件设备等。但在此步骤中最重要内容是和客户一同协商并确定覆盖的区域、明确覆盖要求，这是整个无线网络勘测与设计的基础。

② 现场勘测，了解现场环境，根据客户的覆盖要求，确定设备数量、安装方式、供电方式、覆盖范围等信息。在条件允许的情况下，可使用相关的软硬件设备在现场进行测试，统计分析测试结果，作为勘测设计的重要依据。

③ 将现场统计的勘测结果进行整理，输出勘测报告，提交客户进行审核。在勘测报告中，一般建议在现场勘测统计的 AP 数量基础上，增加 5%～10%的设备余量。同时，对于现场勘测中无法明确的问题（如 AP 上连交换机的端口数量是否充足、资源是否到位）也需在报告中提出，请客户协调相关资源并进行明确答复。

2. 无线网络勘测设计总体原则

（1）蜂窝式无线覆盖

如图 9.41 所示，依据 802.11b/g 协议的信道划分情况，按照蜂窝式无线覆盖的原则，在二维平面上使用 1、6、11 三个信道实现任意区域无相同信道干扰的无线部署。当某个无线设备功率过大时，会出现部分区域有同频干扰，这时可以通过调整无线设备的发射功率来避免这种情况的发生。但是，在三维平面上，要想在实际应用场景中实现任意区域完全没有同频干扰几乎是不可能的。

图 9.41 蜂窝式无线覆盖

在多楼层无线覆盖时，信道的设置要考虑三维空间的信号干扰。例如在 1 楼部署 3 个 AP，从左到右的信道分别是 1/6/11，此时在 2 楼部署的 3 个 AP 的信道就应该划分为 11/1/6，同理 3 楼为 6/11/1。这样就可最大程度地避

免了楼层间的干扰，无论是水平方向还是垂直方向都按照无线蜂窝式覆盖原则进行部署。

在用户高密度区域（如学术报告厅、大型会议中心等）覆盖时，由于覆盖区域小、AP 数量多，为有效避免同频干扰，提高接入用户数量，可采用 802.11a&g 双波段覆盖方式，同时利用 2.4 GHz 和 5 GHz 各个频段资源。在此场景下，通常需要：

① 适当降低 AP 发射功率，实现同频重叠最小化；

② 采用 2.4 GHz 和 5 GHz 混合部署，增加用户接入能力；

③ 启用负载均衡功能，有效地实现用户接入的均衡分担。

（2）信号强度标准

无线覆盖区域的信号强度应满足一定的标准，才能保证 AP 与终端之间信号的有效交互，从而保证无线覆盖的效果。覆盖区信号强度至少要在终端的接受灵敏度以上，这样终端才能发现无线网络。

但在实际网络勘测设计中，为使得 AP 与终端之间协商出较高的发送速率，取得一定的带宽和好的上网体验，需要有更好的信号强度作为保证。一般情况下，对于有业务需求的楼层和区域进行覆盖时，目标覆盖区域内 95%以上位置的接收信号强度应≥−75 dBm（经验值，适用于绝大部分无线网卡），重点覆盖区域信号强度应≥−70 dBm。

（3）频率选择

勘测时要注意无线 AP 的频率选择，其基本原则如下。

① 在一个 AP 覆盖区内 802.11b/g 最多可以提供 3 个不重叠的信道同时工作，相邻区域频点配置时宜选用 1、6、11 信道。

② 频点配置时，首先应对目标区域现场进行频率检测，对于覆盖区域内已有 AP 采用的信道，应尽量避免采用。

③ 对于室外区域干扰宜采用调整（定向）天线方向角，避免天线主瓣对准干扰源的方式或调整功率。

④ 对于室内区域存在多套室内覆盖系统的情况，应充分考虑其他通信系统使用的频段，设计时预留必要的保护频带，以满足干扰保护比的要求。

⑤ 室外 AP 覆盖区域点配置时，为了实现 AP 的有效覆盖，避免信道间的相互干扰，在信道分配时遵守移动通信系统的蜂窝覆盖原则，对 1、6、11 信道进行复用。

（4）单 AP 并发用户数

无线用户所选择的速率将极大地影响单 AP 并发用户数量与覆盖范围，从而影响网络勘测的结果。例如，以两种不同的速率勘测同一开放式办公区域。如果在 2 Mbit/s 的速率下需要 4 个 AP 覆盖用户区，而如果在 5.5 Mbit/s 的速率下，则需要 6 个 AP 才能覆盖。

因此，充分了解用户的业务需求是非常重要的。如果在错误的速率下完成勘测，并且按照错误的方案进行了安装，那么很可能只能有个别用户在个别区域才能建立 WLAN 连接。根据一般经验，针对用户普通上网业务对速率的要求，单 AP 可支持的并发用户数量约为 15 个。

9.5.2　WLAN 室内覆盖勘测设计

1. 室内覆盖勘测设计原则

WLAN 室内规划一般只考虑在同一楼层的区域内通过 WLAN 方式接入该区域的数据用户，

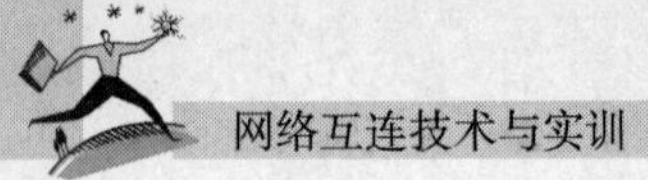

楼内不同楼层应该分别考虑进行覆盖规划。

在规划 WLAN 网络时，首先应该考虑的是 AP 与无线终端之间无线信号的有效交互，其次是接入用户的有效带宽。为了保证各用户具有一定的带宽，需要将每个 AP 下同时接入的用户控制在一定数量以下。

2. 室内覆盖场景类型划分

室内覆盖场景类型划分见表 9.13。

表 9.13 室内覆盖场景类型划分

		并发接入的终端数量	
		＜15（低密度用户数量）	＞15（高密度用户数量）
覆盖区域半径	< 60 m	家庭、酒吧、咖啡馆、会议室	教室、大开放式办公区
	> 60 m	酒店、综合办公场所、写字楼	礼堂、体育馆

WLAN 室内覆盖的区域按区域半径分为大于 AP 覆盖半径区域和小于 AP 覆盖半径区域。此类划分方式主要考虑一个 AP 的覆盖范围是否能满足所要覆盖的区域。

WLAN 室内覆盖的区域按接入用户的数量分为高密度用户区域、低密度用户区域。此类划分方式主要考虑在一个 AP 覆盖范围内的实际并发用户数量是否会超过此 AP 的接入能力。

按照以上两种划分方式，就出现了半径小并发用户少、半径小并发用户多、半径大并发用户少、半径大并发用户多 4 种类型，每种类型都有其对应的典型场景。

（1）半径小、并发用户少区域的覆盖规划

半径小、并发用户少区域的覆盖规划有以下几个特点。

① 此类区域一般半径在 60 m 以下，不存在大的障碍物，而且需要接入的用户也不会太多，可以直接使用一个 AP 就可全部覆盖，并且可以满足并发用户数量的要求。

② 此类区域一般有小会议室、酒吧、咖啡馆、居民家庭等。

③ 对于居民家庭，合理地选择 AP 布放位置也可兼顾各房间的无线信号覆盖。

（2）半径小、并发用户多区域的覆盖规划

半径小、并发用户多区域的覆盖规划有以下几个特点。

① 此类区域的内部较为空旷，没有墙壁的阻挡，但由于接入用户的数量原因，要求使用多个 AP 进行覆盖。

② 在进行多 AP 部署时，需考虑各 AP 安装位置之间的间隔。

③ 此类区域一般有开放式办公区域、大型阶梯教室、大型会议中心等。

（3）半径大、用户少区域的覆盖规划

此类区域是主要的 WLAN 室内应用场所，如综合功能区域、酒店客房等。此类区域可以根据房间、墙壁、立柱等分割成较小的区域，看作是多个半径小、用户少的区域组合，通常可采用以下两种方式进行覆盖。

① 使用小功率 AP 分别进行覆盖，覆盖方式可按照半径小、用户少区域的覆盖方式进行，覆盖时需要注意各 AP 频点的隔离。

② 使用室内分布式系统。利用原有无线网络（如 PHS、CDMA 等）的天馈系统进行 WLAN 系统合路，以达到一个 AP 覆盖较大区域的效果。

9.5.3　WLAN 室外覆盖勘测设计

1. 室外覆盖勘测设计原则

（1）室外覆盖原则

① 在室外覆盖规划时，首先考虑到的是 AP 跟无线终端间信号的交互，保证用户可有效的接入网络。

② 在进行天线选择时，需尽量考虑到信号分布的均匀，对于重点区域和信号碰撞点，需要考虑调整天线方位角和下倾角。

③ 天线安装的位置应确保天线主波束方向正对覆盖目标区域，保证良好的覆盖效果。

④ 相同频点 AP 的覆盖方向尽可能错开，避免同频干扰。

⑤ 被覆盖的区域应该尽可能靠近 AP 的天线，被覆盖区域与 AP 的天线尽可能直视。

⑥ 对室外覆盖室内的情况，从室外透过封闭的混凝土墙后的无线信号几乎不可用，因而只能考虑利用从门、窗入射的信号。

（2）常用的室外覆盖方案

① 将全向天线安装在需要覆盖区域的靠中间位置，以覆盖周围的室外空间。而在实际的工程部署中，全向天线容易受到实际安装条件的限制，故此覆盖方案应用较少。

② 将定向天线架在高处并保持一定的下倾角进行室外空间的覆盖，适合于室外空旷/半空旷地带的 WLAN 覆盖。此覆盖方式是室外空间覆盖中比较常用的方式，其具有以下特点：

- AP+定向天线在空旷区域的覆盖半径较大，一般可达 300 m；
- 此类区域无线用户数量较少，带宽要求不高，一般只需考虑 AP 的覆盖范围；
- 大体测量出要求覆盖区域的平面尺寸，根据覆盖区域的形状选择全向天线或者定向天线，选择合适的安装位置即可。

③ 通过在本楼安装高增益、较大水平波束宽度的定向天线实现对对面建筑 WLAN 覆盖的方案，较适合于楼层较少，楼梯不宽的小区单元。低楼层可能会存在少量覆盖弱的死角，可通过调整天线下倾角、方位角的方式加以改善。天线的最佳安装位置一般是楼层的中间位置。

④ 将天线上倾的定向覆盖，这种室外覆盖室内的方式适用于一些只需局部覆盖的高层建筑。或者在确实难以找到可以利用的建筑物的情况下则需要考虑利用小区内的路灯柱，或另加抱杆作 AP 和天线的固定物。

2. 室外桥接勘测设计原则

（1）视距问题

如图 9.42 所示，点对点的长距离无线网络传输必须保证两点之间可视。而造成不可视的原因除了障碍物（如山脉、建筑物、树木等），还必须考虑地球曲率、地理特征的影响。

因此在进行远距离无线通信勘测时，地球曲率的影响是必须考虑的，如当两人相距 9 km 时，将不能相视，无线信号也无法传输。

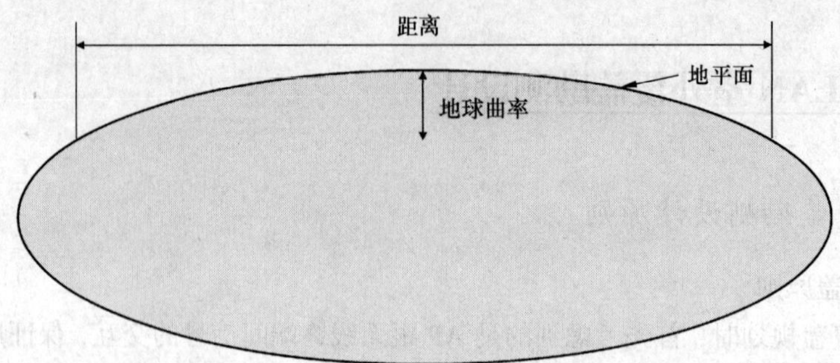

距离（km）	地球曲率（m）
1.6	0.9
8	1.52
16	4
24	8.5
32	15.2
40	23.8

图 9.42　视距问题

（2）菲涅尔区

如图 9.43 及表 9.14 所示，菲涅尔区（Fresnel zone）是指在视距的路径中形成的一个椭圆区域，它随着可视距离和信号频率的改变而改变，必需的菲涅尔区净空在路径中心处最大，并且在靠近每个天线站点时逐渐减小。菲涅尔区的大小是路径长度的函数，路径越长，则菲涅尔区越宽。在菲涅尔区中的任何障碍物都有可能影响网络的通信，最好给予清楚，保证 60%的菲涅尔区被视为有效的。一般可以根据经验值确定菲涅尔区的范围。

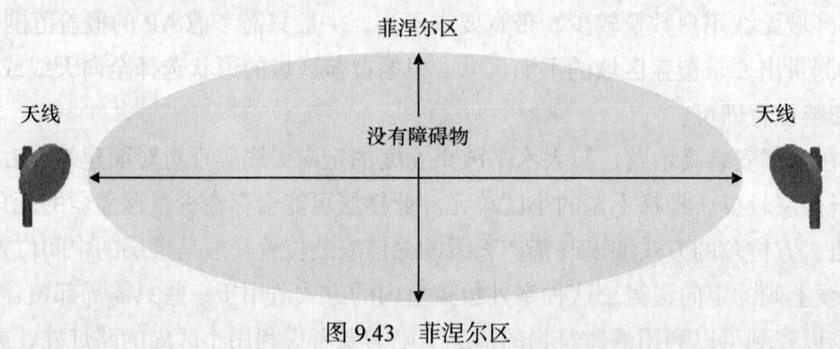

图 9.43　菲涅尔区

表 9.14　　菲涅尔区

距离（km）	2.4 GHz 电磁波的 60% Fresnel 区域（m）
1.6	3
8	9.2
16	13.4
24	16.8
32	19.2
40	22

（3）室外桥接天线高度

如图 9.44 所示，在室外桥接的勘测时，主要考虑因素就是天线视距问题。在站点上应该能看

到对端的天线中间不能有障碍物，如树木、建筑物、丘陵、山脉等地貌及地球曲率的影响。此外菲涅尔区也是一个要考虑的重要因素。

为了保证通信的效果，确定天线的高度，首先要得到菲涅尔区宽度的半值（2.4 GHz 为 60%），然后与地球曲率相加。

一般情况下，解决视距问题和 Fresnel 区问题可以通过以下办法：

① 提升天线的高度；

② 选择高性能天线，可解决“部分不可视”问题；

③ 清楚 Fresnel 区内的障碍物，如砍掉树木等；

④ 选择一台良好的中继设备。

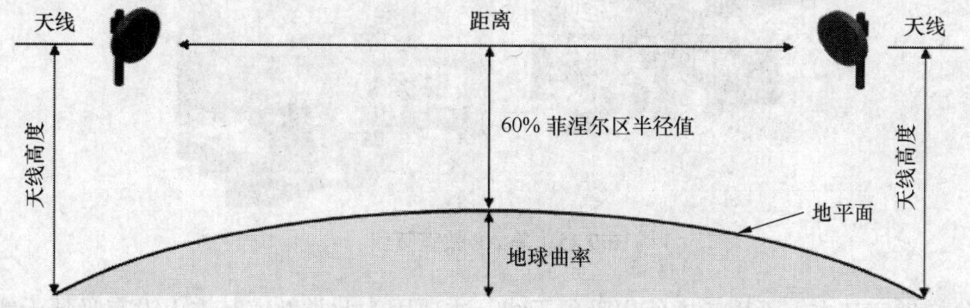

距离（km）	2.4GHz 电磁波的 60%Fresnel 区域（m）	地球曲率（m）	天线高度（m）
1.6	3	0.9	3.9
8	9.2	1.52	10.72
16	13.4	4	17.4
24	16.8	8.5	25.3
32	19.2	15.2	34.4
40	22	23.8	45.8

图 9.44　室外桥接天线高度

9.6 无线局域网的典型覆盖场景

9.6.1 单 AP 教室覆盖

如图 9.45 所示，由于学校教学楼的承重墙、隔断墙、房门等普遍较厚，为钢混结构对无线信号的衰减较大。应尽可能在教室内布放 AP。根据具体环境的不同，可以将 AP 壁挂在主讲台后面的墙壁上，或者使用吸顶天线固定到天花板上。一般来说，由于多数普通教室没有天花板，故在教室内安装 AP 时，多采用壁挂的方式，可以覆盖普通隔离墙 1～2 层。

9.6.2 多 AP 重叠教室覆盖

如图 9.46 所示，对于大型阶梯教室，考虑到并发用户数量，一般会安装多个 AP。AP 也多采

用壁挂的方式安装。在部署时要考虑 AP 间信道的划分，以避免同频干扰。同时要注意各 AP 的安装位置之间也要保持一定距离的间隔。

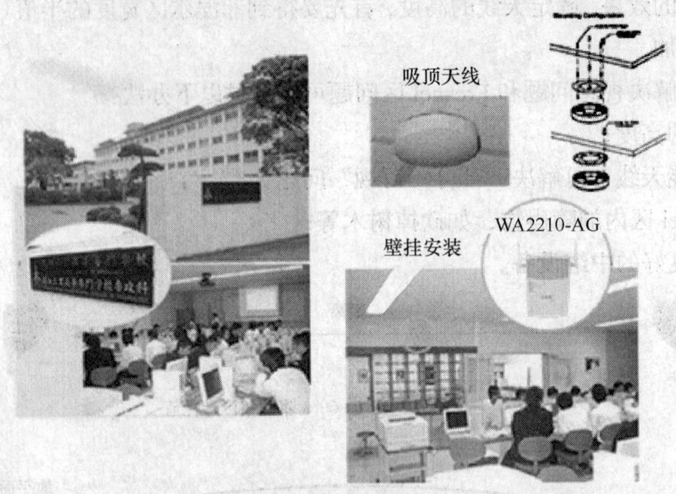

图 9.45　单 AP 教室覆盖

在大阶梯教室基本上不用考虑使用吸顶天线，主要因为此类教室基本上没有吸顶天线的依附物，AP 基本采用壁挂安装，布置点参考图 9.46 所示，AP1/AP2/AP3 分别采用信道 1、信道 6、信道 11。

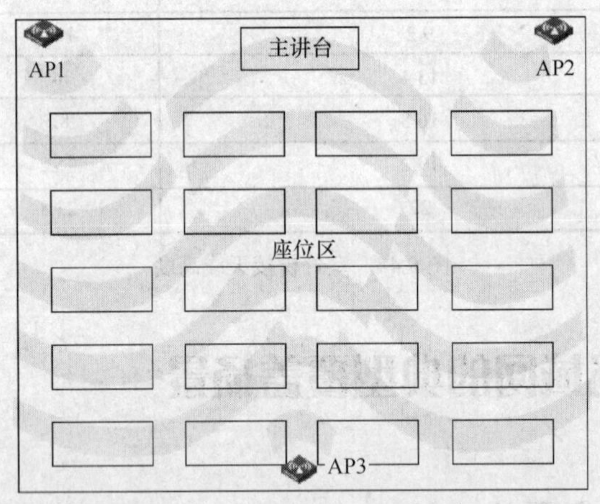

图 9.46　多 AP 重叠教室覆盖

9.6.3　学生宿舍室内覆盖

如图 9.47 所示，学生宿舍区是无线网络覆盖和应用的重点区域，此区域并发用户数量多、流量大、业务类型复杂。为保证无线用户的带宽和上网体验，通常在同一楼层需要部署多个 AP。一般情况下，建议将 AP 部署在宿舍的楼道上，通过功分器将天线引入到学生宿舍内，一个无线覆盖 3 个左右的房间。这样既可以保证各宿舍内的信号质量也可以利用宿舍间的墙体降低各 AP 间的可见度，使得客户端同时接收到的 AP 数量降低，有效地减少 AP 间的相互干扰，提高无线网络的整体性能。

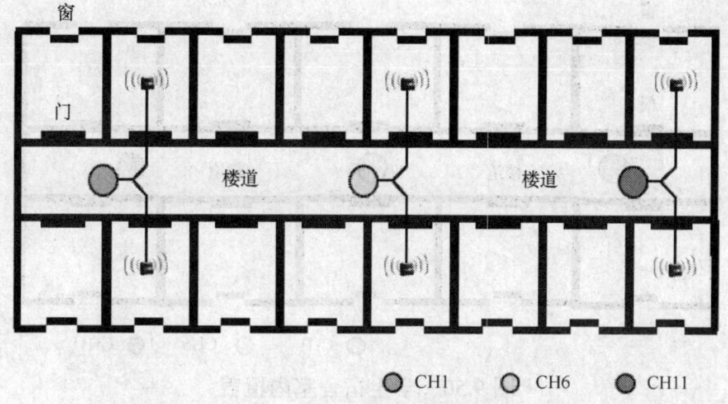

图 9.47　学生宿舍室内覆盖

如图 9.48 所示，如果每个宿舍内的用户数量较多，考虑到并发用户的有效带宽和上网体验可在宿舍内直接安放 AP，提高无线网络的整体接入能力。同时部署时应注意各 AP 信道的划分和功率的调整，减少各 AP 间的互相干扰。

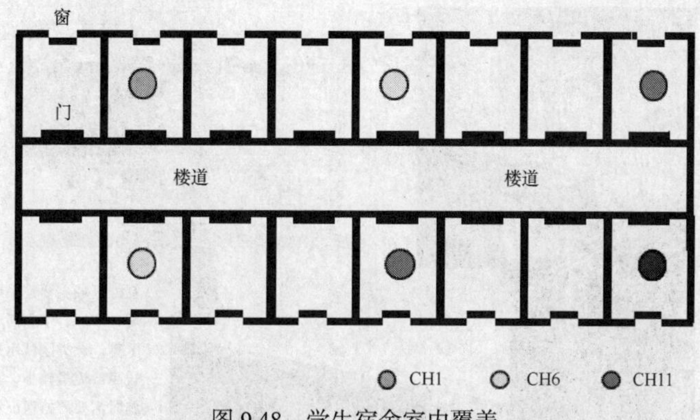

图 9.48　学生宿舍室内覆盖

如图 9.49 所示，如果某些宿舍楼内的墙体材质对无线信号的衰减较大，在中间一个房间内安放天线，信号不能很好地穿透宿舍间的墙壁覆盖两边的房间。在这种情况下，可考虑通过 AP+功分器的方式将天线安装在每个宿舍内。具体一个 AP 需要覆盖多少个房间，视每个房间的用户数量而定。

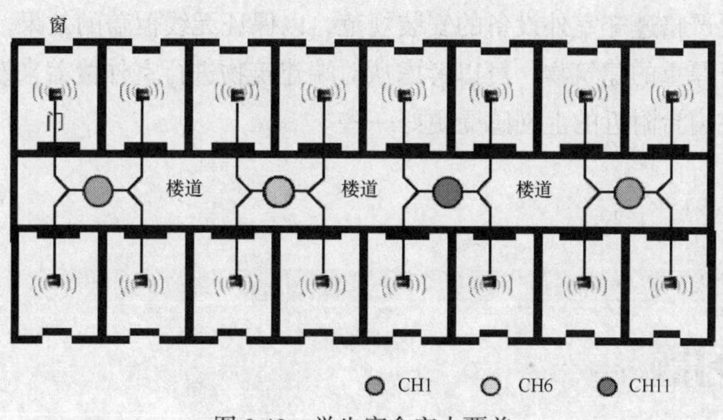

图 9.49　学生宿舍室内覆盖

如图 9.50 所示，在宿舍楼同一楼层房间数量较少的情况下，为减少施工的工作量，可以考虑将 AP 部署在楼道内以覆盖楼道两边的宿舍区域。部署时注意各 AP 间信道的划分。

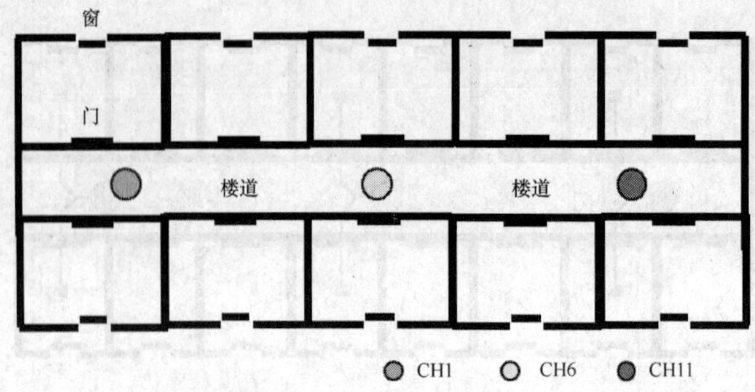

图 9.50　学生宿舍室内覆盖

如图 9.51 所示，校园室外区域（广场、草坪、湖边等）覆盖一般采用具备一定垂直角的定向板状天线，通过楼顶、墙面的安装，通过一定的下倾角进行覆盖（直线距离 150～300 m），同时需要避免大树等障碍物的遮挡。

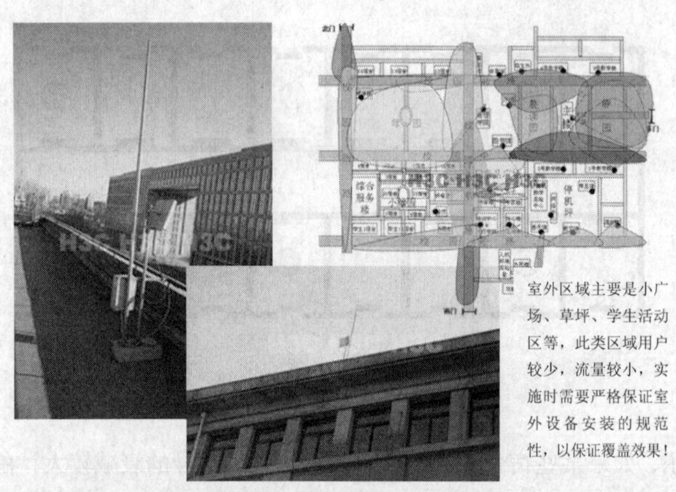

图 9.51　学生宿舍室内覆盖

校园室外覆盖勘测需要和客户确定好电源、数据线、地线的连接方式以及抱杆、避雷设施的安装方式等，一定要严格遵守室外设备的安装规范，以保证无线覆盖的效果。

对于极个别过于厚重的建筑物，可以考虑从对端建筑物进行室外覆盖来改进本楼的无线覆盖效果，以使得用户在窗台附近的上网感受更好一些。

练习题

1.（多选）STA 和 AP 在进行接入认证和关联之前都是需要了解相互的信息以及进行能力级别的交互，这个过程是可以通过下面哪些报文的广播或交互得以实现的（　　）

A. Authentication　　B. Beacon　　C. Probe Request　　D. Probe Response

2.（多选）以下是 H3C 无线控制器和 AP 间数据转发原理的有（ ）

A. 在无线交换机和 AP 之间建立 IPinIP 隧道，无线交换机将这些隧道看做虚拟物理端口

B. 无线客户端 STA 的任何数据报文都将由 AP 通过 IPinIP 隧道交给无线交换机，由无线交换机统一转发

C. 无线交换机从 IPinIP 隧道接收到用户的数据后先解隧道封装，然后做数据交换，如果出接口为隧道则对数据报文再次加上隧道封装，直到交换到最远端

3. 用于 802.11 的八木天线通常如下面哪个所示（ ），主要用于隧道内和室外路面覆盖。

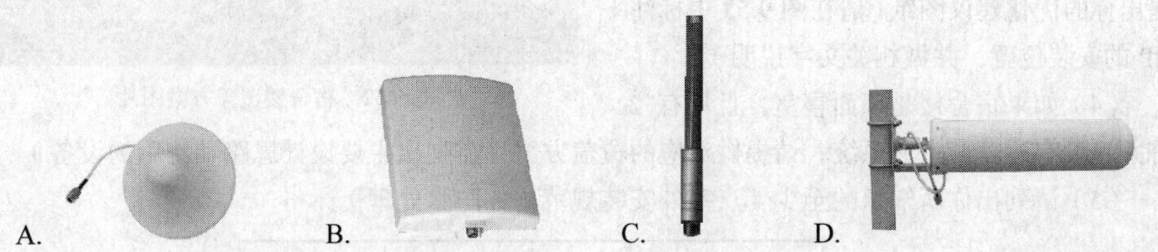

A. B. C. D.

4. 在水平面方向图上，在最大辐射方向的两侧，辐射功率下降（ ）的两个方向的夹角称作水平波束宽度。

A. 10dB B. 3dB C. 6dB D. 1dB

5.（多选）以下哪些技术为 802.11n 所使用的关键技术（ ）

A. OFDM-MIMO B. 信道捆绑 C. 帧聚合 D. Short GI

6. H3C 无线控制器中通过命令“wlan service-template 1 clear”将 service-template 1 定义为非加密 service-template，如何将其修改为加密的 service-template（ ）

A. 输入命令“wlan service-template 1 crypto”即可

B. 先在 service-template 1 视图下输入“service-template disable”，再在全局视图下输入“wlan service-template 1 crypto”，最后在 service- template 1 视图下输入“service-template enable”

C. 如果 wlan service-template 1 已应用在 AP 的 radio 上，需要先解除应用后输入命令“wlan service-template 1 crypto”即可；如果 wlan service-template 1 没有应用，直接输入命令“wlan service-template 1 crypto”即可

D. 不能修改已存在的 wlan service- template 1 的加密类型，只能将原来的 service- template 1 删除，然后通过命令“wlan service-template 1 crypto”新建一个 service- template 1 才可达到将其修改为加密类型的目的。但是如果 wlan service-template 1 已应用在 AP 的 radio 上，需要先解除相关应用

7.（多选，请按顺序填写）当 AP 中配置 SSID 加密类型为 WEP 加密（密码为 12345），MAC 层认证方式为 open-system，而客户端输入的密码为 54321 会出现以下哪种现象（ ）；当 AP 中配置 SSID 加密类型为 WEP 加密（密码为 12345），MAC 层认证方式为 shared-key，而客户端输入的密码为 54321 会出现以下哪种现象（ ）

A. 客户端无法成功连接 AP

B. 客户端可以成功连接 AP，但无法正常通信

C. 客户端可以成功连接 AP，也可以正常通信，但数据报文为明文传输

D. 客户端会提示密码错误，要求重新输入

8. 图 9.52 为某学生宿舍楼的覆盖方案照片，此项目由运营商承建，预计无线终端保有率不低于 50%。宿舍楼是单面建筑，每寝室 4 人，一共 7 层，由于室内布线较繁杂，所有 AP 都架设

在室外楼顶墙裙处。

图 9.52　宿舍楼覆盖方案图片

（1）如图 9.52 所示，实际安装的设备是(　　)（答出主要型号、天线答出增益规格）

（2）你认为此方案能够满足设计需求吗(　　)？请列出原因（至少 2 点）

（3）假设有 2 栋这样的宿舍楼平行，楼距 15 m，宿舍楼每层一共有 12 间寝室，请提出你的优化建议图纸（请在图 9.53 中标注 AP 的安装位置，并做相关文字说明）。

（4）如果宿舍楼是双面寝室，且只有 2 栋并且没有运营商室分系统，请提供对应的覆盖方案（需列出主要设计思路和使用的设备）。

（5）请列出你所知道的至少 4 点室外安装规范（如防水处理）。

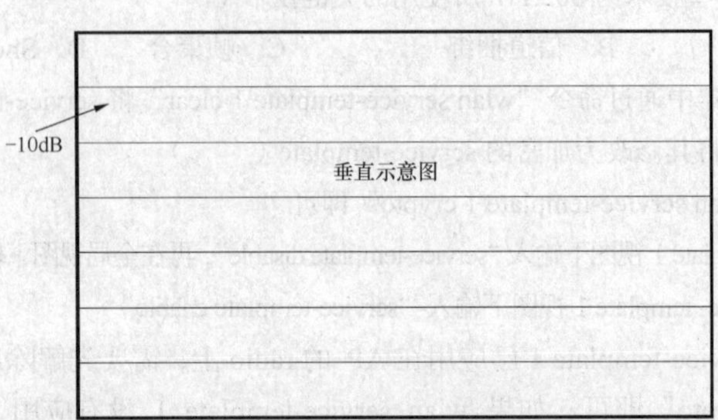

图 9.53　示意图

实训

实训 22　无线接入点基本配置

1. 实训内容

无线接入点的基本配置。

2. 实训目的

① 了解无线接入点的原理和 SSID 服务集标识的意义；

② 理解无线接入服务的交互过程及链路层的开放方式（open system）；

③ 掌握无认证无加密方式接入的无线接入点（AP）基本配置。

3. 实训环境

主机：1 台带有串口笔记本（Console Terminal），1 台带有无线网卡的笔记本电脑（STA）；

线缆：Console 线缆一根；

无线接入点设备：WA2200 系列 1 台，Comware Software，Version5.20。

4. 实训拓扑图

实训拓扑图如图 9.54 所示。

Console Terminal 通过串口线连接到 AP 的 Console 口上，用于无线接入点的配置；STA 要求安装无线网卡，通过无线方式和 AP 建立联系。

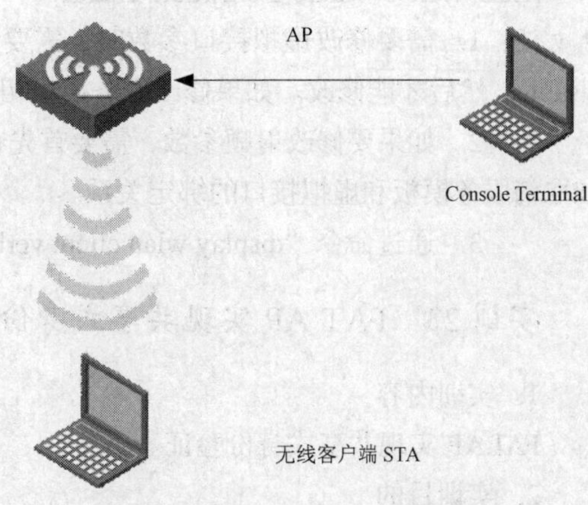

图 9.54　无线接入点基本配置拓扑

5. 实训要求

（1）理解无线网络接入过程

无线客户端是具备无线接入功能的终端，形式包括一般常见的无线网卡及标识具备 Wi-FI 功能的设备。无线客户端和 AP 之间是通过 802.11 协议建立通信的主要功能包括扫描、接入、认证、加密、漫游等。

问题 1：无线网络的接入过程是怎样的？

问题 2：扫描有哪两种方式？两种方式的过程及特点是怎样的？

问题 3：链路层有哪两种认证的方式？各自的特点是什么？

（2）无线基本配置项解释

无线虚拟接口，即 interface WLAN-BSS 接口，该接口用于联系无线客户端和服务模板（service-template），和服务模板一起绑定在无线射频相应接口下。

无线服务模板，即 service-template，该服务模板用于定义 SSID，确定无线加密方式等。

无线射频接口，即 interface Radio 1/0/2，该接口用于绑定无线模板和虚拟接口，使能射频卡以及设置调整无线射频参数。对于双射频设备（两款射频卡，1 块 A 卡，1 块 G 卡），默认情况下，G 卡射频接口对应为 interface Radio 1/0/2。

（3）无认证无加密方式接入配置

在做无线配置前，首先确定无线接入用户是采用静态 IP 方式还是采用 DHCP 动态获得 IP，如果采用动态 IP 分配，请预先配置好 DHCP Server，可以采用外置 DHCP Server，也可以采用在 AP 本地创建 DHCP Server。

6. 实训配置步骤

第 1 步，创建无线虚拟接口，并设置无线终端接入时 VLAN 属性为 VLAN2。

```
[H3C]interface WLAN-BSS 3
[H3C-WLAN-BSS3]port access vlan 2
```

第 2 步，创建无线服务模板，并采用开放式模式。

```
[H3C]wlan service-template 5 clear
[H3C-wlan-st-5]ssid h3c
[H3C-wlan-st-5]authentication-method open-system
```

```
[H3C-wlan-st-5]service-template enable
```

第 3 步，创建无线射频接口，并绑定无线虚拟接口和服务模板。

```
[H3C]interface WLAN-Radio 1/0/2
[H3C-WLAN-Radio 1/0/2]radio-type dot11g
[H3C-WLAN-Radio 1/0/2]service-template 5 interface WLAN-BSS 3
[H3C-WLAN-Radio 1/0/2]radio enable
```

注：1. 需要修改虚拟接口参数时，需要首先在服务模板视图下，键入命令 service-template disable，然后才能修改。如果修改服务模板相关参数，也需要首先键入此命令。

2. 如果要修改射频参数，需要首先在 interface WLAN-Radio 1/0/2 下键入 radio disable，如取消服务模板和虚拟接口的绑定关系。

3. 通过命令“display wlan client verbose”来查看无线终端接入的相关信息。

实训 23 FAT AP 实现共享式身份验证

1. 实训内容

FAT AP 实现共享式身份验证。

2. 实训目的

① 了解 WLAN 无线数据加密方式 WEP。

② 了解 WLAN 共享式身份认证（shared-key）的基本原理。

③ 掌握 FAT AP 的共享式身份验证的配置方法。

3. 实训环境

主机：1 台带有串口笔记本（Console Terminal），1 台带有无线网卡的笔记本电脑（STA）；

线缆：Console 线缆一根；

无线接入点设备：WA2200 系列 1 台，Comware Software，Version5.20。

4. 实训拓扑图

如图 9.55 所示，配置终端笔记本通过串口线连接到 FAT AP 的 Console 口上，进行配置。无线客户端搜索无线信号，选择指定 SSID 输入正确密钥后接入网络。AP 中的 interface-vlan 5 地址为 192.168.1.99，交换机的 interface-vlan 5 地址为 192.168.1.254。

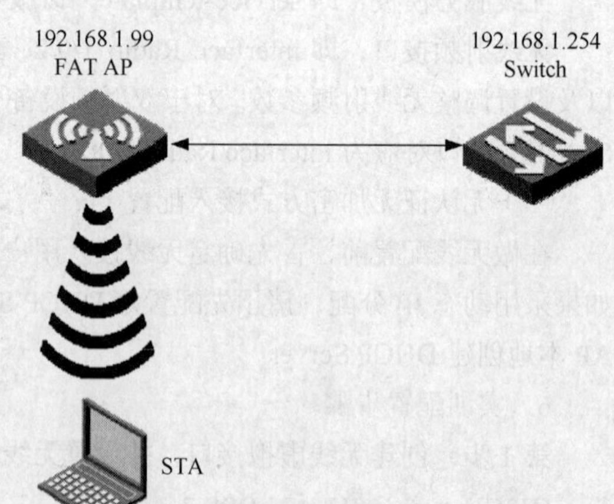

图 9.55 FAT AP 实现共享式身份验证拓扑

5. 实训要求及配置步骤

（1）配置 DHCP 动态地址分配

第 1 步，在 FAT AP 上配置地址池系统视图下，首先使能 DHCP 功能，再配置分配的地址池。

```
[H3C]dhcp enable
[H3C]dhcp server ip-pool pool 1
[H3C-dhcp-pool-pool1]network 192.168.1.0 mask 255.255.255.0
```

第 2 步，然后配置网关和租约期。

```
[H3C-dhcp-pool-pool1]gateway-list 192.168.1.254
```

[H3C-dhcp-pool-pool1]expired day 3

第 3 步，禁止分配 IP。

[H3C]dhcp server forbidden-ip 192.168.1.99

第 4 步，配置用户接口地址。

[H3C]interface vlan-interface 5

[H3C-Vlan-interface5]ip address 192.168.1.99 24

（2）配置共享式身份验证的无线接入服务

第 1 步，配置无线虚拟接口。

[H3C]interface WLAN-BSS 5

[H3C-WLAN-BSS5]port access vlan 5

第 2 步，配置无线服务模板。

[H3C]wlan service-template 5 crypto

[H3C-wlan-st-5]ssid h3c-wep

[H3C-wlan-st-5]authentication-method share-key

[H3C-wlan-st-5]cipher-suite wep40

[H3C-wlan-st-5]wep default-key 1 wep40 password 12345

[H3C-wlan-st-5]service-template enable

第 3 步，在 11g 射频卡上绑定无线服务模板和无线接口。

[H3C]interface WLAN-Radio 1/0/2

[H3C-WLAN-Radio 1/0/2]radio-type dot11g

[H3C-WLAN-Radio 1/0/2]service-template 5 interface WLAN-BSS 5

[H3C-WLAN-Radio 1/0/2]radio enable

第 4 步，无线客户端的配置，如图 9.56 所示。

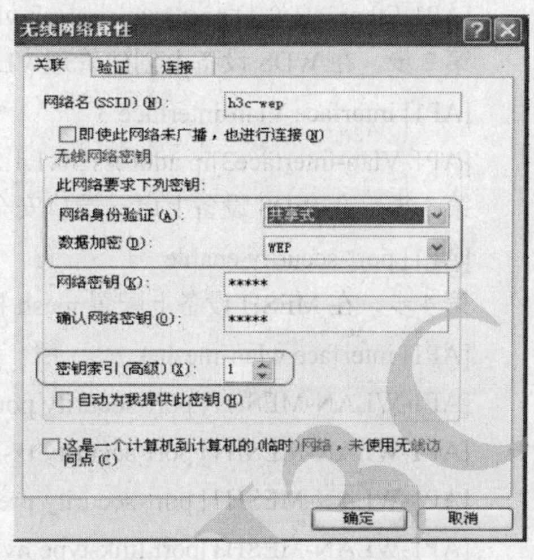

图 9.56　无线客户端的配置

如果在 AP 上使用的密钥索引不是 1（默认索引为 1，修改命令：wep key-id），则相应地在客户端的“密钥索引（高级）”项选择对应索引值。

实训 24　无线网桥的配置

1. 实训内容

无线网桥的配置。

2. 实训目的

将两个或多个网络通过无线网络进行连接。

3. 实训环境

主机：1 台带有串口笔记本（Console Terminal），2 台带有无线网卡的笔记本电脑；

线缆：Console 线缆一根；

无线接入点设备：WA2200 系列 2 台，Comware Software，Version5.20。

4. 实训拓扑图

如图 9.57 所示，本配置举例使用 11a 做无线桥接，AP1 作为中心点，AP2、AP3 作为接入点，同时在 AP2、AP3 上用 11g 提供无线接入功能。

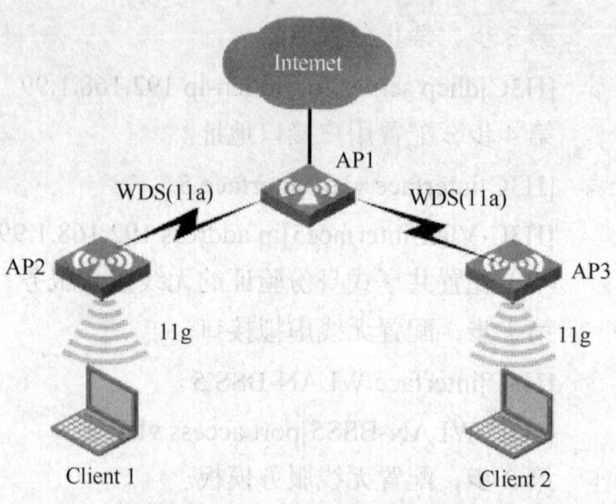

图 9.57 无线网桥的配置拓扑

5. 实训要求

根据拓扑图所示，使 Client1 与 Client2 互通。

6. 实训配置步骤

第 1 步，在 WDS 设备上创建 VLAN，并配置以太网口为 trunk。

```
<AP1> system-view
[AP1] vlan 2 to 3 Please wait... Done.
[AP1] interface Ethernet 1/0/1
[AP1-Ethernet1/0/1] port link-type trunk
[AP1-Ethernet1/0/1] port trunk permit vlan all
```

第 2 步，在 WDS 设备上创建管理 VLAN 三层虚接口。

```
[AP1] interface Vlan-interface 3
[AP1-Vlan-interface3]ip address 30.1.1.22 16
```

第 3 步，在 WDS 设备上启动端口安全，该命令缺省时启用的。

```
[AP1] port-security enable
```

第 4 步，在 MESH 设备上配置 mesh 接口。

```
[AP1] interface wlan-mesh 1
[AP1-WLAN-MESH1] port-security port-mode psk
[AP1-WLAN-MESH1] port-security tx-key-type 11key
[AP1-WLAN-MESH1] port-security preshared-key pass-phrase 12345678
[AP1-WLAN-MESH1]port link-type hybrid
[AP1-WLAN-MESH1] port hybrid vlan 2 to 3 tagged
```

注意，WDS 链路两端的 WDS 设备上配置的 preshared-key 必须一致。

第 5 步，在 WDS 设备上配置 mp-policy。

```
[AP1]wlan mp-policy 1
[AP-wlan-mp-policy-1]link-maximum-number 8
```

第 6 步，在 WDS 设备上配置 mesh-profile。

```
[AP1]wlan mesh-profile 1
[AP1-wlan-mesh-1]mesh-id test
[AP1-wlan-mesh-1]bind WLAN-MESH 1
[AP1-wlan-mesh-1]mesh-profile enable
```

注意，WDS 链路两端的 WDS 设备上配置的 mesh-id 必须一致。

第 7 步，在 wlan-radio 接口应用 mp-policy、mesh-profile、000f-e212-1200 是 AP2 11a radio 的 MAC 地址，000f-e222-1300 是 AP3 11a radio 的 MAC 地址。

```
[AP1-WLAN-Radio1/0/1]channel 149
[AP1-WLAN-Radio1/0/1]mp-policy 1
[AP1-WLAN-Radio1/0/1]mesh-profile 1
[AP1-WLAN-Radio1/0/1]mesh peer-mac-address 000f-e212-1200
[AP1-WLAN-Radio1/0/1]mesh peer-mac-address 000f-e222-1300
```

第 8 步，接入点 AP2/AP3 的 WDS 配置。

AP2 和 AP3 的 WDS 相关配置和 AP1 类似，差别在于配置的 peer mac-address 不同 AP2、AP3 上的 peer mac-address 指向的都是 AP1 11a radio 的 MAC 地址。而中心 AP1 上需要配置两个 peer mac-address 分别指向 AP2、AP3 11a radio 的 MAC 地址。AP2 和 AP3 配置略。

第 9 步，在接入点上配置无线接入功能。

实训 25　WX3024 与 AP 直接连接的典型配置

1. 实训内容

WX3024 与 AP 直接连接的典型配置。

2. 实训目标

掌握 WX3024 与 AP 直接连接的典型配置。

3. 实训环境

主机：1 台带有串口笔记本（Console Terminal），1 台带有无线网卡的笔记本电脑；

线缆：CONSOLE 线缆 1 根；

无线接入点设备：WA2200 系列 1 台，Comware Software，Version5.20；WX3024 无线 AP 1 台。

4. 实训拓扑图

实训拓扑图如图 9.58 所示。

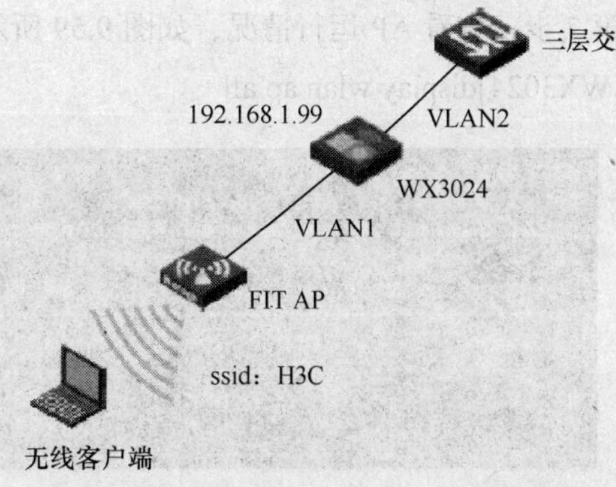

图 9.58　WX3024 与 AP 直接链接拓扑

5. 实训要求

① FIT AP 与 WX3024 直接相连；

② WX3024 管理地址 192.168.1.99/24；

③ AP 属于 VLAN1（192.168.1.0/24 网段）；

④ 无线客户端属于 VLAN2（192.168.2.0/24 网段）；

⑤ 交换机与 WX3024 连接的接口地址为 192.168.2.254，为无线客户端网关地址。

6. 实训配置步骤

第 1 步，添加相应的 VLAN（vlan2），并在 vlan1 下配置设备管理 ip 192.168.1.99。

```
[WX3024]vlan 2
[WX3024]interface vlan 1
[WX3024-Vlan-interface 1]ip address 192.168.1.99
```

第 2 步，使能 DHCP Server 功能，配置 VLAN1 网段的地址池，为 AP 动态分配地址。

```
[WX3024]dhcp enable
[WX3024]dhcp server ip-pool pool1
[WX3024-dhcp-pool-pool1]network 192.168.1.0 24
```

第 3 步，将无线控制模块的内部接口 GigabitEthernet1/0/1 设置为 Trunk。

[WX3024]interface GigabitEthernet 1/0/1

[WX3024-GigabitEthernet1/0/1]port link-type trunk

[WX3024-GigabitEthernet1/0/1]port trunk permit vlan all

第 4 步，配置无线接口 WLAN-ESS1，并指定其属于 VLAN2（无线客户端属于 vlan2）。

[WX3024]interface WLAN-ESS 1

[WX3024-WLAN-ESS1]port access vlan 2

[WX3024]wlan service-template 1 clear

[WX3024-wlan-st-1]ssid H3C

[WX3024-wlan-st-1]authentication-method open-system

[WX3024-wlan-st-1]bind WLAN-ESS 1

[WX3024-wlan-st-1]service-template enable

第 5 步，手工添加 AP WA2110，并在射频卡 radio1 上绑定已创建的服务模板 service-template1。

[WX3024]wlan ap ap1 model WA2100

[WX3024-wlan-ap-ap1]serial-id 210235A22W0074000123

[WX3024-wlan-ap-ap1]radio 1

[WX3024-wlan-ap-ap1-radio1]service-template 1

[WX3024-wlan-ap-ap1-radio1]radio enable

第 6 步，配置静态路由。

[WX3024]ip route-static 0.0.0.0 192.168.2.254

第 7 步，查看 AP 运行情况，如图 9.59 所示。

[WX3024]display wlan ap all

```
[H3C]dis wlan ap all
 Total Number of APs configured           : 2
 Total Number of configured APs connected : 2
 Total Number of auto APs connected       : 0
                            AP Profiles
-----------------------------------------------------------------------------
 AP Name           APID State    Model          Serial-ID
-----------------------------------------------------------------------------
 ap_002            2    Run/M    WA2210-AG      210235A29D0083000778
 21                3    Run/M    WA2100         210235A22WC07C000578
-----------------------------------------------------------------------------
```

图 9.59　AP 运行状况查看

WX3024 交换模块的主要配置如下。

① 添加相应的 VLAN（vlan2）。

[WX3024]vlan 2

② 将 WX3024 连接三层交换机的接口设置为 vlan2。

[WX3024]interface GigabitEthernet1/0/24

[WX3024-GigabitEthernet1/0/24]port access vlan 2

③ 将交换模块的内部接口 GigabitEthernet1/0/29 设置为 Trunk。

[WX3024]interface GigabitEthernet 1/0/29

[WX3024-GigabitEthernet1/0/29]port link-type trunk

[WX3024-GigabitEthernet1/0/29]port trunk permit vlan all

实训 26　WX3024 与 AP 跨网段连接组网配置 1（option43 方式）

1. 实训内容

WX3024 与 AP 跨网段连接的典型配置（option43 方式）。

2. 实训目的

掌握 WX3024 与 AP 跨网段连接的典型配置（option43 方式）。

3. 实训环境

主机：1 台带有串口笔记本（Console Terminal），1 台带有无线网卡的笔记本电脑；

线缆：Console 线缆 1 根；

无线接入点设备：WA2200 系列 1 台，Comware Software，Version5.20；WX3024 无线 AP1 台，S3610 交换机 1 台。

4. 实训拓扑图

实训拓扑图如图 9.60 所示。

5. 实训要求

① 各网段网关都在三层交换机上；

② AP 属于 VLAN2(192.168.2.0/24 网段)；

③ 无线客户端属于 VLAN4（192.168.4.0 网段)；

④ WX3024 管理地址 192.168.1.99；

⑤ 三层交换机 vlan 地址分别为：

VLAN1 接口地址为 192.168.1.254，

VLAN2 接口地址为 192.168.2.254，

VLAN3 接口地址为 192.168.3.254，

VLAN4 接口地址为 192.168.4.254。

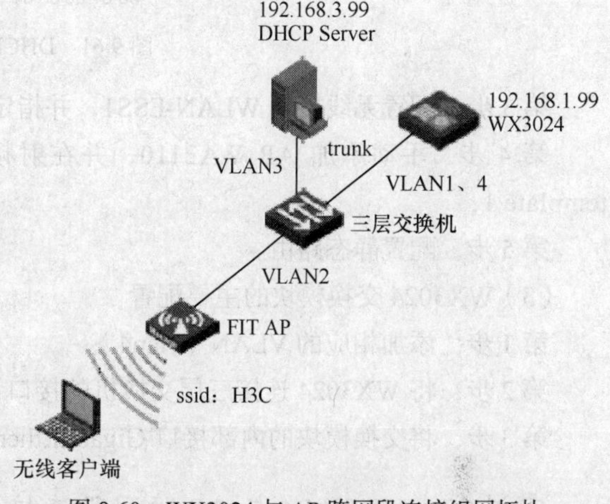

图 9.60　WX3024 与 AP 跨网段连接组网拓扑（option43 方式）

6. 实训配置步骤

（1）三层交换机主要配置

由于 FIT AP 和无线客户端都是动态获取 IP 地址，而与 DHCP Server（192.168.3.99）之间跨越三层网络，所以需要在 FIT AP 和无线客户端的网关上启动 DHCP relay 功能，即在三层交换机的 interface vlan2 和 interface vlan4 上启用 DHCP relay 功能。

[H3C]dhcp-server 0 ip 192.168.3.99

[H3C-Vlan-interface2]dhcp-server 0

[H3C-Vlan-interface4]dhcp-server 0

（2）DHCP Server 的主要配置

DHCP Server 的主要配置如图 9.61 所示。

第 1 步，添加相应的 VLAN（无线客户端属于 VLAN4），并在 vlan1 下配置设备管理 ip192.168.1.99；

第 2 步，将无线控制模块的内部接口 GigabitEthernet1/0/1 设置为 Trunk；

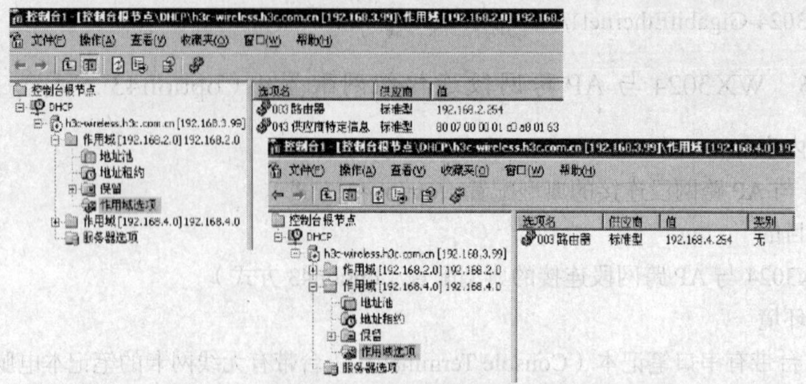

本例中通过Microsoft DHCP Server向Fit AP和无线客户端动态下发IP地址，所以需要建立两个IP地址池，分别是Fit AP网段的地址池192.168.2.0/24、无线客户端网段的地址池192.168.4.0/24。

其中Fit AP利用DHCP option 43字段获取WX3024 IP地址，实现Fit AP跨越三层网络在WX3024上的注册。

Fit AP属于192.168.2.0/24网段，所以在192.168.2.0/24网段的地址池中需下发option 43字段，WX3024 IP地址为192.168.1.99，故根据option 43的填写规则，此字段下发的信息如下：

80 07 00 00 01 c0 a8 01 63

图 9.61　DHCP Server 配置

第 3 步，配置无线接口 WLAN-ESS1，并指定其属于 VLAN4（无线客户端属于 VLAN4）；

第 4 步，手动添加 AP WA2110，并在射频卡 radio1 上绑定已创建的服务模板 service-template 1；

第 5 步，配置静态路由。

（3）WX3024 交换模块的主要配置

第 1 步，添加相应的 VLAN（vlan4）；

第 2 步，将 WX3024 连接三层交换机的接口设置为 Trunk 类型；

第 3 步，将交换模块的内部接口 GigabitEthernet1/0/29 设置为 Trunk。

实训 27　WX3024 与 AP 跨网段连接组网配置 2（DNS 方式）

1. 实训内容

WX3024 与 AP 跨网段连接的典型配置（DNS 方式）。

2. 实训目的

掌握 WX3024 与 AP 跨网段连接的典型配置（DNS 方式）。

3. 实训环境

主机：1 台带有串口笔记本（Console Terminal），1 台带有无线网卡的笔记本电脑；

线缆：CONSOLE 线缆 1 根；

无线接入点设备：WA2200 系列 1 台，Comware Software，Version5.20；WX3024 无线 AP 1 台，S3610 交换机 1 台。

4. 实训拓扑图

实训拓扑图如图 9.62 所示。

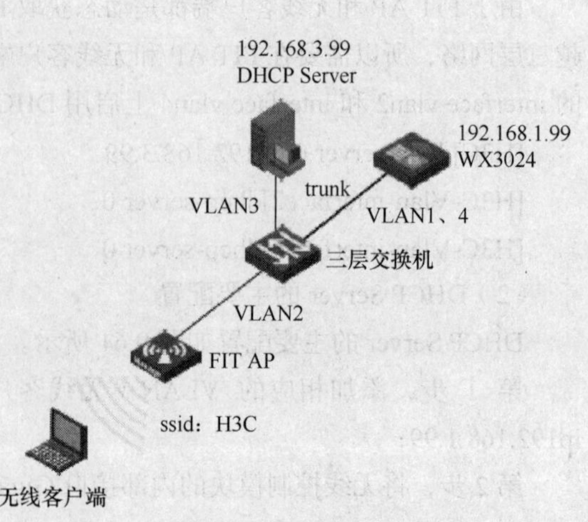

图 9.62　WX3024 与 AP 跨网段连接（DNS 方式）

5. 实训要求

① 各网段网关都在三层交换机上；

② AP 属于 VLAN2（192.168.2.0/24 网段）；

③ 无线客户端属于 VLAN4（192.168.4.0 网段）；

④ WX3024 管理地址 192.168.1.99；

⑤ 三层交换机 vlan 地址分别为：

VLAN1 接口地址为 192.168.1.254，

VLAN2 接口地址为 192.168.2.254，

VLAN3 接口地址为 192.168.3.254，

VLAN4 接口地址为 192.168.4.254。

6. 实训配置步骤

（1）三层交换机主要配置

由于 FIT AP 和无线客户端都是动态获取 IP 地址，而与 DHCP Server（192.168.3.99）之间跨越三层网络，所以需要在 FIT AP 和无线客户端的网关上启动 DHCP relay 功能，即在三层交换机的 interface vlan2 和 interface vlan4 上启用 DHCP relay 功能。

[H3C]dhcp-server 0 ip 192.168.3.99

[H3C-Vlan-interface2]dhcp-server 0

[H3C-Vlan-interface4]dhcp-server 0

（2）DHCP Server 的主要配置

以 Windows 2003 Server 为例，DHCP Server 的配置如下：

➢ DHCP Server 的相关配置

在 DHCP Server 中建立作用域 192.168.2.0。

作用域选项中配置如下。

路由器（即网关地址）为 192.168.2.254

DNS 服务器地址为 192.168.3.99

DNS 域名为 H3C.COM.CN

此作用域为 Fit AP 分配 IP 地址，如图 9.63 所示。

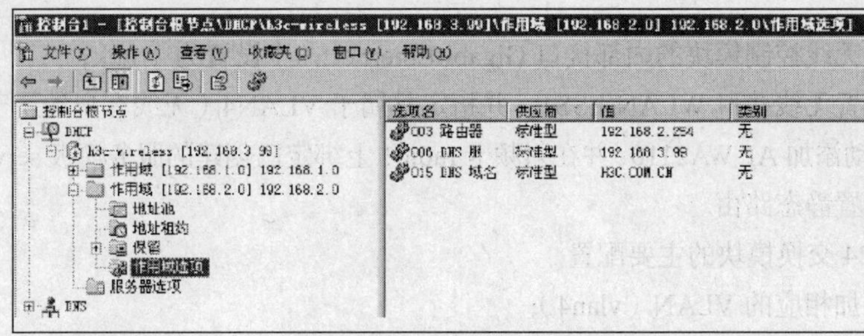

图 9.63　FIT AP 分配 IP 地址

DNS Server 相关配置如下。

在 DNS Server 的 H3C.COM.CN 域中添加主机。

添加主机名为 H3C，IP 地址为 192.168.1.99（即 WX3024 的 IP 地址），如图 9.64 所示。

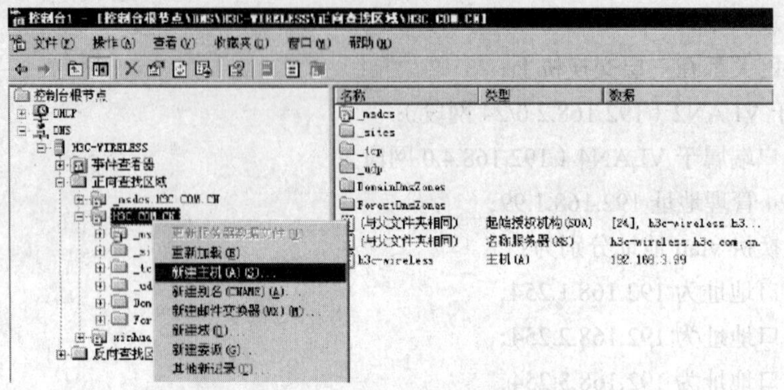

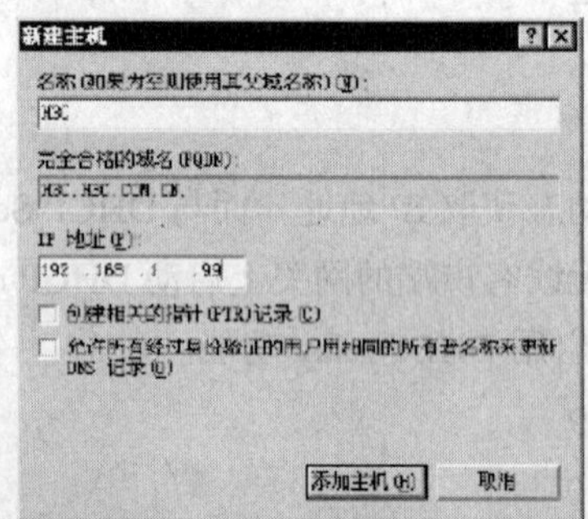

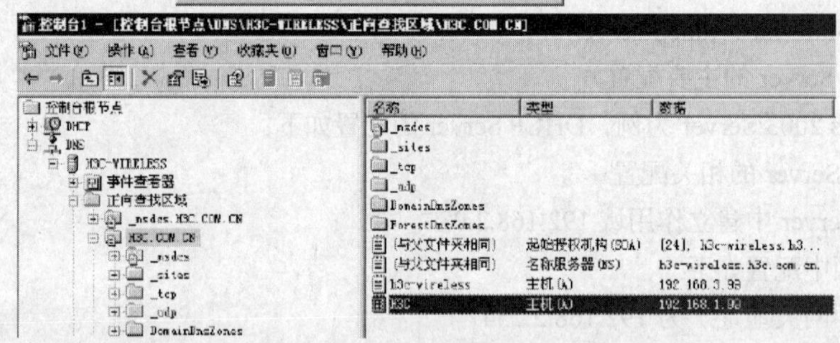

图 9.64　添加主机

第 1 步，添加相应的 VLAN（无线客户端属于 VLAN4），并在 vlan1 下配置设备管理 ip192.168.1.99；

第 2 步，将无线控制模块的内部接口 GigabitEthernet1/0/1 设置为 Trunk；

第 3 步，配置无线接口 WLAN-ESS1，并指定其属于 VLAN4（无线客户端属于 VLAN4）；

第 4 步，手动添加 AP WA2110，并在射频卡 radio1 上绑定已创建的服务模板 service-template 1；

第 5 步，配置静态路由。

（3）WX3024 交换模块的主要配置

第 1 步，添加相应的 VLAN（vlan4）；

第 2 步，将 WX3024 连接三层交换机的接口设置为 Trunk 类型；

第 3 步，将交换模块的内部接口 GigabitEthernet1/0/29 设置为 Trunk。

第10章 工程实施方案设计

随着信息化技术在各领域的应用，越来越多的政府部门、机关单位、学校、企业等也逐步的加大各自的信息化投入，从最早简单的零散的设备采购，逐步的向集成化程度更高的系统采购发展，而且项目的集成化程度和复杂度也逐步加大。目前，基于系统集成项目越来越多，且更多的采用招投标的方式进行采购，所以要求项目参与人员需要了解更多的招投标方面的知识。本章主要介绍一下招投标方面的相关知识内容。

本章学习要点

- 了解招标文件的组成。
- 了解投标文件的组成。
- 掌握投标文件的撰写。
- 掌握工程实施方案的撰写。
- 掌握工程验收报告的撰写。

10.1 招标文件详解

10.1.1 招标文件的组成

招标文件是招标人向供应商或承包商提供的为编写投标所需的资料，并向其通报招标投标将依据的规则和程序等项内容的书面文件。招标人或其委托的招标代理机构就应根据招标项目的特点和要求编制招标文件。

《招标投标法》第十九条规定，招标人应当根据招标项目的特点和需要编制招标文件。招标文件应当包括招标项目的技术要求，对投标人资格审查的标准，投标报价要求和评标标准等所有实质性要求和条件以及拟签订合同的主要条款。国家对招标项目的技术、标准有规定的，招标人应当按照其规定在招标文件中提出相应要求。

招标文件的内容大致可分为 3 类：一类是关于编写和提交投标文件的规定，载入这些内容的目的是尽量减少符合资格的供应商或承包商由于不明确如何编写投标文件而处于不利地位或其投标遭到拒绝的可能性；一类是关于投标文件的评审标准和方法，这是为了提高招标过程的透明度和公平性，因而是非常重要的，也是必不可少的；一类是关于合同的主要条款，其中主要是商务性条款，有利于投标人了解中标后签订的合同的主要内容，明确双方各自的权利和义务。其中，技术要求、投标报价要求和主要合同条款等内容是招标文件的内容，统称实质性要求。所谓招标文件实质性就是响应招标文件的要求，就是投标文件应该与招标文件的所有实质性要求相符，无显著差异或保留。如果投标文件与招标文件规定的实质性要求不相符，即可认定投标文件不符合招标文件的要求，招标人可以拒绝该投标，并不允许投标人修改或撤销其不符合要求的差异或保留，使之成为实质性响应的投标。

招标文件一般应至少包括下列内容：

① 招标人须知。这是招标文件中反映招标人的招标意图，每个条款都是投标人应该知晓和遵守的规则的说明。

② 招标项目的性质、数量。

③ 技术规格。招标项目的技术规格或技术要求是招标文件中最重要的内容之一，是指招标项目在技术、质量方面的标准，如一定的大小、轻重、体积、精密度、设备的性能、设备运行环境等。技术规格或技术要求的确定，往往是招标能否具有竞争性，达到预期目的的技术制约因素。

④ 招标价格的要求及其计算方式。投标报价是招标人评标时衡量的重要因素。因此，招标人在招标文件中应事先提出报价的具体要求及计算方法。招标文件中应说明招标价格是固定不变的，或是采取调整价格。价格的调整方法及调整范围应在招标文件中明确。招标文件中还应列明投标价格的一种或几种货币。

⑤ 评标的标准和方法。评标时只能采用招标文件中已列明的标准和方法，不得另定。

⑥ 交货、竣工或提供服务的时间。

⑦ 投标人应当提供的有关资格和资信证明文件。

⑧ 投标保证金的数额或其他形式的担保。在招标投标程序中，如果投标人投标后擅自撤回招标，或者投标被接受后由于投标人的过错而不能缔结合同，那么招标人就可能遭受损失（如重新进行招标的费用和招标推迟而造成的损失等）。因此，招标人可以在招标文件中要求投标保证金或其他形式的担保（如抵押、保证等），以防止投标人违约，并在投标人违约时得到赔偿。

⑨ 验收的条件。

⑩ 付款的条件。

⑪ 售后服务条款。

⑫ 投标文件的编制要求和格式。

⑬ 提供投标文件的方式、地点和截止时间。

⑭ 开标、评标的日程安排。

⑮ 主要合同条款。合同条款应明确将要完成的工程范围、供货的范围、招标人与中标人各自的权利和义务。除一般合同条款之外，合同中还应包括招标项目的特殊合同条款。

以上是招标文件必须包含的内容，但是不同的项目还会根据一些特殊的需要有个别特殊的要求，需要仔细分析。

10.1.2　招标文件实例分析

详见附录 1（可登录人民邮电出版社教学服务与资源网免费下载）。

10.2 投标文件详解

标书是招标工作时采购当事人都要遵守的具有法律效应且可执行的投标行为标准文件。它的逻辑性要强，不能前后矛盾，模棱两可；用语要精炼、简短；对政策法规的准确理解与执行，有利于标书制作者改善不良条款，也是对采购人采购行为加以规范化的有力措施。

方案是为研究解决各类技术问题所提出的办法与对策。包括科研方案、计划方案、设计方案、施工方案、施工组织设计、投标流程中的技术标文件、管理方案、技术措施、技术路线、技术改革方案等。

1. 标书和方案的区别

（1）目标不同

① 标书：赢得认可，中标。

② 方案：可完成客户的需求。

（2）面对的对象不同

① 标书：评标人，专家（对项目背景情况不是很了解）。目前的 IT 评标过程一般为 5 个左右的专家花半天到一天的时间对投标文件进行专家评判，有的评标允许甲方参加评分，有的不允许甲方参加和评分，有的甚至不允许甲方参加，即使参加也不能发表倾向性意见。在这种情况下，没有很充分的沟通环境，一切之前的技术准备都浓缩在投标文件中了，且对象是具备评标经验但对情况未必了解的专家。

② 方案：客户（对项目背景非常了解）。

（3）条件不同

① 标书：只有一次机会。标书是用户需求基本明确后选择服务商的最后机会，因此，用户的着眼点不仅在于方案的优异，更在意谁中标，因此一般不会给修正的机会。

② 方案：一般可多次修正。方案的交互过程其实是一个用户明确需求的过程，需求还有待进一步斟酌的时候，一般用户会要求再次调整方案。

（4）评定的标准不同

① 标书：靠评标人的专家经验，观、读、感综合判定。由于标书的评审是专业的评审专家或者各方人事，因此评审标准更多的是公正和没有异议，标书的正式、专业、清晰、符合要求是非常重要的。另外，标书的评分会严格按照预先设定的评分标准进行，专家的权利有限。

② 方案：客户根据实际情况加以分析判定。方案主要是甲方根据需求进行判断，这个时候的标准就比较模糊，有时候一个非常粗糙的方案，如果有过人的亮点，也会吸引用户进行重新考虑。

2. 标书的基本要求

标书要帮助与你的标书读者沟通。从这个角度上来讲，标书是一篇针对用户需求的论文，逻辑结构和语言一定要清晰、可读。考虑到评标专家一般都具有较好的学术经验，其中很多还是教授、博导，投标的语言要针对读者的阅读习惯为好。

标书表现你整理过后的思路和想法。如果对整个方案的思路不清晰，是不能写好一个标书的。在投标之前一定要理清楚整体思路及各部分的关系，必要的头脑风暴和预评审也是需要的，以便更加清晰地表示。对于没有结论或者困惑争议的地方，不要指望能够糊弄过去，如实地分析甚至放在重要的地方重点把可能的困难和解决方案以及选择的过程描述出来，往往会增加胜算。

要对招标书作出反应。要非常注意投标需求书的细节要求，一般甲方不会随便写出某种要求的，出现这种情况一般是甲方非常需要或者有竞争对手说服甲方提出这种需求。对于特别的、违反常规的要求尤其要注意，在标书中一定要有回应。回应的时候不要直接反驳，应该用比较委婉态度和明确的结论给出建议和意见、结论。

对客户需求做出反应。有很多客户的需求并没有体现在标书文件中，这个时候如果说明非常详细和具有针对性，对于评标专家是非常具有说服力的。

3. 投标书的组成

投标书分为商务部分和技术部分，有些投标要求分为商务标书和技术标书。

10.2.1 商务标书的组成

商务标书的具体组成如下：

① 投标的主体内容（按招标文件格式）——需要注意的是，评标专家在现场进行评标，需要阅读大量的文字，这个时候一定要严格按照邀标书的格式进行，必要的时候要专门以不同纸张或者标签的形式进行部分区分，以便于专家在不同服务商之间进行对比。

② 投标报价及产品清单——如果邀标书给定了投标报价单，按照标准报价单进行填写，如果没有，需要仔细进行设计。一个好的报价单有助于专家进行对比和筛选，也有利于服务商进行价格谈判。比如，比较细致合理的报价就不容易被价格谈判的时候大幅度降价。另外，如果报价单比较复杂和篇幅长，需要对各部分报价进行小结、需要有一个明晰的各部分报价总计。报价单要注意核算，不要计算错误和重复、缺项，尤其是用 EXCEL 进行自动计算的时候，一定要用另外的办法验算。

③ 资质证明——仔细注意邀标书要求的资质证明，另外，可能的竞争对手可能提供的用户报告、资质、案例等要仔细对待；尽可能提供高于邀标文件的资质；对于联合投标，需要提供双方或者多方的资质，对于要求具有“本地服务队伍”要求的，需要提供证据文件；对于设计的产品，要提供必要的证书和文件；对于使用关联公司（例如集团公司）的资质，要特别注意法律一致性的要求。

④ 项目团队介绍——项目团队的介绍要实事求是，不一定非要公司高管介入项目过程；对于团队中人员资历的介绍，要注意角色分工、年龄搭配和资质要求；要突出团队成员类似项目的成功经验。

⑤ 公司简介——公司简介要针对性地进行缩写或者改写，将与项目密切相关的内容突出出来。

⑥ 公司售后服务体系及培训体系简介———一般这一条比较容易和技术表述中的相应部分混

淆，要非常注意放在哪个部分，如果商务部分和技术部分都需要，侧重点各是什么；往往评分标准中都有这一条，因此，应该仔细描述自己公司的项目管理、售后服务和培训体系，要符合用户的标书要求，还要符合主流的国际、国内标准。

⑦ 设备简介——设备简介要将设备的案例、使用情况、证书等进行提交。

⑧ 行业典型（成功）应用案例——成功案例中要特别注意将类似的项目经验放在比较前面的位置。

另外一切对本次投标有利的资料均可加入，例如获奖证书、专利、知识产权证书、横向和纵向课题承担证明等与项目关联的证明信息。

10.2.2　技术标书的组成

技术标书的具体组成如下：

① 标书摘要说明——摘要说明不仅仅是各个部分的概括，更应该是投标方体现自己思想的首页阐述，应该花很大的精力去重视的，也是争取专家非常重要的地方。

② 背景介绍。项目背景要从行业、用户基本情况等方面论述和解释项目的必要性及考虑，这是体现标书针对性非常重要的地方。

③ 主要设计标书——项目的设计是标书的主要部分，考虑到专家未必对所牵涉的标书的技术非常清楚，这一部分的逻辑关系非常重要，应该从技术方向、产品方向、产品选型、性能价格比较等多方面进行逻辑论述，站在中立的立场上为甲方选择适合的解决方案的“示意”非常重要。

④ 项目实施计划——项目实施计划要可行、符合要求。这也是经常的打分点，实施计划尽量使用专业工具（比如 project），项目管理的体系架构要非常清晰，比如 ISO9000，CMM 等，标书要求的资质要和项目实施的技术体系相吻合，比如资质特别要求 CMM，项目管理的计划就应该根据 CMM 来进行计划。

⑤ 风险控制和质量控制计划——风险控制措施要实在，质量体系要清晰和符合邀标书要求。

⑥ 售后服务计划——售后服务计划往往是评分点，应该尽可满足邀标要求；对于重要的服务承诺和期限，应该以黑体或者表格的形式突出出来。

⑦ 产品介绍——产品介绍应该放在不突出的地方，比如附录；产品的重要性能可以提前或者突出；必要的时候，可以将厂家的产品说明彩页裁减放进标书装订。

10.2.3　标书的设计

1. 整体要求

① 全局观。标书各个部分自成体系又相互依托。

② 技术可行，叙述简洁明了。

③ 产品清单正确。

④ 目录结构清晰。

⑤ 整篇文字叙述条理分明，风格统一。

⑥ 既迎合读者心理习惯又有创新性。

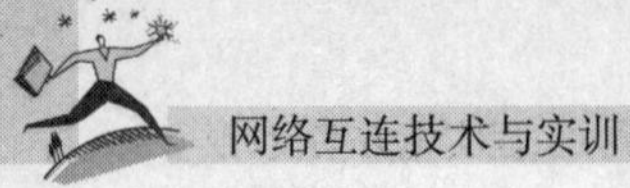

2. 摘要说明

摘要说明是一个标书的整体说明，不仅仅要反映各个部分的简要内容，更要反映投标方的整体思路和思想，有时候叫做总经理摘要或者特别阐述，它包含以下内容：

① 标书目标；

② 战略建议；

③ 注意事项；

④ 标书优点；

⑤ 其他需要吸引读者眼球的东西。

3. 目录结构

目录不仅仅是自动生成就可以了，更重要的是要反映整体的逻辑结构，评标专家也往往通过目录来得到标书的第一印象。一个好的目录应该反映缜密的思维和清晰的内容，专家还从中得到重要的特色和投标方的主要知识技能基本信息。因此，投标方如果整合多个厂家的方案，在目录上要重新进行融合和调整。

4. 标书编写禁忌

① 标书中出现其他项目或其他客户名称。很多标书采用其他案例的资料，忘记了改正用户，这在评标现场非常容易被排斥和认为不认真，因此需要专人进行检查。

② 拓扑设计错误。拓扑图和逻辑图是专家评审重点关注的地方，千万不要出现结构性错误，更不要出现名称上的错误（例如很多投标方将逻辑图写成拓扑图）。图的标志要清晰，最好制图、审定人要明确标记。

③ 标书叙述前后矛盾。很多标书由不同的人完成，出现前后叙述不一致一定要改正。最好安排有人在投标之前阅读统稿、安排专门的评审会议。

④ 目录结构混乱，无逻辑、各自为政。

⑤ 套话、废话太多，语言啰嗦、言之无物。这种情况很容易出现在摘抄网络上的信息的时候，应予以注意。

⑥ 遣词造句，用语不当。错别字是小事，但很容易引起专家反感，尤其在摘要、重要场所和多次出现的时候。

10.2.4 投标书实例详解

详见附录 2（可登录人民邮电出版社教学服务与资源网免费下载）。

10.3 工程施工方案

工程实施方案在网络工程施工中是必不可少的。一般在施工前撰写，主要包括工程概况、人员分工、分阶段项目实施等。一般情况下，实施方案由中标方撰写，招标方参与方案的撰写。

网络实施方案文档，一般包含以下几个部分：

① 项目概述——一般包括项目的目标，项目分阶段实施的阶段目标，项目组成员等。

② 网络的结构——主要是网络的拓扑图,如是网络改造项目则涉及到老网络的拓扑图和新网络的拓扑图。

③ 网络设备——项目中所涉及的所有设备的明细表，设备命名的方式，设备的软件版本，硬件运行条件等。

④ 网络连接的方式。

⑤ IP 地址及 VLAN 的规划。

⑥ 路由策略——主要是网络中所应用的网络协议和各路由协议的应用情况。

⑦ QoS 策略。

⑧ 网络安全——主要是指访问控制、密码加密、路由安全、服务安全、日志记录等。

⑨ 网络管理——主要是指对网络设备的管理和维护。

⑩ 设备的配置。

详见附录 3 和附录 4（可登录人民邮电出版社教学服务与资源网免费下载）。

10.4 工程验收

网络工程的验收是整个网络实施过程中最后的一个环节。验收一般是在网络正常运行一段时间后，用户请相关专家对网络进行测评，测评合格后由客户进行工程的验收。工程的验收一般考察以下几方面的内容：

① 网络拓扑图；

② 网络设备信息；

③ 网络的规划信息，包括路由协议、VLAN、IP 地址划分等；

④ 正常运行时网络重点端口的流量（网络基准测试）；

⑤ 正常运行时网络协议和繁忙用户的分布统计（网络基准测试）；

⑥ 网络的吞吐能力或加载测试（路由和交换能力）。

详见附录 5（可登录人民邮电出版社教学服务与资源网免费下载）。

参考文献

[1] H3C 网络学院教材（1-8 学期）. 杭州华三通信有限公司.

[2] 邓文达，邓宁，肖立英. 网络工程与综合布线. 清华大学出版社. 2007.

[3] 张家超. 网络工程与综合布线实用教程. 中国电力出版社. 2008.

[4] 梁广民，王隆杰. 网络设备互联技术. 清华大学出版社. 2006.

[5]（美）steve mcquery(著)，谈利群，胡爱民，祁立红(译). cisco 网络设备互联解决方案. 电子工业出版社. 2001.

[6]（美）thomas m.thomas(著)，前导工作室(译). cisco 网络互联设备. 机械工业出版社. 2001.

[7] 亿易电脑技术有限责任公司. 互联 cisco 网络设备仿真试题及精解. 人民邮电出版社. 2002.

[8] 张保通，安志远，张保瑞. 网络互联技术—路由、交换与远程访问. 中国水利水电出版社. 2004.